现代信号检测
与估计理论及方法探究

许正望◎著

中国水利水电出版社
www.waterpub.com.cn
·北京·

内 容 提 要

本书重点研究了信号检测与估计共同涉及的理论，探讨了检测和估计的方法，注重结构的完整性和内容的连续性，重视理论联系实际，同时注意对新概念、新理论的介绍。本书主要内容涵盖了随机信号与噪声，信号检测，序列检测，信号波形估计及信号检测与估计的应用等。

本书内容丰富新颖，可供从事电子信息系统、信号处理研究与设计的工程技术人员参考。

图书在版编目（CIP）数据

现代信号检测与估计理论及方法探究 / 许正望著
. -- 北京 : 中国水利水电出版社, 2017.10（2022.9重印）
ISBN 978-7-5170-5978-3

Ⅰ. ①现… Ⅱ. ①许… Ⅲ. ①信号检测—研究②参数估计—研究 Ⅳ. ①TN911.23

中国版本图书馆CIP数据核字(2017)第258222号

书 名	现代信号检测与估计理论及方法探究 XIANDAI XINHAO JIANCE YU GUJI LILUN JI FANGFA TANJIU
作 者	许正望 著
出版发行	中国水利水电出版社 （北京市海淀区玉渊潭南路1号D座 100038） 网址：www.waterpub.com.cn E-mail：sales@waterpub.com.cn 电话：(010)68367658(营销中心)
经 售	北京科水图书销售中心(零售) 电话：(010)88383994、63202643、68545874 全国各地新华书店和相关出版物销售网点
排 版	北京亚吉飞数码科技有限公司
印 刷	天津光之彩印刷有限公司
规 格	170mm×240mm 16开本 16印张 287千字
版 次	2018年9月第1版 2022年9月第2次印刷
印 数	2001—3001册
定 价	72.00元

前　言

随着现代通信理论、信息理论、计算机科学与技术及微电子技术与器件的飞速发展，信号统计处理的理论和技术也在向干扰环境更复杂、信号形式多样化、处理技术更先进、指标要求更高、应用范围越来越广的方向发展，已成功应用于电子信息系统、航空航天系统、自动控制、模式识别、遥测遥控、生物医学工程等领域。

所谓信号的检测理论是研究在噪声干扰背景中所关心的信号属于哪种状态的最佳判决问题。信号的估计理论，是研究在噪声干扰背景中，通过对信号的观测，如何构造待估计参数的最佳估计量问题。信号的波形估计理论则是为了改善信号质量，研究在噪声干扰背景中感兴趣信号波形的最佳恢复问题，或离散状态下表征信号在各离散时刻状态的最佳动态估计问题。信号的波形估计理论又称为信号的调制理论。这里，并未将信号的波形估计理论与信号的估计理论截然分开，而是将信号的参量估计看作信号波形估计的特例。下面通过实例加以说明。

我们考察空间飞行目标的定位问题。为此，向目标方向发射一束电磁能，观测反射的电磁波。首先，要判断有没有目标存在，这是检测问题；其次，如果判断目标存在，可能还希望知道有关目标的某些参数，如它的距离或速度，这是估计问题；同时，可能还需要获得目标的运动轨迹，这是波形估计问题，又称为调制问题。如果没有任何干扰，反射波通过传输媒质也未受到畸变，则问题很容易求解。只要监测反射信号，根据信号峰值出现的时间来观测发射和反射波间的延时即可。如果没有目标，也就没有尖峰信号；如果有目标，可以估计它的距离；同时，还要对噪声干扰中飞行目标的运动轨迹进行最佳恢复，即波形估计。

如果存在干扰，解答就不那么简单。干扰可能起因于经过传输媒质时产生的畸变或测量设备的热噪声。干扰的作用掩盖了我们要监测的回波信号尖峰。没有目标时，我们可能得到一个虚假的回波尖峰；而有目标时，又可能辨别不出目标回波尖峰。无论哪种情况，由于有噪声存在，都有可能做出错误的判决。我们的任务是监测某一段时间的信号，做出关于目标是否存在的判决。这就是检测问题，它属于一般的统计判决问题。如果我们已判定目标存在，并试图根据观测到的延时来确定距离，这仍会有问题，因为干扰会使回波尖峰出现的时间位置不对。这时,我们面临根据含有噪声的观测结果来恢复信息(目标距离、波形参数)的问题,这就是前面提到的估计问题。

全书共分为 8 章,主要内容包括信号检测与估计概论,随机信号与噪声,信号检测,序列检测、非参量检测和 Robust 检测,波形检测,信号参量估计,信号波形估计,信号检测与估计的应用。

本书的出版得到国家自然科学基金项目 61471162、国家国际科技合作专项项目 2015DFA10940 的资助。本书的出版也得到了湖北工业大学太阳能高效利用湖北省协同创新中心、太阳能高效利用及储能运行控制湖北省重点实验室、湖北省电网智能控制与装备工程技术研究中心的大力支持。

由于作者水平有限,书中难免有不妥之处,敬请广大读者批评指正。

作　者

目　　录

第 1 章　信号检测与估计概论

信号检测与估计是研究从噪声环境中检测出信号，并估计信号参量或信号波形的理论，是现代信息理论的一个重要分支，广泛应用于电子信息系统、自动控制、模式识别、射电天文学、气象学、地震学、生物医学工程及航空航天系统工程等领域。

1.1　信号处理中的检测与估计理论

信号的检测与估计问题是所有统计信号处理技术的基本问题，不仅出现在定位问题中，还出现在通信、雷达、图像处理、模式识别、自动控制、系统辨识、导航、遥控遥测、声呐、地质勘探、生物医学、振动工程和射电天文等领域。在模拟通信系统中，发送的消息经常在传输中遭到畸变。在接收端往往用观测噪声刻画这种畸变作用。所以，接收机恢复消息的问题可以表述为在随机噪声存在的情况下，估计随机信号的问题。

雷达系统中，重要的是确定是否有飞机正在靠近。为了完成这一任务，发射一个电磁脉冲，如果这个脉冲被大的运动目标反射，那么就显示有飞机出现。如果有一架飞机出现，那么接收波形将由反射的脉冲(在某个时间之后)和周围的辐射以及接收机内的电子噪声组成。如果飞机没有出现，那么就只有噪声。信号处理器的功能就是要确定接收到的波形中只有噪声(没有飞机)还是噪声中含有回波(飞机出现)。图 1-1a 描绘了一个雷达，图 1-1b 是其发射波形，图 1-1c 和图 1-1d 画出了两种可能情形的接收波形。当回波出现的时候，接收到的波形与发射波形有些不同，但差别不是很大。这是因为接收到的回波由于传播损耗而被衰减，以及由于多次反射的相互作用而产生了失真。当然，如果检测到飞机，那么就要确定飞机的方位、距离、速度等。因此检测是信号处理系统的第一个任务，而第二个任务就是信息的提取。在此需要确定飞机的位置。为了确定距离 R，考虑到电磁脉冲在遇到飞机时会产生反射，继而由天线接收的回波将会引起 τ_0 的延迟，如图 1-1c 所示。这样距离可由方程 $\tau_0=2R/c$ 确定。其中，c 是电磁传播速度。由于传播损耗，接收回波在幅度上有一定衰减，因而有可能受到环境噪声的影响而变得模糊不清,回波到达时间也可能受到接收机电子器件引入的时延的干扰。

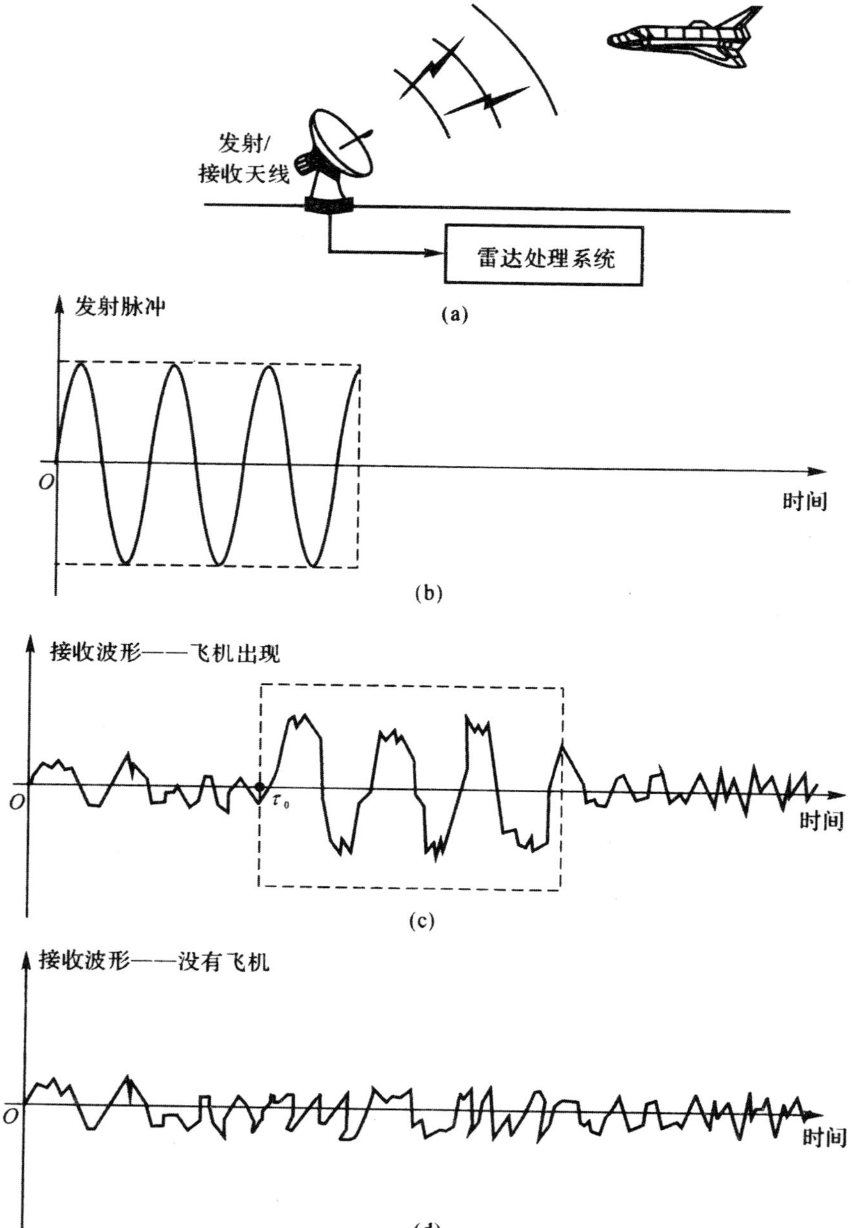

图 1-1 雷达系统

(a)雷达;(b)发射脉冲;(c)有目标时的回波;(d)无目标时的回波

另一种常见的应用是声呐，感兴趣的也是目标是否出现及确定目标的位置，如确定潜艇的方位。图 1-2a 显示了一个典型的被动声呐，由于目标船上的机器和螺旋桨的转动等原因，该目标将辐射出噪声，这种噪声实际上就是所关注的信号。该信号在水中传播，并由传感器阵列接收，然后这些传感器的输出将发射到一个拖船上输入到计算机。接收到的信号有两种可能情形的接收波形，如图 1-2b 和图 1-2c 所示。对于有目标的情形，传感器之间获得信号的时延与目标信号的到达角有关，通过测量两个传感器之间的时延 τ_0，由表达式 $\beta = \arccos(c\tau_0/d)$ 可以确定方位角 β。其中，c 是水中的声速，d 是传感器之间的距离。然而，由于接收到的波形淹没在噪声中，因此接收到的波形并没有图 1-2c 清晰，τ_0 的确定将很困难，β 值仅仅是一个估值。

在这些系统中，涉及根据连续波形做出判决和提取参数值的问题。现代信号处理系统使用数字计算机对一个连续的波形进行采样，并存储采样值。这样检测问题就等效成一个根据离散时间波形或数据集做出判决的问题。从数学上讲，有 N 点可用的数据集 $\{x[1],x[2],\cdots,x[N]\}$，首先形成一个数据函数 $T(x[1],x[2],\cdots,x[N])$ 的值来做出判决。确定函数 T，把它映射成一个判决是统计检测理论的中心问题，进而再将离散数据的判决问题扩展到连续情况。而参量估计问题等价于根据离散时间波形或数据提取参数的问题，因为数据集与未知参数 θ 有关，可以根据数据集来确定 θ 或定义估计量 $\hat{\theta} = g(x[1],x[2],\cdots,x[N])$，其中 g 是某个函数，它根据所采用的最佳准则确定。

数字通信系统中，通常把消息编码成二元数字序列。典型的例子是使用 1 或 0 表示这些数字，借助于发送适当选择的脉冲来传输，而传输过程中脉冲还要受到畸变。畸变效应使接收机不再能确定信源究竟发送了哪种波形。我们可以用接收机中的随机噪声来描述传输过程中的畸变。这个问题仍是一个判决问题，要求根据含有噪声的观测结果判断信源发送了对应 1 或 0 的哪个波形。

高效语音传输技术是用语音谱的某些参数来表征语音波形。将这些参数发送给接收机，接收机再根据这些参数综合出语音波形。提取这些参数的问题是一个辨识问题，实质上就是在适当选定的语音波形模型中估计参数的问题。这些参数在传输过程中也要遭到畸变，因此，接收机的任务是从含有噪声的观测结果中估计这些参数。

检测和估计问题在各种应用场合中都会出现，或是单独出现，或是同时出现。虽然表面上这两个问题好像是统计信号分析与处理的两个分支，但实际上这两个问题的结构基本上是相似的，这种相似性有助于解决许多信号处理问题。

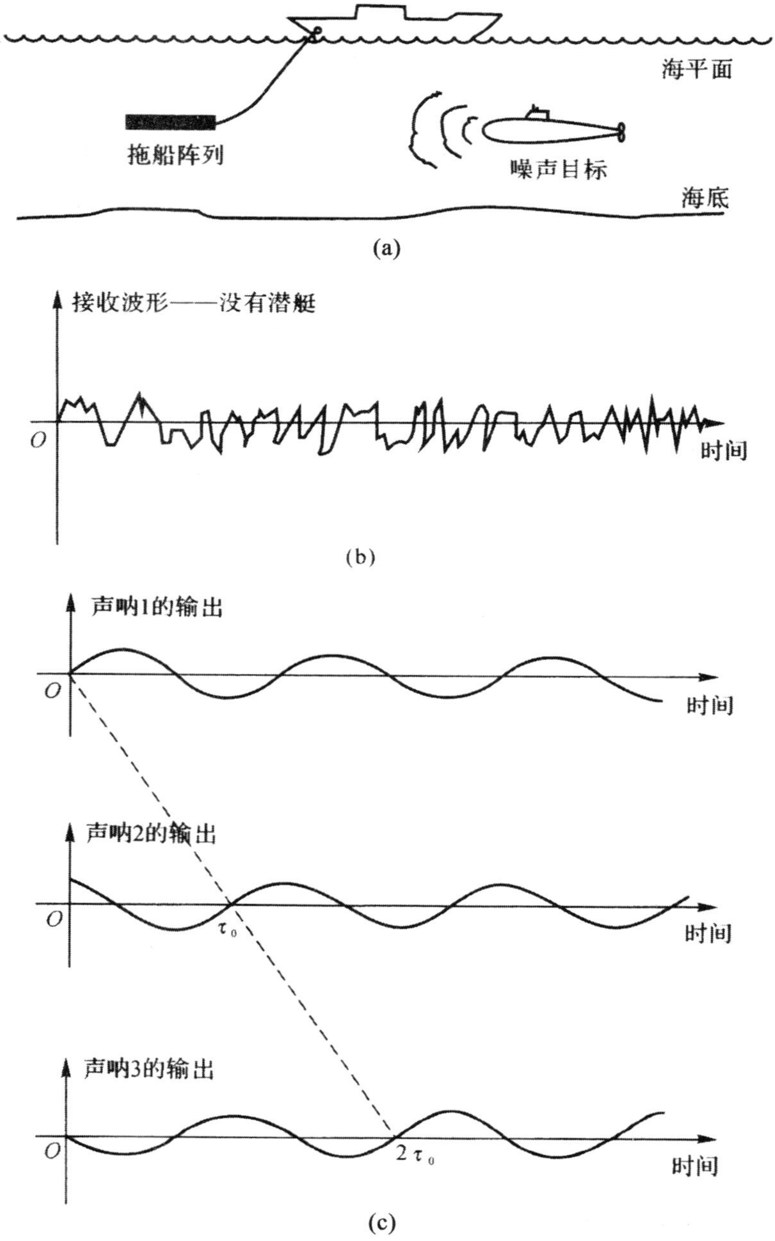

图 1-2 被动声呐系统

(a)被动声呐;(b)无目标时的回波;

(c)有信号时阵列传感器接收到的信号

1.2　信号检测与估计理论发展的几个阶段

信号检测与估计理论自 20 世纪 40 年代问世以来，得到了迅速的发展和广泛的应用，其发展历程可以大致分为 3 个阶段。

1.2.1　初创和奠基阶段

信号检测与估计理论是从 20 世纪 40 年代第二次世界大战中逐步形成和发展起来的。在整个 20 世纪 40 年代，美国科学家维纳(N. Wiener)和前苏联科学家柯尔莫格洛夫将随机过程及数理统计的观点引入通信和控制系统，揭示了信息传输和处理过程的统计本质，建立了最佳线性滤波器理论，即维纳滤波理论。这样，就把经典的统计判决理论和统计估计理论与通信工程紧密结合起来，为信号检测与估计理论奠定了基础。但由于维纳滤波需要的存储量和计算量极大，很难进行实时处理，因而限制了其应用和发展。

同时，在雷达技术的推动下，诺思(D. O. North)于 1943 年提出了以输出最大信噪比为准则的匹配滤波器理论。1946 年，卡切尼科夫(B. A. K)发表了《潜在抗干扰性理论》，用概率论方法研究了信号检测问题，提出了错误判决概率为最小的理想接收机理论，证明了理想接收机应在其接收端重现出后验概率最大的信号，即将最大后验概率准则作为一个最佳准则。1948 年，香农(C. E. Shanon)认识到对消息事先的不确定性正是通信的对象，并在此基础上建立了信息论的基础理论。1950 年，伍德沃德(P. M. Woodward)将信息量的概念应用到雷达信号检测中，提出了理想接收机应能从接收到的信号加噪声的混合波形中提取尽可能多的有用信号，即理想接收机应是一个计算后验概率的装置。

1.2.2　迅猛发展阶段

在整个 20 世纪 50 年代，信号检测与估计理论发展迅速。1953 年密德尔顿(D. Middleton)等人用贝叶斯(Bayes)准则来处理最佳接收问题，使各种准则统一到了风险理论，这就将统计假设检验和统计推断理论等数理统计方法用于信号检测，建立了统计检测理论。1960～1961 年，卡尔曼(R. E. Kalman)和布什(R. S. Bucy)提出递推滤波器，即卡尔曼滤波器。它不要求保存过去数据，当获得新数据后，根据新数据和前一时刻诸量的估值，借助于系统本身的状态转移方程，按照递推公式，即可算出新的诸量估值，大大减小了滤波器的存储器和计算量，便于实时处理。自 1965 年以来，信号估计广泛采用自适应滤波器。它在数字通信、语言处理和消除周期性干扰等方面，已取得良好的效果。

1.2.3 成熟阶段

20 世纪 60 年代，多部有关信号检测与估计理论的专著问世，范特理斯(H. L. Van Trees)陆续完成了他的三大卷巨著，将信号检测的概念拓宽到估值、滤波、调制解调范围，使数字通信和模拟通信中的主要理论问题都可以用统一的数理统计理论和方法来研究，取得了满意的结果。这是信号检测与估计理论的代表作。

1.3 信号检测与估计理论的研究对象及研究方法

1.3.1 信号检测与估计的研究对象

信号检测与估计理论是现代信息理论的一个重要分支，是以信息论为理论基础，以概率论、数理统计和随机过程为数学工具，综合系统理论与通信工程的一门学科。主要研究在信号、噪声和干扰三者共存条件下，如何正确发现、辨别和估计信号参数，为通信、雷达、声呐、自动控制等技术领域提供了理论基础。并在统计识别、射电天文学、雷达天文学、地震学、生物物理学以及医学信号处理等领域获得了广泛应用。

为了利用电的信息传输方式获取并利用信息，人们常需要将信息调制到信号中，并将载有信息的信号传输给信息的需要者。信息传输是指从一个地方向另一个地方进行信息的有效传输与交换。为了完成这一任务，需要信号发送设备和信号接收设备。信号发送设备产生信号，并将信息调制到信号中，然后将信号发送出去；信号经过信道的传输到达信号接收设备。信号接收设备接收载有信息的信号，并将信息从信号中提取出来，然后将信息提供给信息需要者。

信息传输离不开信息传输系统。传输信息的全部设备和传输媒介所构成的总体称为信息传输系统。信息传输系统的任务是尽可能好地将信息调制到信号中，有效发送信号，从接收信号中恢复被传送的信号，将信息从信号中解调出来,达到有效、可靠传输信息的目的。信息传输系统的一般模型如图 1-3 所示。它通常由信息源、发送设备、信道、接收设备、终端设备以及噪声源组成。信息源和发送设备统称为发送端。接收设备和终端设备统称为接收端。如图 1-3 所示的信息传输系统模型高度地概括了各种信息传输系统传送信息的全过程和各种信息传输系统的工作原理。它常称为香农(Shannon)信息传输系统模型,是广义的通信系统模型。图中的每一个方框都完成某种特定的功能,且每个方框都可能由很多的电路甚至是庞大的设备组成。

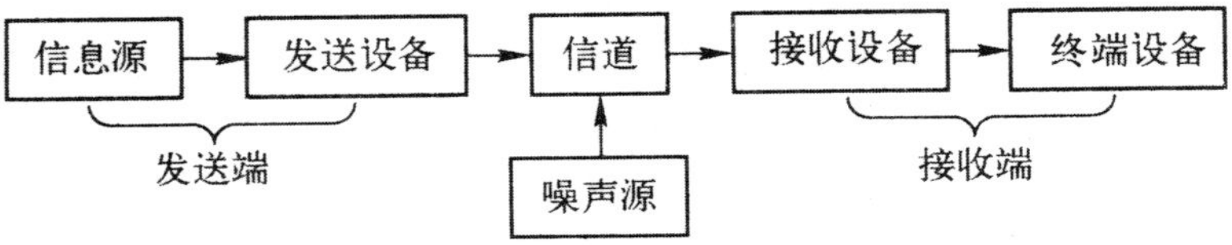

图 1-3　信息传输系统模型

信息源(简称信源)是指向信息传输系统提供信息的人或设备,简单地说就是信息的发出者。信源发出的信息可以有多种形式,但可以归纳为两类:一类是离散信息,如字母、文字和数字等;另一类是连续信息,如语音信号、图像信号等。信源也可分为模拟信源和数字信源。

发送设备将信源产生的信息变换为适合于信道传输的信号,送往信道。

信道是将来自发送设备的信号传送到接收设备的物理媒介(质),是介于发送设备和接收设备之间的信号传输通道,又称为传输媒介(质)。信道分为有线信道和无线信道两大类。

噪声是指信息传输中不需要的电信号的统称。噪声源是信道的噪声以及分散在信息传输系统中各种设备噪声的集中表示。信息传输系统中各种设备的噪声称为内部噪声;信道的噪声称为外部噪声。由于噪声主要是来自信道,通常将内部噪声等效到信道中,这种处理方式可以给分析问题带来许多方便,并不影响主要问题的研究。噪声是有害的,会干扰有用信号,降低信息传输的质量。

接收设备是从受到减损的接收信号中正确恢复出原始电信号的系统,如收音机、电视机、雷达接收机、通信接收机、声呐接收机及导航接收机等。信号检测与估计是接收设备的基本任务之一。

终端设备是将接收设备复原的原始电信号转换成相应信息的装置,如扬声器及显示器等。

信息传输系统模型是一个高度概括的模型,概括地反映了信息传输系统的共性,通信系统、遥测系统、遥感系统、生物信息传输系统都可以看作它的特例。信号检测与估计的讨论就是针对信息传输系统模型而开展的。

信号在传输过程中，不可避免地与噪声混杂在一起，受到噪声的干扰，使信号产生失真。噪声与信号混杂在一起的类型有 3 种：噪声与信号相加，噪声与信号相乘（衰落效应），噪声与信号卷积（多径效应）。与信号相加的噪声称为加性噪声，与信号相乘的噪声称为乘性噪声，与信号卷积的噪声称为卷积噪声。加性噪声是最常见的干扰类型，数学上处理最为方便，加性噪声中信号检测与估计问题的研究最为成熟。加性噪声中信号检测与估计也是最基本的，因为乘性噪声和卷积噪声中信号检测与估计均可转换为加性噪声的情况。通过取对数的方法，可以将乘性噪声的情况转换为加性噪声的情况；通过先进行傅里叶变换，再取对数的方法，可以将卷积噪声的情况转换为加性噪声的情况。因此，本书主要讨论加性噪声中信号检测与估计问题。从而，本书所讨论的信号检测与估计的研究对象就是加性噪声情况下的信息传输系统模型。加性噪声情况下的信息传输系统模型如图 1-4 所示。

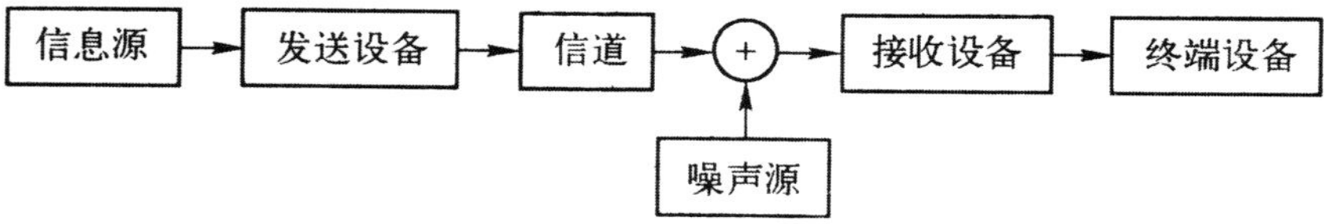

图 1-4　加性噪声情况下的信息传输系统模型

在信息传输系统中，匹配滤波器（Matched filter）、信号检测系统及信号估计系统通常是接收设备的基本组成部分，并且是串联的。接收设备的组成框图如图 1-5 所示。

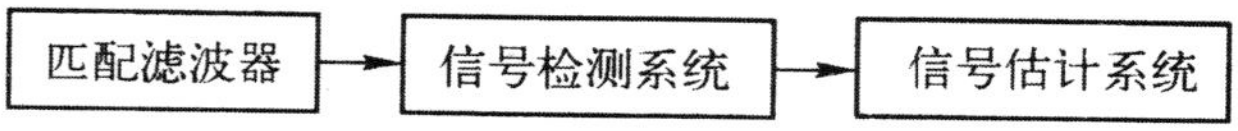

图 1-5　接收设备的组成框图

信息传输系统分类的方式很多。按照传输媒质，信息传输系统可分为有线信息传输系统和无线信息传输系统两大类。有线信息传输系统是用导线作为传输媒质完成通信的系统，如市内电话、海底电缆通信等。无线信息传输系统是依靠电磁波在空间传播达到传递信息目的的系统，如短波电离层传播、卫星中继等。

按照信道中传输的信号特征，信息传输系统分为模拟信息传输系统和数字信息传输系统。模拟信息传输系统是利用模拟信号来传递信息的信息传输系统。数字信息传输系统是利用数字信号来传递信息的信息传输系统。

对信息传输系统的性能要求，主要有两个方面：可靠性和有效性。要求信息传输系统能可靠地传输信息是系统的可靠性或抗干扰性；要求信息传输系统能高效率地传输信息是系统的有效性。有效性衡量系统传输信息的“速度”问题；可靠性衡量系统传输信息的“质量”问题。

使信息传输可靠性降低的主要原因有：

①信息传输不可避免地受到外部噪声和内部噪声的影响；

②传输过程中携带信息的有用信号的畸变。

携带信息的电磁信号在大气层中传播时，由于大气层和电离层的吸收系数与折射系数的随机变化，必然导致电磁信号的振幅、频率和相位等参量的随机变化，从而引起电磁信号的畸变。

在大气层中传播的电磁信号会受到雷电、大气噪声、宇宙噪声、太阳黑子及宇宙射线等自然噪声的干扰，也会受到来源于各种电气设备的工业噪声和来源于各种无线电发射机的无线电噪声等人为噪声的干扰。这些自然噪声和人为噪声都属于信道的噪声，是外部噪声的主要来源。电磁信号除了受外部噪声的干扰外，还受发送设备和接收设备内部噪声的影响，使得在许多实际情形中，接收设备所接收的有用电磁信号埋没在噪声干扰之中，因而难以辨认。信息传输过程中存在的这些外部噪声和内部噪声的干扰，大大降低了信息传输的可靠性。噪声源是信息传输系统中各种设备以及信道中所固有的，并且是人们所不希望的。为了保障信息可靠地传输，就必须同这些不利因素进行斗争，降低这些不利因素的影响。信号检测与估计理论正是在人们长期从事这种斗争的实践过程中逐步形成和发展起来的。

经信道传送到接收端的信号是有用信号和噪声叠加的混合信号，因此接收设备的主要作用是从接收到的混合信号中，最大限度地提取有用信号，抑制噪声，以便恢复出原始信号。

信息传输的目的是通过信号传递信息，它要将有用的信息无失真、高效率地进行传输，同时还要在传输过程中将无用信息和有害信息加以有效抑制。接收设备的任务是从受到噪声干扰的信号中正确地恢复出原始的信息。信号检测与估计是研究信息传输系统中接收设备如何从噪声中把所需信号及其所需信息检测、恢复出来的理论。因此，信号检测与估计理论的研究对象是加性噪声情况信息传输系统中的接收设备。

1.3.2　信号检测与估计的研究方法

信号检测与估计的数学基础是数理统计中的统计推断或统计决策理论。统计推断或统计决策均是利用有限的资料对所关心的问题给出尽可能精确可靠的结论，均是关于做判决的理论和方法，两者的差别仅在于是否考虑判决结果的损失。它们具有深刻的统计思想内涵和推理机制，是各种数理统计方法的基础。从数理统计的观点来看，可以把从噪声干扰中提取有用信号的过程看作统计推断或统计决策方法，根据接收到的信号加噪声的混合波形，做出信号存在与否的判断，以及关于信号参量或信号波形的估计。

数理统计中的统计推断或统计决策针对的是随机变量，而信号检测与估计针对的是随机信号的统计推断或统计决策。

假设检验和参数估计是数理统计的两类重要问题，可以采用统计推断或统计决策的理论和方法来解决这两类问题。

①检测信号是否存在用的是统计推断或统计决策的理论和方法来解决随机信号的假设检验问题。假设检验是对若干个假设所进行的多择一判决，判决要依据一定的最佳准则来进行。

②估计信号根据接收混合波形的一组观测样本，来估计信号的未知参量。由于观测样本是随机变量，由它们构成的估计量本身也是一个随机变量，其好坏要用其取值在参量真值附近的密集程度来衡量。因此，参量估计问题是：如何利用观测样本来得到具有最大密集程度的估计量。信号参量估计是对数理统计中参数估计的拓展。

估计信号波形则属于滤波理论，即维纳（Wiener）和卡尔曼（Kalman）的线性滤波理论以及后来发展的非线性滤波理论。

信号检测与估计的研究方法：用概率论与数理统计方法，分析接收信号和噪声的统计特性，按照一定准则设计相应的检测和估计算法，并进行性能评估。主要体现在以下 3 个方面：用数理统计中的判决理论和估计理论进行各种处理和选择，建立相应的检测和估计算法；用概率密度函数、各阶矩、协方差函数、相关函数、功率谱密度函数等来描述随机信号的统计特性；用判决概率、平均代价、平均错误概率、均值、方差、均方误差等统计平均量来度量处理结果的优劣，建立相应的性能评估方法。

信号检测与估计研究方法的实施过程如下：

①将所要处理的问题归纳为一定的系统模型，依据系统模型，然后运用概率论、随机过程及数理统计等理论，用普遍化的形式建立相应的数学模型，以寻求普遍化的答案和结论或规律。

②依据数理统计中的统计推断或统计决策的理论和方法，采用最优化的方法寻求最佳检测、估计和滤波的算法。

③根据检测和估计的性能指标，分析最佳检测、估计和滤波算法的性能，以判别性能是否达到最优。

④结合工程实际，根据最佳检测、估计和滤波的算法构造最佳接收、估计和滤波的系统模型。

第 2 章　随机信号与噪声

观测信号(接收信号)是随机信号,应当用统计信号处理的理论和方法进行处理。所以需要对随机信号进行分析,它是信号检测与估计理论的基础知识。

2.1　概率与随机变量

2.1.1　概率与随机变量的分布函数

随机变量是指这样的量,它在每次试验中预先不知取什么值,但知道以怎样的概率取值。对于某一次试验结果,随机变量取样本空间中一个确定的值。

为了研究离散随机变量 X 的统计特性,必须知道 X 所有可能取的值,以及取每个可能值的概率。概率表示随机变量 X 取某个值(如 x)可能性的大小,用 $P(x)$ 表示。

$$P(x) = P(X = x) \tag{2-1-1}$$

若用 $F(x)$ 表示随机变量 X 取值不超过 x 的概率,则称 $F(x)$ 为 X 的概率分布函数。

$$F(x) = P(X \leqslant x) \tag{2-1-2}$$

由于连续随机变量可能取的值不能一一列出,其分布函数表示取值落在某一区间的概率,常用概率密度函数 $p(x)$ 描述其统计特性。概率密度函数和概率分布函数的关系为

$$F(x) = P(X \leqslant x) = \int_{-\infty}^{x} p(x)\mathrm{d}x \tag{2-1-3}$$

$$p(x) = \frac{\mathrm{d}F(x)}{\mathrm{d}x} \tag{2-1-4}$$

在实际应用过程中有时需要用多个随机变量对多个观测量进行描述。常用的是两个随机变量的情况。例如,卫星定位系统中需要用两个随机变

量分别来描述纬度和经度方向的定位误差。

设 ξ,ζ 均为随机变量，(ξ,ζ) 称为二维随机变量。$F(x,y)=P(\xi\leqslant x,\zeta\leqslant y)$称为$(\xi,\zeta)$的联合分布函数。$F_\xi(x)=F(x,\infty)=\lim\limits_{y\to+\infty}F(x,y)$和$F_\zeta(x)=F(\infty,y)=\lim\limits_{x\to+\infty}F(x,y)$称为边缘(边沿)分布函数。

两个随机变量 X 和 Y 可以是独立的(彼此毫无影响)，也可以是不独立的。两个随机变量相互依赖的程度用条件概率密度函数来表示，若用 $p(x,y)$ 表示 X 和 Y 的联合概率密度函数，则由贝叶斯公式得

$$p(x,y)=p(x|y)p(y)=p(y|x)p(x)$$

如果 X 和 Y 彼此没有影响，则

$$p(x,y)=p(x)$$
$$p(y|x)=p(y)$$

其联合概率密度函数等于边缘(单独)概率密度函数的乘积，即

$$p(x,y)=p(x)p(y) \tag{2-1-5}$$

则称 X 和 Y 彼此独立。

2.1.2 几种重要的概率密度函数及其性质

1. 均匀分布

设有连续随机变量 X，若 a、b 为有限数，则下述概率密度函数定义的分布称为在 $[a,b]$ 上服从均匀分布，即

$$p(x)=\begin{cases}\dfrac{1}{b-a},a\leqslant x\leqslant b\\0,x<a\text{ 或 }x>b\end{cases} \tag{2-1-6}$$

由分布函数的定义，可得均匀分布变量的分布函数为

$$P(x)=\begin{cases}0,x<a\\\dfrac{x-a}{b-a},a\leqslant x<b\\1,x>b\end{cases} \tag{2-1-7}$$

如图 2-1 所示为均匀分布概率密度函数及分布函数。

均匀分布应用十分广泛，如定点计算时的舍入误差。假设运算中数据都只保留到小数点后第五位，第五位以后的数字按四舍五入处理，若 x 表示真值，n_x 表示舍入后的值，则误差 $X=x-n_x$ 一般假定为区间$[-0.5\times10^{-5},+0.5\times10^{-5}]$上均匀分布的随机变量。有了这一假定，就能对经过大量运算后的数据进行误差分析。此外，如果对接收信号的某些参数没有任何先

验知识(即其分布完全未知),则可以假定其服从均匀分布,即其取值在一个区间内是等概率的。

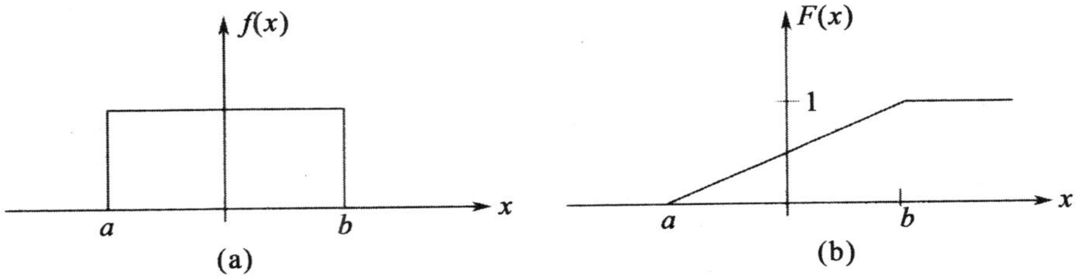

图 2-1　均匀分布概率密度函数及分布函数

2. 高斯(正态)分布

对于标量型随机变量 x,高斯一维概率密度函数(Probability Density Function,PDF)定义为

$$p(x)=\frac{1}{\sqrt{2\pi\sigma^2}}\exp\left[-\frac{1}{2\sigma^2}(x-\mu)^2\right],-\infty<x<+\infty \tag{2-1-8}$$

其中,μ 是 x 的均值;σ^2 是 x 的方差,用 $x\sim N(\mu,\sigma^2)$ 表示。其中"～"表示"服从……分布"。该分布的均值和方差分别为

$$E(x)=\mu \tag{2-1-9}$$

$$\mathrm{Var}(x)=\sigma^2 \tag{2-1-10}$$

图 2-2 给出了高斯概率密度函数的图例。

其二维概率密度函数为

$$p(x_1,x_2)=\frac{1}{2\pi|\boldsymbol{C}|^{1/2}}\exp\left[-\frac{1}{2}(\boldsymbol{x}-\boldsymbol{\mu})^{\mathrm{T}}\boldsymbol{C}^{-1}(\boldsymbol{x}-\boldsymbol{\mu})\right] \tag{2-1-11}$$

其中,$\boldsymbol{x}=[x_1\quad x_2]^{\mathrm{T}}$;$\mu=[\mu_1\quad \mu_2]^{\mathrm{T}}=[E(X(t_1))\quad E(X(t_2))]^{\mathrm{T}}$。式中,$\boldsymbol{C}^{-1}$ 是 $\boldsymbol{C}$ 的逆矩阵;$|\boldsymbol{C}|$ 是 $\boldsymbol{C}$ 的行列式;T 表示转置。

其 N 维概率密度函数为

$$p(\boldsymbol{x})=\frac{1}{(2\pi)^{N/2}|\boldsymbol{C}|^{1/2}}\exp\left[-\frac{1}{2}(\boldsymbol{x}-\boldsymbol{\mu})^{\mathrm{T}}\boldsymbol{C}^{-1}(\boldsymbol{x}-\boldsymbol{\mu})\right] \tag{2-1-12}$$

式中,$\boldsymbol{C}$ 为协方差矩阵。若用 $\boldsymbol{C}_{ij}$ 表示矩阵中元素,$C_{ij}=E[(X(t_i)-\mu_i)(X(t_j)-\mu_j)]$。

$$\boldsymbol{C}=\begin{bmatrix}C_{11} & C_{12} & \cdots & C_{1N}\\ C_{21} & C_{22} & \cdots & C_{2N}\\ \cdots & \cdots & & \cdots\\ C_{N1} & C_{N2} & \cdots & C_{NN}\end{bmatrix} \tag{2-1-13}$$

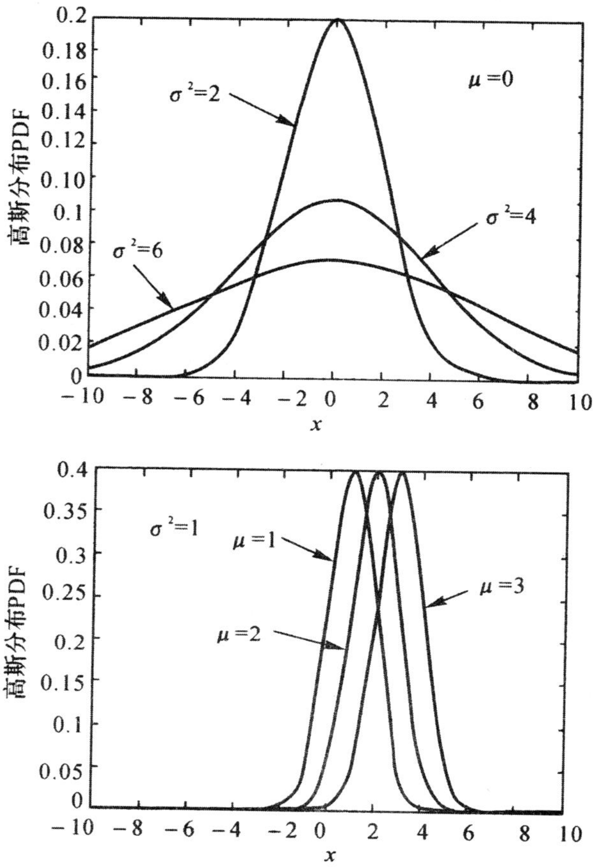

图 2-2 高斯随机变量的概率密度函数

高斯随机变量的特点是 N 维概率密度函数可由均值和方差矩阵来决定，因此，若已知其一阶矩和二阶矩就可以写出 N 维概率密度函数；高斯随机变量不相关和独立是等价的，这是由于不同随机变量若互不相关的话，其协方差必然为零，即协方差矩阵中的元素

$$C_{ij} = \begin{cases} \sigma_i^2, i = j \\ 0, i \neq j \end{cases}$$

则
$$\boldsymbol{C} = \begin{bmatrix} \sigma_1^2 & 0 & \cdots & 0 \\ 0 & \sigma_2^2 & \cdots & 0 \\ & & \ddots & \\ 0 & 0 & \cdots & \sigma_N^2 \end{bmatrix}$$

且
$$(\boldsymbol{x} - \boldsymbol{\mu})^{\mathrm{T}} \boldsymbol{C}^{-1} (\boldsymbol{x} - \boldsymbol{\mu}) = \sum_{k=1}^{N} \frac{1}{\sigma_k^2} (x_k - \mu_k)^2$$

故

$$p(\boldsymbol{x}) = \frac{1}{(2\pi)^{N/2}|\boldsymbol{C}|^{1/2}}\exp\left[-\frac{1}{2}(\boldsymbol{x}-\boldsymbol{\mu})^{\mathrm{T}}\boldsymbol{C}^{-1}(\boldsymbol{x}-\boldsymbol{\mu})\right]$$

$$= \frac{1}{(2\pi)^{N/2}|\boldsymbol{C}|^{1/2}}\exp\sum_{k=1}^{N}\frac{1}{\sigma_k^2}(x_k-\mu_k)^2$$

$$= \prod_{k=1}^{N}p(x_k) = p(x_1)p(x_2)\cdots p(x_N) \tag{2-1-14}$$

一个复随机变量 Z 是复高斯的，如果 $Z = X + \mathrm{j}Y$，其中，X 和 Y 是实联合高斯随机变量，则 Z 的分布即由 X 和 Y 的联合分布给定。

可以证明，对于联合高斯随机变量 X 和 Y，若 $\mathrm{cov}[XY]=0$，则 $p(x,y)=p(x)p(y)$。也就是说，高斯随机变量如果不相关就是独立的。

高斯随机向量可得到以下主要性质：

①任意子向量也是高斯随机向量；"独立性"与"不相关性"等价。

②正态随机向量的线性变换仍是正态随机向量。因此，若干正态随机变量的线性组合仍是正态随机变量。

正态分布是一种重要分布，在通信、雷达、导航及信号处理领域经常用来描述各种噪声。正态分布具有很多有用的性质，后面将具体介绍。另外，多个独立的非正态分布随机变量之和有趋于正态分布的趋势。从图 2-3 可以大概看出正态分布函数和误差函数的变化规律及两者之间的关系。

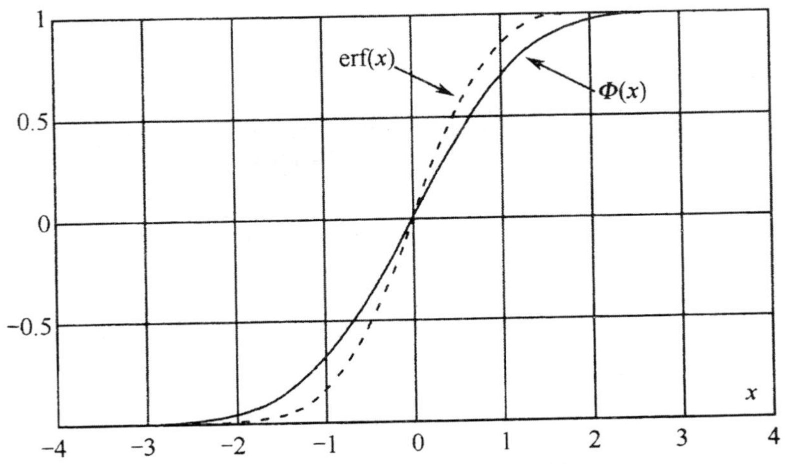

图 2-3　正态分布函数与误差函数

3. 卡方(中心化)分布

自由度为 ν 的卡方 PDF 定义为

$$p(x)=\begin{cases}\dfrac{1}{2^{\frac{\nu}{2}}\Gamma\left(\dfrac{\nu}{2}\right)}x^{\frac{\nu}{2}-1}\exp\left(-\dfrac{1}{2}x\right),x>0\\0,x<0\end{cases}\tag{2-1-15}$$

并用 χ_ν^2 表示。自由度 ν 假定是整数，且 $\nu\geqslant1$。函数 $\Gamma(u)$ 是伽马函数，它定义为

$$\Gamma(u)=\int_0^\infty t^{u-1}\exp(-t)\mathrm{d}t\tag{2-1-16}$$

对于任意的 u，有 $\Gamma(u)=(u-1)\Gamma(u-1)$，$\Gamma\left(\frac{1}{2}\right)=\sqrt{\pi}$ 对于整数 n，$\Gamma(n)=(n-1)!$ 可以计算出来。图 2-4 给出了概率密度函数的某些例子。概率密度函数随 ν 的增大而变成了高斯概率密度函数。注意，对于 $\nu=1$，当 $x=0$ 时，概率密度函数为无穷大。

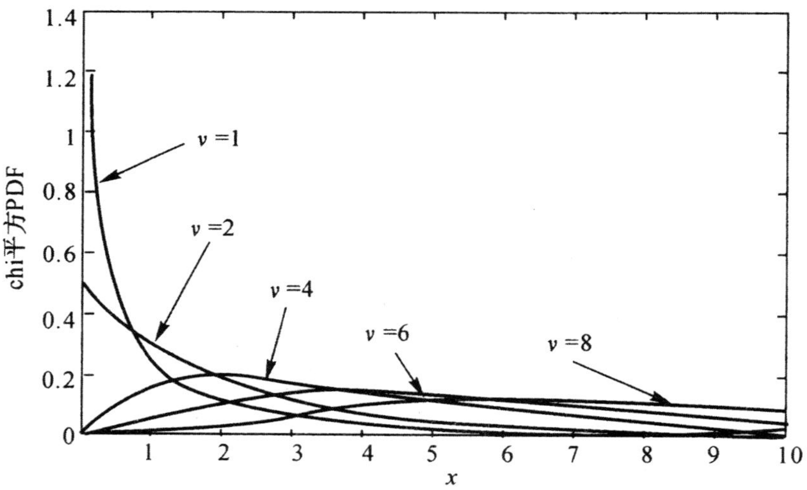

图 2-4　卡方随机变量的概率密度函数

卡方概率密度函数源于 $x=\sum_{i=1}^{\nu}x_i^2$ 的概率密度函数，其中 $x_i\sim N(0,1)$，且 x_i 是独立同分布的(Independent and Identically Distributed，IID)。也就是说 x_i 是相互独立的，且具有相同的 PDF。卡方分布的均值和方差分别为

$$E(x)=\nu$$
$$\mathrm{Var}(x)=2\nu$$

χ_ν^2 随机变量的右尾概率定义为

$$Q_{\chi_\nu^2}(x) = \int_x^{\infty} p(t)\mathrm{d}t$$

可以证明

$$Q_{\chi_\nu^2}(x)=\begin{cases}2(1-\Phi(\sqrt{x})),\nu=1\\ 2(1-\Phi(\sqrt{x}))+\dfrac{\exp\left(-\dfrac{1}{2}x\right)}{\sqrt{\pi}}\displaystyle\sum_{k=1}^{\frac{\nu-1}{2}}\dfrac{(k-1)!\ (2x)^{k-\frac{1}{2}}}{(2k-1)!},\nu>1\text{ 且 }\nu\text{ 为奇数}\\ \exp\left(-\dfrac{1}{2}x\right)\displaystyle\sum_{k=0}^{\frac{\nu}{2}-1}\dfrac{\left(\dfrac{x}{2}\right)^k}{k!},\nu>1\text{ 且 }\nu\text{ 为偶数}\end{cases} \tag{2-1-17}$$

4. 卡方(非中心化)分布

一般 χ_ν^2PDF 源于非零均值的 IID 高斯随机变量的平方之和，特别是如果 $x=\sum_{i=1}^{\nu}x_i^2$，其中 x_i 是独立的，且 $x_i\sim N(\mu_i,1)$，那么 x 就是具有 ν 个自由度的非中心卡方分布，非中心参量为 $\lambda=\sum_{i=1}^{\nu}\mu_i^2$。其 PDF 表示为

$$p(x)=\begin{cases}\dfrac{1}{2}\left(\dfrac{x}{\lambda}\right)^{\frac{\nu-2}{4}}\exp\left[-\dfrac{1}{2}(x+\lambda)\right]I_{\frac{\nu}{2}-1}(\sqrt{\lambda x}),x>0\\ 0,x<0\end{cases} \tag{2-1-18}$$

式中，$I_r(u)$ 是 r 阶第一类修正贝塞尔(Bessel)函数，它的定义为

$$I_r(u)=\frac{\left(\dfrac{1}{2}u\right)^r}{\sqrt{\pi}\,\Gamma\left(r+\dfrac{1}{2}\right)}\int_0^{\pi}\exp(u\cos\theta)\sin^{2r}\theta\mathrm{d}\theta \tag{2-1-19}$$

图 2-5 给出了概率密度函数的某些例子。随着 ν 变大，概率密度函数变成高斯的，当 $\lambda=0$ 时，非中心卡方 PDF 简化成中心卡方 PDF。自由度为 ν、非中心参量为 λ 的非中心卡方 PDF 用 $\chi'^2_\nu(\lambda)$ 表示。它的均值和方差分别为

$$E(x)=\nu+\lambda$$
$$\mathrm{Var}(x)=2\nu+4\lambda$$

5. 瑞利分布

瑞利 PDF 是由 $x=\sqrt{x_1^2+x_2^2}$ 得到的，其中 $x_1\sim N(0,\sigma^2)$，$x_2\sim N(0,\sigma^2)$，且 x_1，x_2 相互独立，它的 PDF 表示为

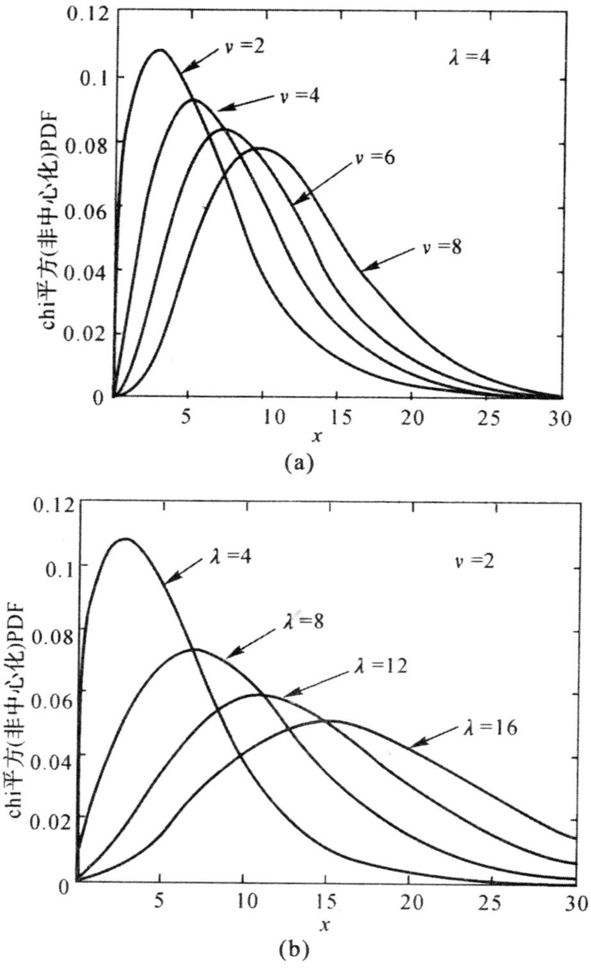

图 2-5　非中心卡方随机变量的概率密度函数

$$p(x)=\begin{cases}\dfrac{x}{\sigma^2}\exp\left(-\dfrac{1}{2\sigma^2}x^2\right), x>0\\0, x<0\end{cases} \tag{2-1-20}$$

瑞利分布的均值和方差为

$$E(x)=\sqrt{\frac{\pi\sigma^2}{2}}$$

$$\mathrm{Var}(x)=\left(2-\frac{\pi}{2}\right)\sigma^2$$

瑞利分布在通信中用来描述信道特性，雷达视频信号中的杂波和噪声也经常用瑞利分布来描述。瑞利分布概率密度函数($\sigma=0.5,1,2$)如图 2-6 所示。

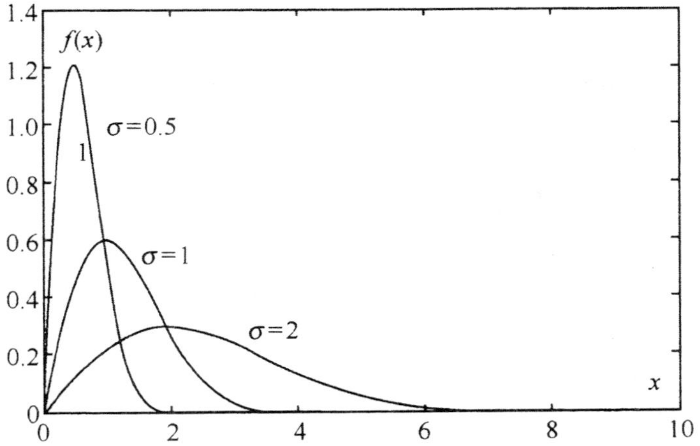

图 2-6　瑞利分布概率密度函数（σ=0.5,1,2）

6. 莱斯分布

莱斯 PDF 是由 $x=\sqrt{x_1^2+x_2^2}$ 的 PDF 得到的，其中 $x_1\sim N(\mu_1,\sigma^2)$，$x_2\sim N(\mu_2,\sigma^2)$，且 x_1，x_2 相互独立，它的 PDF 是

$$p(x)=\begin{cases}\dfrac{x}{\sigma^2}\exp\left[-\dfrac{1}{2\sigma^2}(x^2+\alpha^2)\right]I_0\left(\dfrac{\alpha x}{\sigma^2}\right),x>0\\0,x<0\end{cases}\qquad(2\text{-}1\text{-}21)$$

式中，$\alpha^2=\mu_1^2+\mu_2^2$，$I_0(u)=\dfrac{1}{\pi}\int_0^{\pi}\exp(u\cos\theta)\mathrm{d}\theta$。图 2-7 给出了当 $\sigma^2=1$ 时的概率密度函数，当 $\alpha^2=0$ 时，它化简为瑞利 PDF。

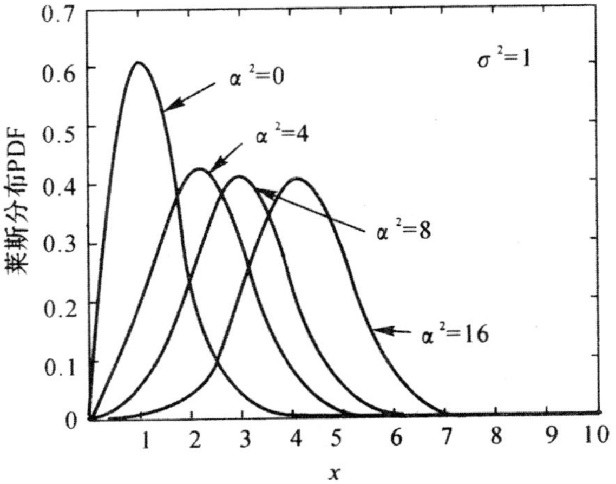

图 2-7　莱斯随机变量（$\sigma^2=1$）的概率密度函数

2.2 随机过程

2.2.1 连续随机过程的基本概念

如果所研究的对象具有随时间演变的随机现象，对其全过程进行一次观测得到的结果是时间 t 的函数，但对其变化过程独立地重复进行多次观测，则所得到的结果仍是时间 t 的函数，而且每次观测之前不能预知所得结果，这样的过程就是一个随机过程。

类似于随机变量的定义，可给出随机过程的定义：设 E 是随机试验，它的样本空间 $S=\{\zeta\}$，若对于每个 $\zeta\in S$，总有一个确知的时间函数 $x(t,\zeta)$，$t\in T$ 与它相对应，这样对于所有的 $\zeta\in S$，就可得到一族时间 t 的函数，称为随机过程。通常为了简便，书写时省去符号 ζ，而将随机过程记为 $X(t)$。族中的每一个函数称为这个随机过程的样本函数。

对于一个特定的试验结果 ζ_i，则 $x(t,\zeta_i)$ 是一个确知的时间函数，记为 $x_1(t)$，$x_2(t)\cdots$，称为样本空间中的一族样本函数。对于一个特定的时间 t，$x(t_i,\zeta)$ 取决于 ζ 是个随机变量，记为 $X_1(t)$，$X_2(t)\cdots$。根据随机过程的定义，可以用如图 2-8 所示的图形来描述一个连续的随机过程。

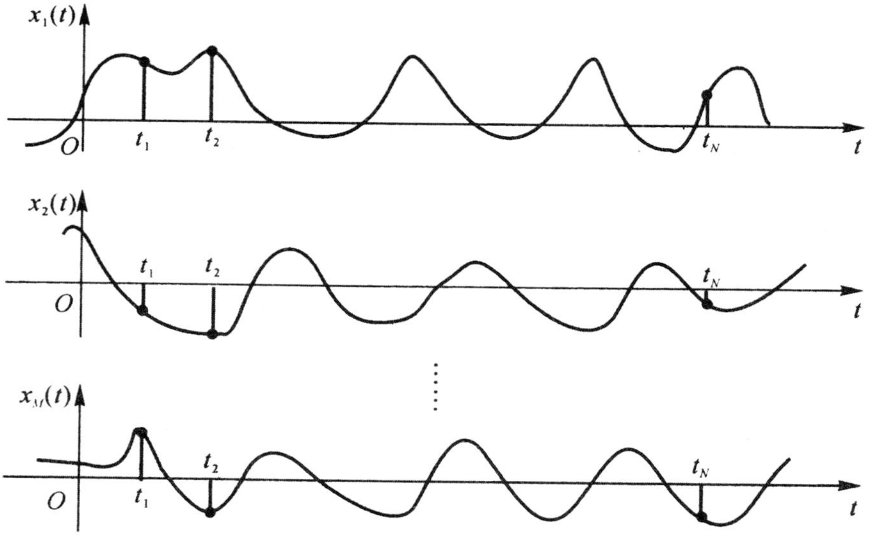

图 2-8 连续随机过程的 M 个样本函数图形

研究一族随机变量 $X_1(t),X_2(t)\cdots$ 的统计平均特性称为集平均，而研究某一样本函数的统计平均特性称为时间平均。

2.2.2　连续随机信号的概率密度函数

连续随机信号 $x(t)$ 在 t_k 时刻采样的样本为 $x(t_k)=(x_k;t_k)(k=1,2,\cdots,N)$，每个样本都是一个离散随机信号。对于任意 N 和 $X_1(t)$，$X_2(t)\cdots$，样本 $x(t_k)=(x_k;t_k)(k=1,2,\cdots,N)$ 构成 N 维离散随机信号矢量 $(\boldsymbol{x};\boldsymbol{t})=(x_1\quad x_2\quad\cdots\quad x_N;t_1\quad t_2\quad\cdots\quad t_N)^{\mathrm{T}}$，它的 N 维联合概率密度函数为

$$p(\boldsymbol{x};\boldsymbol{t})=p(x_1\quad x_2\quad\cdots\quad x_N;t_1\quad t_2\quad\cdots\quad t_N) \tag{2-2-1}$$

称为连续随机信号 $x(t)$ 的 N 维概率密度函数。

当 $N=1$ 和任意 t_k，$N=2$ 和任意 t_j,t_k，以及 $N\geqslant 3$ 和任意 $t_1,t_2,\cdots,t_N$ 时，连续随机信号 $x(t)$ 的 1 维、2 维、…、N 维概率密度函数分别为

$$p(x_k,t_k)$$

$$p(\boldsymbol{x};\boldsymbol{t})=p(x_j,x_k;t_j,t_k)\quad j\neq k$$

$$p(\boldsymbol{x};\boldsymbol{t})=p(x_1\quad x_2\quad\cdots\quad x_N;t_1\quad t_2\quad\cdots\quad t_N)$$

它们是 $x(t)$ 全部统计特性的数学描述。

2.2.3　随机过程的统计平均量

（1）随机过程的均值

$$\mu_X(t)=E[X(t)]=\int_{-\infty}^{+\infty}xp(x;t)\mathrm{d}x \tag{2-2-2}$$

随机过程的均值函数 $\mu_X(t)$ 在 t 时刻的值表示随机过程在该时刻状态取值的理论平均值。如果 $X(t)$ 是电压或电流，则 $\mu_X(t)$ 可以理解为在 t 时刻的“直流分量”。

（2）随机过程的均方值

$$\varphi_X^2(t)=E[X^2(t)]=\int_{-\infty}^{+\infty}x^2p(x;t)\mathrm{d}x \tag{2-2-3}$$

如果 $X(t)$ 是电压或电流，则 $\varphi_X^2(t)$ 可以理解为 t 时刻它在 1Ω 电阻上消耗的“平均功率”。

（3）随机过程的方差

$$\sigma_X^2(t)=E\{[X(t)-\mu_X(t)]^2\}=\int_{-\infty}^{+\infty}[x-\mu_X(t)]^2p(x;t)\mathrm{d}x \tag{2-2-4}$$

式中，$\sigma_X(t)$ 称为随机过程的标准偏差。方差 $\sigma_X^2(t)$ 表示随机过程在 t 时刻取值偏离其均值 $\mu_X(t)$ 的离散程度。如果 $X(t)$ 是电压或电流，则 $\sigma_X^2(t)$ 可以理解为 t 时刻它在 1Ω 电阻上消耗的“交流功率”。

容易证明

$$\sigma_X^2(t)=\varphi_X^2(t)-\mu_X^2(t) \tag{2-2-5}$$

(4)随机过程的自相关函数

$$\begin{aligned}R_X(t_j,t_k)&=E[X(t_j)X(t_k)]\\&=\int_{-\infty}^{+\infty}\int_{-\infty}^{+\infty}x_jx_kp(x_j,x_k;t_j,t_k)\mathrm{d}x_j\mathrm{d}x_k\end{aligned} \tag{2-2-6}$$

随机过程的自相关函数 $R_X(t_j,t_k)$ 可以理解为随机过程的两个随机变量 $X(t_j)$ 与 $X(t_k)$ 之间含有均值时相关程度的度量。显然

$$R_X(t,t)=\varphi_X^2(t) \tag{2-2-7}$$

(5)随机过程的自协方差函数

$$\begin{aligned}C_X(t_j,t_k)&=E[(X(t_j)-\mu_X(t_j))(X(t_k)-\mu_X(t_k))]\\&=\int_{-\infty}^{+\infty}\int_{-\infty}^{+\infty}(x_j-\mu_X(t_j))(x_j-\mu_X(t_k))p(x_j,x_k;t_j,t_k)\mathrm{d}x_j\mathrm{d}x_k\end{aligned} \tag{2-2-8}$$

随机过程的自协方差函数 $C_X(t_j,t_k)$ 表示随机过程的两个随机变量 $X(t_j)$ 与 $X(t_k)$ 之间的相关程度。它们的自相关系数定义为

$$\rho_X(t_j,t_k)=\frac{C_X(t_j,t_k)}{\sigma_X(t_j)\sigma_X(t_k)} \tag{2-2-9}$$

容易证明

$$C_X(t_j,t_k)=R_X(t_j,t_k)-\mu_X(t_j)\mu_X(t_k) \tag{2-2-10}$$

且有

$$C_X(t,t)=\sigma_X^2(t) \tag{2-2-11}$$

(6)随机过程的互相关函数

对于两个随机过程 $X(t)$ 和 $Y(t)$，其互相关函数定义为

$$\begin{aligned}R_{XY}(t_j,t_k)&=E[X(t_j)Y(t_k)]\\&=\int_{-\infty}^{+\infty}\int_{-\infty}^{+\infty}x_jy_kp(x_j,t_j;y_k,t_k)\mathrm{d}x_j\mathrm{d}y_k\end{aligned} \tag{2-2-12}$$

式中，$p(x_j,t_j;y_k,t_k)$ 是 $X(t)$ 和 $Y(t)$ 的二维混合概率密度函数。

(7)随机过程的互协方差函数

$$\begin{aligned}C_{XY}(t_j,t_k)&=E[(X(t_j)-\mu_x(t_j))(Y(t_k)-\mu_y(t_k))]\\&=\int_{-\infty}^{+\infty}\int_{-\infty}^{+\infty}(x_j-\mu_x(t_j))(y_k-\mu_y(t_k))p(x_j,t_j;y_k,t_k)\mathrm{d}x_j\mathrm{d}y_k\end{aligned} \tag{2-2-13}$$

随机过程 $X(t)$ 和 $Y(t)$ 的互协方差函数 $C_{XY}(t_j,t_k)$ 表示它们各自的随机变量 $X(t_j)$ 与 $Y(t_k)$ 之间的相关程度，实际上表示两个随机过程 $X(t)$ 和 $Y(t)$ 之间的相关程度。它们的互相关系数定义为

$$\rho_{XY}(t_j,t_k)=\frac{C_{XY}(t_j,t_k)}{\sigma_X(t_j)\sigma_Y(t_k)} \tag{2-2-14}$$

容易证明

$$C_{XY}(t_j,t_k)=R_{XY}(t_j,t_k)-\mu_X(t_j)\mu_Y(t_k) \tag{2-2-15}$$

设随机变量 Φ 在 $[0,2\pi]$ 上均匀分布。定义二维随机变量 $(X=\cos\Phi,Y=\sin\Phi)$。因为 $X^2+Y^2=1$，即 X 和 Y 的取值是相互制约的(图 2-9 为在平面上绘出的 X 和 Y 的随机试验结果)，因此不是独立的，但由于 $C_{XY}=0$，所以 X 和 Y 是互不相关的。

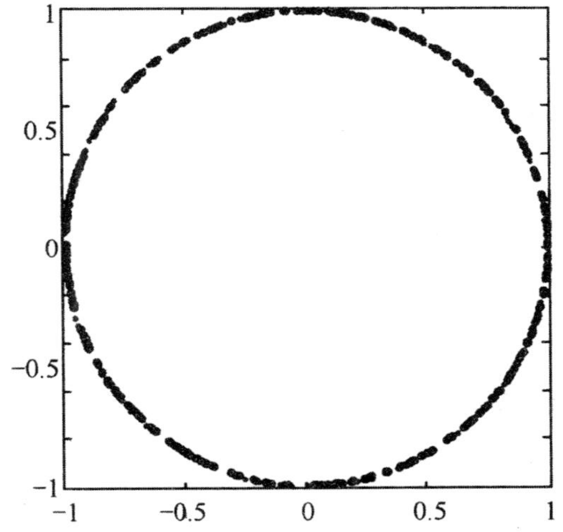

图 2-9　单位圆上的二维均匀分布

2.2.4　随机过程的平稳性和遍历性

(1)严平稳过程

如果对于任意时刻 τ，随机过程 $x(t)$ 的 n 维概率密度函数满足

$$p(x_1,x_2,\cdots,x_n;t_1,t_2,\cdots,t_n)=p(x_1,x_2,\cdots,x_n;t_1+\tau,t_2+\tau,\cdots,t_n+\tau) \tag{2-2-16}$$

即 n 维概率密度函数不受时间起点的影响，则称 $x(t)$ 是严平稳过程。

当 $n=1$ 时，式(2-2-16)为

$$p(x_1,t_1)=p(x_1,t_1+\tau) \tag{2-2-17}$$

即平稳过程的一维概率密度函数与时间无关，通常记作 $p(x)$。由此很容易推断平稳过程的均值和方差都与时间无关。平稳过程的二维概率密度函数与两个时刻 t_1 和 t_2 的绝对值无关，只与时间间隔 $\tau = t_1 - t_2$ 有关，即

$$p(x_1, x_2; t_1, t_2) = p(x_1, x_2; \tau) \tag{2-2-18}$$

平稳过程的自相关函数只与时间间隔有关，即

$$R_X(t_1, t_2) = R_X(\tau) \tag{2-2-19}$$

同理平稳过程的协方差函数也只与时间间隔有关。

判断随机过程是否为严平稳的，需要根据 n 维概率密度函数是否与时间起点有关来进行，这在实际当中通常是很难做到的。而宽平稳的定义只用到随机过程的一、二阶矩。

(2)广义平稳过程

若随机过程 $X(t)$的均值和相关函数存在且满足：

① $\mu_X(t) =$ 常数。

② $R_X(t, t+\tau) = R_X(t)$。

③ $E\{X^2(t)\} < \infty$。

则称 $X(t)$是宽平稳随机过程，又称为广义平稳过程。在没有特殊声明的情况下，实际应用中所说的平稳过程一般都指广义平稳过程。

若两个广义平稳随机过程 $X(t)$和 $Y(t)$ 的互相关函数满足 $R_{XY}(t, t+\tau) = R_{XY}(t)$，则称 $X(t)$和 $Y(t)$ 是联合广义平稳过程。

(3)非平稳的连续随机信号

既不满足严格平稳，也不满足广义平稳的连续随机信号，称为非平稳的连续随机信号。

(4)各态历经随机过程

定义样本函数的时间均值为

$$\overline{x(t)} = \lim_{T\to\infty} \frac{1}{2T}\int_{-T}^{T} x(t)\mathrm{d}t \tag{2-2-20}$$

其中，$x(t)$为随机过程 $X(t)$的某一个样本函数；T 为观测区间。

时间相关函数是时间平均的自相关函数，定义为

$$\overline{x(t+\tau)x(t)} = \lim_{T\to\infty} \frac{1}{2T}\int_{-T}^{T} x(t+\tau)x(t)\mathrm{d}t \tag{2-2-21}$$

一般来说，不同样本函数的时间平均不一定相同，而其集平均是一定的，因此，一般随机过程的时间平均并不等于其集平均。

如果一个平稳随机过程，它的各种集平均都以概率 1 等于其相应的各种时间平均，则称该平稳随机过程是“各态历经的”，或者说该过程是“遍历

的”。

如果对于平稳随机过程 $X(t)$ 的所有样本函数而言，有

$$m_X = \overline{x(t)} \tag{2-2-22}$$

以概率 1 成立，则称此过程的均值具有各态历经性。

如果对于平稳过程 $X(t)$ 的所有样本函数而言，有

$$R_X(\tau) = \overline{x(t+\tau)x(t)} \tag{2-2-23}$$

以概率 1 成立，则称此过程的自相关函数具有各态历经性。若仅当 $\tau = 0$ 时，式(2-2-23)成立，则称 $X(t)$ 的均方值具有各态历经性。

如果式(2-2-22)和式(2-2-23)均以概率 1 成立，则称平稳随机过程 $X(t)$ 是宽各态历经过程。下面除非特别指出，提到的各态历经均指宽各态历经。

对两个随机过程 $X(t)$ 和 $Y(t)$，如果它们各自都是各态历经的，并且时间互相关函数与统计互相关函数以概率 1 相等，即

$$\overline{x(t)y(t+\tau)} = E[X(t)Y(t+\tau)] = R_{XY}(\tau) \tag{2-2-24}$$

则称这两个随机过程是联合各态历经的。

对一般随机过程而言，时间平均是一个随机变量；但对各态历经过程而言，由上述定义可知，时间平均得到的结果趋于一个非随机的确定量。这就表明各态历经过程各样本函数的时间平均实际可以认为是相同的。于是，随机过程的时间平均也就可以由样本函数的时间平均来表示。因此，对于这类随机过程，我们可以直接用它的任意一个样本函数的时间平均来代替对整个随机过程统计平均的研究。这也正是引入各态历经概念的重要目的。这些性质给许多实际问题的解决带来了很大方便。例如，测量接收机的噪声，用一般的方法，就需要在同一条件下对数量极多的相同接收机同时进行测量和记录，然后用统计方法计算出所需的数学期望、相关函数等数字特征。若利用随机过程的各态历经性，则只要用一部接收机，在环境条件不变的情况下，对其输出进行长时间的记录，然后用求时间平均的方法，即可求得数学期望和相关函数等数字特征。当然，由于实际中对随机过程的观察时间总是有限的，因而用式(2-2-20)和式(2-2-21)取时间平均时，只能用有限的时间代替无限的时间，会给结果带来一定误差，这也是统计估值理论要解决的基本问题。

随机过程 $X(t) = Y$，Y 是方差不为零的随机变量。由于 $E\{X(t)\} = E\{Y\}$，而 $\overline{X(t)} = Y$。Y 是随机变量，$E(Y)$ 是常数，显然不满足各态历经性的条件，因此 $X(t)$ 不是各态历经过程，随机过程 $X(t) = Y$ 的样本函数如图 2-10 所示。

图 2-10 所示相当于很多经过特殊处理的色子，每个色子都只能出现 1

～6 个数字中的某一个。如果同时掷这些色子，则出现 1～6 中每个数字的色子的个数几乎是一样的，但如果反复掷一枚色子则总是出现同一个数字。显然这个过程不具有各态历经性，即某一个样本函数不论多长时间都不会经历随机过程的全部状态。

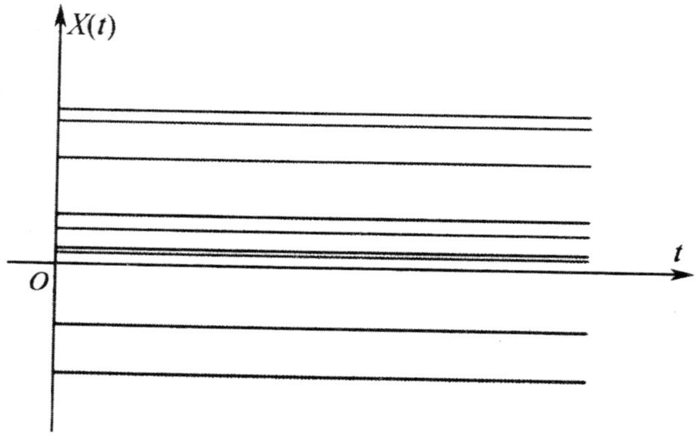

图 2-10　随机过程 $X(t)=Y$ 的样本函数

长时间跟踪具有各态历经性的随机过程的一个样本函数会经历随机过程全部的状态空间。图 2-11 和图 2-12 分别表示很长时间观测两个随机过程记录的样本函数，大概可以判断图 2-11 代表的随机过程不具有各态历经性，图 2-12 代表的随机过程有可能具有各态历经性。

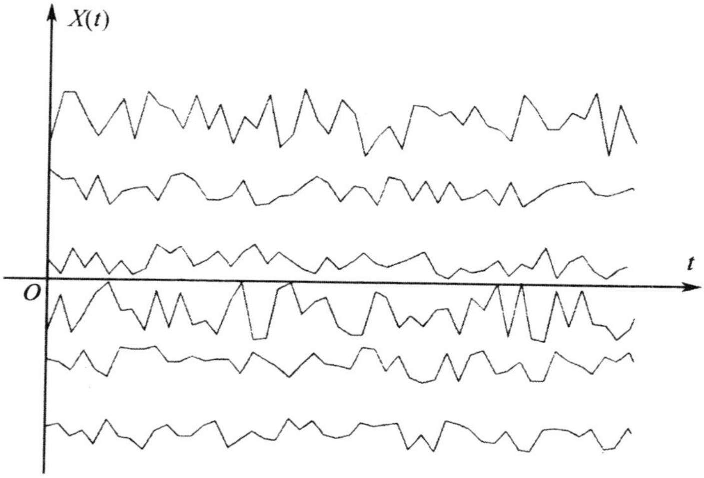

图 2-11　不具有各态历经性的随机过程的样本函数

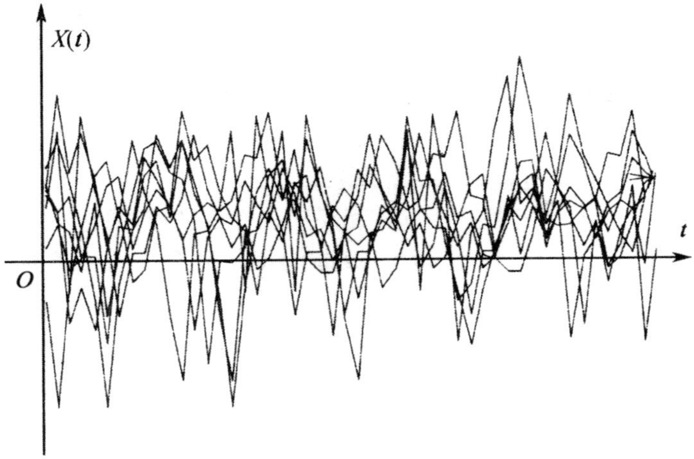

图 2-12 具有各态历经性的随机过程的样本函数

2.2.5 连续随机信号的正交性、互不相关性和相互统计独立性

1. 定义

①若连续随机信号的自相关函数满足

$$R_X(t_j,t_k)=0,j\neq k \tag{2-2-25}$$

或平稳条件下满足

$$R_X(\tau)=0,\tau=t_k-t_j,j\neq k \tag{2-2-26}$$

则称连续随机信号的两个样本 $X(t_j)$ 与 $X(t_k)$ 之间是正交的。

②若连续随机信号的自协方差函数满足

$$C_X(t_j,t_k)=0,j\neq k$$

或等价地满足 $R_X(t_j,t_k)=\mu_x(t_j)\mu_x(t_k),j\neq k$

而平稳条件下满足 $C_X(\tau)=0,\tau=t_k-t_j,j\neq k$

或等价地满足 $R_X(\tau)=\mu_x^2,j\neq k$

则称连续随机信号的两个样本 $X(t_j)$ 与 $X(t_k)$ 之间是互不相关的。

③若连续随机信号 $x(t)$的 N 维概率密度函数 $p(\boldsymbol{x};\boldsymbol{t})$ 满足

$$p(\boldsymbol{x};\boldsymbol{t})=p(x_1,x_2,\cdots,x_N;t_1,t_2,\cdots,t_N)=\prod_{k=1}^{N}p(\boldsymbol{x}_k;\boldsymbol{t}_k) \tag{2-2-27}$$

则称连续随机信号的样本 $X(t_j)$ 与 $X(t_k)$ 之间是相互统计独立的。

2. 关系

若随机过程 $X(t)$,其相互正交随机变量过程、互不相关随机变量过程和相互统计独立随机变量过程三者之间的关系有如下 3 个结论。

结论Ⅰ 如果 $\mu_x(t_j)=0,\mu_x(t_k)=0$，则相互正交随机变量过程等价为互不相关随机变量过程。

结论Ⅱ 如果 $X(t)$是一个相互统计独立随机变量过程，则它一定是一个互不相关随机变量过程。

结论Ⅲ 如果 $X(t)$是一个互不相关随机变量过程，则它不一定是相互统计独立随机变量过程，除非其随机变量是服从联合高斯分布的。这一结论可推广到任意 N 维的情况。这是高斯随机变量过程的又一重要特性，非常有用。

现在讨论两个随机过程 $X(t)$ 和 $Y(t)$ 之间的这些特性。设 $X(t_j)$ 是 $X(t)$ 在 t_j 时刻的随机变量，$Y(t_k)$ 是 $Y(t)$ 在 t_k 时刻的随机变量。如果

$$R_{XY}(t_j,t_k)=0 \tag{2-2-28}$$

对于任意的 t_j 和 t_k 时刻都成立，则称 $X(t)$和 $Y(t)$ 是相互正交的两个随机过程。如果

$$C_{XY}(t_j,t_k)=0 \tag{2-2-29}$$

对于任意的 t_j 和 t_k 时刻都成立，则称 $X(t)$和 $Y(t)$ 是互不相关的两个随机过程，其等价条件为

$$R_{XY}(t_j,t_k)=\mu_x(t_j)\mu_y(t_k) \tag{2-2-30}$$

如果 $X(t)$和 $Y(t)$ 是联合平稳的随机过程，则当

$$R_{XY}(\tau)=0,\tau=t_k-t_j \tag{2-2-31}$$

时，$X(t)$和 $Y(t)$ 是相互正交的平稳过程；而当

$$C_{XY}(\tau)=0,\tau=t_k-t_j \tag{2-2-32}$$

或

$$R_{XY}(\tau)=\mu_x\mu_y,\tau=t_k-t_j \tag{2-2-33}$$

时，$X(t)$和 $Y(t)$ 是互不相关的平稳过程。

如果随机过程 $X(t)$和 $Y(t)$ 对任意的 $N\geqslant 1,M\geqslant 1$ 和所有时刻 $t_k(k=1,2,\cdots,N)$与$t'_k(k=1,2,\cdots,M)$，其 $N+M$维联合概率密度函数都能够表示为

$$\begin{aligned}&p(x_1,x_2,\cdots,x_N;t_1,t_2,\cdots,t_N;y_1,y_2,\cdots,y_M;t'_1,t'_2,\cdots,t'_M)\\=&p(x_1,x_2,\cdots,x_N;t_1,t_2,\cdots,t_N)p(y_1,y_2,\cdots,y_M;t'_1,t'_2,\cdots,t'_M)\end{aligned} \tag{2-2-34}$$

则称 $X(t)$和 $Y(t)$ 是相互统计独立的两个随机过程。

显然，若 $X(t)$和 $Y(t)$ 的均值之一或同时等于零，则相互正交的 $X(t)$ 和 $Y(t)$ 也是互不相关的随机过程。若 $X(t)$ 和 $Y(t)$ 是相互统计独立的两个随机过程，则它们一定是互不相关的；互不相关的两个随机过程 $X(t)$和

$Y(t)$ 不一定是相互统计独立的，除非它们服从联合高斯分布，互不相关的两个过程才是统计独立的。

2.2.6 平稳连续随机信号的功率谱密度

1.功率谱密度的概念

平稳连续随机过程 $X(t)$的能量是无限的，不满足傅里叶变换的条件，但其功率通常是有限的，从而引出 $X(t)$的功率谱密度 $P_X(\omega)$，用来描述其功率在频域的分布特性。

2.自相关函数与功率谱密度之间的关系

根据维纳-辛钦定理，平稳连续随机过程 $X(t)$的自相关函数 $R_X(\tau)$ 与功率谱密度 $P_X(\omega)$ 之间构成傅里叶变换对，即

$$P_X(\omega) = \mathrm{FT}[R_X(\tau)] = \int_{-\infty}^{+\infty} R_X(\tau)\exp(-\mathrm{j}\omega\tau)\mathrm{d}\tau \tag{2-2-35}$$

$$R_X(\tau) = \mathrm{IFT}[P_X(\omega)] = \frac{1}{2\pi}\int_{-\infty}^{+\infty} P_X(\omega)\exp(\mathrm{j}\omega\tau)\mathrm{d}\omega \tag{2-2-36}$$

3.功率谱密度的主要性质

① $P_X(\omega)$ 是非负函数，即

$$P_X(\omega) \geqslant 0 \tag{2-2-37}$$

② $P_X(\omega)$ 是 ω 的偶函数，即

$$P_X(\omega) = P_X(-\omega) \tag{2-2-38}$$

③ $P_X(\omega)$ 与 $X(t)$的平均功率的关系如下

$$R_X(0) = \frac{1}{2\pi}\int_{-\infty}^{+\infty} P_X(\omega)\mathrm{d}\omega \tag{2-2-39}$$

因为 $R_X(0) = E[X^2(t)]$ 是平稳连续随机信号 $X(t)$的平均功率，所以式(2-2-39)是 $P_X(\omega)$ 与 $X(t)$平均功率的频域公式。

4.互相关函数与互功率谱密度的关系

设 $X(t)$和 $Y(t)$ 是各自平稳且联合平稳的连续随机信号，则其互相关函数 $R_{XY}(\tau)$ 与互功率谱密度 $P_{XY}(\omega)$ 之间构成傅里叶变换对，即

$$P_{XY}(\omega) = \mathrm{FT}[R_{XY}(\tau)] = \int_{-\infty}^{+\infty} R_{XY}(\tau)\exp(-\mathrm{j}\omega\tau)\mathrm{d}\tau \tag{2-2-40}$$

$$R_{XY}(\tau) = \mathrm{IFT}[P_{XY}(\omega)] = \frac{1}{2\pi}\int_{-\infty}^{+\infty} P_{XY}(\omega)\exp(\mathrm{j}\omega\tau)\mathrm{d}\omega \tag{2-2-41}$$

2.3 离散随机信号

对于一个连续随机信号 $X(t)$，以 T_s 为间隔进行等间隔的采样，可以得到一个随机序列，表示为

$$X(n)=X(t)\delta(t-nT_s),n=-\infty,\cdots,-1,0,1,\cdots,+\infty \tag{2-3-1}$$

由于 $X(t)$ 是随时间 t 变化的随机变量，$X(n)$ 自然是随着 n 变化的随机变量，称为时域离散随机信号（离散随机过程）。因整数 n 代表等间隔的时间增量，随机序列也常称为时间序列。

$X(n)$ 的实现或样本函数记为 $x(n)$，$X(n)$ 和 $x(n)$ 常记为 X_n 和 x_n。

2.3.1 随机序列的统计描述

1. 概率密度函数

随机序列 $X(n)$ 的一维概率分布函数和一维概率密度函数分别定义为

$$F(x_n;n)=P\{X(n)\leqslant x_n\} \tag{2-3-2}$$

$$p(x_n;n)=\frac{\partial F(x_n;n)}{\partial x_n} \tag{2-3-3}$$

二维概率分布函数和二维概率密度函数分别定义为

$$F(x_n,x_m;n,m)=P\{X(n)\leqslant x_n,X(m)\leqslant x_m\} \tag{2-3-4}$$

$$p(x_n,x_m;n,m)=\frac{\partial^2 F(x_n,x_m;n,m)}{\partial x_n\partial x_m} \tag{2-3-5}$$

依此类推，可以得到对应的 N 维概率分布函数和 N 维概率密度函数，即

$$F(x_1,\cdots,x_N;1,\cdots,N)=P\{X(1)\leqslant x_1,\cdots,X(N)\leqslant x_N\} \tag{2-3-6}$$

$$p(x_1,\cdots,x_N;1,\cdots,N)=\frac{\partial^2 F(x_1,\cdots,x_N;1,\cdots,N)}{\partial x_1\cdots\partial x_N} \tag{2-3-7}$$

概率密度函数具有如下主要特性。

①概率密度函数 $p(x)$ 是非负的，即

$$p(x)\geqslant 0 \tag{2-3-8}$$

②概率密度函数 $p(x)$ 的全域积分等于 1，即

$$\int_{-\infty}^{+\infty}p(x)\mathrm{d}x=1 \tag{2-3-9}$$

③离散随机信号 x 落在 $[a,b]$ 区间的概率 $P(a\leqslant x\leqslant b)$，等于其概

率密度函数 $p(x)$ 在该区间的积分，即

$$P(a \leqslant x \leqslant b)\int_a^b p(x)\mathrm{d}x \tag{2-3-10}$$

2. 离散随机信号的统计平均量

离散随机序列的数学期望

$$m_X(n) = E[X(n)] = \int_{-\infty}^{+\infty} xp(x;n)\mathrm{d}x \tag{2-3-11}$$

离散随机序列的均方值

$$\varphi_X^2 = E[|X(n)|^2] = \int_{-\infty}^{+\infty} |x|^2 p(x;n)\mathrm{d}x \tag{2-3-12}$$

离散随机序列的方差

$$\begin{aligned}\sigma_X^2(n) &= D[X(n)] = E[|X(n) - m_X(n)|^2] \\ &= E[|X(n)|]^2 - |[m_X(n)]|^2\end{aligned} \tag{2-3-13}$$

离散随机序列的自相关函数与自协方差函数分别定义为

$$R_X(n,m) = E[X^*(n)X(m)] = \int_{-\infty}^{+\infty}\int_{-\infty}^{+\infty} x_n^* x_m p(x_n, x_m; n, m)\mathrm{d}x_n\mathrm{d}x_m \tag{2-3-14}$$

$$\begin{aligned}C_X(n,m) &= E[(X(n) - m_X(n))^*(X(m) - m_X(m))] \\ &= R_X(n,m) - m_X^*(n)m_X(m)\end{aligned} \tag{2-3-15}$$

自相关函数与自协方差函数有时也记为 $r_{XX}(n,m)$ 与 $\mathrm{cov}(X_n, X_m)$。互相关函数与互协方差函数分别定义为

$$R_{XY}(n,m) = E[X^*(n)Y(m)] = \int_{-\infty}^{+\infty}\int_{-\infty}^{+\infty} x_n^* y_m p(x_n, y_m; n, m)\mathrm{d}x_n\mathrm{d}y_m \tag{2-3-16}$$

$$\begin{aligned}C_{XY}(n,m) &= E[(X(n) - m_X(n))^*(Y(m) - m_Y(m))] \\ &= R_{XY}(n,m) - m_X^*(n)m_Y(m)\end{aligned} \tag{2-3-17}$$

以上是从随机过程的角度进行的统计描述。对于一个固定的 n，$X(n)$ 是一个随机变量，一个 N 点有限长的随机序列可以构成一个 N 维的随机向量，记为 $\boldsymbol{X} = [X_1 \quad X_2 \quad \cdots \quad X_N]^{\mathrm{T}}$。因此，可以从随机向量的角度研究随机序列。定义均值向量为

$$\boldsymbol{M}_X = [m_{X_1} \quad m_{X_2} \quad \cdots \quad m_{X_N}]^{\mathrm{T}} \tag{2-3-18}$$

自相关矩阵为

$$\boldsymbol{R}_X = E[\boldsymbol{X}\boldsymbol{X}^{\mathrm{H}}] = \begin{bmatrix} r_{11} & \cdots & r_{1N} \\ \vdots & & \vdots \\ r_{N1} & \cdots & r_{NN} \end{bmatrix}, r_{ij} = E[X_i^* X_j] \tag{2-3-19}$$

协方差矩阵为

$$C_X = E[(\boldsymbol{X}-\boldsymbol{M}_X)(\boldsymbol{X}-\boldsymbol{M}_X)^{\mathrm{H}}] = \begin{bmatrix} c_{11} & \cdots & c_{1N} \\ \vdots & & \vdots \\ c_{N1} & \cdots & c_{NN} \end{bmatrix},$$

$$c_{ij} = E[(X_i - m_{X_i})^* (X_j - m_{X_j})] \tag{2-3-20}$$

容易证明,协方差矩阵与自相关矩阵之间的关系为

$$\boldsymbol{C}_X = \boldsymbol{R}_X - \boldsymbol{M}_X\boldsymbol{M}_X^{\mathrm{H}} \tag{2-3-21}$$

对于一般随机序列,自相关矩阵与协方差矩阵具有以下两个性质:

①厄米特(Hermitian)对称性:即 $\boldsymbol{R}_X = \boldsymbol{R}_X^{\mathrm{H}}, \boldsymbol{C}_X = \boldsymbol{C}_X^{\mathrm{H}}$。

②半正定性:即对任意 N 维非随机向量,$f = [f_1, f_2, \cdots, f_N]^{\mathrm{T}}$,总有,$\boldsymbol{f}^{\mathrm{H}}\boldsymbol{R}_X\boldsymbol{f} \geqslant 0, \boldsymbol{f}^{\mathrm{H}}\boldsymbol{C}_X\boldsymbol{f} \geqslant 0$。

注意:对于矩阵 $\boldsymbol{A}$,$\boldsymbol{A}^{\mathrm{T}}$ 是 $\boldsymbol{A}$ 的转置,$\boldsymbol{A}^{\mathrm{H}}$ 则是 $\boldsymbol{A}$ 的 Hermitian 转置(共轭转置),对于实矩阵有 $\boldsymbol{A}^{\mathrm{T}} = \boldsymbol{A}^{\mathrm{H}}$。

2.3.2 平稳随机序列

与连续平稳随机过程概念相同,严格平稳随机序列,是指它的 N 维概率分布函数或 N 维概率密度函数与时间 n 的起始位置无关,其统计特征不随时间的平移而发生变化。如果将随机序列在时间上平移 k,其统计特征满足

$$p(x_1, x_2, \cdots, x_N; 1, 2, \cdots, N) = p(x_{1+k}, x_{2+k}, \cdots, x_{N+k}; 1+k, 2+k, \cdots, N+k) \tag{2-3-22}$$

同样,如果一个随机序列的均值和均方差不随 n 改变,相关函数仅是时间差的函数,则将其称为广义(宽)平稳随机序列,简称为平稳随机序列。即对于平稳随机序列,有

$$\begin{cases} E[X(n)] = E[X(n+m)] = m_X \\ E[|X(n)|^2] = E[|X(n+m)|^2] \\ E[|X(n)-m_X|^2] = E[|X(n+m)-m_X|^2] \\ R_X(n,n+m) = R_X(m) \\ C_X(n,n+m) = C_X(m) = R_X(m) - |m_X|^2 \end{cases} \tag{2-3-23}$$

对于两个各自平稳且联合平稳的随机序列,其互相关函数与互协方差函数分别为

$$R_{XY}(n,n+m) = E[X^*(n)Y(n+m)] = R_{XY}(m) \tag{2-3-24}$$

$$\begin{aligned} C_{XY}(n,n+m) &= E[(X(n)-m_X)^*(Y(n+m)-m_Y)] \\ &= C_{XY}(m) \end{aligned} \tag{2-3-25}$$

显然，对于自相关函数和互相关函数，有 $R_X^*(m)=R_X(-m)$，$R_{XY}^*(m)=R_{YX}(-m)$。同样，如果 $C_{XY}(m)=0$，称两个随机序列互不相关；如果 $R_{XY}(m)=0$，称两个随机序列正交。

实平稳随机序列的相关函数、协方差函数具有以下重要性质：

① $R_X(0)=E[X^2(n)]$。

② $R_X(m)=R_X(-m)$，$C_X(m)=C_X(-m)$，$R_{XY}(m)=R_{YX}(-m)$，$C_{XY}(m)=C_{YX}(-m)$。

③ $|R_X(m)|\leqslant R_X(0)$。

④ $\lim\limits_{m\to\infty}R_X(m)=m_X^2$，$\lim\limits_{m\to\infty}R_{XY}(m)=m_Xm_Y$。

⑤ $C_X(m)=R_X(m)-m_X^2$，$C_X(0)=\sigma_X^2$。

对由 N 点有限长平稳随机序列构成的 N 维随机向量 $\boldsymbol{X}=[X_1\quad X_2\quad\cdots\quad X_N]^{\mathrm{T}}$，其自相关矩阵式(2-3-19)和协方差矩阵式(2-3-20)除满足对称性与半正定性外，均为厄米特-托普利(Hermitian-Toeplitz)矩阵。自相关矩阵(协方差阵类似)可写为

$$\boldsymbol{R}_X=\begin{bmatrix} r_0 & r & \cdots & r_{N-1} \\ r_1^* & r_0 & \cdots & \vdots \\ \vdots & \vdots & & r_1 \\ r_{N-1}^* & \cdots & r_1^* & r_0 \end{bmatrix} \tag{2-3-26}$$

该矩阵左上右下对角线上的元素均相同，此性质根据平稳随机序列的定义容易证明。这样只需要知道第一行或第一列元素的值，则整个矩阵便可唯一确定。对实平稳随机序列，式(2-3-26)对应实矩阵，就是常用的托普利兹矩阵形式。托普利兹矩阵在数字信号处理的快速算法中特别有用，对该形式矩阵的求逆、分解等各种运算的快速算法研究也是一个专门的方向。

设 $x(n)$ 是平稳随机序列 $X(n)$ 的一个样本序列，其时间平均定义为

$$\overline{x(n)}=\lim_{N\to\infty}\frac{1}{2N+1}\sum_{n=-N}^{N}x(n) \tag{2-3-27}$$

时间自相关函数为

$$\overline{x^*(n)x(n+m)}=\lim_{N\to\infty}\frac{1}{2N+1}\sum_{n=-N}^{N}x^*(n)x(n+m) \tag{2-3-28}$$

如果平稳随机序列 $X(n)$ 满足

$$\overline{x(n)}=m_X=E[X(n)]$$

$$\overline{x^*(n)x(n+m)}=R_X(m)=E[X^*(n)X(n+m)] \tag{2-3-29}$$

则称此随机序列具有各态历经性。与连续随机过程一样，对于各态历经的随机序列，可以直接用它的任一个样本函数的时间平均来代替对整个随机序列统计平均的研究，从而给许多实际问题的解决带来了很大方便。

平稳随机序列的功率谱密度定义为其自相关函数的傅里叶变换，即

$$S_X(\omega)=\sum_{m=-\infty}^{\infty}R_X(m)\mathrm{e}^{-\mathrm{j}\omega m} \tag{2-3-30}$$

其逆变换为

$$R_X(m)=\frac{1}{2\pi}\int_{-\pi}^{\pi}S_X(\omega)\mathrm{e}^{\mathrm{j}\omega m}\,\mathrm{d}\omega \tag{2-3-31}$$

式(2-3-30)和式(2-3-31)就是平稳随机序列的维纳-辛钦定理。对于实平稳序列，其功率谱具有如下性质：

①功率谱是 ω 的偶函数，即 $S_X(\omega)=S_X(-\omega)$。

②功率谱是实的非负函数，即 $S_X(\omega)\geqslant 0$。

2.3.3 随机信号的采样定理

对于平稳随机信号，如果其功率谱严格限制在某一有限频带内，该随机信号称为带限随机信号。如果平稳随机信号 $X(t)$ 的功率谱 $S_X(\omega)$ 满足

$$S_X(\omega)=0,\ |\omega|\geqslant\omega_c \tag{2-3-32}$$

则称为低通带限随机信号。其中，ω_c 表示功率谱的最高截止频率。

设以采样间隔 T_s 对平稳随机信号 $X(t)$ 进行采样，采样后随机序列为 $X(n)$，当采样频率满足 $\omega_s=\dfrac{2\pi}{T_s}\geqslant 2\omega_c$ 时，采样插值公式为

$$\hat{X}(t)=\sum_{n=-\infty}^{\infty}X(n)\frac{\sin\omega_c(t-nT_s)}{\omega_c(t-nT_s)} \tag{2-3-33}$$

可以证明，在均方意义上，$\hat{X}(t)$ 等于 $X(t)$，即 $E[|\hat{X}(t)-X(t)|^2]=0$。也可以表示为对 $X(t)$ 的采样展开形式，即

$$X(t)=\lim_{N\to\infty}\sum_{n=-N}^{N}X(n)\frac{\sin\omega_c(t-nT_s)}{\omega_c(t-nT_s)} \tag{2-3-34}$$

其中，lim 用于表示在均方意义下的收敛。

式(2-3-34)表明，一个平稳连续随机过程 $X(t)$ 可以用一族确定的正交函数基 $\sin\omega_c(t-nT_s)/\omega_c(t-nT_s)$ 的展开来表示，而基函数的系数就是该过程在固定间隔采样后的随机变量 $X(n)$。但对于非平稳随机过程，式(2-3-34)并不成立。此外，由于自相关函数和功率谱是对所有样本统计平均计算的结果，所以，式(2-3-34)只在统计平均意义下成立。对于 $X(t)$ 的某一个样本函数(实现)$x(t)$，若其采样序列为 $x(n)$，则

$$x(t)=\sum_{n=-\infty}^{\infty}x(n)\frac{\sin\omega_c(t-nT_s)}{\omega_c(t-nT_s)} \tag{2-3-35}$$

并不总成立，因为确定信号 $x(t)$ 的带宽完全可能大于采样频率。这是随机

信号采样和确定信号采样理论在概念上的不同之处。

为了讨论 $X(t)$与 $X(n)$功率谱之间的关系，暂时记 $X(t)$的功率谱为 $S_{X_t}(\omega)$，自相关函数为 $R_{X_t}(\tau)$，$X(n)$的功率谱为 $S_{X_n}(\omega)$，自相关函数为 $R_{X_n}(m)$。由于 $R_{X_n}(m)$ 是 $R_{X_t}(\tau)$ 的采样结果，采样间隔也是 T_s，自相关函数与功率谱是傅里叶变换对的关系，且均是确定性函数，所以，可以得到与确定性信号采样完全相同的结论，即

$$S_{X_n}(\omega) = \frac{1}{T_s}\sum_{k=-\infty}^{\infty} S_{X_t}(\omega + k\omega_s) \tag{2-3-36}$$

即时域离散化带来频域功率谱的周期化，且周期就是采样频率。

2.3.4　时间序列信号模型

对于平稳随机序列，除了用自相关函数和功率谱进行研究外，还可以从时间序列分析的角度进行研究，即时间序列信号模型方法。基本思想是将所要研究的平稳随机序列看作一个由典型噪声序列 $u(n)$ 激励一个线性系统而产生的输出。这种噪声源一般是自序列，信号模型如图 2-13 所示。其中，$H(z)$ 是该线性稳定系统的系统函数。

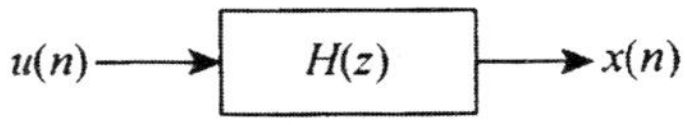

图 2-13　信号模型

假设信号模型用一个 p 阶差分方程描述，即

$$x(n)+a_1x(n-1)+\cdots+a_px(n-p)=u(n)+b_1u(n-1)+\cdots+b_qu(n-q) \tag{2-3-37}$$

根据系数取值的情况，将模型分为以下 3 种。

1. 滑动平均模型(Moving Average，MA)

当式(2-3-37)中 $a_i = 0(i = 1,2,\cdots,p)$ 时，该模型称为 MA 模型。其模型差分方程和系统函数分别表示为

$$x(n) = u(n) + b_1u(n-1) + \cdots + b_qu(n-q) \tag{2-3-38}$$

$$H(z) = 1 + b_1z^{-1} + \cdots + b_qz^{-q} \tag{2-3-39}$$

式(2-3-39)表明该模型只有零点，没有除原点以外的极点。因此，该模型也称为全零点模型。如果模型全部零点都在单位圆内部，则是一个最小相位系统，且模型是可逆的。

2. 自回归模型(Autoregressive,AR)

当式(2-3-37)中 $b_i=0(i=1,2,\cdots,q)$ 时,该模型称为 AR 模型。其模型差分方程和系统函数分别为

$$x(n)+a_1x(n-1)+\cdots+a_px(n-p)=u(n) \tag{2-3-40}$$

$$H(z)=\frac{1}{1+a_1z^{-1}+\cdots+a_pz^{-p}} \tag{2-3-41}$$

式(2-3-41)表明该模型只有极点,没有除原点以外的零点。因此,该模型也称为全极点模型。只是当全部极点都在单位圆内部时,模型才稳定。

3. 自回归-滑动平均模型(ARMA)

当模型差分方程式(2-3-37)中 $a_i(i=1,2,\cdots,p)$ 和 $b_i(i=1,2,\cdots,q)$ 均不全为零时,则模型称为 ARMA 模型。所对应的系统函数为

$$H(z)=\frac{B(z)}{A(z)}=\frac{1+b_1z^{-1}+\cdots+b_qz^{-q}}{1+a_1z^{-1}+\cdots+a_pz^{-p}} \tag{2-3-42}$$

若 $u(n)$ 是均值为 0、方差为 σ^2 的自序列,则由随机信号通过线性系统的理论可知,输出序列的功率谱为

$$S_x(\omega)=\frac{\sigma^2\left|B(e^{j\omega})\right|^2}{\left|A(e^{j\omega})\right|^2} \tag{2-3-43}$$

AR 模型、MA 模型和 ARMA 模型是功率谱估计中最主要的参数模型,也是现代谱估计理论的基础。其中,AR 模型的正则方程是一组线性方程,而 MA 模型和 ARMA 模型是非线性方程。由于 AR 模型具有一系列好的性能,所以,该模型是一种研究最多并获得广泛应用的模型。

2.4 高斯过程与白噪声

2.4.1 高斯过程

若随机过程 $X(t)$ 在任意时刻 $t_i(i=1,2,\cdots,n)$ 对应的 n 维随机变量 $\{X_i=X(t_i),t_i(i=1,2,\cdots,n)\}$ 服从高斯分布,则称 $X(t)$ 为高斯过程。高斯过程具有一些重要性质。

性质 1 宽平稳的高斯过程一定是严平稳的。

若 $X(t)$ 为宽平稳高斯过程,则

$$E[X(t)]=\mu_X$$

$$R_X(t,t+\tau)=R_X(\tau)$$

其一维概率密度函数为

$$f_1(x,t)=\frac{1}{\sqrt{2\pi}\sigma}e^{-\frac{(x-\mu_X)^2}{2\sigma^2}}$$

二维概率密度函数为

$$f_2(x_1,x_2;t_1,t_2)=\frac{1}{2\pi\sigma^2\sqrt{1-\rho_X^2(\tau)}}e^{-\frac{(x_1-\mu_1)^2+(x_2-\mu_2)^2-2\rho_X(\tau)(x_1-\mu_1)(x_2-\mu_2)}{2\sigma^2[1-\rho_X^2(\tau)]}}$$

其中，$\rho_X(\tau)=\dfrac{C_X(\tau)}{\sigma_X(t_1)\sigma_X(t_2)}$为随机过程 $X(t)$的自相关系数。

高斯过程的一维概率密度函数与时间无关，二维概率密度函数与时间起点无关。同理，其 n 维概率密度函数也与时间起点无关。因此 $X(t)$是严平稳的。一个随机过程是否为严平稳的一般很难直接判断，而判断宽平稳比较容易。因此对于高斯过程可以通过宽平稳的条件直接判断是否为严平稳的。

性质2 若平稳高斯过程在任意两个时刻 t_i,t_j 不相关，即 $X(t_i)$ 与 $X(t_j)$ 的协方差函数 $C_X(t_i,t_j)=0$，则 $X(t_i)$ 与 $X(t_j)$ 是互相独立的。即

$$\begin{aligned}f_2(x_1,x_2;t_1,t_2)&=\frac{1}{2\pi\sigma^2}e^{-\frac{(x_1-\mu_X)^2+(x_2-\mu_X)^2}{2\sigma^2}}\\&=f_1(x_1,t_1)f_1(x_2,t_2)\end{aligned}$$

考虑到过程是平稳的，上式也可以表示为

$$f_2(x_1,x_2)=f_1(x_1)f_1(x_2)$$

该性质也可以推广到 n 个时刻。若平稳高斯过程在任意 n 个时刻 $t_i(i=1,2,\cdots,n)$，两两互不相关，$X(t_i)$ 的 n 维联合概率密度函数可表示为

$$\begin{aligned}f_n(x_1,x_2,\cdots,x_n;t_1,t_2,\cdots,t_n)&=\prod_{i=1}^{n}\frac{1}{\sqrt{2\pi}\sigma}e^{-\frac{(x_i-\mu_X)^2}{2\sigma^2}}\\&=f_1(x_1,t_1)f_1(x_2,t_2)\cdots f_1(x_n,t_n)\end{aligned}$$

一般来说，构造随机过程的高维概率密度函数是很困难的，只有当随机过程的各个时刻的随机变量都是相互独立的(独立过程)，其高维概率密度函数才可以直接由各个时刻的一维概率密度函数确定。而判断随机过程(或随机变量)的独立性也是很困难的。相比之下，判断随机变量是否不相关要容易得多。因此，对于平稳高斯过程，只要知道采样点之间是不相关的，则很容易构造出其高维联合概率密度函数。

2.4.2 白噪声

噪声是典型的随机信号，即随机过程，因此一般用概率密度或功率谱密度来描述。按照概率分布，常见的噪声（杂波）有高斯分布的（如热噪声）、均匀分布的（如随机相位）、瑞利分布的（如雷达海面杂波）等。按照功率谱密度分为白噪声和非白噪声（或称为有色噪声）。

功率谱密度恒为常数的随机信号称为白噪声。用 $S_N(\omega)$ 表示噪声的功率谱密度，则对于白噪声有

$$S_N(\omega) = \frac{1}{2}n_0, -\infty < \omega < \infty \tag{2-4-1}$$

其中，n_0 为常数；常数 1/2 是由于这里讨论的均为实噪声信号，其功率谱密度是双边的，白噪声的功率谱密度如图 2-14 所示，与其对应的复噪声单边功率谱密度的高度为 n_0。

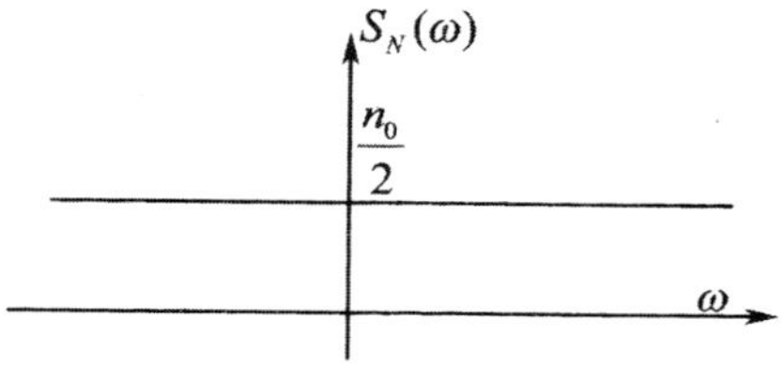

图 2-14　白噪声的功率谱密度

根据白噪声的功率谱密度可知，白噪声的均值应当为零，否则功率谱密度在 $\omega=0$ 处会出现一个冲激成分。

根据维纳-辛钦定理，可得到白噪声的自相关函数（图 2-15）为

$$R_N(\tau) = \frac{1}{2}n_0\delta(t) \tag{2-4-2}$$

即白噪声的自相关函数为冲激函数。因为均值为零，所以白噪声的相关函数与协方差函数相等。

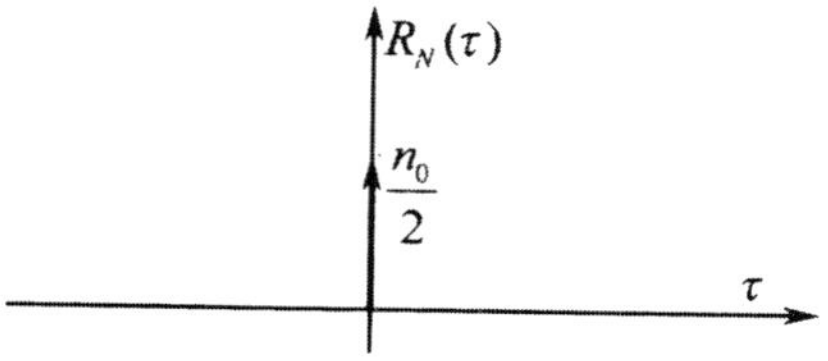

图 2-15　白噪声的自相关函数

白噪声的自相关系数为

$$\rho_N(\tau)=\begin{cases}1,\tau=0\\0,\tau\neq 0\end{cases} \tag{2-4-3}$$

1. 低通白噪声

理想白噪声通过一个理想低通滤波器后的功率谱密度(图 2-16a)可表示为

$$S_N(\omega)=\begin{cases}\dfrac{n_0}{2},|\omega|\leqslant\Delta\omega\\0,其他\end{cases} \tag{2-4-4}$$

根据傅里叶变换的性质,其相关函数(图 2-16b)为

$$R_N(\tau)=\frac{n_0\sin(\Delta\omega\tau)}{2\pi\tau}=\frac{1}{2}n_0\Delta\omega\mathrm{sinc}\left(\frac{\Delta\omega\tau}{\pi}\right) \tag{2-4-5}$$

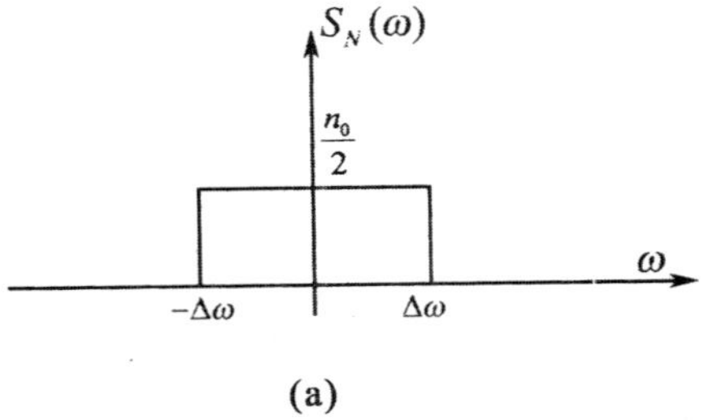

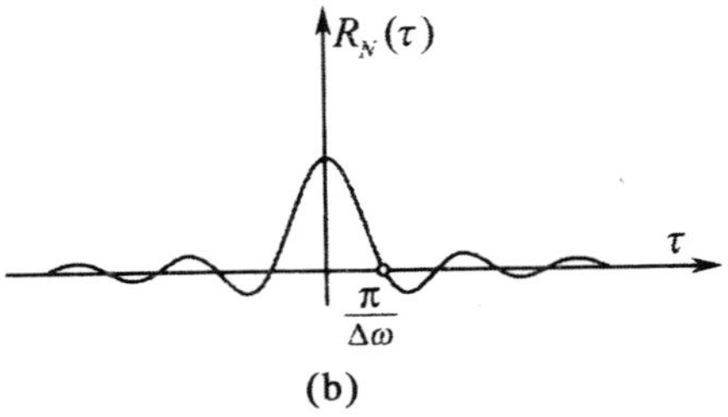

图 2-16 白噪声通过理想低通滤波器后的功率谱密度和相关函数

2. 带通白噪声

理想白噪声通过一个理想带通滤波器后的功率谱密度(图 2-17)可表示为

$$S_N(\omega)=\begin{cases}\dfrac{n_0}{2},|\omega\pm\omega_0|<\Delta\omega\\0,其他\end{cases} \tag{2-4-6}$$

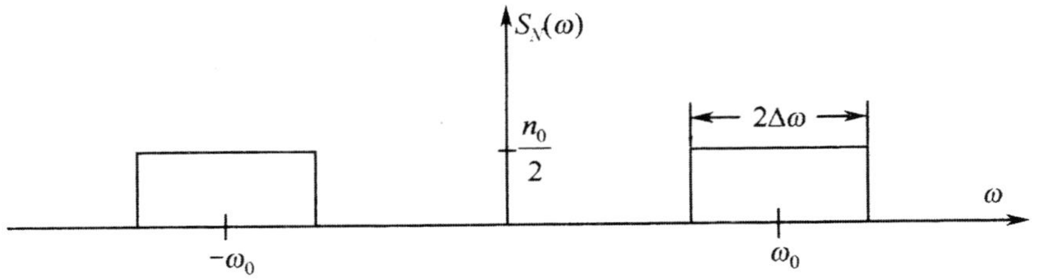

图 2-17 白噪声通过理想带通滤波器后的功率谱密度

白噪声通过理想带通滤波器后的相关函数为

$$R_N(\tau) = \frac{1}{2}n_0\Delta\omega\mathrm{sinc}(\Delta\omega\tau/\pi)\cos(\omega_0\tau) = a(\tau)\cos(\omega_0\tau) \quad (2\text{-}4\text{-}7)$$

其中，$a(\tau) = \frac{1}{2}n_0\Delta\omega\mathrm{sinc}(\Delta\omega\tau/\pi)$ 为 $R_N(\tau)$ 的包络。可见带通白噪声相关函数的包络与低通白噪声的相关函数具有同样的形状，只不过是调制在载波频率等于滤波器的中心频率 ω_0 的载波上。

如果白噪声通过一个频率响应函数为 $H(\omega)$ 的非理想低通（或带通）滤波器（频率响应非平坦的任意实际线性系统），则输出噪声的功率谱密度为

$$S_Y(\omega) = S_X(\omega)\,|H(\omega)|^2 = \frac{1}{2}n_0\,|H(\omega)|^2 \quad (2\text{-}4\text{-}8)$$

输出噪声的功率谱密度是非平坦的，即输出为有色噪声。

2.5 窄带高斯过程

2.5.1 窄带随机过程

对于信号 $x(t) = a(t)\cos[\omega_0 t + \Phi(t)]$，若 $x(t)$ 的频谱集中在以 ω_0 为中心的 $\Delta\omega$ 内，且 $\Delta\omega \ll \omega_0$，则称 $x(t)$ 为窄带信号。其中，$a(t)$ 为幅度调制信号，或称为包络；$\Phi(t)$ 为相位调制信号。相对于载波频率 ω_0 而言，$a(t)$ 和 $\Phi(t)$ 都是慢变化的。

伴随窄带信号的噪声为窄带随机过程。窄带过程的每个样本函数都是一个窄带信号。窄带过程表示为

$$X(t) = A(t)\cos[\omega_0 t + \Phi(t)] \quad (2\text{-}5\text{-}1)$$

其中，$A(t)$ 为窄带过程的包络；$\Phi(t)$ 为窄带过程的相位。$A(t)$ 和 $\Phi(t)$ 均为随机过程，且相对载波频率 ω_0 都是慢变化的。因此窄带过程可以看作幅度和相位随机调制的正弦振荡。窄带过程通常用功率谱密度来定义：如果一个随机过程的功率谱密度集中在以 ω_0 为中心的有限带宽 $\Delta\omega$ 内，且 $\Delta\omega \ll \omega_0$，则称其为窄带过程。

式(2-5-1)可以展开为

$$X(t) = A(t)\cos[\Phi(t)]\cos(\omega_0 t) - A(t)\sin[\Phi(t)]\sin(\omega_0 t) \quad (2\text{-}5\text{-}2)$$

令

$$\begin{cases} A_C(t) = A(t)\cos[\Phi(t)] \\ A_S(t) = A(t)\sin[\Phi(t)] \end{cases} \quad (2\text{-}5\text{-}3)$$

$A_C(t)$和 $A_S(t)$分别称为 $X(t)$的同相分量和正交分量。由式(2-5-3)，有

$$\begin{cases} A(t) = \sqrt{A_C^2(t) + A_S^2(t)}, A(t) \geqslant 0 \\ \Phi(t) = \arctan \dfrac{A_S(t)}{A_C(t)}, |\Phi(t)| \leqslant \pi \end{cases} \tag{2-5-4}$$

$X(t)$可表示为

$$X(t) = A_C(t)\cos(\omega_0 t) - A_S(t)\sin(\omega_0 t) \tag{2-5-5}$$

设 $X(t)$为广义平稳的零均值实窄带过程，对其进行希尔伯特变换，根据希尔伯特变换的性质，得

$$\hat{X}(t) = A_C(t)\sin(\omega_0 t) - A_S(t)\cos(\omega_0 t) \tag{2-5-6}$$

根据式(2-5-5)和式(2-5-6)，可得

$$\begin{cases} A_C(t) = X(t)\cos(\omega_0 t) + \hat{X}(t)\sin(\omega_0 t) \\ A_S(t) = \hat{X}(t)\cos(\omega_0 t) - X(t)\sin(\omega_0 t) \end{cases} \tag{2-5-7}$$

随机过程 $A_C(t)$和 $A_S(t)$分别可以看作随机过程 $X(t)$经过线性变换(即通过线性系统)的结果，因此 $A_C(t)$和 $A_S(t)$也都是零均值的平稳过程。

若 $X(t)$的自相关函数为 $R_X(\tau)$，则 $A_C(t)$和 $A_S(t)$的自相关函数为

$$R_{A_C}(\tau) = R_{A_S}(\tau) = R_X(\tau)\cos(\omega_0 \tau) + \hat{R}_X(\tau)\sin(\omega_0 \tau) \tag{2-5-8}$$

其中，$\hat{R}_X(\tau)$ 是 $R_X(\tau)$ 的希尔伯特变换。将 $\tau = 0$ 代入式(2-5-8)，得

$$R_{A_C}(0) = R_{A_S}(0) = R_X(0) \tag{2-5-9}$$

根据相关函数的性质，可知 $A_C(t)$和 $A_S(t)$与 $X(t)$具有相同的平均功率。

$A_C(t)$和 $A_S(t)$的互相关函数为

$$R_{A_C A_S}(t, t+\tau) = R_{A_S A_C}(t, t+\tau) = R_X(\tau)\sin(\omega_0 \tau) - \hat{R}_X(\tau)\cos(\omega_0 \tau) \tag{2-5-10}$$

可见，$A_C(t)$和 $A_S(t)$是联合平稳的。因为实信号的相关函数是偶函数，偶函数的希尔伯特变换是奇函数，所以 $R_{A_C A_S}(\tau)$ 和 $R_{A_S A_C}(\tau)$ 都是奇函数。而奇函数一定通过坐标原点，因此有

$$R_{A_C A_S}(0) = R_{A_S A_C}(0) = 0 \tag{2-5-11}$$

即 $A_C(t)$和 $A_S(t)$在同一时刻相互正交。又因为 $A_C(t)$和 $A_S(t)$都是零均值的，所以 $A_C(t)$和 $A_S(t)$在同一时刻也是互不相关的。

2.5.2 窄带高斯过程

服从正态分布的窄带过程称为窄带高斯过程。通信、雷达等系统中的高频噪声通常用窄带高斯过程来描述。假设 $X(t)$是零均值、方差为 σ^2 的平稳窄带高斯过程，那么 $X(t)$可以表示为

$$X(t) = A(t)\cos[\omega_0 t + \Phi(t)] = A_C(t)\cos(\omega_0 t) - A_S(t)\sin(\omega_0 t) \tag{2-5-12}$$

因为 $A_C(t)$ 和 $A_S(t)$ 均可看作 $X(t)$ 通过线性系统的输出，而高斯过程通过线性系统的输出仍为高斯过程，所以 $A_C(t)$ 和 $A_S(t)$ 均服从零均值的高斯分布。又知 $A_C(t)$ 和 $A_S(t)$ 与 $X(t)$ 具有相同的平均功率，所以 $A_C(t)$ 和 $A_S(t)$ 的方差也是 σ^2。根据前面的分析，$A_C(t)$ 和 $A_S(t)$ 在同一时刻也是互不相关的。对于高斯分布，不相关与统计独立等价，所以在同一时刻，$A_C(t)$ 和 $A_S(t)$ 相互独立，其二维联合概率密度函数等于各自一维（边缘）概率密度函数之积。用 a_C 和 a_S 分别表示 $A_C(t)$ 和 $A_S(t)$ 在 t 时刻的状态（随机变量），a 和 ϕ 分别表 $A(t)$ 和 $\Phi(t)$ 在 t 时刻的状态，则 $A_C(t)$ 和 $A_S(t)$ 在 t 时刻的二维联合概率密度函数可表示为

$$f_{A_C A_S}(a_C, a_S) = f_{A_C}(a_C) f_{A_S}(a_S) = \frac{1}{2\pi\sigma^2}\exp\left(-\frac{a_C^2 + a_S^2}{2\sigma^2}\right) \tag{2-5-13}$$

根据式(2-5-13)可得 $A(t)$ 和 $\Phi(t)$ 在 t 时刻的联合概率密度函数为

$$f_{A\Phi}(a,\phi) = |J| f_{A_C A_S}[a_C(a,\phi), a_S(a,\phi)] \tag{2-5-14}$$

其中，J 为雅可比行列式，根据式(2-5-13)，可得 $J = a$。整理式(2-5-14)可得

$$f_{A\Phi}(a,\phi) = \frac{a}{2\pi\sigma^2}\exp\left(-\frac{a^2}{2\sigma^2}\right), a \geqslant 0, |\phi| \leqslant \pi \tag{2-5-15}$$

由 (a,ϕ) 的联合分布，根据边缘分布的定义，可分别求出 a 和 ϕ 的概率密度函数

$$f_A(a) = \int_{-\pi}^{\pi} f_{A\Phi}(a,\phi)\mathrm{d}\phi = \frac{a}{\sigma^2}\exp\left(-\frac{a^2}{2\sigma^2}\right), a \geqslant 0 \tag{2-5-16}$$

$$f_\Phi(\phi) = \int_0^\infty f_{A\Phi}(a,\phi)\mathrm{d}a = \frac{1}{2\pi}, |\phi| \leqslant \pi \tag{2-5-17}$$

显然，$f_{A\Phi}(a,\phi) = f_A(a) f_\Phi(\phi)$。因此，$A(t)$ 和 $\Phi(t)$ 在同一时刻也是相互独立的。所以，窄带高斯过程的包络过程 $A(t)$ 和瞬时相位过程 $\Phi(t)$ 分别服从瑞利分布和均匀分布，且两者是相互独立的。

第 3 章　信号检测

现实生活中，人们常常会根据观测数据对事件产生的原因做出判决。例如，在 GPS 系统中，根据接收机接收信号判断是否含有 GPS 信号；再如，根据天气观测所获数据预测某地区次日的天气情况等。这些问题都是需要利用假设检验理论来解决的判决问题。

3.1　经典检测理论

3.1.1　假设检验

二元信号状态统计检测理论的模型如图 3-1 所示。

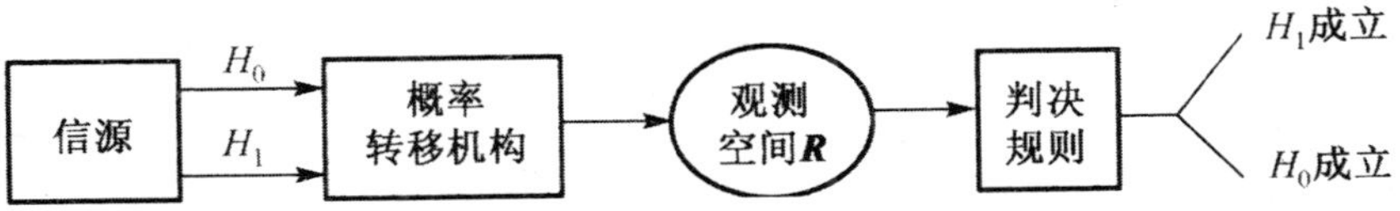

图 3-1　二元信号状态统计检测理论的模型

模型由以下 4 部分组成。

(1)信源

信源在某一时刻产生、输出两种信号状态中的一种。为了分析方便，我们把输出的两种状态信号分别标记为假设 H_0 与假设 H_1。

(2)概率转移机构

概率转移机构将信源输出的假设 $H_j(j=0,1)$ 为真的信号以概率 $P_j(j=0,1)$ 映射到观测空间。

(3)观测空间 $\boldsymbol{R}$

它是观测信号可能取值的整个空间。观测空间 $\boldsymbol{R}$ 将概率转移机构映射来的信源输出信号，叠加观测噪声，形成观测信号的集合。观测信号可以是一维的随机信号 x；也可以是 N 维的随机信号矢量 $\boldsymbol{x}$。假设 H_0 为真时

的观测信号矢量 $\boldsymbol{x}$，简称为观测信号矢量 $(\boldsymbol{x}|H_0)$，其概率密度函数为 $p(\boldsymbol{x}|H_0)$；假设 H_1 为真时的观测信号矢量 $\boldsymbol{x}$，简称为观测信号矢量 $(\boldsymbol{x}|H_1)$，其概率密度函数为 $p(\boldsymbol{x}|H_1)$。

(4)判决规则

观测空间形成观测信号 $\boldsymbol{x}$，作为信号的接收方，观测到信号矢量 $\boldsymbol{x}$ 后，并不知道该信号是 $(\boldsymbol{x}|H_0)$ 和 $(\boldsymbol{x}|H_1)$ 观测信号矢量中的哪一个，因此需要进行信号状态的判决。观测信号矢量 $(\boldsymbol{x}|H_0)$ 与 $(\boldsymbol{x}|H_1)$ 的统计特性并不是完全相同的。基于它们两者之间的差别，根据采用的信号检测准则，将观测空间 $\boldsymbol{R}$ 划分为两个子空间 R_0 和 R_1，对于硬判决而言，两个子空间的划分要满足

$$\bigcup_{i=0}^{1} R_i = \boldsymbol{R} \tag{3-1-1}$$

$$R_i \cap R_j = \varnothing \quad i,j=0,1 \quad i \neq j \tag{3-1-2}$$

对观测信号矢量 $\boldsymbol{x}$，无论它是 $(\boldsymbol{x}|H_0)$ 和 $(\boldsymbol{x}|H_1)$ 观测信号矢量中的哪一个，当 $\boldsymbol{x}$ 落入 R_0 子空间时，则判决假设 H_0 成立；当 $\boldsymbol{x}$ 落入 R_1 子空间时，则判决假设 H_1 成立，如图 3-2 所示。最佳划分两个子空间 R_0 和 R_1，能够实现信号状态的最佳检测。

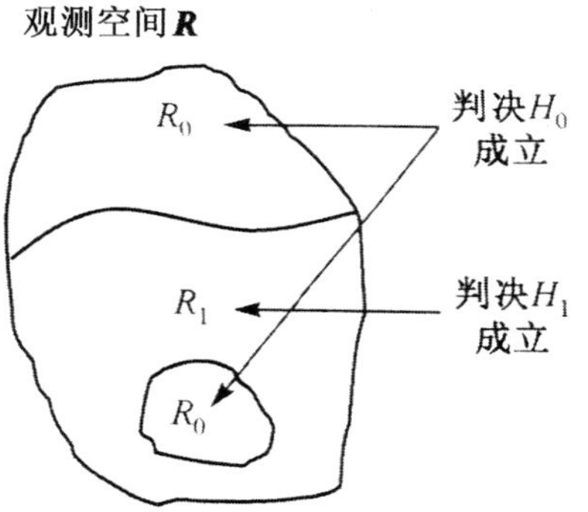

图 3-2　二元信号状态统计检测子空间划分示意图

3.1.2　优化准则

判决规则是检测问题中一个至关重要的部分，判决准则也称为优化准则，就是根据观测值 x 来选择其中的一个假设 H_0 或 H_1，使得判决结果或判决性能在某种意义上达到最优。

在二元假设检验问题中，假定信源输出受先验概率 $P(H_0)$、$P(H_1)$ 控

制，即

①$P(H_0)$——假设 H_0 存在的概率。

②$P(H_1)$——假设 H_1 存在的概率。

我们称 $P(H_0)$、$P(H_1)$ 为先验概率，因为它们是在对观测量 x 进行统计检验之前就已经知道了，故而称为“先验”概率。

在二元假设检验问题中只有两个假设，或为 H_0 或为 H_1，二者必居其一，互不相容，即有

$$P(H_0)+P(H_1)=1 \tag{3-1-3}$$

显然，一个合理的判决准则是在观测结果 x 已知条件下，选择事件 H_0 或 H_1 出现概率大的那一个事件，即通过比较 $P(H_0|x)$、$P(H_1|x)$ 的大小来判定是选择 H_0 还是选择 H_1。即当

$$P(H_1|x)>P(H_0|x) \tag{3-1-4}$$

或

$$\frac{P(H_1|x)}{P(H_0|x)}>1 \tag{3-1-5}$$

时，选择 H_1，否则选择 H_0。上述判决过程可以简化写成下列表达式

$$\frac{P(H_1|x)}{P(H_0|x)}\underset{H_0}{\overset{H_1}{\gtrless}}1 \tag{3-1-6}$$

式(3-1-6)通常称为判决表达式。因为 $P(H_0|x)$、$P(H_1|x)$ 两个条件概率是在得到观测值 x 后事件 H_0 或 H_1 出现的概率，所以称它们为后验概率。根据式(3-1-6)进行判决的准则称为最大后验概率准则。

如果观测值 x 是一个连续随机变量，那么判决规则用概率密度函数表示往往更方便。对于连续随机变量 x，设 $p(x)$ 表示 x 的概率密度，则有

$$P(H_0|x)=\frac{p(x|H_0)}{p(x)}p(H_0) \tag{3-1-7}$$

和

$$P(H_1|x)=\frac{p(x|H_1)}{p(x)}p(H_1) \tag{3-1-8}$$

于是，式(3-1-6)的判决表达式可写成

$$\frac{p(x|H_1)P(H_1)}{p(x|H_0)P(H_0)}\underset{H_0}{\overset{H_1}{\gtrless}}1 \tag{3-1-9}$$

或

$$\frac{p(x|H_1)}{p(x|H_0)}\underset{H_0}{\overset{H_1}{\gtrless}}\frac{P(H_0)}{P(H_1)}=\frac{P(H_0)}{1-P(H_0)}=\eta \tag{3-1-10}$$

其中，转移概率密度函数 $p(x|H_1)$ 和 $p(x|H_0)$ 通常称为似然函数，它们的比称为似然比，似然比定义为

$$\Lambda(x)=\frac{p(x|H_1)}{p(x|H_0)} \tag{3-1-11}$$

所以,似然比检测的判决表示式为

$$\Lambda(x)\underset{H_0}{\overset{H_1}{\gtrless}}\eta \tag{3-1-12}$$

其中,η 为判决门限。

根据式(3-1-12)组成的检测系统如图 3-3a 所示,该系统称为似然比处理器,有时也称为最优处理器。似然比处理器由似然比计算装置与门限装置两个基本部分组成。

似然比有以下两个重要性质。

①似然比是非负的。因为条件概率密度函数 $p(x|H_i)(i=0,1)$ 是非负的,所以 $\Lambda(x)$ 也是非负的。

②似然比 $\Lambda(x)$ 是一维随机变量。

从式(3-1-10)可以看出,似然比处理器的检测门限电平大小由假设 H_0 和 H_1 的先验概率 $P(H_0)$ 和 $P(H_1)$ 决定。容易得出,H_0 的先验概率 $P(H_0)$ 越大,就更倾向于选择 H_0;而从式(3-1-10)可以看出,当 $P(H_0)$ 大时,门限 $P(H_0)/P(H_1)$ 就大,似然比 $\Lambda(x)$ 超过门限的可能性就小,这样选择 H_0 的机会就更大。类似的说法对 H_1 的情况也是适用的。

在一些应用中,有关假设 H_0 或 H_1 出现的先验概率是不知道的,这时也许设

$$P(H_0)=P(H_1)=\frac{1}{2} \tag{3-1-13}$$

是合理的,此时门限电平为 1,专门称为最大似然比准则。它是最大后验概率准则的特例。

似然比判决表达式(3-1-12)通常是可以化简的。例如,在高斯噪声中的信号检测问题,因为似然函数是指数函数,所以似然比 $\Lambda(x)$ 也是指数函数,此时,对似然比判决表达式(3-1-12)两边取自然对数,这样就可以去掉似然比中的指数形式,从而使判决式得到简化。这样,信号检测的判决表达式变为

$$\ln\Lambda(x)\underset{H_0}{\overset{H_1}{\gtrless}}\ln\eta \tag{3-1-14}$$

式(3-1-14)称为对数似然比检验,它对应的系统原理框图如图 3-3b 所示。

有时,对似然比检验表达式(3-1-12)采用一些其他方法进行化简,使得判决表达式的左边是观测量 x 的最简函数 $\sigma(x)$,而判决表达式右边变为另一个门限 γ。这样,判决表达式变为

$$\sigma(x) \underset{H_0}{\overset{H_1}{\gtrless}} \gamma \tag{3-1-15}$$

或

$$\sigma(x) \underset{H_1}{\overset{H_0}{\gtrless}} \gamma \tag{3-1-16}$$

其中，$\sigma(x)$称为检验统计量；γ 为检测门限。通过检验统计量 $\sigma(x)$进行判决的系统原理框图如图 3-3c 和图 3-3d 所示。

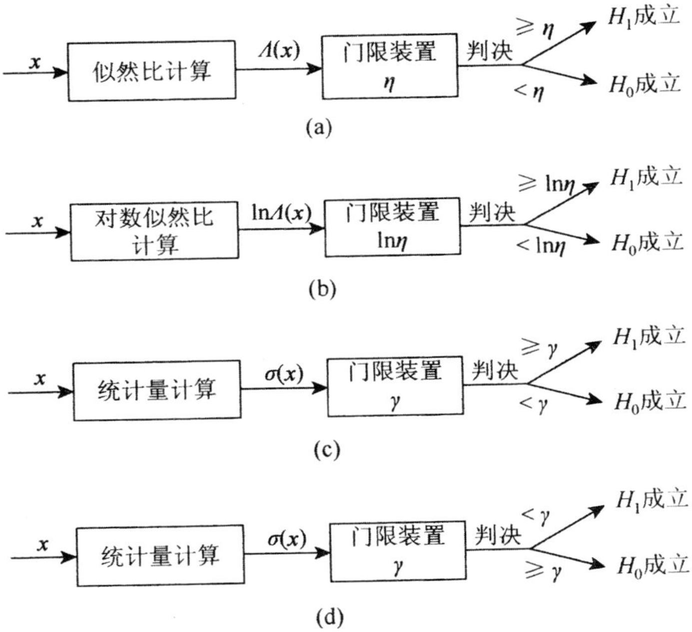

图 3-3 二元假设信号检验原理框图

(a)似然比检验；(b)对数似然比检验；(c)统计量 $\sigma(y)$检验；(d)统计量 $\sigma(y)$检验

图 3-3 所示的 4 种信号检测方法从本质来说都是一样的，它们只是实现上有不同的形式。

3.1.3 信号检测性能

对于二元假设检验问题，在进行判决时可能发生下列 4 种情况。

①H_0 为真，判决为 H_0，记为 $(H_0|H_0)$。

②H_1 为真，判决为 H_1，记为 $(H_1|H_1)$。

③H_0 为真，判决为 H_1，记为 $(H_1|H_0)$。

④H_1 为真，判决为 H_0，记为 $(H_0 \mid H_1)$。

其中，情况①、②属于正确判决；情况③、④属于错误判决。

对应每一种判决结果 $(H_i \mid H_j)(i,j=0,1)$，有相应的判决概率 $P(H_i \mid H_j)(i,j=0,1)$，它表示在假设 H_j 为真的条件下，判决为假设 H_i 的概率。设似然函数为 $p(x \mid H_j)(j=0,1)$，判决规则把整个观测空间 $\boldsymbol{R}$ 划分为区域 R_0 和 R_1，则判决概率 $P(H_i \mid H_j)(i,j=0,1)$ 为

$$P(H_i \mid H_j)(i,j=0,1)=\int_{R_i} p(\boldsymbol{x} \mid H_j)\mathrm{d}\boldsymbol{x}, \quad i,j=0,1 \tag{3-1-17}$$

在雷达信号检测中，通常假设 H_0 对应信号不存在或目标不存在，H_1 对应信号存在或目标存在，这时定义以下几个概念：

$$P_D=P(H_1 \mid H_1)=\int_{R_1} p(\boldsymbol{x} \mid H_1)\mathrm{d}\boldsymbol{x} \tag{3-1-18}$$

$$P_F=P(H_1 \mid H_0)=\int_{R_1} p(\boldsymbol{x} \mid H_0)\mathrm{d}\boldsymbol{x} \tag{3-1-19}$$

$$P_M=P(H_0 \mid H_1)=\int_{R_0} p(\boldsymbol{x} \mid H_1)\mathrm{d}\boldsymbol{x}=1-P_D \tag{3-1-20}$$

其中，条件概率 P_D 表示信号存在判定为信号存在的概率，称为检测概率（当有目标时视为有目标）；条件概率 P_F 表示信号不存在判定为信号存在的概率，称为虚警概率（当没有目标时视为有目标）；条件概率 P_M 表示信号存在判定为信号不存在，称为漏警概率（当有目标时视为没有目标）；总错误概率 P_e 为

$$P_e=P(H_0 \mid H_1)P(H_1)+P(H_1 \mid H_0)P(H_0) \tag{3-1-21}$$

从式(3-1-21)可以看出，总错误概率 P_e 不仅与两类错误概率有关，而且与两个先验概率 $P(H_0)$、$P(H_1)$有关。对于二元通信系统一类的设备，用总错误概率表示比较合适。

3.2　二元信号的贝叶斯检测准则

在许多事例中，各类错误造成的损失或付出的代价是不同的，如雷达信号检测问题，虚警和漏警所造成的损失就大不相同。在假设检验理论中，采用对各类判决分别规定不同的代价或代价函数来反映这种损失的不同。

定义 c_{ij} 为假设 H_j 为真，实际上却选择了假设 H_i 的代价，通常称为代价函数。$c_{ij}(i \neq j)$ 表示错误判决的代价，c_{jj} 表示正确判决的代价。在许多实际应用问题中，代价函数是难以规定的，如在雷达信号检测中，要定量地规定虚警、漏警的代价是极其困难的，甚至是不可能的。一般来说，不管怎

样规定，都应该规定错误判决的代价大于正确判决的代价，即 $c_{ij} > c_{jj}(i \neq j)$。

为简便起见，还是讨论二元假设信号检测问题，它只有两个假设，即 H_1 和 H_0，有两种判断，即 H_1 和 H_0。这时，代价函数有4个，它们分别如下：

①c_{00}：假设 H_0 为真，实际上选择了假设 H_0 所付出的代价。

②c_{11}：假设 H_1 为真，实际上选择了假设 H_1 所付出的代价。

③c_{01}：假设 H_1 为真，实际上选择了假设 H_0 所付出的代价。

④c_{10}：假设 H_0 为真，实际上选择了假设 H_1 所付出的代价。

贝叶斯准则是在假设 $H_i(i=0,1)$ 的先验概率 $P(H_i)(i=0,1)$ 已知，各种判决代价函数已知的情况下，使得因各种判断付出的平均代价最小的准则，或者说，贝叶斯准则使得因各种判断而承担的风险最小，因此，贝叶斯准则也叫最小平均风险准则。

有了各种判断的代价函数，很容易计算出平均代价 C（又称为平均风险）。在二元假设信号检测问题中，只有4种判断，即假设 H_i 判为 $H_j(j=0,1)$，则平均代价为

$$
\begin{aligned}
C = {} & c_{00}P(H_0)P(H_0 \mid H_0) + c_{10}P(H_0)P(H_1 \mid H_0) \\
& + c_{11}P(H_1)(H_1 \mid H_1) + c_{01}P(H_1)(H_0 \mid H_1)
\end{aligned} \tag{3-2-1}
$$

用似然函数 $p(x \mid H_0)$、$p(x \mid H_1)$ 和判决区域 R_0、R_1。将风险表达式(3-2-1)写为

$$
\begin{aligned}
C = {} & c_{00}P(H_0)\int_{R_0} p(\boldsymbol{x} \mid H_0)\mathrm{d}\boldsymbol{x} + c_{10}P(H_0)\int_{R_1} p(\boldsymbol{x} \mid H_0)\mathrm{d}\boldsymbol{x} \\
& + c_{11}P(H_1)\int_{R_1} p(\boldsymbol{x} \mid H_1)\mathrm{d}\boldsymbol{x} + c_{01}P(H_1)\int_{R_0} p(\boldsymbol{x} \mid H_1)\mathrm{d}\boldsymbol{x}
\end{aligned} \tag{3-2-2}
$$

注意到

$$
\begin{cases}
P(H_0) + P(H_1) = 1 \\
\int_{R_0} p(\boldsymbol{x} \mid H_0)\mathrm{d}\boldsymbol{x} + \int_{R_1} p(\boldsymbol{x} \mid H_0)\mathrm{d}\boldsymbol{x} = 1 \\
\int_{R_0} p(\boldsymbol{x} \mid H_1)\mathrm{d}\boldsymbol{x} + \int_{R_1} p(\boldsymbol{x} \mid H_1)\mathrm{d}\boldsymbol{x} = 1
\end{cases} \tag{3-2-3}
$$

有

$$
\begin{aligned}
C = {} & c_{10}P(H_0) + c_{11}P(H_1) + (c_{01} - c_{11})P(H_1)P(H_0 \mid H_1) \\
& - (c_{10} - c_{00})P(H_0)P(H_0 \mid H_0) \\
= {} & c_{10}P(H_0) + c_{11}P(H_1) \\
& + \int_{R_0} [(c_{01} - c_{11})P(H_1)p(\boldsymbol{x} \mid H_1) - (c_{10} - c_{00})P(H_0)p(\boldsymbol{x} \mid H_0)]\mathrm{d}\boldsymbol{x}
\end{aligned} \tag{3-2-4}
$$

式(3-2-4)的前两项是常数项,与判决规则无关,积分项表示由分配到判决区域 R_0 的那些点所控制的代价。为使得平均风险 C 最小,只要积分项取值最小即可。假定错误判决的代价高于正确判决的代价(这样的假设是合理的),即

$$\begin{cases} c_{10} > c_{00} \\ c_{01} > c_{11} \end{cases} \tag{3-2-5}$$

这样,平均风险 C 中两积分项本身均应为非负值。因此,为使风险 C 最小,凡使第一积分项大于第二积分项的所有 $\boldsymbol{x}$ 值都应当包括在 R_1 中,因为它们对积分提供一个正值。同样,凡使第二积分项大于第一积分项的所有 $\boldsymbol{x}$ 值都应当包括在 R_0 中,因为它们对积分提供一个负值。如果两积分项相等,则 $\boldsymbol{x}$ 值对代价没有影响,可以任意分配到 R_0 或 R_1。因此,判决区域的划分规则是当

$$(c_{01} - c_{11})P(H_1)p(\boldsymbol{x} \mid H_1) > (c_{10} - c_{00})P(H_0)p(\boldsymbol{x} \mid H_0) \tag{3-2-6}$$

时,将 $\boldsymbol{x}$ 分配到 R_1 域,并视 H_1 为真,否则,将 $\boldsymbol{x}$ 分配到 R_0 域,并视 H_0 为真。

用似然比表示,贝叶斯判决规则为

$$\Lambda(\boldsymbol{x}) = \frac{p(\boldsymbol{x} \mid H_1)}{p(\boldsymbol{x} \mid H_0)} \underset{H_0}{\overset{H_1}{\gtrless}} = \frac{(c_{10} - c_{00})P(H_0)}{(c_{01} - c_{11})P(H_1)} \tag{3-2-7}$$

按式(3-2-7)进行判决的准则称为贝叶斯准则,这个准则的平均风险最小,所以也称为最小平均风险准则。式(3-2-7)右端的量是检验门限,用 η 表示,即

$$\eta = \frac{(c_{10} - c_{00})P(H_0)}{(c_{01} - c_{11})P(H_1)} \tag{3-2-8}$$

因此,贝叶斯准则导致一个似然比检验

$$\Lambda(\boldsymbol{x}) \underset{H_0}{\overset{H_1}{\gtrless}} \eta \tag{3-2-9}$$

3.3 二元信号的派生贝叶斯检测准则

3.3.1 最小总错误概率准则与最大似然准则

在通信系统中,通常有 $c_{00} = c_{11} = 0, c_{10} = c_{01} = 1$,即正确判决不付出代价,错误判决代价相同。这时,式(3-2-10)表示的平均代价化为

$$C = P(H_0)\int_{R_0} p(\boldsymbol{x} \mid H_0)\mathrm{d}\boldsymbol{x} + P(H_1)\int_{R_0} p(\boldsymbol{x} \mid H_1)\mathrm{d}\boldsymbol{x}$$

$$= P(H_0)P(H_1 | H_0) + P(H_1)P(H_0 | H_1) \tag{3-3-1}$$

该式恰好是总(平均)错误概率。因此,平均代价最小等效为总错误概率最小,并记为

$$P_e = P(H_0)P(H_1 | H_0) + P(H_1)P(H_0 | H_1) \tag{3-3-2}$$

类似于贝叶斯准则的分析方法,将 P_e 表达式改写成

$$P_e = P(H_0) + \int_{R_0} [P(H_1)p(\boldsymbol{x} | H_1) - P(H_0)p(\boldsymbol{x} | H_0)]\mathrm{d}\boldsymbol{x} \tag{3-3-3}$$

将所有满足

$$P(H_1)p(\boldsymbol{x} | H_1) - P(H_0)p(\boldsymbol{x} | H_0) < 0 \tag{3-3-4}$$

的 $\boldsymbol{x}$ 值划归 R_0 域,判决 H_0 成立;而把所有满足

$$P(H_1)p(\boldsymbol{x} | H_1) - P(H_0)p(\boldsymbol{x} | H_0) \geqslant 0 \tag{3-3-5}$$

的 $\boldsymbol{x}$ 值划归 R_1 域,判决 H_1 成立。于是最小总错误概率准则的判决规则表达式为

$$P(H_1)p(\boldsymbol{x} | H_1) - P(H_0)p(\boldsymbol{x} | H_0) \underset{H_0}{\overset{H_1}{\gtrless}} 0 \tag{3-3-6}$$

即

$$\Lambda(\boldsymbol{x}) = \frac{p(\boldsymbol{x} | H_1)}{p(\boldsymbol{x} | H_0)} \underset{H_0}{\overset{H_1}{\gtrless}} \frac{P(H_0)}{P(H_1)} = \eta \tag{3-3-7}$$

或

$$\ln\Lambda(\boldsymbol{x}) \underset{H_0}{\overset{H_1}{\gtrless}} \ln\eta \tag{3-3-8}$$

仍为似然比检验。

如果假设 H_0 和假设 H_1 的先验概率相等,即 $P(H_0) = P(H_1)$,则似然比检验为

$$\Lambda(\boldsymbol{x}) = \frac{p(\boldsymbol{x} | H_1)}{p(\boldsymbol{x} | H_0)} \underset{H_0}{\overset{H_1}{\gtrless}} 1 \tag{3-3-9}$$

或写成两似然函数直接比较,即

$$p(\boldsymbol{x} | H_1) \underset{H_0}{\overset{H_1}{\gtrless}} p(\boldsymbol{x} | H_0) \tag{3-3-10}$$

的形式。因此,可将等先验概率下的最小总错误概率准则称为最大似然准则。

将最小总错误概率准则与贝叶斯准则对比,当选择代价因子 $c_{00} = c_{11} = 0$,$c_{10} = c_{01} = 1$ 时,贝叶斯准则就成为最小总错误概率准则。因此最小总错误概率准则是贝叶斯准则的特例;同样,最大似然准则是等先验概率条件下的最小总错误概率准则。

3.3.2 最大后验概率准则

在代价未知的情况下，还可以根据后验概率研究最佳判决问题。在已经得到观测矢量 $\boldsymbol{x}$ 的前提下，比较假设 H_0 和 H_1 出现的概率。用 $P(H_0|\boldsymbol{x})$ 表示已知观测矢量 $\boldsymbol{x}$ 的前提下，H_0 出现的概率称为后验概率。$P(H_1|\boldsymbol{x})$ 表示 H_1 的后验概率。显然后验概率应当与 H_0 和 H_1 的先验概率 $P(H_0)$和 $P(H_1)$不同，因为后验概率反映了获得观测矢量 $\boldsymbol{x}$ 后（即实验后）所得到的信息，而先验概率与本次观测值无关。例如，在 H_0 假设下信源输出为 0V，在 H_1 假设下信源输出为＋5V 电压值。信源输出 H_0 和 H_1 的概率相等，即 $P(H_0)=P(H_1)=0.5$。观测值受加性噪声干扰，噪声服从 $N(0,\sigma^2)$ 分布。因此无论信源输出的是 H_0 为真还是 H_1 为真，接收端收到的可能是任意电压值，如图 3-4 所示。在两种假设下，产生某一特定输出值的概率是不一样的，因此某一观测值是由 H_0 产生的还是由 H_1 产生的概率（即后验概率）不同。例如，得到观测值为 4V。虽然信源输出为 0V 和 5V 时由于噪声的干扰在接收端都可能观测到 4V，但显然当信源输出为 5V 时得到 4V 的可能性更大。最大后验概率准则就是选择对应后验概率较大的那个假设。

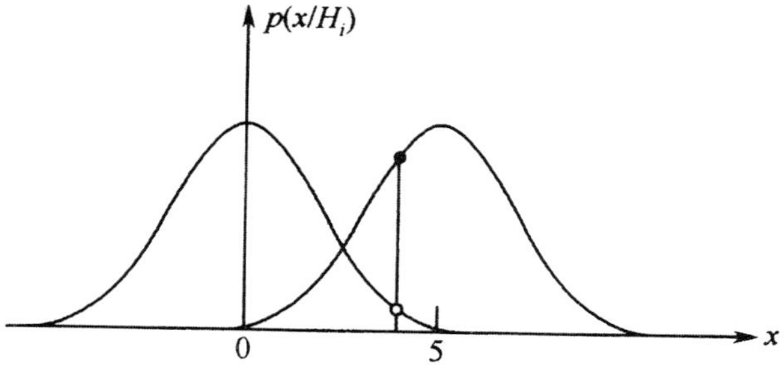

图 3-4 后验概率与似然函数的关系

最大后验概率准则可以表示为

$$P(H_1|\boldsymbol{x})=\frac{p(\boldsymbol{x}|H_1)P(H_1)}{p(\boldsymbol{x})} \tag{3-3-11}$$

$$P(H_0|\boldsymbol{x})=\frac{p(\boldsymbol{x}|H_0)P(H_0)}{p(\boldsymbol{x})} \tag{3-3-12}$$

最大后验概率检测准则的似然比检验判决式为

$$\Lambda(\boldsymbol{x})=\frac{p(\boldsymbol{x}|H_1)}{p(\boldsymbol{x}|H_0)}\underset{H_0}{\overset{H_1}{\gtrless}}\frac{P(H_0)}{P(H_1)}=\eta \tag{3-3-13}$$

3.3.3　极小化极大准则

优化准则需要知道各种判决的代价和假设的先验概率 $P(H_i)(i=0,1)$。但有时只知道判决的代价 $c_{ij}(i,j=0,1)$，而不知道假设的先验概率 $P(H_i)(i=0,1)$。此时，通常的做法就是寻找某一个先验概率作为代表，用它按照式(3-2-8)计算门限，用该门限组成似然比处理器，使得不论实际上假设的先验概率如何，其风险都不超过用“先验概率代表”计算的风险。寻找平均风险中最大者对应的先验概率作为这个“代表”，即为寻找贝叶斯检验中的最不利先验概率，因此称这个准则为极小化极大准则。

极小化极大准则的关键是寻求那个最不利的先验概率，有了它就可以按照式(3-3-8)计算检验门限。首先，我们知道判决风险为

$$\begin{aligned}C=&c_{00}P(H_0)P(H_0\,|\,H_0)+c_{10}P(H_0)P(H_1\,|\,H_0)\\&+c_{11}P(H_1)(H_1\,|\,H_1)+c_{01}P(H_1)(H_0\,|\,H_1)\end{aligned}\tag{3-3-14}$$

令 $P_1=P(H_1),P(H_0)=1-P(H_1)$，又 $P_F=P(H_1\,|\,H_0)$，$P(H_0\,|\,H_0)=1-P_F,P_M=P(H_0\,|\,H_1),P(H_1\,|\,H_1)=1-P_M$，将这些关系代入式(3-3-14)，经整理后可得

$$\begin{aligned}C=&c_{00}(1-P_F)+c_{10}P_F\\&+P_1[(c_{11}-c_{00})+(c_{01}-c_{11})P_M-(c_{10}-c_{00})P_F]\end{aligned}\tag{3-3-15}$$

对于给定的 P_1，如果按照贝叶斯准则确定判决门限，即

$$\Lambda(\boldsymbol{x})=\frac{p(\boldsymbol{x}\,|\,H_1)}{p(\boldsymbol{x}\,|\,H_0)}\underset{H_0}{\overset{H_1}{\gtrless}}\frac{(c_{10}-c_{00})(1-P_1)}{(c_{01}-c_{11})P_1}\tag{3-3-16}$$

那么，按式(3-3-14)计算的风险是对应于先验概率的最小风险，即贝叶斯风险可表示为

$$\begin{aligned}C_{\min}=&c_{00}(1-P_F)+c_{10}P_F\\&+P_1[(c_{11}-c_{00})+(c_{01}-c_{11})P_M-(c_{10}-c_{00})P_F]\end{aligned}\tag{3-3-17}$$

很显然，不同的先验概率 P_1、判决门限不同，对应的最小风险也不同。可以证明，式(3-3-17)表示的风险是严格凸函数，由此可以画出一条最小风险随先验概率 P_1 变化的曲线，如图 3-5 中的曲线 A 所示。

由图 3-5 可以看出，存在一个先验概率 P_1^*，对应的最小风险达到最大，这个先验概率 P_1^* 称为最不利的先验概率。

现在考虑不知道先验概率 P_1 的情况，为了能采用贝叶斯准则，只能猜测一个先验概率 P_1'，用这个先验概率 P_1' 确定贝叶斯判决门限，此时 P_F 和 P_M 都是 P_1' 的函数，记为 $P_F(P_1')$和 $P_M(P_1')$。此时的风险为

$$C(P_1',P)=c_{00}[1-P_F(P_1')]+c_{10}P_F(P_1') \\ +P_1[(c_{11}-c_{00})+(c_{01}-c_{11})P_M(P_1')-(c_{10}-c_{00})P_F(P_1')] \tag{3-3-18}$$

$C(P_1',P)$与P_1的关系是一条直线，如图3-5中的曲线B所示。很显然，$C(P_1',P_1')=C_{\min}(P_1')$，即当猜测的先验概率$P_1'$恰好等于实际的先验概率$P_1$时，风险达到最小，即为贝叶斯风险，所以直线$C(P_1',P)$与$C_{\min}(P_1)$在$P_1'=P$处相切。

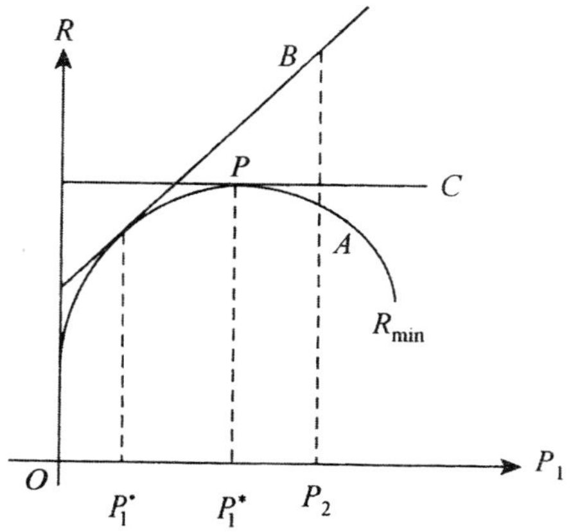

图3-5　最小风险与先验概率P_1的关系曲线

由图3-5可以看出，当实际的P_1与P_1'相差不大时，风险与最小风险相差不大；当实际的P_1与P_1'相差较大时，风险会变得很大，如图3-5中P_2值对应的风险，我们不希望出现这样的情况；如果选择$P_1'=P_1^*$，这时风险是平行于横轴的，这时的风险不随P_1变化，是个恒定值。极小化极大准则就是根据最不利的先验概率确定门限的一种贝叶斯判决方法，这时的风险是一个恒定值，不随先验概率变化。要使风险为常数，式(3-3-18)表示的直线斜率应该为零，因此，由式(3-3-18)可解出最不利的先验概率P_1^*。

$$(c_{11}-c_{00})+(c_{01}-c_{11})P_M(P_1^*)-(c_{10}-c_{00})P_F(P_1^*)=0 \tag{3-3-19}$$

式(3-3-19)称为极小化极大方程，通过令最小风险对P_1的导数为零也可以求得最不利先验概率P_1^*，即

$$\frac{\partial C_{\min}(P_1)}{\partial P_1}\bigg|_{P_1=P_1^*}=0 \tag{3-3-20}$$

式(3-3-20)也称为极小化极大方程。当$c_{11}=c_{00}=0$、$c_{01}=c_{10}=1$时，式(3-3-19)简化为

$$P_M(P_1^*) = P_F(P_1^*) \tag{3-3-21}$$

此时的平均代价等于总错误概率。

3.3.4 奈曼-皮尔逊准则

奈曼-皮尔逊准则就是指在虚警概率 $P_F = \alpha$ 的约束条件下，使检测概率 P_D 最大的准则。

奈曼-皮尔逊准则限定 $P_F = \alpha$，根据这个约束，设计使 P_D 最大(或 $P_M = 1 - P_D$ 最小)的检验。应用拉格朗日(Largrange)乘子 $\mu(\mu \geqslant 0)$，构造一个目标函数

$$\begin{aligned} J &= P_M + \mu(P_F - \alpha) \\ &= \int_{R_0} p(\boldsymbol{x} \mid H_1)\mathrm{d}\boldsymbol{x} + \mu\left[\int_{R_1} p(\boldsymbol{x} \mid H_0)\mathrm{d}\boldsymbol{x} - \alpha\right] \end{aligned} \tag{3-3-22}$$

显然，若 $P_F = \alpha$，则 J 达到最小，P_M 也达到最小。变换积分域，式(3-3-22)变为

$$J = \mu(1 - \alpha) + \int_{R_0} [p(\boldsymbol{x} \mid H_1) - \mu p(\boldsymbol{x} \mid H_0)]\mathrm{d}\boldsymbol{x} \tag{3-3-23}$$

因为 $\mu \geqslant 0$，所以式(3-3-23)中第一项为正数，要使 J 达到最小，只有把式(3-3-23)中方括号内的项为负的 $\boldsymbol{x}$ 点划归 R_0 域，判 H_0 成立；否则划归 R_1 域，判 H_1 成立，即

$$p(\boldsymbol{x} \mid H_1) \underset{H_0}{\overset{H_1}{\gtrless}} p(\boldsymbol{x} \mid H_0) \tag{3-3-24}$$

写成似然比检验的形式为

$$\frac{p(\boldsymbol{x} \mid H_1)}{p(\boldsymbol{x} \mid H_0)} \underset{H_0}{\overset{H_1}{\gtrless}} \mu \tag{3-3-25}$$

为了满足 $P_F = \alpha$ 的约束，选择 μ 使

$$P_F = \int_{R_1} p(\boldsymbol{x} \mid H_0)\mathrm{d}\boldsymbol{x} = \int_{\mu}^{\infty} p(\boldsymbol{x} \mid H_0)\mathrm{d}\Lambda = \alpha \tag{3-3-26}$$

于是对于给定的 α，μ 可以由式(3-3-26)求出。

因为 $0 \leqslant \alpha \leqslant 1$，$\Lambda(\boldsymbol{x}) = \dfrac{p(\boldsymbol{x} \mid H_1)}{p(\boldsymbol{x} \mid H_0)} > 0$，$p[\Lambda(\boldsymbol{x})] > 0$，所以由式(3-3-26)解出的 μ 必满足 $\mu \geqslant 0$。

现在说明似然比检测门限 μ 的作用。类似式(3-3-26)有

$$P_D = \int_{\mu}^{\infty} p(\Lambda \mid H_1)\mathrm{d}\Lambda \tag{3-3-27}$$

$$P_M = \int_{0}^{\mu} p(\Lambda \mid H_1)\mathrm{d}\Lambda \tag{3-3-28}$$

显然，μ 增加，P_F 减小，P_M 增加；相反，μ 减小，P_F 增加，P_M 减小。这就是说，改变 μ 就能调整判决域 R_0 和 R_1。

奈曼-皮尔逊准则可看成是贝叶斯准则在 $P(H_1)(c_{01}-c_{11})=1$，$P(H_0)(c_{10}-c_{00})=\mu$ 时的特例，μ 为似然比检测门限，仍可用 η 的函数表示。

由上可知奈曼-皮尔逊准则的最佳检验是由 3 个步骤完成的：

①对观测量 $\boldsymbol{x}$ 进行加工，求出似然比检验式并进行化简，得检验统计量 $l(\boldsymbol{x})$ 的判决规则表达式、检测门限 η；

②根据检验统计量 $l(\boldsymbol{x})$ 与检测门限 η 的判决规则表达式，由 $P_F=\alpha$ 的约束求出检测门限 η'（是似然比检验门限 η 的函数）；

③完成判决，得出结论。

3.4 多元信号的检测及其最佳准则

设 M 元假设检验问题中，M 个假设为 $H_i(i=0,1,\cdots,M-1)$，每次检验作出 M 个判决之一。观测空间 $\boldsymbol{R}$ 按选定的最佳检验准则划分为 M 个子空间，即 $R_i(i=0,1,\cdots,M-1)$，并满足

$$\begin{cases}R=\sum\limits_{i=0}^{M-1}R_i\\ R_i\cap R_j=\varnothing,i\neq j\end{cases}\tag{3-4-1}$$

其中，R_i 代表判决信号为假设 H_i 的判决区域。这样，根据观测值 x 所落在的判决区域，就可以作出是哪个假设的判决。M 元假设检验观测模型如图 3-6 所示。

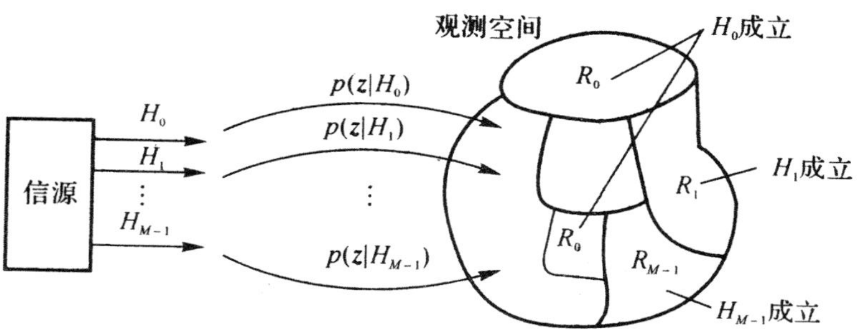

图 3-6　M 元假设检验观测模型

在讨论多元假设检验的贝叶斯准则时，假定 M 个假设 $H_i(i=0,1,\cdots,$

$M-1$）所对应的先验概率 $P(H_i)(i=0,1,\cdots,M-1)$ 是已知的，并且每种判决的代价 $c_{ij}(i=0,1,\cdots,M-1)$，即假设为 H_j，而判决为 H_i 所付出的代价也是已知的，这时贝叶斯平均代价 C 为

$$
\begin{aligned}
C &= \sum_{i=0}^{M-1}\sum_{j=0}^{M-1} c_{ij}P(H_j)P(H_i \mid H_j) \\
&= \sum_{i=0}^{M-1}\sum_{j=0}^{M-1} c_{ij}P(H_j)\int_{R_i} p(\boldsymbol{x} \mid H_j)\mathrm{d}\boldsymbol{x}
\end{aligned}
\tag{3-4-2}
$$

其中，$P(H_i \mid H_j)$ 表示假设 H_j 为真而判决为假设 H_i 的概率。

由于区域 R_i 可以写成

$$
R_i = R - \sum_{i=0,i\neq j}^{M-1} R_i \tag{3-4-3}
$$

且

$$
\int_{R} p(\boldsymbol{x} \mid H_j)\mathrm{d}\boldsymbol{x} = 1 \tag{3-4-4}
$$

所以

$$
\begin{aligned}
\int_{R_j} p(\boldsymbol{x} \mid H_j)\mathrm{d}\boldsymbol{x} &= \int_{R} p(\boldsymbol{x} \mid H_j)\mathrm{d}\boldsymbol{x} - \int_{\sum\limits_{i=0,i\neq j}^{M-1} R_i} p(\boldsymbol{x} \mid H_j)\mathrm{d}\boldsymbol{x} \\
&= 1 - \int_{\sum\limits_{i=0,i\neq j}^{M-1} R_i} p(\boldsymbol{x} \mid H_j)\mathrm{d}\boldsymbol{x} \\
&= 1 - \sum_{i=0,i\neq j}^{M-1}\int_{R_i} p(\boldsymbol{x} \mid H_j)\mathrm{d}\boldsymbol{x}
\end{aligned}
\tag{3-4-5}
$$

式(3-4-3)计算的平均代价可表示为

$$
\begin{aligned}
&\sum_{i=0}^{M-1}\sum_{j=0}^{M-1} c_{ij}P(H_j)\int_{R_i} p(\boldsymbol{x} \mid H_j)\mathrm{d}\boldsymbol{x} \\
&= \sum_{j=0}^{M-1} c_{jj}P(H_j) + \sum_{j=0}^{M-1}\int_{R_j}\sum_{i=0,i\neq j}^{M-1}(c_{ji}-c_{ii})P(H_i)p(\boldsymbol{x} \mid H_i)\mathrm{d}\boldsymbol{x}
\end{aligned}
\tag{3-4-6}
$$

现在对式(3-4-6)表示的平均代价进行分析，式中第一项是常数项，即固定代价，与判决区域的划分无关，式中第二项是 M 个积分项之和，它与判决区域 $R_i(i=0,1,\cdots,M-1)$ 的划分有关。贝叶斯准则就是要使平均代价的这部分达到最小，即使下式最小

$$
C_2 = \sum_{j=0}^{M-1} c_{jj}P(H_j) + \sum_{j=0}^{M-1}\int_{R_j}\sum_{i=0,i\neq j}^{M-1}(c_{ji}-c_{ii})P(H_i)p(\boldsymbol{x} \mid H_i)\mathrm{d}\boldsymbol{x} \tag{3-4-7}
$$

为此，定义函数

$$
I_j(\boldsymbol{x}) = \sum_{i=0,i\neq j}^{M-1}(c_{ji}-c_{ii})P(H_i)p(\boldsymbol{x} \mid H_i),\ j=0,1,\cdots,M-1 \tag{3-4-8}
$$

因为对于所有的 i 和 j 有

$$\begin{cases} c_{ji} - c_{ii} \geqslant 0 \\ p(\boldsymbol{x} \mid H_i) \geqslant 0 \\ P(H_i) \geqslant 0 \end{cases} \tag{3-4-9}$$

所以有

$$I_j(\boldsymbol{x}) \geqslant 0, j = 0,1,\cdots,M-1 \tag{3-4-10}$$

于是判决规则应选择使得 $I_j(x)(j = 0,1,\cdots,M-1)$ 最小的假设，即若

$$I_i(\boldsymbol{x}) = \min\{I_0(x), I_1(x), \cdots, I_{M-1}(x)\} \tag{3-4-11}$$

则应选择假设 H_i。

或者说，判决区域 R_i 由解式(3-4-12)所示的联立方程获得。

$$I_i(\boldsymbol{x}) \underset{H_0}{\overset{H_1}{\gtrless}} I_j(\boldsymbol{x}), j = 0,1,\cdots,M-1; j \neq i \tag{3-4-12}$$

在 $i \neq j$ 时，如果 $c_{ii} = 0$，而 $c_{ij} = 1$，则贝叶斯准则就成为最小总错误概率准则。

选择最小的 $I_j(\boldsymbol{x})$ 等效于选择最大的 $p(\boldsymbol{x} \mid H_j)$，此时称为最大似然准则。此时的最小平均错误概率为

$$P_e = \frac{1}{M}\sum_{j=0}^{M-1}\sum_{i=0, i\neq j}^{M-1} P(H_j \mid H_i) \tag{3-4-13}$$

3.5 复合假设检验

含有未知参数的信号一般可表示为

$$s(t,\boldsymbol{\theta}) = s(t;\theta_1,\theta_2,\cdots,\theta_n) \tag{3-5-1}$$

式中，$\theta_1,\theta_2,\cdots,\theta_n$ 为信号 $s(t)$ 的未知(随机或非随机)参量。在假设检验中对含有未知参量信号的假设称为复合假设。前面讨论的对确知信号的假设可以看作复合假设的特例，称为简单假设。含有未知参量信号的检验称为复合假设检验。复合假设检验问题比简单假设检验复杂得多，一般很难找到一种通用的最优的方法。

下面讨论二元复合假设检验问题，并设 $\boldsymbol{\theta}_0 = (\theta_{01},\theta_{02},\cdots,\theta_{0m})$ 是代表与复合假设 H_0 有关的一组未知参量，$\boldsymbol{\theta}_1 = (\theta_{11},\theta_{12},\cdots,\theta_{1n})$ 代表与复合假设 H_1 有关的一组未知参量。信号检验问题就是在假设 H_0 和假设 H_1 之间判决哪个为真。

3.5.1　广义似然比检验

设在假设 H_0 和假设 H_1 下的观测矢量 $\boldsymbol{x}$ 的概率密度函数分别为 $p(\boldsymbol{x}|\boldsymbol{\theta}_0,H_0)$ 和 $p(\boldsymbol{x}|\boldsymbol{\theta}_1,H_1)$。首先由概率密度函数 $p(\boldsymbol{x}|\boldsymbol{\theta}_j,H_j)$ 利用最大似然估计方法求信号参量 $\boldsymbol{\theta}_j$ 的最大似然估计，即使得似然函数 $p(\boldsymbol{x}|\boldsymbol{\theta}_j,H_j)$ 达到最大，设该估计为 $\hat{\boldsymbol{\theta}}_{jml}$。获得参数的似然估计为 $\hat{\boldsymbol{\theta}}_{jml}$ 后，复合假设检验问题就变为确知信号的统计检验了。这样，广义似然比检验为

$$\Lambda(\boldsymbol{x})=\frac{p(\boldsymbol{x}|\hat{\boldsymbol{\theta}}_{1ml},H_1)}{p(\boldsymbol{x}|\hat{\boldsymbol{\theta}}_{0ml},H_0)}\underset{H_0}{\overset{H_1}{\gtrless}}\eta \tag{3-5-2}$$

如果假设 H_0 是简单假设，而假设 H_1 是复合假设，则广义似然比检验为

$$\Lambda(\boldsymbol{x})=\frac{p(\boldsymbol{x}|\hat{\boldsymbol{\theta}}_{1ml},H_1)}{p(\boldsymbol{x}|H_0)}\underset{H_0}{\overset{H_1}{\gtrless}}\eta \tag{3-5-3}$$

3.5.2　贝叶斯方法

如果信号参量是随机参量，并且其先验概率密度函数 $p(\boldsymbol{\theta}_j)(j=0,1)$ 已知，则可以用统计平均的方法去掉信号参量的随机性。即根据条件概率密度函数性质有

$$p(\boldsymbol{x}|H_0)=\int_{\{\boldsymbol{\theta}_0\}}p(\boldsymbol{x}|\boldsymbol{\theta}_0,H_0)p(\boldsymbol{\theta}_0)\mathrm{d}\boldsymbol{\theta}_0 \tag{3-5-4}$$

$$p(\boldsymbol{x}|H_1)=\int_{\{\boldsymbol{\theta}_1\}}p(\boldsymbol{x}|\boldsymbol{\theta}_1,H_1)p(\boldsymbol{\theta}_1)\mathrm{d}\boldsymbol{\theta}_1 \tag{3-5-5}$$

这样，通过求统计平均的方法去掉了参数 $\boldsymbol{\theta}_j(j=0,1)$ 的随机性，获得了概率密度函数 $p(\boldsymbol{x}|H_0)$ 和 $p(\boldsymbol{x}|H_1)$。这时，问题变为确知信号的情况，于是，随机信号参量下的似然比检验为

$$\Lambda(\boldsymbol{x})=\frac{p(\boldsymbol{x}|H_1)}{p(\boldsymbol{x}|H_0)}=\frac{\int_{\{\boldsymbol{\theta}_1\}}p(\boldsymbol{x}|\boldsymbol{\theta}_1,H_1)p(\boldsymbol{\theta}_1)\mathrm{d}\boldsymbol{\theta}_1}{\int_{\{\boldsymbol{\theta}_0\}}p(\boldsymbol{x}|\boldsymbol{\theta}_0,H_0)p(\boldsymbol{\theta}_0)\mathrm{d}\boldsymbol{\theta}_0}\underset{H_0}{\overset{H_1}{\gtrless}}\eta \tag{3-5-6}$$

如果假设 H_0 是简单假设，而假设 H_1 是复合假设，则这时的似然比检验为

$$\Lambda(\boldsymbol{x})=\frac{p(\boldsymbol{x}|H_1)}{p(\boldsymbol{x}|H_0)}=\frac{\int_{\{\boldsymbol{\theta}_1\}}p(\boldsymbol{x}|\boldsymbol{\theta}_1,H_1)p(\boldsymbol{\theta}_1)\mathrm{d}\boldsymbol{\theta}_1}{p(\boldsymbol{x}|H_0)}\underset{H_0}{\overset{H_1}{\gtrless}}\eta \tag{3-5-7}$$

如果信号参量 $\boldsymbol{\theta}_j$ 是随机的，但事先未指定其概率密度函数，此时，我们

可以利用某些先验知识，猜测一个合理的概率密度函数，然后利用前面介绍的已知参量概率密度函数的方法进行信号检测。

例 3.4.1 研究高斯白噪声背景中随机幅度信号的检测问题。

在 H_0 假设下，$s_0(t)=0$，观测波形为 $x(t)=n(t)$；

在 H_1 假设下，$s_1(t)=m$，观测波形为 $x(t)=m+n(t)$。

其中，$n(t)$ 是零均值、方差为 σ_n^2 的高斯白噪声；m 是未知幅度信号。已知先验概率和代价，$c_{10}=c_{01}=0, c_{00}=c_{11}=1, P(H_0)=P(H_1)=\dfrac{1}{2}$，即似然比检验门限 $\eta=1$。

①m 服从高斯分布，均值为 m_0，方差为 σ_m^2。进行 N 次观测，观测期间 m 值不变，噪声采样值独立，且 $n(t)$ 与 m 独立，设计似然比检验。

②m 的概率密度函数未知，其取值范围为 $m_0 \leqslant m \leqslant m_1$。设计 N-P 检验。

③m 的概率密度函数未知，设计广义似然比检验。

解：①在 H_0 假设下单次观测似然函数为

$$p(x_i|H_0)=\frac{1}{\sqrt{2\pi}\sigma_n}\exp\left(-\frac{x_i^2}{2\sigma_n^2}\right), i=1,2,\cdots,N$$

N 次观测似然函数为

$$p(\boldsymbol{x}|H_0)=\left(\frac{1}{\sqrt{2\pi}\sigma_n}\right)^N\exp\left(-\frac{1}{2\sigma_n^2}\sum_{i=1}^{N}x_i^2\right)$$

在 H_1 假设下单次观测似然函数为

$$\begin{aligned}p(x_i|H_1)&=\int_{-\infty}^{+\infty}p(x_i,m)\mathrm{d}m\\&=\int_{-\infty}^{+\infty}p(x_i,m)p(m)\mathrm{d}m, i=1,2,\cdots,N\end{aligned}$$

代入

$$p(x_i|m)=\frac{1}{\sqrt{2\pi}\sigma_n}\exp\left[-\frac{(x_i-m)^2}{2\sigma_n^2}\right]$$

及

$$p(m)=\frac{1}{\sqrt{2\pi}\sigma_m}\exp\left[-\frac{(m-m_0)^2}{2\sigma_m^2}\right]$$

得

$$\begin{aligned}p(x_i|H_1)=\int_{-\infty}^{+\infty}&\frac{1}{\sqrt{2\pi}\sigma_n}\exp\left[-\frac{(x_i-m)^2}{2\sigma_n^2}\right]\\&\cdot\frac{1}{\sqrt{2\pi}\sigma_m}\exp\left[-\frac{(m-m_0)^2}{2\sigma_m^2}\right]\mathrm{d}m\end{aligned}$$

整理上式得

$$p(x_i \mid H_1)=\frac{1}{\sqrt{2\pi}\sigma_n}\exp\left(-\frac{x_i^2}{2\sigma_n^2}\right)\cdot\sqrt{\frac{\sigma_n^2}{\sigma_m^2+\sigma_n^2}}$$

$$\cdot\exp\left[\frac{\sigma_m^2 x_i^2-\sigma_n^2 m_0^2+2\sigma_n^2 m_0 x_i}{2(\sigma_m^2+\sigma_n^2)\sigma_n^2}\right]$$

$$\cdot\sqrt{\frac{\sigma_m^2+\sigma_n^2}{2\pi\sigma_m^2\sigma_n^2}}\int_{-\infty}^{+\infty}\exp\left[-\frac{\sigma_m^2+\sigma_n^2}{2\sigma_m^2\sigma_n^2}\left(m-\frac{\sigma_m^2 x_i+\sigma_n^2 m_0}{\sigma_m^2+\sigma_n^2}\right)^2\right]\mathrm{d}m$$

代入

$$\sqrt{\frac{\sigma_m^2+\sigma_n^2}{2\pi\sigma_m^2\sigma_n^2}}\int_{-\infty}^{+\infty}\exp\left[-\frac{\sigma_m^2+\sigma_n^2}{2\sigma_m^2\sigma_n^2}\left(m-\frac{\sigma_m^2 x_i+\sigma_n^2 m_0}{\sigma_m^2+\sigma_n^2}\right)^2\right]\mathrm{d}m=1$$

得

$$p(x_i \mid H_1)=\frac{1}{\sqrt{2\pi}\sigma_n}\exp\left(-\frac{x_i^2}{2\sigma_n^2}\right)\cdot\sqrt{\frac{\sigma_n^2}{\sigma_m^2+\sigma_n^2}}\cdot\exp\left[\frac{\sigma_m^2 x_i^2-\sigma_n^2 m_0^2+2\sigma_n^2 m_0 x_i}{2(\sigma_m^2+\sigma_n^2)\sigma_n^2}\right]$$

因此，在 H_1 假设下 N 次观测似然函数为

$$p(\boldsymbol{x} \mid H_1)=\left(\frac{1}{\sqrt{2\pi}\sigma_n}\right)^N\exp\left(-\frac{1}{2\sigma_n^2}\sum_{i=1}^N x_i^2\right)$$

$$\cdot\left(\frac{\sigma_n^2}{\sigma_m^2+\sigma_n^2}\right)^{\frac{N}{2}}\exp\left[\frac{\sigma_m^2}{2(\sigma_m^2+\sigma_n^2)\sigma_n^2}\sum_{i=1}^N x_i^2+\frac{m_0}{\sigma_m^2+\sigma_n^2}\sum_{i=1}^N x_i-\frac{Nm_0^2}{2(\sigma_m^2+\sigma_n^2)}\right]$$

将 $p(\boldsymbol{x} \mid H_0)$ 和 $p(\boldsymbol{x} \mid H_1)$ 代入似然比表达式，得

$$\Lambda(\boldsymbol{x})=\left(\frac{\sigma_n^2}{\sigma_m^2+\sigma_n^2}\right)^{\frac{N}{2}}\exp\left[\frac{\sigma_m^2}{2(\sigma_m^2+\sigma_n^2)\sigma_n^2}\sum_{i=1}^N x_i^2+\frac{m_0}{\sigma_m^2+\sigma_n^2}\sum_{i=1}^N x_i-\frac{Nm_0^2}{2(\sigma_m^2+\sigma_n^2)}\right]$$

似然比检验为

$$\Lambda(\boldsymbol{x})\underset{H_0}{\overset{H_1}{\gtrless}}\eta$$

取对数，代入 $\eta=1$ 再整理，判决式可表示为

$$\frac{1}{N}\sum_{i=1}^N x_i^2+\frac{2\sigma_n^2}{\sigma_m^2}\frac{m_0}{N}\sum_{i=1}^N x_i\underset{H_0}{\overset{H_1}{\gtrless}}\frac{\sigma_n^2}{\sigma_m^2}m_0^2+\frac{\sigma_n^2(\sigma_m^2+\sigma_n^2)}{\sigma_m^2}\ln\left(1+\frac{\sigma_m^2}{\sigma_n^2}\right)$$

若已知 $m_0>0$，则似然比检验可整理为

$$\frac{1}{N}\sum_{i=1}^N x_i+\frac{\sigma_m^2}{2m_0\sigma_n^2}\frac{1}{N}\sum_{i=1}^N x_i^2\underset{H_0}{\overset{H_1}{\gtrless}}\frac{m_0}{2}+\frac{\sigma_m^2+\sigma_n^2}{2m_0}\ln\left(1+\frac{\sigma_m^2}{\sigma_n^2}\right)$$

若已知 $m_0<0$，则似然比检验可整理为

$$\frac{1}{N}\sum_{i=1}^N x_i+\frac{\sigma_m^2}{2m_0\sigma_n^2}\frac{1}{N}\sum_{i=1}^N x_i^2\underset{H_1}{\overset{H_0}{\gtrless}}\frac{m_0}{2}+\frac{\sigma_m^2+\sigma_n^2}{2m_0}\ln\left(1+\frac{\sigma_m^2}{\sigma_n^2}\right)$$

当 $\sigma_m^2=0$（即 $m=m_0$ 为确知）时，判决式简化为

$$m_0 > 0: \frac{1}{N}\sum_{i=1}^{N} x_i \underset{H_0}{\overset{H_1}{\gtrless}} \frac{m_0}{2}$$

$$m_0 < 0: \frac{1}{N}\sum_{i=1}^{N} x_i \underset{H_1}{\overset{H_0}{\gtrless}} \frac{m_0}{2}$$

当 $m_0 = 0(\sigma_m^2 \neq 0)$ 时，判决式为

$$\frac{1}{N}\sum_{i=1}^{N} x_i^2 \underset{H_0}{\overset{H_1}{\gtrless}} \sigma_n^2\left(1+\frac{\sigma_n^2}{\sigma_m^2}\right)\ln\left(1+\frac{\sigma_m^2}{\sigma_n^2}\right)$$

可见，当 m 为确知信号时，在 H_0 和 H_1 两个假设下，观测信号 $x(t)$ 的区别是均值不同。因此判决是根据观测值的平均值的大小来进行的。而当 $m_0 = 0$ 时，在 H_0 和 H_1 两个假设下，观测信号的区别是方差不同，因此判决是依据观测值的功率进行的。当 m 为随机信号且 $m_0 \neq 0$ 时，判决要更加复杂。不论 m_0 是正还是负，观测值 $\boldsymbol{x}$ 都有可能是正的也有可能是负的。因此，仅仅利用观测值的平均值与门限比较无法进行判决。所以在上面的判决式的左端同时包含观测值的均值和功率。当信号的方差 σ_m^2 与噪声方差 σ_n^2 相比较小时，判决主要是依据观测值的均值；而当信号的方差 σ_m^2 与噪声方差 σ_n^2 相比较大时，判决主要是根据观测值的功率来进行的。

当 $N = 1$ 时，判决式可表示为

$$\sigma_m^2 x^2 + 2\sigma_n^2 m_0 x \underset{H_0}{\overset{H_1}{\gtrless}} \sigma_n^2 m_0^2 + \sigma_n^2(\sigma_m^2+\sigma_n^2)\ln\left(1+\frac{\sigma_m^2}{\sigma_n^2}\right)$$

整理得

$$(\sigma_m x + \sigma_n^2 m_0)^2 \underset{H_0}{\overset{H_1}{\gtrless}} \frac{\sigma_n^2}{\sigma_m^2}(\sigma_m^2+\sigma_n^2)\left[m_0^2+\sigma_m^2\ln\left(1+\frac{\sigma_m^2}{\sigma_n^2}\right)\right]$$

令

$$T_r = -\frac{\sigma_n^2}{\sigma_m^2}m_0 + \frac{\sigma_n}{\sigma_m^2}\sqrt{(\sigma_m^2+\sigma_n^2)\left[m_0^2+\sigma_m^2\ln\left(1+\frac{\sigma_m^2}{\sigma_n^2}\right)\right]}$$

$$T_l = -\frac{\sigma_n^2}{\sigma_m^2}m_0 - \frac{\sigma_n}{\sigma_m^2}\sqrt{(\sigma_m^2+\sigma_n^2)\left[m_0^2+\sigma_m^2\ln\left(1+\frac{\sigma_m^2}{\sigma_n^2}\right)\right]}$$

参考图 3-7，判决式可表示为：若 $(x < T_r) \cap (x < T_l)$，则判为 H_0；若 $(x < T_l) \cup (x < T_r)$，则判为 H_1。

图 3-8 和图 3-9 所示为 $N = 1, \sigma_n = 1$ 时，门限 T_l 和 T_r 随 σ_m 及 m_0 变化的情况。其中最左端 $\sigma_m = 0$ 对应确定信号检测的情况，虚线代表 $m_0 = 0$ 的情况。

图 3-10 所示为 $N = 1, m_0 = 10$ 条件下，判决平均错误概率 $P_e = \frac{P(H_0 \mid H_1) + P(H_1 \mid H_0)}{2}$，随信号的方差 σ_m^2 与噪声方差 σ_n^2 变化情况的仿真实验结果。其中 $\sigma_m = 0$ 对应确知信号情况，可见当 m_0 较大时随机信号

检测的性能比相同条件下确知信号检测的性能差(但是,当 m_0 较小时,情况并非如此,见图 3-11)。虚线代表实际信号为随机变化 ($\sigma_m = 1$),按确知信号($\sigma_m = 0$) 进行检测的平均错误概率,可见把随机信号当确知信号检测将造成性能下降。

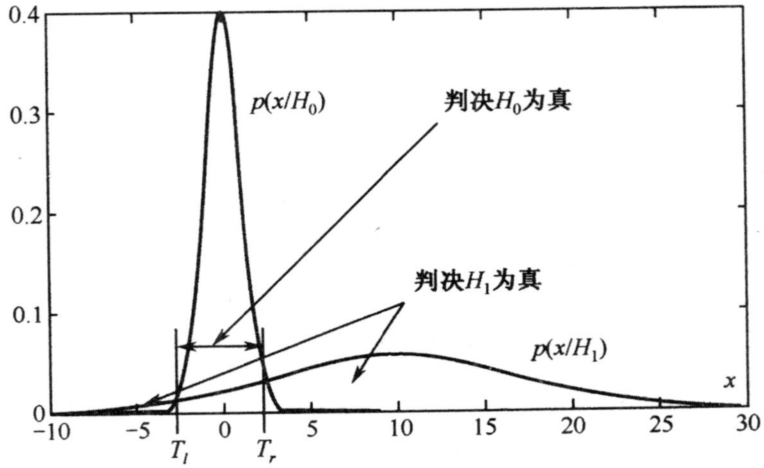

图 3-7 $p(x \mid H_0)$ 和 $p(x \mid H_1)$ 及判决门限

($\sigma_n^2 = 1, \sigma_m^2 = 50, m_0 = 10, T_l = -2.66, T_r = 2.26$)

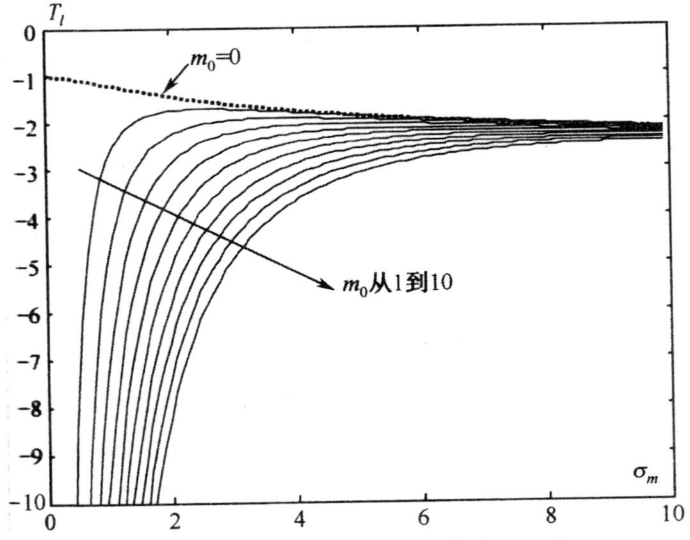

图 3-8 门限 T_l 与 σ_m 及 m_0 的关系($\sigma_n = 1$)

图 3-11 所示为 $N = 1, \sigma_n = 2$ 条件下,判决平均错误概率 P_e 随信号的

方差 σ_m^2 与均值 m_0 变化情况的仿真实验结果。当 m_0（与 σ_n 比较）较大时，错误概率 P_e 随 σ_m 的增加而增加，即当信号均值较大时信号方差越大越不利于检测；而当 m_0（与 σ_n 比较）较小时，错误概率 P_e 随 σ_m 的增加而下降，即当信号均值较小时信号方差与噪声方差相差越大越有利于检测。

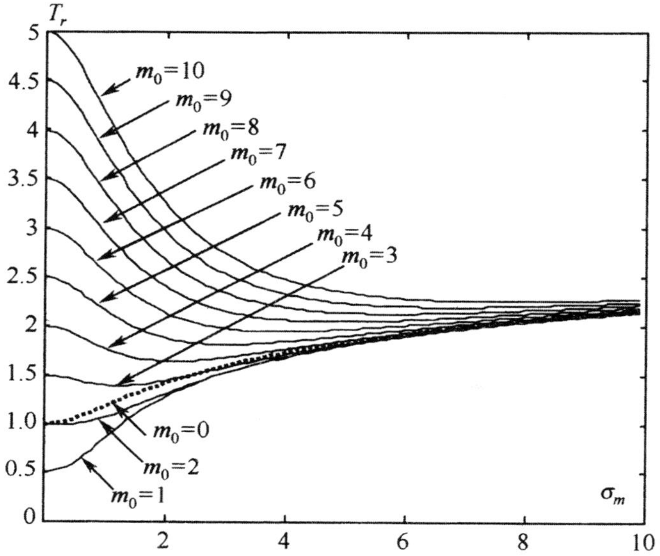

图 3-9　门限 T_r 与 σ_m 及 m_0 的关系（$\sigma_n=1$）

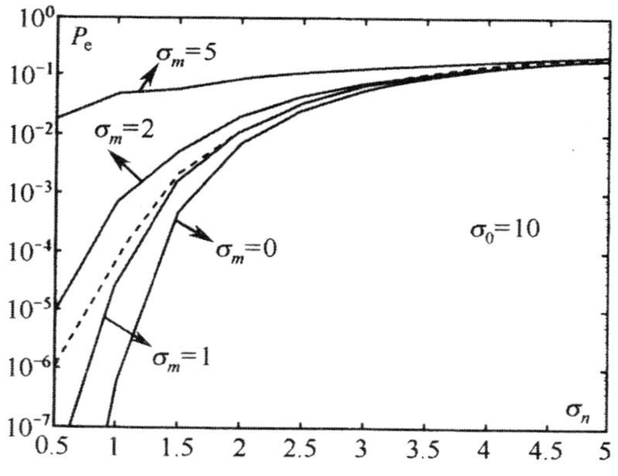

图 3-10　错误概率随 σ_m 和 σ_n 变化情况（m_0 不变）

②似然比检验表示为

$$\Lambda(\boldsymbol{x})=\frac{p(\boldsymbol{x}\mid m,H_1)}{p(\boldsymbol{x}\mid H_0)}=\exp\left[\frac{1}{2\sigma_n^2}\left(2m\sum_{i=1}^{N}x_i-m^2\right)\right]\underset{H_0}{\overset{H_1}{\gtrless}}\eta$$

取对数

$$\frac{m}{\sigma_n^2}\sum_{i=1}^{N}x_i-\frac{m^2}{2\sigma_n^2}\underset{H_0}{\overset{H_1}{\gtrless}}\ln\eta$$

整理

$$m\sum_{i=1}^{N}x_i\underset{H_0}{\overset{H_1}{\gtrless}}\frac{m^2}{2}+\sigma_n^2\ln\eta$$

为了将 m 从左端消去,必须考虑其正负号。

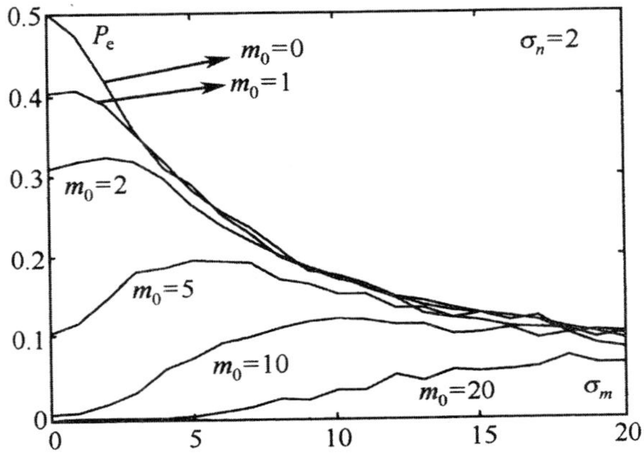

图 3-11 错误概率随 σ_m 和 m_0 变化情况(σ_n 不变)

a. $m_0>0$,即 m 的值是非负的。两端除 m,得

$$\bar{x}\underset{H_0}{\overset{H_1}{\gtrless}}\gamma^+$$

式中,

$$\bar{x}=\frac{1}{N}\sum_{i=1}^{N}x_i$$

$$\gamma^+=\frac{m}{2N}+\frac{\sigma_n^2}{mN}\ln\eta$$

判决式的左端已经不包含未知参数 m,虽然门限 γ^+ 中还含有参数 m。但实际当中 N-P 准则并不需要按上式来计算检测门限,而是根据设定的虚警概率来确定检测门限。

$$P_F=\int_{\gamma^+}^{\infty}p(\bar{x}\mid H_0)\,\mathrm{d}\bar{x}=\alpha$$

因此,给定 χ,根据上式便可求出 γ^+。检测概率可以表示为

$$P_D=\int_{\gamma^+}^{\infty}p(\bar{x}\mid H_1)\,\mathrm{d}\bar{x}$$

显然,P_D 与参数 m 有关,但这并不影响检测器的实现。

b. $m_1<0$,即 m 仅取负值。判决式为

$$\bar{x} \underset{H_1}{\overset{H_0}{\gtrless}} \gamma^-$$

式中，

$$\gamma^- = \frac{m}{2N} + \frac{\sigma_n^2}{mN}\ln\eta$$

γ^- 由下式确定

$$P_F = \int_{-\infty}^{\gamma^-} p(y \mid H_0)\,\mathrm{d}y = \alpha$$

检测概率可以表示为

$$P_D = \int_{-\infty}^{\gamma^-} p(y \mid H_1)\,\mathrm{d}y$$

可见，不论 m 的值是多少，只要知道 m 是正还是负，都可以设计出在满足 $P_F = \alpha$ 的前提下使检测概率 P_D 达到最大的似然比检测器。因此对于这个问题一致最大势检验存在。但是，如果不能断定 m 是正还是负，则一致最大势检验不存在。

③根据广义似然比检验原理可得

$$\frac{\hat{m}_{\mathrm{ml}}}{\sigma_n^2}\sum_{i=1}^{N} x_i - \frac{N}{\sigma_n^2}(\hat{m}_{\mathrm{ml}})^2 \underset{H_0}{\overset{H_1}{\gtrless}} \ln\eta$$

m 的最大似然估计为

$$\hat{m}_{\mathrm{ml}} = \frac{1}{N}\sum_{i=1}^{N} x_i$$

将 $\hat{m}_{\mathrm{ml}}$ 代入似然比判决式，整理得

$$\left(\frac{1}{N}\sum_{i=1}^{N} x_i\right)^2 \underset{H_0}{\overset{H_1}{\gtrless}} \gamma$$

式中，$\gamma = \frac{2\sigma_n^2}{N}\ln\eta$。或表示为

$$|\bar{x}| \underset{H_0}{\overset{H_1}{\gtrless}} \gamma'$$

式中，$\gamma' = \sqrt{\gamma}$。

注意此处门限 γ 的确定。若根据给定条件和前面一样按照贝叶斯检验确定检测门限，则 $\gamma = 0$。判决式为

$$(\bar{x})^2 \underset{H_0}{\overset{H_1}{\gtrless}} 0$$

可见无论观测值如何(假设观测值为实数)，判决结果都是 H_1 为真。显然这个结果是没有意义的。因此这时通常采用 N-P 准则，即根据

$$P_F = P\left(|\bar{x}| > \frac{\gamma'}{H_0}\right) = \int_{-\infty}^{-\gamma'} p_{\bar{x}}(\bar{x} \mid H_0)\,\mathrm{d}\bar{x} + \int_{\gamma'}^{\infty} p_{\bar{x}}(\bar{x} \mid H_0)\,\mathrm{d}\bar{x} = \alpha$$

或利用 $p_{\bar{x}}(\bar{x} \mid H_0)$ 的对称性，由

$$\int_{\gamma'}^{\infty} p_{\bar{x}}(\bar{x} \mid H_0)\,\mathrm{d}\bar{x} = \frac{\alpha}{2}$$

来确定门限 γ'。

另外，若问题变为在 H_0 假设下，$s_0(t) = m_0$，观测值为

$$x(t) = m_0 + n(t)$$

在 H_1 假设下，$s_1(t_1) = m_1$，观测值为

$$x(t) = m_1 + n(t)$$

其他条件同前，则无法应用广义似然此检验。因为此时

$$\Lambda(\boldsymbol{x}) = \frac{p(\boldsymbol{x} \mid \hat{m}_{1ml}, H_1)}{p(\boldsymbol{x} \mid \hat{m}_{0ml}, H_0)}$$

而

$$\hat{m}_{0ml} = \hat{m}_{1ml} = \frac{1}{N}\sum_{i=1}^{N} x_i$$

所以 $\Lambda(\boldsymbol{x}) = 1$，因此无法进行似然比检验。

N-P 检验需要知道参数 m 是正还是负。图 3-12 为双边检验与单边检验性能对比的示意图。

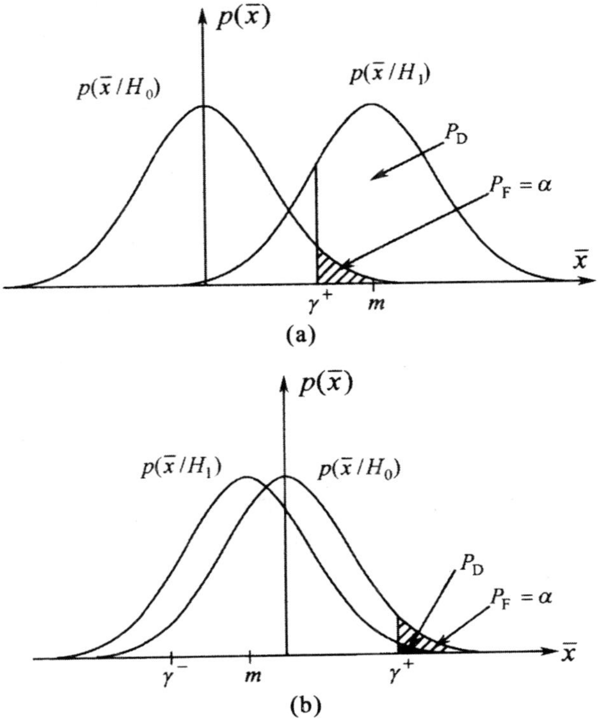

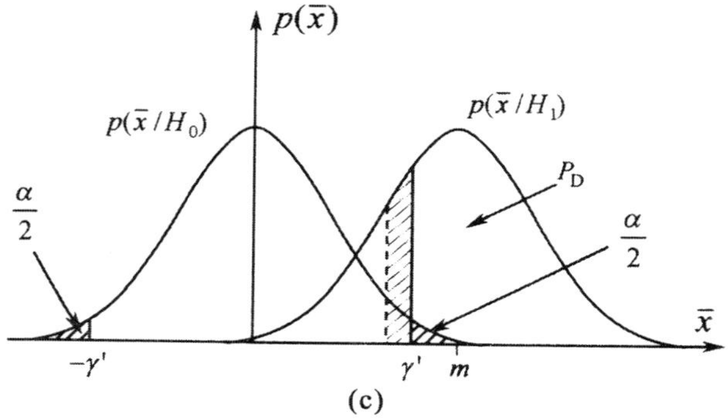

图 3-12　双边检验与单边检验性能对比（$m>0$）

(a)N-P 检验（m 的符号与假设一致）；

(b)N-P 检验（m 的符号与假设不一致）；

(c)广义似然比检验

图 3-13 所示为按上述方法先进行参数估计再进行信号检测的错误概率仿真实验结果（通过 10 次观测进行判决，仿真次数为 10000）。

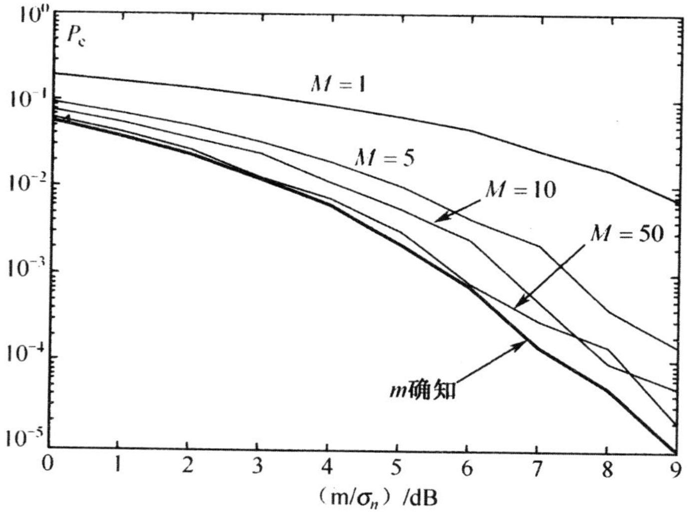

图 3-13　参数估计对检测性能的影响仿真实验结果

第4章 序列检测、非参量检测和 Robust 检测

序列检测是针对固定样本检测的缺点提出的，它具有提高样本效率的突出优点。非参量检测主要讨论信道噪声概率密度为未知情况下的信号检测。Robust 检测是寻找一种根据某种性能的最不利的分布函数，然后针对最不利函数用参量检测的方法按照某一准则设计一种局部最佳检测器。

4.1 序列检测

4.1.1 信号状态序列检测的概念

信号状态检测的观测次数 N 是固定的。在达到规定的观测次数后，必须做出是哪个假设成立的判决。我们把这种判决称为硬判决。影响检测性能的功率信噪比随观测次数的增加而提高。如果事先不规定观测次数，而采用边观测边判决的方式得到检测结果就是信号状态的序列检测（Sequences Detection）。

在信号状态的序列检测中，获得第一个观测信号 x_1 后，就利用似然函数 $p(x_1|H_j)(j=0,1)$，实现信号状态的检测，研究判决所能达到的检测性能指标，如果能够满足指标的要求，则信号状态的检测过程便告结束，否则进行第二次观测；获得观测信号 x_2 后，利用两次观测信号矢量 $\boldsymbol{x}_2=[x_1 \quad x_2]^{\mathrm{T}}$ 的似然函数 $p(\boldsymbol{x}_2|H_j)(j=0,1)$，实现信号状态的检测，研究判决所能达到的检测性能指标，若能够满足指标要求，检测过程结束，否则进行第三次观测；依次进行，直到能够做出满足检测性能指标要求的判决为止。这就是信号状态序列检测的基本概念。序列检测的目的是为了减少平均观测次数。

4.1.2 最优序列检测准则

序列检测的过程是逐步进行的，当检测过程进行到第 k 步时，我们获得

了 k 个观测信号 $\boldsymbol{x}_k=[x_1\quad x_2\quad \cdots\quad x_k]^{\mathrm{T}}$，这 k 维随机矢量映射到 k 维观测空间中的一个点。根据信号检测所采用的准则，对观测空间 R 进行划分。在二元假设检验情况下，观测空间 R 被分成 3 个子空间 R_0，R_1，R_2，称为判决区域，即有

$$\begin{cases} R=R_0+R_1+R_2 \\ R_i\cap R_j=\varnothing,i\neq j;i,j=0,1,2 \end{cases} \tag{4-1-1}$$

如图 4-1 所示。

如果信号观测矢量 $\boldsymbol{x}_k=[x_1\quad x_2\quad \cdots\quad x_k]^{\mathrm{T}}$ 落在 R_0 判决区域内，则判决为假设 H_0；如果 $\boldsymbol{x}_k$ 落在 R_1 判决区域内，则判决为假设 H_1；如果 $\boldsymbol{x}_k$ 落在 R_2 判决区域内，则不做出判决，而是继续进行第 $k+1$ 次观测。此过程要进行到能够做出满足性能指标的判决为止。

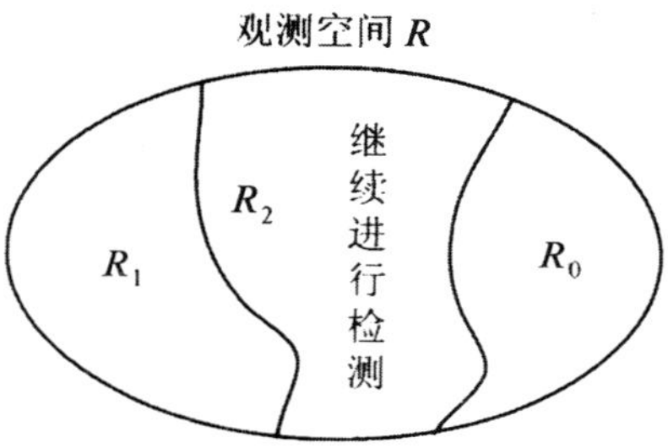

图 4-1　序列检测的观测空间划分

信号的序列检测采用修正的奈曼-皮尔逊准则作为最优序列检测准则。在修正的奈曼-皮尔逊准则下，信号的序列检测是在给定的性能指标 $P(H_1|H_0)$ 和 $P(H_0|H_1)$ 的条件下，从获得的第一个观测值 x_1 开始进行似然比检验。设 N 次观测矢量为 $\boldsymbol{x}_N=[x_1\quad x_2\quad \cdots\quad x_N]^{\mathrm{T}}$，其似然比函数为

$$\Lambda(\boldsymbol{x}_N)=\frac{p(\boldsymbol{x}_N|H_1)}{p(\boldsymbol{x}_N|H_0)} \tag{4-1-2}$$

假定各次观测是相互统计独立的，则似然比函数可以表示为

$$\begin{aligned}\Lambda(\boldsymbol{x}_N)&=\frac{p(\boldsymbol{x}_N|H_1)}{p(\boldsymbol{x}_N|H_0)}=\prod_{k=1}^{N}\frac{p(x_k|H_1)}{p(x_k|H_0)}\\&=\frac{p(x_N|H_1)}{p(x_N|H_0)}\prod_{k=1}^{N-1}\frac{p(x_k|H_1)}{p(x_k|H_0)}\end{aligned} \tag{4-1-3}$$

即有

$$\Lambda(\boldsymbol{x}_N)=\Lambda(\boldsymbol{x}_N)\Lambda(\boldsymbol{x}_{N-1}) \tag{4-1-4}$$

似然比检验有两个门限，即 η_0 和 η_1，并且有 $\eta_1>\eta_0$，似然比检验规则为

$$\Lambda(\boldsymbol{x}_N)=\frac{p(\boldsymbol{x}_N\mid H_1)}{p(\boldsymbol{x}_N\mid H_0)}\overset{H_1}{\geqslant}\eta_1 \tag{4-1-5}$$

和

$$\Lambda(\boldsymbol{x}_N)=\frac{p(\boldsymbol{x}_N\mid H_1)}{p(\boldsymbol{x}_N\mid H_0)}\underset{H_0}{\leqslant}\eta_0 \tag{4-1-6}$$

如果似然比函数 $\Lambda(\boldsymbol{x}_N)$ 处于 η_0 和 η_1 之间，则认为不能做出满足指标的判决。检验的两个门限 η_0 和 η_1 由两个错误判决概率 $P(H_1\mid H_0)$ 和 $P(H_0\mid H_1)$ 决定。

设 $P(H_1\mid H_0)$ 和 $P(H_0\mid H_1)$ 的约束值分别为

$$\begin{cases}P(H_1\mid H_0)=\alpha\\P(H_0\mid H_1)=\beta\end{cases} \tag{4-1-7}$$

则有

$$\alpha=\int_{R_1}p(\boldsymbol{x}_N\mid H_0)\mathrm{d}\boldsymbol{x}_N \tag{4-1-8}$$

和

$$1-\beta=\int_{R_1}p(\boldsymbol{x}_N\mid H_1)\mathrm{d}\boldsymbol{x}_N=\int_{R_1}p(\boldsymbol{x}_N\mid H_0)\Lambda(\boldsymbol{x}_N)\mathrm{d}\boldsymbol{x}_N \tag{4-1-9}$$

因为 $1-\beta=P(H_1\mid H_1)$ 表示假设为 H_1 而判决为 H_1 的概率，所以在 R_1 区域内有 $\Lambda(\boldsymbol{x}_N)\geqslant\eta_1$，从而有

$$1-\beta\geqslant\int_{R_1}p(\boldsymbol{x}_N\mid H_0)\eta_1\mathrm{d}\boldsymbol{x}_N=\eta_1\alpha \tag{4-1-10}$$

或者

$$\eta_1\leqslant\frac{1-\beta}{\alpha} \tag{4-1-11}$$

类似地，可以推导有

$$\eta_0\geqslant\frac{\beta}{1-\alpha} \tag{4-1-12}$$

式(4-1-11)求得的是 η_1 的上界，式(4-1-12)求得的是 η_0 的下界，准确地确定 η_1 和 η_0 还是困难的，因为似然比是随观测次数变化的函数，实验终止时，通常不可能恰恰取到门限值，而很可能要越过门限值，称此为“越界”现象。通常假定“越界”不大，即假定实验终止时，似然比恰等于门限值 η_1 和 η_0，而不发生“越界”。在此假设下，式(4-1-11)和式(4-1-12)等号成立，即实际设计信号检测门限 η_0 和 η_1 的计算公式为

$$\begin{cases}\eta_1=\dfrac{1-\beta}{\alpha}\\[2ex]\eta_0=\dfrac{\beta}{1-\alpha}\end{cases} \tag{4-1-13}$$

有了信号检测门限 η_1 和 η_0，信号的似然检验规则为式(4-1-5)和式(4-1-6)，又若

$$\eta_0 < \Lambda(\boldsymbol{x}_N) < \eta_1 \tag{4-1-14}$$

则需要进行下一次观测后，根据 $\Lambda(\boldsymbol{x}_{N+1})$ 再进行检验，直到满足给定的检测性能指标。

4.1.3 平均样本数的计算

在讨论平均样本数计算时，我们利用对数似然比

$$\begin{aligned}\ln\Lambda(\boldsymbol{x}_N) &= \ln\prod_{k=1}^{N}\frac{p(x_k\,|\,H_1)}{p(x_k\,|\,H_0)} = \ln\frac{p(x_N\,|\,H_1)}{p(x_N\,|\,H_0)}\prod_{k=1}^{N-1}\frac{p(x_k\,|\,H_1)}{p(x_k\,|\,H_0)}\\ &= \ln[\Lambda(\boldsymbol{x}_N)\Lambda(\boldsymbol{x}_{N-1})] = \ln\Lambda(\boldsymbol{x}_N) + \ln\Lambda(\boldsymbol{x}_{N-1})\end{aligned} \tag{4-1-15}$$

对数似然比判决规则的

$$\ln\Lambda(\boldsymbol{x}_N) \overset{H_1}{\geqslant} \ln\eta_1 \tag{4-1-16}$$

$$\ln\Lambda(\boldsymbol{x}_N) \underset{H_0}{\leqslant} \ln\eta_0 \tag{4-1-17}$$

序列检测终止时的样本数是随机量，因此需求样本数的数学期望。设检测在第 N 步时结束，即式(4-1-16)或式(4-1-17)成立。不考虑越界现象，上述不等式取等号。若 H_1 为真，则

$$\begin{cases}P[\ln\Lambda(\boldsymbol{x}_N) \leqslant \ln\eta_0\,|\,H_1] = P[\ln\Lambda(\boldsymbol{x}_N) = \ln\eta_0\,|\,H_1] = \beta\\ P[\ln\Lambda(\boldsymbol{x}_N) \geqslant \ln\eta_1\,|\,H_1] = P[\ln\Lambda(\boldsymbol{x}_N) = \ln\eta_1\,|\,H_1] = 1-\beta\end{cases} \tag{4-1-18}$$

若 H_0 为真，则

$$\begin{cases}P[\ln\Lambda(\boldsymbol{x}_N) \geqslant \ln\eta_1\,|\,H_0] = P[\ln\Lambda(\boldsymbol{x}_N) = \ln\eta_1\,|\,H_0] = \alpha\\ P[\ln\Lambda(\boldsymbol{x}_N) \leqslant \ln\eta_0\,|\,H_0] = P[\ln\Lambda(\boldsymbol{x}_N) = \ln\eta_0\,|\,H_0] = 1-\alpha\end{cases} \tag{4-1-19}$$

$\ln\Lambda(\boldsymbol{x}_N)$ 要么等于 $\ln\eta_1$，要么等于 $\ln\eta_0$。因此，$\Lambda(\boldsymbol{x}_N)$ 的条件期望为

$$\begin{cases}E[\ln\Lambda(\boldsymbol{x}_N)\,|\,H_1] = (1-\beta)\ln\eta_1 + \beta\ln\eta_0\\ E[\ln\Lambda(\boldsymbol{x}_N)\,|\,H_0] = (1-\alpha)\ln\eta_0 + \alpha\ln\eta_1\end{cases} \tag{4-1-20}$$

为了求得样本数 N 的数学期望定义二元变量 M_j，即

$$M_j = \begin{cases}1,\text{到}(j-1)\text{步尚未作出判决}\\ 0,\text{到}(j-1)\text{步前已作出判决}\end{cases} \tag{4-1-21}$$

假设检测在第 N 步结束，则

$$\ln\Lambda(\boldsymbol{x}_N) = \sum_{j=1}^{N}\ln\Lambda(x_j) = \sum_{j=1}^{\infty}M_j\ln\Lambda(x_j) \tag{4-1-22}$$

M_j 是随机变量，它取决于 $x_1, x_2, \cdots, x_{j-1}$，而与 x_j 无关，因此 M_j 和 $\Lambda(x_j)$ 相互独立。在 H_0 和 H_1 两种假设下对上式两边取数学期望，则

$$E[\ln\Lambda(\boldsymbol{x}_N) \mid H_i] = E\left[\sum_{j=1}^{\infty} M_j \ln\Lambda(x_j) \mid H_i\right]$$
$$= \sum_{j=1}^{\infty} E[M_j \mid H_i] E[\ln\Lambda(x_j) \mid H_i] \quad i = 0, 1$$
$$(4\text{-}1\text{-}23)$$

假设在每一假设下观测值是独立同分布的，具有相同的数学期望，则

$$E[\ln\Lambda(x_j) \mid H_i] = E[\ln\Lambda(x) \mid H_i] \tag{4-1-24}$$

将上式代入式(4-1-23)得

$$E[\ln\Lambda(\boldsymbol{x}_N) \mid H_i] = E[\ln\Lambda(x) \mid H_i] \sum_{j=1}^{\infty} E[M_j \mid H_i]$$
$$= E[\ln\Lambda(x) \mid H_i] E[N \mid H_i] \tag{4-1-25}$$

由上式得两种假设下的平均样本数分别是

$$\begin{cases} E[N \mid H_0] = \dfrac{E[\ln\Lambda(\boldsymbol{x}_N) \mid H_0]}{E[\ln\Lambda(x) \mid H_0]} \\ E[N \mid H_1] = \dfrac{E[\ln\Lambda(\boldsymbol{x}_N) \mid H_1]}{E[\ln\Lambda(x) \mid H_1]} \end{cases} \tag{4-1-26}$$

将式(4-1-20)代入式(4-1-26)后得

$$\begin{cases} E[N \mid H_0] = \dfrac{(1-\alpha)\ln\eta_0 + \alpha\ln\eta_1}{E[\ln\Lambda(x) \mid H_0]} \\ E[N \mid H_1] = \dfrac{(1-\beta)\ln\eta_1 + \beta\ln\eta_0}{E[\ln\Lambda(x) \mid H_1]} \end{cases} \tag{4-1-27}$$

总的平均样本数为

$$E[N] = P(H_0)E[N \mid H_0] + P(H_1)E[N \mid H_1] \tag{4-1-28}$$

在固定时间的贝叶斯检测中用平均代价或平均风险衡量检测器的性能，平均代价决定于虚警概率、漏警概率和代价权因子。在序列检测中也可以用虚警概率、漏警概率和平均观测时间的线性组合来评价检测器的性能。定义广义平均风险为

$$E[\overline{C}] = C_{10}P(H_0)\alpha + C_{01}P(H_1)\beta + C[\overline{T}_S]\overline{T}_S \tag{4-1-29}$$

式中，$C[\overline{T}_S]$ 是平均观测时间的代价权因子；$\overline{T}_S$ 是平均观测时间。

$$\overline{T}_S = \overline{T}_0 P(H_0) + \overline{T}_1 P(H_1) \tag{4-1-30}$$

式中，$\overline{T}_0$ 和 $\overline{T}_1$ 分别是作出接受 H_0 和 H_1 假设所用的平均观测时间。每次观测 Δt 相同时，$\overline{T}_0$ 和 $\overline{T}_1$ 分别为

$$\overline{T}_0 = E[N \mid H_0]\Delta t \tag{4-1-31}$$
$$\overline{T}_1 = E[N \mid H_1]\Delta t \tag{4-1-32}$$

广义平均风险 $E[\bar{C}]$ 越小，则检测系统性能越好。能获得广义最小平均风险的系统就是最佳序列检测系统。这一准则称为广义最小平均风险准则。在给定 $\alpha,\beta,C_{10},C_{01},P(H_0)$ 和 $P(H_1)$ 的条件下，广义最小平均风险准则等同于最小总平均观测时间准则。序列似然比检测系统正是能给出最小平均观测时间的系统。

4.1.4 序列检测和固定时间检测比较

用雷达信号检测来比较序列检测的平均样本数和固定时间检测的样本数，为此假设

$$H_1: x(t) = s(t) + n(t) = a + n(t) \tag{4-1-33}$$

$$H_0: x(t) = n(t) \tag{4-1-34}$$

式中，$n(t)$ 是零均值方差为 σ_n^2 的加性高斯白噪声，a 是常数。

假设各观测样本值独立同分布，在整个检测过程中 α 和 β 不变。于是

$$p(x_k | H_0) = p(x | H_0) = \frac{1}{\sqrt{2\pi}\sigma_n} e^{-\frac{x^2}{2\sigma_n^2}} \tag{4-1-35}$$

$$p(x_k | H_1) = p(x | H_1) = \frac{1}{\sqrt{2\pi}\sigma_n} e^{-\frac{(x-a)^2}{2\sigma_n^2}} \tag{4-1-36}$$

似然比

$$\Lambda(x_k) = \Lambda(x) = \exp\left(-\frac{a^2 - 2ax}{2\sigma_n^2}\right) \tag{4-1-37}$$

$$\ln\Lambda(x) = \frac{ax}{\sigma_n^2} - \frac{\rho}{2} \tag{4-1-38}$$

式中，$\rho = \frac{a^2}{\sigma_n^2}$ 是功率信噪比。于是

$$E[\ln\Lambda(x) | H_0] = E\left[\frac{an}{\sigma_n^2} - \frac{\rho}{2}\right] = -\frac{\rho}{2} < 0 \tag{4-1-39}$$

$$E[\ln\Lambda(x) | H_1] = E\left[\frac{a(a+n)}{\sigma_n^2} - \frac{\rho}{2}\right] = \rho - \frac{\rho}{2} = \frac{\rho}{2} > 0 \tag{4-1-40}$$

将式(4-1-39)代入式(4-1-27)得

$$E[N | H_0] = \frac{(1-\alpha)\ln\eta_0 + \alpha\ln\eta_1}{-\frac{\rho}{2}} \tag{4-1-41}$$

将式(4-1-40)代入式(4-1-27)得

$$E[N | H_1] = \frac{(1-\beta)\ln\eta_1 + \beta\ln\eta_0}{\frac{\rho}{2}} \tag{4-1-42}$$

设每次检测时间为 Δt，则两种假设下的平均检测时间分别为

$$E[T_{s_0}]=E[N|H_0]\Delta t \tag{4-1-43}$$

$$E[T_{s_1}]=E[N|H_1]\Delta t \tag{4-1-44}$$

以下讨论固定时间检测的样本数。设观测时间为 $T=N\Delta t$，在 H_0 和 H_1 假设同序列检测相同条件下观测向量 x 的 N 维联合概率密度为

$$p(\boldsymbol{x}|H_0)=\left(\frac{1}{2\pi\sigma_n^2}\right)^{\frac{N}{2}}\exp\left(-\sum_{k=1}^{N}\frac{x_k^2}{2\sigma_n^2}\right) \tag{4-1-45}$$

$$p(\boldsymbol{x}|H_1)=\left(\frac{1}{2\pi\sigma_n^2}\right)^{\frac{N}{2}}\exp\left(-\sum_{k=1}^{N}\frac{(x_k-a)^2}{2\sigma_n^2}\right) \tag{4-1-46}$$

似然比和对数似然比分别是

$$\Lambda(\boldsymbol{x}_N)=\frac{p(\boldsymbol{x}_N|H_1)}{p(\boldsymbol{x}_N|H_0)}=\exp\left[-\sum_{k=1}^{N}\left(\frac{a^2}{2\sigma_n^2}-\frac{ax_k}{\sigma_n^2}\right)\right] \tag{4-1-47}$$

$$\ln\Lambda(\boldsymbol{x}_N)=\sum_{k=1}^{N}-\left(\frac{a^2}{2\sigma_n^2}-\frac{ax_k}{\sigma_n^2}\right)=\frac{a}{\sigma_n^2}\sum_{k=1}^{N}x_k-\frac{Na^2}{2\sigma_n^2} \tag{4-1-48}$$

对数似然比判决规则为

$$\ln\Lambda(\boldsymbol{x}_N)\underset{H_0}{\overset{H_1}{\gtrless}}\ln\eta_0^* \tag{4-1-49}$$

即

$$\frac{a^2}{\sigma_n^2}\sum_{k=1}^{N}x_k-\frac{Na^2}{2\sigma_n^2}\underset{H_0}{\overset{H_1}{\gtrless}}\ln\eta_0^* \tag{4-1-50}$$

上式等价于

$$\sum_{k=1}^{N}x_k\underset{H_0}{\overset{H_1}{\gtrless}}V_T \tag{4-1-51}$$

式中

$$V_T=\left(\ln\eta_0^*+\frac{Na^2}{2\sigma_n^2}\right)\frac{\sigma_n^2}{a} \tag{4-1-52}$$

令

$$G=\sum_{k=1}^{N}x_k \tag{4-1-53}$$

式中

$$x_k=\begin{cases}a+n_k:H_1\\ n_k:H_0\end{cases} \tag{4-1-54}$$

以检验统计量 G 表示的判决规则为

$$G\underset{H_0}{\overset{H_1}{\gtrless}}V_T \tag{4-1-55}$$

由于 a 为常数，n_k 是均值为零，方差为 σ_n^2 的相互独立的正态随机变量，在

H_0 和 H_1 假设下的检验统计量 G 是一维高斯变量,要确定 G 的概率密度只需求出 G 的数学期望和方差。显然在 H_0 假设下

$$E[G|H_0]=0 \tag{4-1-56}$$

$$D[G|H_0]=N\sigma_n^2 \tag{4-1-57}$$

在 H_1 假设下

$$E[G|H_1]=Na \tag{4-1-58}$$

$$D[G|H_1]=N\sigma_n^2 \tag{4-1-59}$$

由上述结果可以得到虚警概率和检测概率的表达式为

$$\begin{aligned}\alpha&=\int_{V_T}^{\infty}p(G|H_0)\mathrm{d}G=\int_{V_T}^{\infty}\frac{1}{\sqrt{2\pi}N\sigma_n}\exp\left(-\frac{G^2}{2N\sigma_n^2}\right)\mathrm{d}G\\&=1-\int_{-\infty}^{V_T}\frac{1}{\sqrt{2\pi}N\sigma_n}\exp\left(-\frac{G^2}{2N\sigma_n^2}\right)\mathrm{d}G\end{aligned} \tag{4-1-60}$$

令 $t=\dfrac{G}{\sqrt{N}\sigma_n}$,上式变为

$$\alpha=1-\int_{-\infty}^{x}\frac{1}{\sqrt{2\pi}}\mathrm{e}^{-\frac{t^2}{2}}\mathrm{d}t=1-\Phi(x) \tag{4-1-61}$$

式中,$x=\dfrac{V_T}{\sigma_n}$,$\Phi(x)$ 是概率积分函数。根据 $\Phi(-x)=1-\Phi(x)$,式(4-1-61)变为

$$\alpha=\Phi\left(-\frac{V_T}{\sqrt{N}\sigma_n}\right) \tag{4-1-62}$$

$$\begin{aligned}P_d&=1-\beta=1-\int_{-\infty}^{V_T}p(G|H_1)\mathrm{d}G\\&=1-\int_{-\infty}^{V_T}\frac{1}{\sqrt{2\pi}N\sigma_n}\exp\left[-\frac{(G-Na)^2}{2N\sigma_n^2}\right]\mathrm{d}G\\&=\Phi\left(-\frac{V_T-Na}{\sqrt{N}\sigma_n}\right)\end{aligned} \tag{4-1-63}$$

由式(4-1-62)和式(4-1-63)得

$$V_T=-\sigma_n\sqrt{N}\,\mathrm{arcerf}(\alpha) \tag{4-1-64}$$

$$V_T=-\sigma_n\sqrt{N}\,\mathrm{arcerf}(1-\beta)+Na \tag{4-1-65}$$

联立求解上式得固定时间检测所需样本数为

$$N=\frac{[\mathrm{arcerf}(\alpha)-\mathrm{arcerf}(1-\beta)]^2}{\rho} \tag{4-1-66}$$

式中,$\rho=\dfrac{a^2}{\sigma_n^2}$。

将式(4-1-66)和序列检测时,在 H_0 和 H_1 假设下的平均样本数作比较得

$$\frac{E[N|H_0]}{N}=-2\frac{(1-\alpha)\ln\eta_0+\alpha\ln\eta_1}{[\text{arcerf}(\alpha)-\text{arcerf}(1-\beta)]^2} \tag{4-1-67}$$

$$\frac{E[N|H_1]}{N}=2\frac{(1-\beta)\ln\eta_1+\beta\ln\eta_0}{[\text{arcerf}(\alpha)-\text{arcerf}(1-\beta)]^2} \tag{4-1-68}$$

在 $\alpha<10^{-4}$，$0.1<P_d<0.9$ 的条件下，下门限为

$$\eta_0=\frac{\beta}{1-\alpha}\approx\beta=1-P_d \tag{4-1-69}$$

将式(4-1-69)代入式(4-1-68)，近似认为 $\alpha\approx0$，式(4-1-67)和式(4-1-68)变为

$$\frac{E[N|H_0]}{N}=-2\frac{\ln(1-P_d)}{[\text{arcerf}(\alpha)-\text{arcerf}(P_d)]^2} \tag{4-1-70}$$

$$\frac{E[N|H_1]}{N}=2\frac{P_d\ln\eta_1+(1-P_d)\ln(1-P_d)}{[\text{arcerf}(\alpha)-\text{arcerf}(P_d)]^2} \tag{4-1-71}$$

以 P_d 作为横坐标，$\frac{E[N|H_0]}{N}\sim P_d$，$\frac{E[N|H_1]}{N}\sim P_d$ 关系曲线示于图 4-2 中。

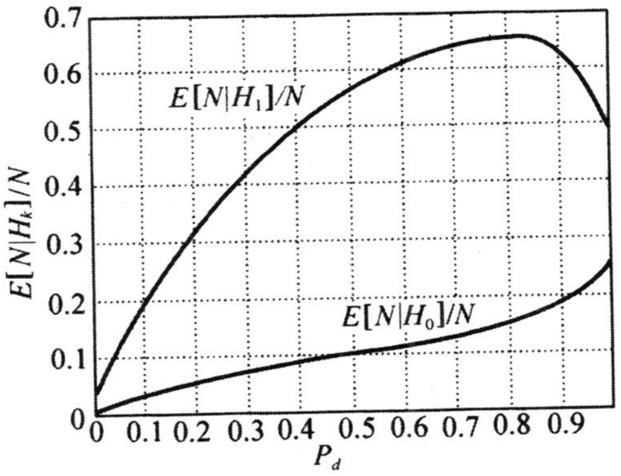

图 4-2　$E[N|H_k]/N\sim P_d$ 关系曲线

从图 4-2 中可以得出下列结论。

① $\frac{E[N|H_0]}{N}$，$\frac{E[N|H_1]}{N}$ 均小于 1，这说明在 H_0 和 H_1 假设下序列检测的平均样本数要比固定时间检测的样本数少。

② $\frac{E[N|H_0]}{N}$ 比 $\frac{E[N|H_1]}{N}$ 来得小，说明在无信号时采用序列检测所能获得的好处大。

③ $E[N|H_0]$是 P_d 的增函数，在相当大的范围内 $E[N|H_1]$ 也是 P_d 的增函数。这说明在检测概率小的场合序列检测的优越性都能体现出来。根据上述三点，序列检测应用于 $\alpha\ll\beta$，$P(H_0)\ll P(H_1)$ 的场合最合适。雷

达中经常遇到的正是上述情况，因此序列检测应用于雷达是最合适的。

4.2 非参量检测

4.2.1 非参量检测的概念

非参量检测是在噪声概率密度未知或噪声概率密度部分已知的情况下，采用检测采样单元与邻近采样单元相比较的方法实施的信号检测。

在实际的检测问题中，常遇到的非参量检测有以下几种：

①噪声的概率密度是未知的；

②知道概率密度非常一般的信息或一些定性的了解，例如，只知道噪声概率密度的对称性或噪声分布的中位数等；

③知道噪声概率密度的一般形式，而噪声概率密度的一些关键参量是未知的，无法写出噪声概率密度的具体形式。例如，即使对于高斯噪声，若其自协方差函数或功率谱密度未知也应属于非参量假设。

在上述情况下，由于不知道似然函数的具体形式，因而不能采用似然比检验方法进行统计判决，也就是说，参量检测已无法使用，需要采用非参量检测。因此，参量检测的限制条件是比较严格的，而非参量检测的限制条件是比较宽松的。

非参量检测器也称为自由分布检测器，它不要求精确知道输入数据的统计特性，其恒虚警性能比较好，即不论实际干扰的统计特性如何，概率分布为何种形式，非参量检测的性能不变，恒虚警性能不变。非参量检测器的特点是适应性强、抗各类干扰的性能比较好。非参量检测的实质就是把未知统计特性（概率密度函数）的干扰变成概率密度函数为已知的干扰。与参量型检测相比，由于非参量检测没有利用干扰的先验知识，虽然其适应性强，但针对性差。也就是说，针对某种已知统计特性的干扰来说，非参量检测器的性能相比参量检测器的性能一般会更差。

4.2.2 非参量符号检测

1. 符号检测的基本原理与实现

设第 k 次观测得到的顺序 M 个检测单元的离散随机信号为 $x_k(m)$

($m=0,1,\cdots,M-1;k=1,2,\cdots,N$)，信号状态的检测是按检测单元进行的。若第 r 个单元是检测单元，则相邻 N 次观测信号 $x_k(r)$ 的幅度信息量化成检验统计量

$$l_S=\sum_{k=1}^{N}u[x_k(r)] \tag{4-2-1}$$

式中

$$u[x_k(r)]=\begin{cases}1,x_k(r)>0,\text{或者 } x_k(r)>0(k\text{ 为奇数})\\0,x_k(r)<0,\text{或者 } x_k(r)>0(k\text{ 为偶数})\end{cases} \tag{4-2-2}$$

是将观测信号 $x_k(r)$ 量化成 1 或 0 的符号量化器。所以，l_S 是 $0\leqslant l_S\leqslant N$ 的随机整数。将 l_S 与检测门限 $g(0\leqslant g\leqslant N$，是设定的整数)比较，做出哪个假设成立的判决，即

$$l_S\underset{H_0}{\overset{H_1}{\gtrless}}g \tag{4-2-3}$$

这就是非参量符号检测的基本原理。

根据非参量符号检测的基本原理，检测器由符号量化器、求和器和判决器构成，如图 4-3 所示。

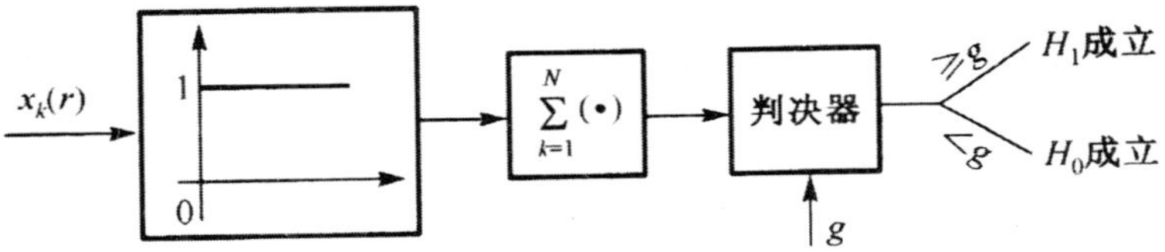

图 4-3　非参量符号检测器的实现框图

2. 符号检测器的性能

为研究二元信号状态非参量符号检测的性能，假设 H_0 为真时和假设 H_1 为真时，第 r 个检测单元观测信号的模型分别为

$$H_0:x_k(r)=n_k(r)\quad k=1,2,\cdots,N$$
$$H_1:x_k(r)=s_k(r)+n_k(r)\quad k=1,2,\cdots,N$$

其中，$n_k(r)$ 是零均值的加性平稳随机噪声，且 $n_j(r)$ 与 $n_k(r)(j,k=1,2,\cdots,N;j\neq k)$ 之间互不相关；$s_k(r)$ 是假设 H_1 为真时的信号，设 $s_k(r)>0$。

假设 H_0 为真时，$x_k(r)=n_k(r)$ 被量化为 1 的概率是单次错误判决概率，简记为 P_f，从统计意义上 $P_f=\dfrac{1}{2}$；假设 H_1 为真时，$x_k(r)=s_k(r)+n_k(r)$ 被量化为 1 的概率是单次正确判决概率，简记为 P_d，从统计意义上

$P_{\mathrm{d}} \geqslant \dfrac{1}{2}$。

根据非参量符号检测器的工作原理，符号量化器将相邻 N 次观测信号量化得到的 1 求和形成检验统计量 l_{S}，将 l_{S} 与检测门限 g 比较做出哪个假设成立的判决。因为 l_{S} 恰好等于 g 的概率服从二项式分布，所以有

$$P(l_{\mathrm{S}} = g \mid H_0) = c_N^g P_{\mathrm{f}}^g (1 - P_{\mathrm{f}})^{N-g} \tag{4-2-4}$$

$$P(l_{\mathrm{S}} = g \mid H_1) = c_N^g P_{\mathrm{d}}^g (1 - P_{\mathrm{d}})^{N-g} \tag{4-2-5}$$

由于 $l_{\mathrm{S}} \geqslant g$ 都判决假设 H_1 成立，所以，非参量符号检测器假设 H_0 为真时，判决假设 H_1 成立的错误判决概率

$$P(H_1 \mid H_0) = P_{\mathrm{F}} = P(l_{\mathrm{S}} \geqslant g \mid H_0) = \sum_{h=g}^{N} c_N^h P_{\mathrm{f}}^h (1 - P_{\mathrm{f}})^{N-h} \tag{4-2-6}$$

假设 H_1 为真时，判决假设 H_1 成立的正确判决概率

$$P(H_1 \mid H_1) = P_{\mathrm{D}} = P(l_{\mathrm{S}} \geqslant g \mid H_1) = \sum_{h=g}^{N} c_N^h P_{\mathrm{d}}^h (1 - P_{\mathrm{d}})^{N-h} \tag{4-2-7}$$

4.2.3 非参量广义符号检测

1. 广义符号检测的基本原理

广义符号检测首先将检测单元的观测信号 $x_k(r)$ 与前后各 $M_c/2$ 个参考单元的观测信号 $x_k(r-i)(i=\pm 1, \pm 2, \cdots, \pm M_c/2)$ 逐一进行幅度比较，量化为 1 或 0 的符号，即

$$u[x_k(r) - x_k(r-i)] = \begin{cases} 1, x_k(r) > x_k(r-i)，\text{或者 } x_k(r) = x_k(r-i)(|r-i| \text{ 为奇数}) \\ 0, x_k(r) < x_k(r-i)，\text{或者 } x_k(r) = x_k(r-i)(|r-i| \text{ 为偶数}) \end{cases}$$

$$i = \pm 1, \pm 2, \cdots, \pm M_c/2 \tag{4-2-8}$$

然后，将量化得到的 1 求和，所得到的值恰好等于把 $x_k(r)$ 与 $x_k(r-i)$ 一起按从小到大顺序排列时，$x_k(r)$ 所处位置的序号称为检测单元的秩值，用 $R_k(r)$ 表示，即

$$R_k(r) = \sum_{\substack{i=-M_c/2 \\ i \neq 0}}^{M_c/2} u[x_k(r) - x_k(r-i)] \quad k = 1, 2, \cdots, N \tag{4-2-9}$$

秩值形成器如图 4-4 所示。

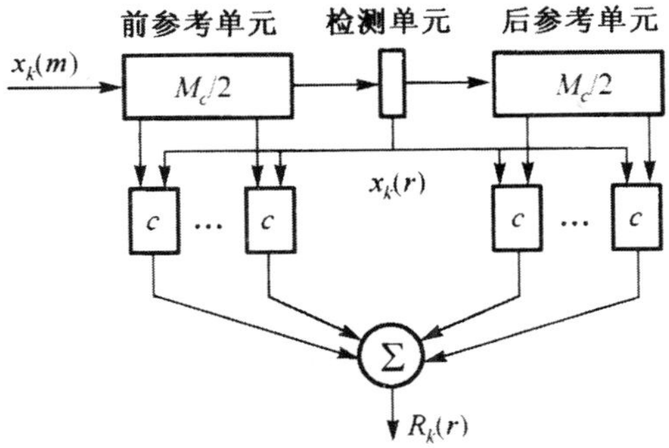

图 4-4　秩值形成器原理框图

最后，对 $R_k(r)$ 进行相邻 N 次观测间的积累，形成检验统计量与检测门限比较，做出哪个假设成立的判决。

秩值形成器中把 $x_k(r)$ 量化为 1 或 0 的比较信号是参考单元的观测信号 $x_k(r-i)$ 而不是 $x_k(r)$ 本身幅度的正负，故称为广义符号检测。

2. 量化秩值求和广义符号检测器的实现及检测性能

量化秩值求和广义符号检测器的检验统计量为

$$l_{\mathrm{GSQ}} = \sum_{k=1}^{N} u[R_k(r)] \tag{4-2-10}$$

式中

$$u[R_k(r)] = \begin{cases} 1, R_k(r) \geqslant g_1 \\ 0, R_k(r) < g_1 \end{cases} \tag{4-2-11}$$

实现秩值的量化，$g_1(0 \leqslant g_1 \leqslant M_c)$ 称为第一检测门限。第二检测门限为 $g_2(0 \leqslant g_2 \leqslant N)$ 时的判决式为

$$l_{\mathrm{GSQ}} \underset{H_0}{\overset{H_1}{\gtrless}} g_2 \tag{4-2-12}$$

所以，量化秩值求和广义符号检测器的实现框图如图 4-5 所示。

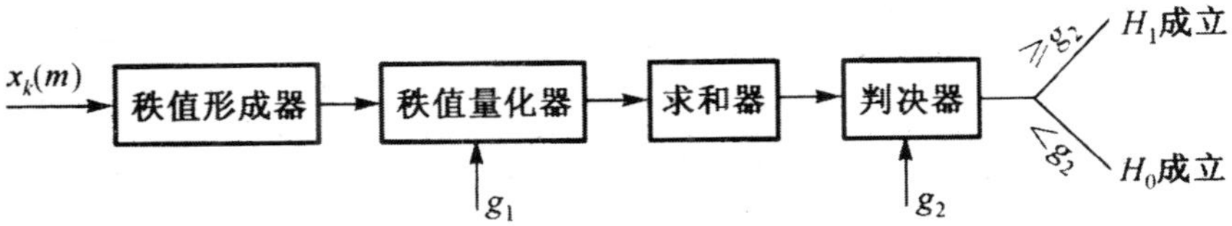

图 4-5　量化秩值求和广义符号检测器的实现框图

秩值 $R_k(r)$ 恰好等于 $g_1(0 \leqslant g_1 \leqslant M_c)$ 的概率服从二项式分布。当检

测单元的信号与参考单元的信号是独立同分布的噪声干扰时，则有

$$\begin{aligned}&P[R_k(r)=g_1\mid H_0]\\&=c_{M_c}^{g_1}\int_{-\infty}^{\infty}p[x_k(r)\mid H_0]\left\{1-\int_{x_k(r)}^{\infty}p[x_k(r-i)]\mathrm{d}x_k(r-i)\right\}^{g_1}\\&\quad\times\left\{\int_{x_k(r)}^{\infty}p[x_k(r-i)]\mathrm{d}x_k(r-i)\right\}^{M_c-g_1}\mathrm{d}x_k(r)\\&=\frac{1}{M_c+1}\end{aligned}\tag{4-2-13}$$

这样，$R_k(r)\geqslant g_1$，秩值量化为1，其概率是单次检测的错误判决概率 P_{f}，且为

$$P_{\mathrm{f}}=1-\frac{g_1}{M_c+1}=\frac{M_c-g_1+1}{M_c+1}\tag{4-2-14}$$

类似地，如果检测单元的信号是 $x_k(r)=s_k(r)+n_k(r)$，概念上也可以求出单次检测的正确判决概率 P_{d}。

量化秩值求和所得检验统计量 l_{GSQ} 恰好等于 $g_2(0\leqslant g_2\leqslant N)$ 的概率也服从二项式分布。而当 $l_{\mathrm{GSQ}}\geqslant g_2$ 时，判决假设 H_1 成立。所以，该检测器在假设 H_0 为真时，判决假设 H_1 成立的错误判决概率

$$P(H_1\mid H_0)=P_{\mathrm{F}}=P(l_{\mathrm{GSQ}}\geqslant g_2\mid H_0)=\sum_{h=g_2}^{N}c_N^hP_{\mathrm{f}}^h(1-P_{\mathrm{f}})^{N-h}\tag{4-2-15}$$

假设 H_1 为真时，判决假设 H_1 成立的正确判决概率

$$P(H_1\mid H_1)=P_{\mathrm{D}}=P(l_{\mathrm{GSQ}}\geqslant g_2\mid H_1)=\sum_{h=g_2}^{N}c_N^hP_{\mathrm{d}}^h(1-P_{\mathrm{d}})^{N-h}\tag{4-2-16}$$

3.秩值求和广义符号检测器简介

如果将式(4-2-9)形成的秩值 $R_k(r)(k=1,2,\cdots,N)$ 直接求和，获得检验统计量

$$l_{\mathrm{GSS}}=\sum_{k=1}^{N}R_k(r)\tag{4-2-17}$$

与检测门限 g 进行比较，以做出哪个假设成立的判决，这就是秩值求和广义符号检测器。

由于该检测器避免了秩值量化带来的信号损失，其检测性能理应优于量化秩值求和广义符号检测器的性能。

4.秩值加权求和广义符号检测器简介

在 N 次观测中，观测信号通常会受到某个函数的调制，如雷达信号会

受到天线波束方向图函数的双向调制。若根据调制函数，选择合适的加权系数 $w_k(k=1,2,\cdots,N)$，对秩值 $R_k(r)(k=1,2,\cdots,N)$ 进行加权求和，获得检验统计量

$$l_{\mathrm{GSW}}=\sum_{k=1}^{N}w_kR_k(r) \tag{4-2-18}$$

实现信号状态的检测，有望得到更好的检测性能。这就是秩值加权求和广义符号检测器。

4.2.4　非参量二维广义符号检测器

作为非参量广义符号检测器的推广，二维广义符号检测器的检测单元信号 $x_k(r)$ 不仅与本次观测前后的 M_c 个参考单元的信号 $x_k(r-i)(i=\pm 1,\pm 2,\cdots,\pm M_c/2)$ 进行比较，而且还与邻近 L 次观测的各 M_c 个参考单元的信号 $x_{k-j}(r-i)(i=\pm 1,\pm 2,\cdots,\pm M_c/2;j=0,\pm 1,\pm 2,\cdots,\pm L/2)$ 进行比较，量化结果为

$$\begin{aligned}&u[x_k(r)-x_{k-j}(r-i)]\\&=\begin{cases}1, x_k(r)>x_{k-j}(r-i),\text{或者 } x_k(r)=x_{k-j}(r-i)(|r-i|\text{ 为奇数})\\0, x_k(r)<x_{k-j}(r-i),\text{或者 } x_k(r)=x_{k-j}(r-i)(|r-i|\text{ 为偶数})\end{cases}\\&\qquad i=\pm 1,\pm 2,\cdots,\pm M_c/2;j=0,\pm 1,\pm 2,\cdots,\pm L/2\end{aligned} \tag{4-2-19}$$

将量化的结果求和，得到

$$R_k(r)=\sum_{j=-L/2}^{L/2}\sum_{\substack{i=-M_c/2\\i\neq 0}}^{M_c/2}u[x_k(r)-x_{k-j}(r-i)] \tag{4-2-20}$$

再将连续 N 次观测得到的秩值 $R_k(r)(k=1,2,\cdots,N)$ 求和，获得检验统计量

$$l_{\mathrm{MS}}=\sum_{k=1}^{N}R_k(r) \tag{4-2-21}$$

l_{MS} 与检测门限 g 比较，做出哪个假设成立的判决。

这样，由秩值形成器、秩值求和器和判决器就构成了二维广义符号秩值求和检测器。

由于该检测器利用了检测单元信号与二维共 $M_c(L+1)$ 个参考单元信号的量化结果来形成秩值 $R_k(r)(k=1,2,\cdots,N)$，所以将会得到更加平稳的检测效果。

4.3　稳健性(Robust)检测

稳健性检测指的是检测器的性能对于噪声 $\varepsilon(t)$ 统计特性变化的非敏

感性，即当信号的实际统计模型与假设的统计模型有较小的差异时，检测性能只受到较小的影响，不会因为实际模型的差异使检测性能严重变差。

当实际的统计模型与所假设的理论模型一致时，稳健性检测性能良好，但达不到某种准则下的最佳性能，所以稳健性检测不是最佳检测，这是为追求稳健性所付出的代价。另外，当实际的统计模型与假定的理论模型存在较严重的偏离时，稳健性检测器仍有一定的检测能力，而不至于完全失效。

4.3.1 ε混合信号模型的稳健性检测

1. ε混合信号模型的描述

在复杂的电磁环境下，表征观测信号统计特性的概率密度函数可能是多个函数的组合，其中起主导作用分量的主概率密度函数通常是已知的。最受人们重视并广泛讨论的是胡贝尔(Huber)提出的ε混合信号模型。设$\mathcal{F}$为一类概率密度函数的集合，则ε混合信号模型为

$$\mathcal{F}=\{q(x):q(x)=(1-\varepsilon)p(x)+\varepsilon h(x),h(x)\in\mathcal{H}\}\quad 0\leqslant\varepsilon\leqslant 1 \tag{4-3-1}$$

式中，$p(x)$为已知的主概率密度函数；$h(x)$为污染密度函数，它属于任意$\mathcal{H}$类，对其约束很松；$\varepsilon\in[0,1]$为污染度，通常比较小。在电子信息系统中，大气噪声和人为干扰带有随机脉冲干扰的特性，它进入系统后与系统噪声叠加，结果通常可用ε混合信号模型描述。

这样，二元信号状态检测的ε混合信号模型表示为

$$H_0:\mathcal{F}_0=\{q(x\mid H_0):q(x\mid H_0)=(1-\varepsilon_0)p(x\mid H_0)+\varepsilon_0 h_0(x),\ h_0(x)\in\mathcal{H}\}\quad 0<\varepsilon_0<1 \tag{4-3-2}$$

$$H_1:\mathcal{F}_1=\{q(x\mid H_1):q(x\mid H_1)=(1-\varepsilon_1)p(x\mid H_1)+\varepsilon_1 h_1(x),\ h_1(x)\in\mathcal{H}\}\quad 0<\varepsilon_1<1 \tag{4-3-3}$$

假定ε混合信号模型中，主概率密度函数$p(x|H_j)(j=0,1)$是已知的，而污染密度函数$h_j(x)(j=0,1)$只知道它们是属于某一分布类$\mathcal{H}$。这就是说，我们并不确切知道各假设为真时观测信号的似然函数$q(x|H_j)$ $(j=0,1)$，现在的任务是寻找它们的一个最小有利分布对$q_j^*(j=0,1)$，其似然函数为$q^*(x|H_j)(j=0,1)$，以实现似然比检验。这样，如果最小有利分布对$q_j^*(j=0,1)$存在，就可以利用信号状态统计检测的最佳准则设计最佳或部分最佳检测器。求出的这样一对解(最小有利分布对和相应的检测器)称为极小极大解或鞍点解。当实际观测信号的统计特性不是最小有利分布但属于$\mathcal{H}$类时，检测器的性能要比最小有利分布下的性能好，至

少也是一样的。这就是说，最小有利分布提供了检测性能的下界。

2. 判决规则

设 N 维观测信号矢量为 $\boldsymbol{x} = [x_1 \quad x_2 \quad \cdots \quad x_N]^{\mathrm{T}}$；$\mathcal{F}_0$ 和 $\mathcal{F}_1$ 是分别对应假设 H_0 为真时和假设 H_1 为真时的两个 N 维联合概率密度函数类。为了判决假设 H_0 和假设 H_1 中有利的那一个假设成立，取最小有利分布对 $q_j^*(j=0,1)$ 的似然函数 $q^*(\boldsymbol{x}|H_j)q(j=0,1)$ 构成似然比检验，其相应的检验函数为

$$\phi^*(x) = \begin{cases} 1, \lambda^*(x) > \eta^* \\ r, \lambda^*(x) = \eta^* \\ 0, \lambda^*(x) < \eta^* \end{cases} \tag{4-3-4}$$

式中，$\lambda^*(x) = q^*(\boldsymbol{x}|H_1)/q^*(\boldsymbol{x}|H_0)$ 是似然比函数，为检验统计量；η^* 为似然比检测门限；r 是 $0<r<1$ 的一个数。在数值上，$\phi^*(\boldsymbol{x})$ 为满足检验条件下判决假设 H_1 成立的概率。

这样，假设 H_0 为真时，判决假设 H_1 成立的错误判决概率

$$\begin{aligned} P^*(H_1|H_0) &= P[\lambda^*(\boldsymbol{x}) \geqslant \eta^* | q_0^*] \\ &= \int_{\lambda^*(\boldsymbol{x})>\eta^*} q^*(\boldsymbol{x}|H_0)\mathrm{d}\boldsymbol{x} + r\int_{\lambda^*(\boldsymbol{x})=\eta^*} q^*(\boldsymbol{x}|H_0)\mathrm{d}\boldsymbol{x} \end{aligned} \tag{4-3-5}$$

而假设 H_1 为真时，判决假设 H_1 成立的正确判决概率

$$\begin{aligned} P^*(H_1|H_1) &= P[\lambda^*(\boldsymbol{x}) \geqslant \eta^* | q_1^*] \\ &= \int_{\lambda^*(\boldsymbol{x})>\eta^*} q^*(\boldsymbol{x}|H_1)\mathrm{d}\boldsymbol{x} + r\int_{\lambda^*(\boldsymbol{x})=\eta^*} q^*(\boldsymbol{x}|H_1)\mathrm{d}\boldsymbol{x} \end{aligned} \tag{4-3-6}$$

根据极小极大原理，我们可以从似然函数为 $q(\boldsymbol{x}|H_j)(j=0,1)$ 的实际观测信号分布对中 $q_j(j=0,1)$ 找出最小有利分布对 $q_j^*(j=0,1)$，然后针对这一最小有利分布对设计最佳检验 ϕ^*，使错误判决所付出的代价满足

$$c(q_j,\phi^*) \leqslant c(q_j^*,\phi^*) \leqslant c(q_j^*,\phi) \quad j=0,1 \tag{4-3-7}$$

式中，函数 $c(q_j,\phi^*)$ 表示实际观测信号分布对 $q_j(j=0,1)$ 在最佳检验 ϕ^* 下错误判决所付出的代价；函数 $c(q_j^*,\phi^*)$ 表示最小有利分布对 $q_j^*(j=0,1)$ 在最佳检验 ϕ^* 下错误判决所付出的代价；而函数 $c(q_j^*,\phi)$ 表示最小有利分布对 $q_j^*(j=0,1)$ 在任意随机检验 ϕ 下错误判决所付出的代价。在声呐、雷达等信号状态的检测中，函数 $c(q_0^*,\phi^*)$ 称为虚警风险，函数 $c(q_1^*,\phi^*)$ 称为漏报风险。

如果错误判决所付出的代价为错误判决概率，并采用虚警概率约束为 α^* 的奈曼-皮尔逊准则，若最小有利分布对 $q_j^*(j=0,1)$ 存在，则由式(4-3-7)可知，在最佳检验 ϕ^* 的条件下，虚警概率满足

$$\alpha^* = P^*(H_1|H_0) = P[\lambda^*(\boldsymbol{x}) \geqslant \eta^* | q_0^*] \geqslant P[\lambda^*(\boldsymbol{x}) \geqslant \eta^* | q_0] \tag{4-3-8}$$

因为检测概率与漏报概率之和等于1，所以检测概率满足

$$\alpha^* = P^*(H_1|H_1) = P[\lambda^*(\boldsymbol{x}) \geqslant \eta^* | q_1^*] \leqslant P[\lambda^*(\boldsymbol{x}) \geqslant \eta^* | q_1] \tag{4-3-9}$$

式(4-3-8)和式(4-3-9)说明，如果最小有利分布对 $q_j^*(j=0,1)$ 存在，则最佳检验的判决规则就是最小有利分布对 $q_j^*(j=0,1)$ 下，虚警概率约束为 α^* 的奈曼-皮尔逊准则，常称为广义奈曼-皮尔逊准则。

3.最小有利分布对

前面已经规定，属于$\mathcal{F}_0$类和$\mathcal{F}_1$类的实际观测信号分布对为 $q_j(j=0,1)$；如果有分布对 $q_j^*(j=0,1)$ 存在，且在最佳检验的判决规则下，满足式(4-3-7)的要求，则 $q_j^*(j=0,1)$ 就是最小有利分布对，其似然函数为 $q^*(\boldsymbol{x}|H_j)(j=0,1)$。

对于胡贝尔 ε 混合信号模型，最小有利分布对的似然函数 $q^*(\boldsymbol{x}|H_j)(j=0,1)$ 应与已知的主概率密度函数 $p(\boldsymbol{x}|H_j)(j=0,1)$ 有关系。胡贝尔已经证明，对于式(4-3-2)与式(4-3-3)所示的 ε 混合信号模型，当和不重叠时，最小有利分布对 $q_j^*(j=0,1)$ 存在，对应的似然函数为

$$q^*(\boldsymbol{x}|H_0) = \begin{cases} (1-\varepsilon_0)p(\boldsymbol{x}|H_0), & \dfrac{p(\boldsymbol{x}|H_1)}{p(\boldsymbol{x}|H_0)} < c_0 \\ c_0^{-1}(1-\varepsilon_0)p(\boldsymbol{x}|H_1), & \dfrac{p(\boldsymbol{x}|H_1)}{p(\boldsymbol{x}|H_0)} \geqslant c_0 \end{cases} \tag{4-3-10}$$

和

$$q^*(\boldsymbol{x}|H_1) = \begin{cases} (1-\varepsilon_1)p(\boldsymbol{x}|H_1), & \dfrac{p(\boldsymbol{x}|H_1)}{p(\boldsymbol{x}|H_0)} > c_1 \\ c_1(1-\varepsilon_1)p(\boldsymbol{x}|H_0), & \dfrac{p(\boldsymbol{x}|H_1)}{p(\boldsymbol{x}|H_0)} \leqslant c_1 \end{cases} \tag{4-3-11}$$

式中，$0 \leqslant c_1 < c_0 < \infty$，且 c_0 和 c_1 是唯一的；$\varepsilon \in [0,1)(j=0,1)$。而且 c_0、c_1 和 ε_0、ε_1 必须使 $q^*(\boldsymbol{x}|H_j)(j=0,1)$ 具有概率密度函数的特性：即 $q^*(\boldsymbol{x}|H_j) \geqslant 0(j=0,1)$，这是满足的；$q^*(\boldsymbol{x}|H_j)(j=0,1)$ 的全域积分等于1，因此它们必须满足下列方程

$$(1-\varepsilon_0)\left[\int_{p(\boldsymbol{x}|H_1)/p(\boldsymbol{x}|H_0)<c_0} p(\boldsymbol{x}|H_0)\mathrm{d}x + c_0^{-1}\int_{p(\boldsymbol{x}|H_1)/p(\boldsymbol{x}|H_0)\geqslant c_0} p(\boldsymbol{x}|H_1)\mathrm{d}\boldsymbol{x}\right] = 1 \tag{4-3-12}$$

和

$$(1-\varepsilon_1)\left[\int_{p(\boldsymbol{x}|H_1)/p(\boldsymbol{x}|H_0)>c_1} p(\boldsymbol{x}|H_1)\mathrm{d}\boldsymbol{x}+c_1\int_{p(\boldsymbol{x}|H_1)/p(\boldsymbol{x}|H_0)\leqslant c_1} p(\boldsymbol{x}|H_0)\mathrm{d}\boldsymbol{x}\right]=1 \tag{4-3-13}$$

这样，对于最小有利分布对 $q_j^*(j=0,1)$ 的单个样本 $x_k(k=1,2,\cdots,N)$，利用式(4-3-10)与式(4-3-11)，其似然比函数可以表示为

$$\lambda^*(x_k)=\frac{q^*(x_k|H_1)}{q^*(x_k|H_0)}=\begin{cases} bc_{1k}, \dfrac{p(x_k|H_1)}{p(x_k|H_0)}\leqslant c_{1k} \\ b\dfrac{p(x_k|H_1)}{p(x_k|H_0)}, c_{1k}<\dfrac{p(x_k|H_1)}{p(x_k|H_0)}<c_{0k} \\ bc_{0k}, \dfrac{p(x_k|H_1)}{p(x_k|H_0)}\geqslant c_{0k} \end{cases} \quad k=1,2,\cdots,N \tag{4-3-14}$$

式中，$b=(1-\varepsilon_1)/(1-\varepsilon_0)$。

观测信号为 x_k 时，最小有利分布对的似然函数 $q^*(x_k|H_j)\geqslant 0(k=1,2,\cdots,N;j=0,1)$ 得到后，根据观测信号矢量 $\boldsymbol{x}=[x_1\quad x_2\quad\cdots\quad x_N]^{\mathrm{T}}$ 的统计特性，就能够得到观测信号矢量为 $\boldsymbol{x}$ 时，最小有利分布对的似然函数 $q^*(\boldsymbol{x}|H_j)\geqslant 0(j=0,1)$。

4. 信号状态的稳健性检测

根据最小有利分布对的似然函数 $q^*(\boldsymbol{x}|H_j)\geqslant 0(j=0,1)$，就可以按参量型最佳检测的理论和方法设计稳健性检测器。

设观测信号矢量 $\boldsymbol{x}=[x_1\quad x_2\quad\cdots\quad x_N]^{\mathrm{T}}$，其参量型最佳检测是似然比检验。对 ε 混合信号模型，似然比函数为 $\lambda^*(x)=q^*(\boldsymbol{x}|H_1)/q^*(\boldsymbol{x}|H_0)$，似然比检验函数 ϕ^* 如式(4-3-4)所示，重写如下

$$\phi^*(x)=\begin{cases}1,\lambda^*(x)>\eta^* \\ r,\lambda^*(x)=\eta^* \\ 0,\lambda^*(x)<\eta^*\end{cases} \tag{4-3-15a}$$

当 N 维观测信号矢量 $\boldsymbol{x}$ 各分量之间相互统计独立时，式中的似然比函数为

$$\lambda^*(x)=\frac{q^*(\boldsymbol{x}|H_1)}{q^*(\boldsymbol{x}|H_0)}=\prod_{k=1}^{N}\frac{q^*(x_k|H_1)}{q^*(x_k|H_0)}=\prod_{k=1}^{N}\lambda^*(x_k) \tag{4-3-15b}$$

似然比检验判决式为

$$\lambda^*(\boldsymbol{x})\underset{H_0}{\overset{H_1}{\gtrless}}\eta^* \tag{4-3-15c}$$

在无线电信道中，即使在严重的雷电干扰下，污染度 ε 也不会超过0.1。在这样的条件下，马丁(Martin)等人证明了如下定理。

定理 4.3.1 在主概率密度函数 $p(x_k|H_0)\neq p(x_k|H_1)(k=1,2,\cdots,N)$ 的情况下，如果污染度 $\varepsilon_j(j=0,1)$ 足够小，则式(4-3-15)给出的似然比检验是式(4-3-2)与式(4-3-3)所示的 ε 混合信号模的极小极大解，即

$$\sup_{q_1} c(q_1,\phi^*)=c(q_1^*,\phi^*)=\inf_{\phi} c(q_1^*,\phi) \tag{4-3-16a}$$

$$\sup_{q_0} c(q_0,\phi^*)=c(q_0^*,\phi^*) \tag{4-3-16b}$$

式中，$c(q_1^*,\phi^*)$ 表示最小有利分布对下，稳健性检测的漏报风险；而 $c(q_0^*,\phi^*)$ 表示最小有利分布对下，稳健性检测的虚警风险。式(4-3-16a)说明：实际观测数据下漏报风险 $c(q_1,\phi^*)$ 的上界值 $\sup\limits_{q_1} c(q_1,\phi^*)$ 不会大于 $c(q_1^*,\phi^*)$，而非最佳检验时漏报风险 $c(q_1^*,\phi)$ 的下界值 $\inf\limits_{\phi} c(q_1^*,\phi)$ 不会小于 $c(q_1^*,\phi^*)$；式(4-3-16b)说明：实际观测数据下虚警风险 $c(q_0,\phi^*)$ 的上界值 $\sup\limits_{q_0} c(q_0,\phi^*)$ 不会大于 $c(q_0^*,\phi^*)$。

以上结果说明，我们从极小极大原理出发，解决了式(4-3-2)与式(4-3-3)二元信号状态 ε 混合信号模型的稳健性检测问题；其最小有利分布对的 N 维观测信号矢量 $\boldsymbol{x}=[x_1 \quad x_2 \quad \cdots \quad x_N]^{\mathrm{T}}$ 的似然函数如式(4-3-10)与式(4-3-11)所示；稳健性检测由式(4-3-15)完成。

4.3.2 高斯噪声中污染的二元信号状态的稳健性检测

1. 信号的统计模型

假设 H_0 为真时和假设 H_1 为真时，观测信号的模型分别为

$$H_0: x_k=n_k \quad k=1,2,\cdots,N$$

$$H_1: x_k=s_k+n_k \quad k=1,2,\cdots,N$$

但受到污染。其中，$s_k(k=1,2,\cdots,N)$ 是确知信号；$n_k(k=1,2,\cdots,N)$ 是高斯观测噪声，且 n_j 与 $n_k(j,k=1,2,\cdots,N;j\neq k)$ 之间互不相关；并假设 H_0 为真时和假设 H_1 为真时的污染度 $\varepsilon_0=\varepsilon_1=\varepsilon$。

当 $\varepsilon_0=\varepsilon_1=\varepsilon$ 时，由式(4-3-2)与式(4-3-3)可知，二元信号的 ε 混合信号模型为

$$H_0:\mathcal{F}_0=\{q(x_k\mid H_0):q(x_k\mid H_0)=(1-\varepsilon)p(x_k\mid H_0)+\varepsilon h_0(x_k),\ h_0(x_k)\in\mathcal{H},k=1,2,\cdots,N\} \quad 0\leqslant\varepsilon<1 \tag{4-3-17a}$$

$$H_1:\mathcal{F}_1=\{q(x_k\mid H_1):q(x_k\mid H_1)=(1-\varepsilon)p(x_k\mid H_1)+\varepsilon h_1(x_k),\ h_1(x_k)\in\mathcal{H},k=1,2,\cdots,N\} \quad 0\leqslant\varepsilon<1 \tag{4-3-17b}$$

其中，主分布为高斯分布，其概率密度函数分别为

$$p(x_k \mid H_0)=\left(\frac{1}{2\pi}\right)^{\frac{1}{2}}\exp\left(-\frac{x_k^2}{2}\right)\quad k=1,2,\cdots,N \tag{4-3-18a}$$

$$p(x_k \mid H_1)=\left(\frac{1}{2\pi}\right)^{\frac{1}{2}}\exp\left[-\frac{(x_k-s_k)^2}{2}\right]\quad k=1,2,\cdots,N \tag{4-3-18b}$$

这里为了表示简明，将高斯观测噪声归一化为 $n_k\sim N(0,1)(k=1,2,\cdots,N)$。

2. 稳健性检测的判决式

由观测信号的统计特性，根据式(4-3-10)与式(4-3-11)所示的最小有利分布对 q_j^* $(j=0,1)$ 的似然函数，当 $\varepsilon_0=\varepsilon_1=\varepsilon$ 时，最小有利分布对的似然函数为

$$q^*(x_k \mid H_0)=\begin{cases}(1-\varepsilon)p(x_k \mid H_0), & \dfrac{p(x_k \mid H_1)}{p(x_k \mid H_0)}<c_{0k}\\ c_{0k}^{-1}(1-\varepsilon)p(x_k \mid H_1), & \dfrac{p(x_k \mid H_1)}{p(x_k \mid H_0)}\geqslant c_{0k}\end{cases}\quad k=1,2,\cdots,N \tag{4-3-19a}$$

和

$$q^*(x_k \mid H_1)=\begin{cases}(1-\varepsilon)p(x_k \mid H_1), & \dfrac{p(x_k \mid H_1)}{p(x_k \mid H_0)}>c_{1k}\\ c_{1k}(1-\varepsilon)p(x_k \mid H_0), & \dfrac{p(x_k \mid H_1)}{p(x_k \mid H_0)}\leqslant c_{1k}\end{cases}\quad k=1,2,\cdots,N \tag{4-3-19b}$$

因为式(4-3-10)与式(4-3-11)中的 $b=(1-\varepsilon_1)/(1-\varepsilon_0)$，所以似然比函数为

$$\lambda^*(x_k)=\frac{q^*(x_k \mid H_1)}{q^*(x_k \mid H_0)}=\begin{cases}c_{1k}, & \dfrac{p(x_k \mid H_1)}{p(x_k \mid H_0)}\leqslant c_{1k}\\ \dfrac{p(x_k \mid H_1)}{p(x_k \mid H_0)}, & c_{1k}<\dfrac{p(x_k \mid H_1)}{p(x_k \mid H_0)}<c_{0k}\\ c_{0k}, & \dfrac{p(x_k \mid H_1)}{p(x_k \mid H_0)}\geqslant c_{0k}\end{cases}\quad k=1,2,\cdots,N \tag{4-3-20}$$

又因为 N 次观测之间互不相关，也相互统计独立，所以由式(4-3-15)得似然比检验判决式

$$\lambda^*(\boldsymbol{x})=\prod_{k=1}^{N}\lambda^*(x_k)\underset{H_0}{\overset{H_1}{\gtrless}}\eta^* \tag{4-3-21}$$

其等效的对数似然比检验判决式为

$$T^*(\boldsymbol{x}) = \ln[\lambda^*(\boldsymbol{x})] = \sum_{k=1}^{N} \ln[\lambda^*(x_k)] \underset{H_0}{\overset{H_1}{\gtrless}} \ln\eta^* \tag{4-3-22}$$

由式(4-3-18)得

$$\frac{p(x_k \mid H_1)}{p(x_k \mid H_0)} = \exp\left(x_k s_k - \frac{1}{2}s_k^2\right) \quad k = 1,2,\cdots,N \tag{4-3-23}$$

进而得

$$\ln\left[\frac{p(x_k \mid H_1)}{p(x_k \mid H_0)}\right] = x_k s_k - \frac{1}{2}s_k^2 \quad k = 1,2,\cdots,N \tag{4-3-24}$$

这样，由式(4-3-20)得

$$\ln[\lambda^*(x_k)] = \begin{cases} \ln c_{1k} \overset{\text{def}}{=\!=} a_{1k}, x_k s_k - \frac{1}{2}s_k^2 \leqslant a_{1k} \\ x_k s_k - \frac{1}{2}s_k^2, a_{1k} < x_k s_k - \frac{1}{2}s_k^2 < a_{0k} \\ \ln c_{0k} \overset{\text{def}}{=\!=} a_{0k}, x_k s_k - \frac{1}{2}s_k^2 \geqslant a_{0k} \end{cases} \quad k = 1,2,\cdots,N \tag{4-3-25}$$

可见，对数似然比检验判决式中的 $\ln[\lambda^*(x_k)]$ 可由相关-限幅器获得。

如果将式(4-3-25)的两端各加 $s_k^2/2$，则等价地有

$$\ln[\lambda^*(x_k)] + \frac{1}{2}s_k^2 = \begin{cases} a_{1k} + \frac{1}{2}s_k^2 \overset{\text{def}}{=\!=} L_k, x_k s_k \leqslant L_k \\ x_k s_k, L_k < x_k s_k < U_k \\ a_{0k} + \frac{1}{2}s_k^2 \overset{\text{def}}{=\!=} U_k, x_k s_k \geqslant U_k \end{cases} \quad k = 1,2,\cdots,N \tag{4-3-26}$$

记

$$f(x_k s_k, L_k, U_k) = \ln[\lambda^*(x_k)] + \frac{1}{2}s_k^2 \quad k = 1,2,\cdots,N \tag{4-3-27}$$

则对数似然比检验判决式(4-3-21)可等价地表示为最终的稳健性检测判决式，即

$$l^*(\boldsymbol{x}) = T^*(x) + \sum_{k=1}^{N} \frac{1}{2}s_k^2 = \sum_{k=1}^{N} f(x_k s_k, L_k, U_k) \underset{H_0}{\overset{H_1}{\gtrless}} \ln\eta^* + \sum_{k=1}^{N} \frac{1}{2}s_k^2 = \gamma^* \tag{4-3-28}$$

式中

$$f(x_k s_k, L_k, U_k) = \begin{cases} L_k, x_k s_k \leqslant L_k \\ x_k s_k, L_k < x_k s_k < U_k \\ U_k, x_k s_k \geqslant U_k \end{cases} \quad k = 1,2,\cdots,N \tag{4-3-29}$$

$$L_k = a_{1k} + \frac{1}{2}s_k^2 \quad k = 1,2,\cdots,N \tag{4-3-30}$$

$$U_k = a_{0k} + \frac{1}{2}s_k^2 \quad k = 1,2,\cdots,N \tag{4-3-31}$$

$$a_{1k} = \ln c_{1k} \quad k = 1,2,\cdots,N \tag{4-3-32}$$

$$a_{0k} = \ln c_{0k} \quad k = 1,2,\cdots,N \tag{4-3-33}$$

$$\gamma^* = \ln\eta^* + \sum_{k=1}^{N} \frac{1}{2}s_k^2 \tag{4-3-34}$$

3. 稳健性检测器的结构和特性

(1)稳健性检测器的结构

稳健性检测判决式中的 $f(x_k s_k, L_k, U_k)$ 如式(4-3-29)所示,可由相关-限幅器获得。所以,式(4-3-28)所示的稳健性检测器由相关限幅器、加法器和检测门限为 γ^* 的判决器构成,如图 4-6 所示。

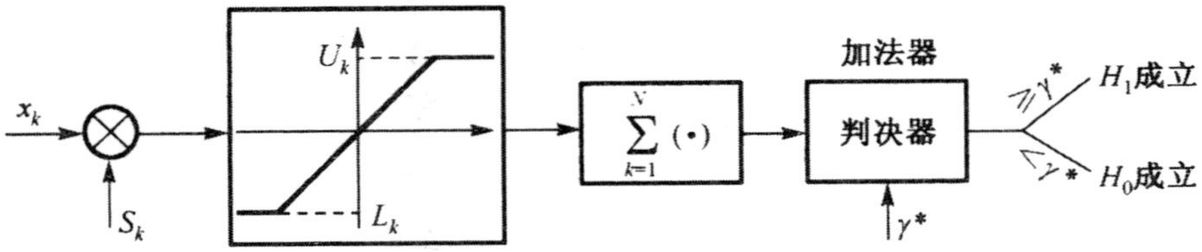

图 4-6　稳健性检测的相关-限幅检测器原理框图

(2)稳健性检测器限幅电平的特性

相关-限幅结构的稳健性检测器,限幅器的下、上限幅电平 L_k、U_k 与信号 s_k 的大小有关,是时变的限幅电平。从概念上讲这是合理的,因为信号 s_k 较大时,限幅电平随之提高才能保证信号不被限幅,使信噪比不受损失;信号 s_k 较小时,限幅电平随之降低,可将幅度大的干扰信号限幅掉,这对信噪比的改善也是有利的。

4. 趋于零时的检测器

当污染度 ε 趋于零时,则 $q^*(x_k|H_0)$ 应趋于 $p(x_k|H_0)$,于是由式(4-3-19a)可知,要求 c_{0k} 趋于正无穷大;而 $q^*(x_k|H_1)$ 应趋于 $p(x_k|H_1)$,于是由式(4-3-19b)可知,要求 c_{1k} 趋于零。

这样,趋于零时,根据

$$a_{1k} = \ln c_{1k} \quad k = 1,2,\cdots,N; L_k = a_{1k} + \frac{1}{2}s_k^2 \quad k = 1,2,\cdots,N$$

和

$$a_{0k}=\ln c_{0k}\quad k=1,2,\cdots,N;U_k=a_{0k}+\frac{1}{2}s_k^2\quad k=1,2,\cdots,N$$

得 L_k 趋于负无穷大；而 U_k 趋于正无穷大。此时，信号状态检测的判决式为

$$l(x)=\sum_{k=1}^{N}x_k s_k \underset{H_0}{\overset{H_1}{\gtrless}}\gamma \tag{4-3-35}$$

该判决式正是由式(4-3-18)给出的已知高斯观测信号的 N 维联合概率密度函数(似然函数) $p(\boldsymbol{x}|H_0)$ 和 $p(\boldsymbol{x}|H_1)$ 时，按似然比检验判决式

$$\lambda(\boldsymbol{x})=\frac{p(\boldsymbol{x}|H_1)}{p(\boldsymbol{x}|H_0)}\underset{H_0}{\overset{H_1}{\gtrless}}\eta \tag{4-3-36}$$

化简得到的参量型最佳判决式；式(4-3-36)中的 η 是似然比检测门限，而式(4-3-35)中的 $\gamma=\ln\eta^*+\frac{1}{2}\sum_{k=1}^{N}s_k^2$ 是信号状态最佳检测的检测门限。

以上结果说明，当污染度 ε 趋于零时，信号状态的稳健性检测便成为信号状态的参量型最佳检测。

5. c_{1k} 趋于 1，$c_{0k}=1$ 时的检测器

由式(4-3-26)和 $a_{0k}=-a_{1k}$，得

$$\frac{\ln[\lambda^*(x_k)]}{a_{0k}}=\begin{cases}-1, x_k s_k-\frac{1}{2}s_k^2\leqslant a_{1k}\\ \left(x_k s_k-\frac{1}{2}s_k^2\right)\Big/a_{0k}, a_{1k}<x_k s_k-\frac{1}{2}s_k^2<a_{0k}\\ 1, x_k s_k-\frac{1}{2}s_k^2\geqslant a_{0k}\end{cases} \tag{4-3-37}$$

其中 $k=1,2,\cdots,N$。

当 $c_{1k}=1-\delta$(δ 是一个任意小的正数)，$c_{0k}=1$ 时，有

$$a_{1k}=\ln c_{1k}=\ln(1-\delta)\stackrel{\text{def}}{=\!=}0\quad k=1,2,\cdots,N$$

$$a_{0k}=\ln c_{0k}=\ln 1=0\quad k=1,2,\cdots,N$$

这样，式(4-3-37)便成为

$$\frac{\ln[\lambda^*(x_k)]}{a_{0k}}=\begin{cases}-1, x_k s_k-\frac{1}{2}s_k^2<0\\ 1, x_k s_k-\frac{1}{2}s_k^2\geqslant 0\end{cases}\quad k=1,2,\cdots,N \tag{4-3-38}$$

式(4-3-38)说明，当 c_{1k} 趋于 1，$c_{0k}=1$ 时，信号状态的稳健性检测便成为信号状态的非参量型符号检测。

6. 固定限幅电平的相关-限幅检测器

如图 4-6 所示的相关-限幅检测器，限幅器的下限幅电平 L_k 和上限幅电平 U_k 都是信号 s_k 的函数，实际应用不太方便。为了避免使用这种限幅电平随信号大小而变化的限幅器，我们采用上、下限幅电平之差的一半，对式(4-3-25)进行归一化处理，其结果构成相关-限幅器，限幅电平就是固定的了，分析如下。

因为 $a_{0k}=-a_{1k}$，所以上、下限幅电平之差的一半为

$$\frac{1}{2}(U_k-L_k)=\frac{1}{2}(a_{1k}-a_{0k})=a_{0k} \tag{4-3-39}$$

用 a_{0k} 对式(4-3-25)进行归一化处理，得

$$\frac{\ln[\lambda^*(x_k)]}{a_{0k}}=\begin{cases}-1,\left(x_k s_k-\dfrac{1}{2}s_k^2\right)\Big/a_{0k}\leqslant -1\\ \left(x_k s_k-\dfrac{1}{2}s_k^2\right)\Big/a_{0k},-1<\left(x_k s_k-\dfrac{1}{2}s_k^2\right)\Big/a_{0k}<1\\ 1,\left(x_k s_k-\dfrac{1}{2}s_k^2\right)\Big/a_{0k}\geqslant 1\end{cases} \tag{4-3-40}$$

其中 $k=1,2,\cdots,N$。

可见，进行这样的归一化处理后，下限幅电平为-1，上限幅电平为$+1$，与信号 s_k 无关。故式(4-3-40)所示的相关-限幅器的限幅电平是固定的。相关-限幅器的输出再乘以 a_{0k}，便可恢复式(4-3-25)。

利用式(4-3-22)所给出的对数似然比检验判决式，将其改写成

$$T^*(\boldsymbol{x})=\ln[\lambda^*(\boldsymbol{x})]=\sum_{k=1}^{N}\frac{\ln[\lambda^*(x_k)]}{a_{0k}}a_{0k}\underset{H_0}{\overset{H_1}{\gtrless}}\ln\eta^* \tag{4-3-41}$$

式中，$\dfrac{\ln[\lambda^*(x_k)]}{a_{0k}}$ 是式(4-3-40)所示的固定限幅电平相关-限幅器的输出。这样，根据式(4-3-41)，稳健性检测器是固定限幅电平的相关-限幅检测器，如图 4-7 所示。

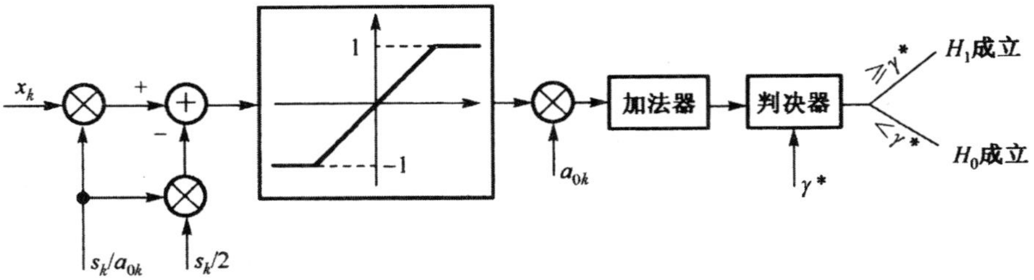

图 4-7　稳健性检测的固定限幅电平相关-限幅检测器原理框图

第 5 章　波形检测

噪声中信号波形检测的基本任务就是根据性能指标要求，设计与环境相匹配的接收机（检测系统），以便从噪声污染的接收信号中提取有用的信号，或者在噪声干扰背景中区别不同特性、不同参量的信号。所设计的检测系统要求是在给定的假设条件下，满足某种“最佳”准则的“最佳”检测系统。

5.1　匹配滤波器理论

在电子信息系统中，接收机通常要求按匹配滤波器来设计，以获得最大的输出功率信噪比。在信号波形的检测中，通常采用匹配滤波器来构造最佳检测器。因此，匹配滤波器是系统中的重要组成部分。

5.1.1　匹配滤波器的概念

在通信、雷达等电子信息系统中，许多常用的接收机，其模型均可由一个线性滤波器和一个判决电路两部分组成，如图 5-1 所示。

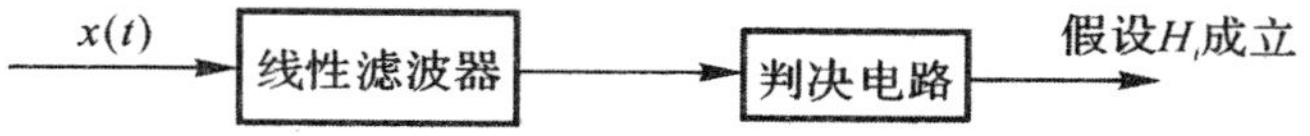

图 5-1　接收机模型

在接收机模型中，线性滤波器的作用是对接收信号进行某种方式的加工处理，以利于正确判决。判决电路一般是一个非线性装置，最简单的判决电路就是一个输入信号与门限进行比较的比较器。可想而知（后边的理论也可证明），信噪比越大，检测性能越好。为了增大信号对于噪声的强度，以获得最好的检测性能，要求线性滤波器是最佳的。

若线性时不变滤波器输入的信号是确知信号，噪声是加性平稳噪声，则在输入功率信噪比时，一定的条件下，使输出功率信噪比为最大的滤波器，就是一个与输入信号相匹配的最佳滤波器，称为匹配滤波器（Matched Filter，MF）。使输出信噪比最大是匹配滤波器的设计准则。

5.1.2　匹配滤波器的定义

设单位冲激响应为 $h(t)$、频率响应函数为 $H(\omega)$ 的线性时不变滤波器如图 5-2 所示。滤波器的输入信号为

$$x(t) = s(t) + n(t) \tag{5-1-1}$$

若确知信号 $s(t)$ 的功率为 P_s，零均值平稳噪声 $n(t)$ 的平均功率为 P_n，则 $x(t)$的功率信噪比(Power Signal-to-Noise Ratio)为

$$\mathrm{SNR} = \frac{P_s}{P_n}$$

由线性系统的叠加定理，滤波器的输出信号为

$$y(t) = s_o(t) + n_o(t) \tag{5-1-2}$$

若输出信号 $s_o(t)$ 的功率为 P_{s_o}，输出噪声 $n_o(t)$ 的平均功率为 P_{n_o}，则 $y(t)$ 的功率信噪比为

$$\mathrm{SNR}_o = \frac{P_{s_o}}{P_{n_o}}$$

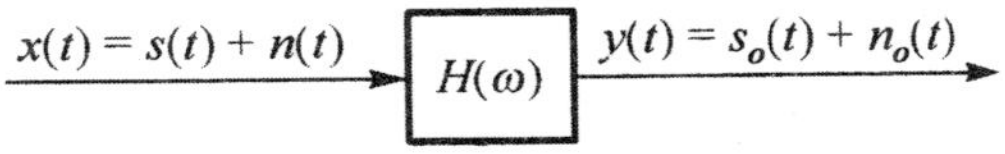

图 5-2　线性时不变滤波器

5.1.3　配滤波器的设计

假定输入信号 $s(t)$ 是已知的，噪声 $n(t)$ 是白噪声，其功率谱密度

$$P_n(\omega) = \frac{N_0}{2}$$

其中 N_0 为常数。上式表示白噪声在单位频带(1Hz)中的有效功率。

设 $S(\omega)$ 表示 $s(t)$ 的频谱，当 $s(t)$ 给定时，可用下式求得：

$$S(\omega) = \int_{-\infty}^{\infty} s(t)\mathrm{e}^{-\mathrm{j}\omega t}\mathrm{d}t$$

由于输出信号的频谱为

$$S_o(\omega) = S(\omega)H(\omega)$$

故输出信号 $s_o(t)$ 为

$$s_o(t) = \frac{1}{2\pi}\int_{-\infty}^{\infty} S(\omega)H(\omega)\mathrm{e}^{\mathrm{j}\omega t}\mathrm{d}\omega$$

输入噪声 $s_o(t)$ 的平均功率为

$$s_o(t)=\frac{1}{2\pi}\int_{-\infty}^{\infty}S(\omega)H(\omega)e^{j\omega t}d\omega$$

输出噪声 $n_o(t)$ 的平均功率为

$$E[n_o^2(t)]=\frac{1}{2\pi}\int_{-\infty}^{\infty}\frac{N_0}{2}H(\omega)d\omega$$

因此,可以写出在某一时刻 $t=t_0$,滤波器输出的瞬时功率信噪比 r 为

$$r=\frac{|s_o(t_0)|^2}{E[n_o^2(t)]}=\frac{\left|\frac{1}{2\pi}\int_{-\infty}^{\infty}S(\omega)H(\omega)e^{j\omega t}d\omega\right|^2}{\frac{1}{2\pi}\int_{-\infty}^{\infty}\frac{N_0}{2}|H(\omega)|^2d\omega} \tag{5-1-3}$$

为得到使 r 达到最大的条件,利用施瓦兹(Schwartz)不等式及其取等号成立的条件式。

$$\left|\int_{-\infty}^{\infty}A(\omega)B(\omega)e^{j\omega t}d\omega\right|\leqslant\int_{-\infty}^{\infty}|A(\omega)|^2d\omega\cdot\int_{-\infty}^{\infty}|B(\omega)|^2d\omega$$

来求解。要使等式成立,必须满足

$$A(\omega)=KB^*(\omega)$$

不妨设

$$\begin{cases}A(\omega)=H(\omega)\\B(\omega)=S(\omega)e^{j\omega t}\end{cases}$$

那么式(5-1-3)则可改写为如下不等式形式

$$r\leqslant\frac{\frac{1}{4\pi^2}\int_{-\infty}^{\infty}|S(\omega)|^2d\omega\cdot\int_{-\infty}^{\infty}|H(\omega)|^2d\omega}{\frac{N_0}{4\pi}\int_{-\infty}^{\infty}|H(\omega)|^2d\omega}$$

$$=\frac{\frac{1}{2\pi}\int_{-\infty}^{\infty}|S(\omega)|^2d\omega}{\frac{N_0}{2}}$$

$$=\frac{2E}{N_0} \tag{5-1-4}$$

式中,E 代表信号的能量,由巴塞维尔(Parseval)定理(时域能量=频域能量)知

$$E=\int_{-\infty}^{\infty}s^2(t)dt=\frac{1}{2\pi}\int_{-\infty}^{\infty}|S(\omega)|^2d\omega$$

式(5-1-4)表明,该不等式取等号时,r 达到最大

$$r_{\max}=\frac{2E}{N_0}$$

根据施瓦兹不等式成立的条件,必须使

$$H(\omega)=KS^*(\omega)e^{-j\omega t} \tag{5-1-5}$$

式中，K 为任意常数。也就是说，只要按式(5-1-5)选取滤波器的传递函数 $H(\omega)$，就能在其输出端得到最大信噪比 $r_{\max}$。最大信噪比与输入信号 $s(t)$ 的能量成正比，与输入信号 $s(t)$ 的形式无关；在白噪声背景下，滤波器的传递函数除了一个相乘因子 $Ke^{-j\omega t}$ 外，与信号 $s(t)$ 的共轭谱相同，或者说 $H(\omega)$ 是输入信号 $s(t)$ 超前 t_0 时刻 $s(t+t_0)$ 的共轭谱。因此，知道了输入信号 $s(t)$ 的频谱函数 $S(\omega)$，就可以设计出与 $s(t)$ 相匹配的匹配滤波器的传递函数 $H(\omega)$。这和在电工学中，当负载阻抗等于信号源内阻的复共轭时，负载上可以得到最大的功率而称为匹配相类似，这种滤波器称作匹配滤波器。注意这里指的是信噪比最大而不是功率最大。

滤波器的冲击响应函数 $h(t)$ 和传递函数 $H(\omega)$ 构成一对傅里叶变换对。因此匹配滤波器的冲击响应函数 $h(t)$ 为

$$\begin{aligned} h(t) &= \frac{1}{2\pi}\int_{-\infty}^{\infty} H(\omega)e^{j\omega t}\,d\omega \\ &= \frac{1}{2\pi}\int_{-\infty}^{\infty} KS^*(\omega)e^{-j\omega t_0}e^{j\omega t}\,d\omega \\ &= \frac{1}{2\pi}\int_{-\infty}^{\infty} KS^*(\omega)e^{-j\omega(t-t_0)}\,d\omega \end{aligned} \tag{5-1-6}$$

对于实信号 $s(t)$，由

$$S^*(\omega) = S(-\omega)$$

代入式(5-1-6)，设

$$\omega' = \omega$$

式(5-1-6)变为

$$\begin{aligned} h(t) &= \frac{1}{2\pi}\int_{-\infty}^{\infty} KS(-\omega)e^{-j\omega(t_0-t)}\,d\omega \\ &= \frac{1}{2\pi}\int_{-\infty}^{\infty} KS(\omega')e^{j\omega(t_0-t)}\,d\omega' \\ &= KS(t_0-t) \end{aligned}$$

这表明，$s(t)$ 为实信号时，匹配滤波器的冲击响应函数 $h(t)$ 等于输入信号 $s(t)$ 的镜像，但在时间上右移了 t_0，幅度上乘以非零常数 K。

5.1.4　匹配滤波器的特性

匹配滤波器有许多重要特性，研究这些特性对深入理解和具体应用匹配滤波器是至关重要的。当滤波器的输入噪声 $n(t)$ 是功率谱密度为 $P(\omega)=\frac{N_0}{2}$ 的白噪声时，匹配滤波器有如下主要特性。

1. 匹配滤波器冲击响应函数 $h(t)$ 的特性和 t_0 的选择

对实信号 $s(t)$ 的匹配滤波器，其冲击响应函数为

$$h(t) = s(t_0 - t)$$

显然，滤波器的冲击响应 $h(t)$ 与实信号 $s(t)$ 对于 $\frac{t_0}{2}$ 呈偶对称关系，如图 5-3 所示。

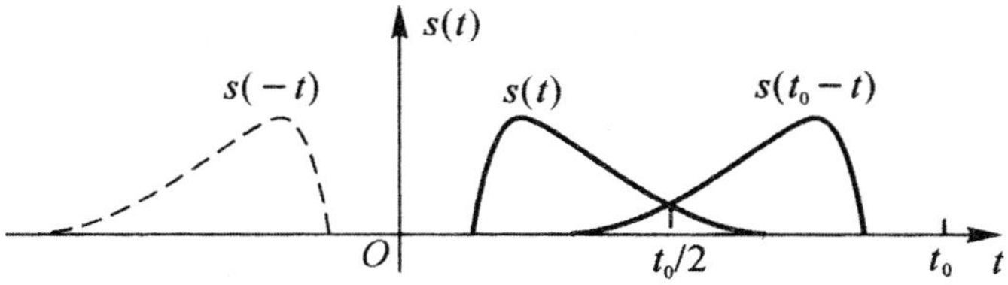

图 5-3 匹配滤波器的冲击响应函数的特性

为了使匹配滤波器是物理可实现的，它必须满足以下因果关系，即其冲击响应函数满足

$$h(t) = \begin{cases} s(t_0 - t), t \geqslant 0 \\ 0, t < 0 \end{cases} \tag{5-1-7}$$

即系统的冲击响应不能发生在冲击脉冲之前。将式(5-1-7)代入 $h(t) = s(t_0 - t)$ 之中，则必然有

$$h(t) = s(t_0 - t) = 0, t_0 - t < 0 \tag{5-1-8}$$

即当 $t < t_0$ 时，$s(t) = 0$，表示在 t_0 之后输入信号必须为零，即信号的持续时间最长只应该到 t_0。换句话说，观测时间 t_0 必须选在信号 $s(t)$ 结束之后，只有这样才能将信号的能量全部利用上。若信号的持续时间为 T，则应选

$$t_0 \geqslant T$$

根据前面的分析，当 $t_0 = T$ 时，输出信号已经达到最大值，故一般情况下选 $t_0 = T$。

2. 匹配滤波器的输出功率信噪比

如果输入信号 $s(t)$ 的能量为 E_s，白噪声 $n(t)$ 的功率谱密度为 $\frac{N_0}{2}$，则匹配滤波器的输出信号功率信噪比为

$$r_{\max} = \frac{1}{2\pi}\int_{-\infty}^{\infty} \frac{|S(\omega)|^2}{N_0/2} d\omega = \frac{2E_s}{N_0}$$

它与输入信号 $s(t)$ 的能量 E_s 有关，而与 $s(t)$ 的波形无关。

3. 匹配滤波器的适应性

匹配滤波器是对已知信号 $s(t)$ 进行设计的，但实际上加到滤波器输入端的信号不完全是已知的，在很多场合下，可以认为波形已知，但到达时间、频率和振幅都可能具有随机性。

下面讨论一个对 $s(t)$ 匹配的滤波器，当输入信号发生变化时，其性能如何。设滤波器的输入信号为

$$s_1(t) = as(t-\tau) \tag{5-1-9}$$

即 $s_1(t)$ 与 $s(t)$ 形状相同，仅仅是幅度发生变化且具有时延性。根据傅里叶变换，$s_1(t)$ 的频谱为

$$S_1(\omega) = aS(\omega)e^{-j\omega\tau} \tag{5-1-10}$$

与这种信号匹配的滤波器的传递函数 $H_1(\omega)$ 应为

$$\begin{aligned} H_1(\omega) &= KS_1^*(\omega)e^{-j\omega t_1} \\ &= aKS^*(\omega)e^{-j\omega t_0-j\omega[t_1-(t_0+\tau)]} \\ &= AH(\omega)e^{-j\omega[t_1-(t_0+\tau)]} \end{aligned} \tag{5-1-11}$$

式中，

$$A = aK$$

$H(\omega)$ 是与信号 $s(t)$ 匹配的滤波器的传递函数；t_0 是 $s(t)$ 通过 $H(\omega)$ 后得到最大输出信噪比的时刻；t_1 是 $s_1(t)$ 通过 $H_1(\omega)$ 后得到最大输出信噪比的时刻。因为 $s_1(t)$ 与 $s(t)$ 相差一个延迟 τ，所以设计与 $s_1(t)$ 匹配的 $H_1(\omega)$ 时，其观测时间 t_1，应较 t_0 推后一段时间 τ，即

$$t_1 = t_0 + \tau$$

这样式(5-1-11)变为

$$H_1(\omega) = AH(\omega) \tag{5-1-12}$$

这一结果说明，两个匹配滤波器的传递函数之间，除了一个表示相对放大量的系数 A 之外，它们的频率特性是完全一样的。因此，与信号 $s(t)$ 匹配的滤波器的传递函数对于谱分量无变化，只有一个时间上的平移，对于幅度上变化的信号 $as(t-\tau)$ 来说，仍是匹配的，只不过最大输出信噪比出现的时刻延迟了 τ。也就是说，匹配滤波器对波形相同而幅度和时延不同的信号具有适应性，这一性质是有实用意义的。

但匹配滤波器对信号的频移不具有适应性。这是因为频移了 Ω 的信号 $s_2(t)$，其频谱 $S_2(\omega) = S(\omega \pm \Omega)$，与这种信号匹配的滤波器的传递函数应是

$$H_2(\omega) = KS^*(\omega)e^{-j\omega t_0}$$

显然，当 $\Omega \neq 0$ 时，$H_2(\omega)$ 的频率特性和 $H(\omega)$ 的频率特性是不一样的。因

此匹配滤波器对频移信号没有适应性。

4. 匹配滤波器与相关器的关系

相关器可分为自相关器和互相关器。

(1)自相关器

自相关器对输入信号作自相关函数运算，如图 5-4 所示。

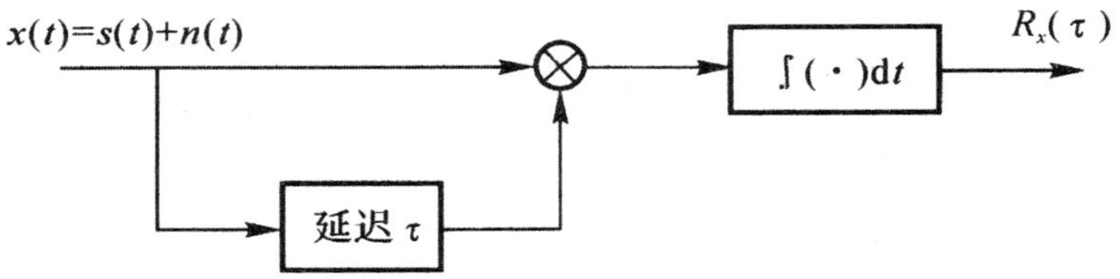

图 5-4　自相关器

对于平稳输入信号

$$x(t)=s(t)+n(t)$$

自相关器的输出是输入信号 $x(t)$ 的自相关函数 $R_x(\tau)$，即

$$\begin{aligned}R_x(\tau)&=\int_{-\infty}^{\infty}x(t)x(t-\tau)\mathrm{d}t\\&=\int_{-\infty}^{\infty}[s(t)+n(t)][s(t-\tau)+n(t-\tau)]\mathrm{d}t\\&=R_s(\tau)+R_n(\tau)+R_{sn}(\tau)+R_{ns}(\tau)\end{aligned}$$

通常，噪声 $n(t)$ 的均值为零，信号 $s(t)$ 与零均值噪声 $n(t)$ 是互不相关的，此时

$$R_x(\tau)=R_s(\tau)+R_n(\tau) \tag{5-1-13}$$

(2)互相关器

互相关器对两个输入信号 x_1，x_2 做互相关运算，如图 5-5 所示。图 5-5 与图 5-4 有些不同，经迟延线加至乘法器的所谓参考信号，是取自发射机的纯信号 $s(t)$，它是波形完全确定的确知信号。

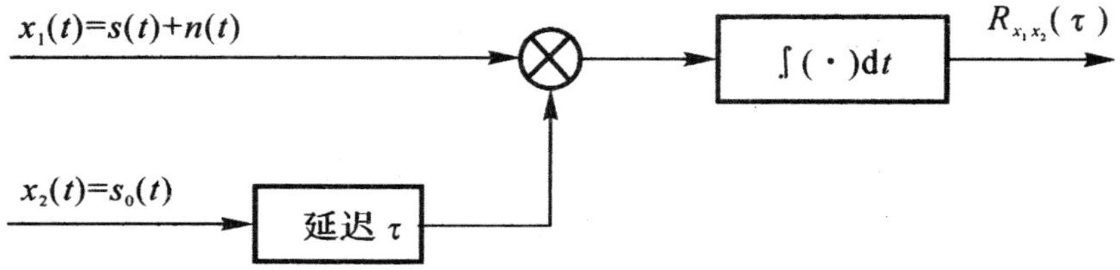

图 5-5　互相关器

对于平稳输入信号

$$x_1(t) = s(t) + n(t)$$

$$x_2(t) = s_0(t)$$

互相关器的输出是输入信号 $x_1(t)$ 与 $x_2(t)$ 的互相关函数 $R_{x_1x_2}(\tau)$，即

$$R_{x_1x_2}(\tau) = \int_{-\infty}^{\infty} x_1(t)x_2(t)\mathrm{d}t$$

如果 $x_2(t)$ 是本地信号，

$$s_0(t) = s(t)$$

噪声 $n(t)$ 的均值为零，信号 $s(t)$ 与零均值噪声 $n(t)$ 互不相关，则有

$$R_{x_1x_2}(\tau) = R_s(\tau)$$

互相关器输出的是信号 $s(t)$ 的自相关函数。

对周期脉冲序列的某一固定时延互相关器的框图同于自相关器，对脉冲雷达来说回波脉冲的时延是未知的，本地信号要经过多个抽头的延时和接收信号实现互相关运算。抽头延时的间隔 $\Delta\tau$ 应小于距离分辨力对应的时延。对周期脉冲序列的互相关器框图如图 5-6 所示。

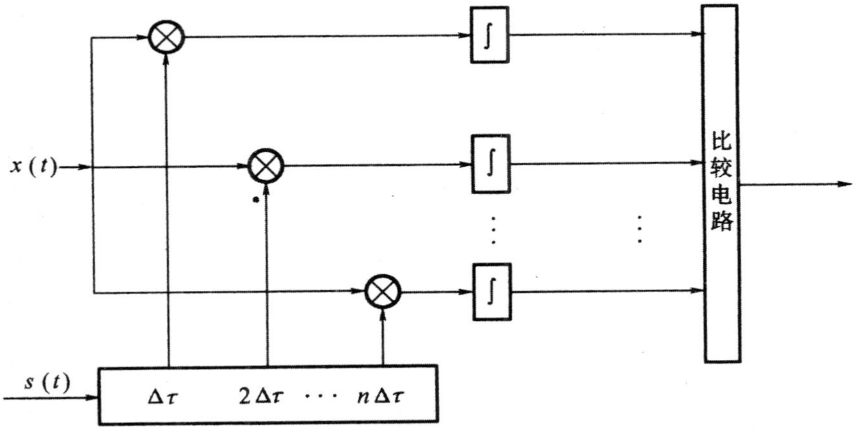

图 5-6　互相关器框图

(3)两种相关接收法的比较

①自相关接收法无须预知信号形式，而互相关接收法则须预知信号形式。对于收发信号在同一地点的雷达信号来说，这是容易办到的，但对于收发信号不在同一地点的通信系统来说，则需有复杂的同步系统才可以实施。

②从改善信噪比的观点来看，互相关接收法比自相关接收法更为有效，因前者采用的参考信号是无噪声的，而后者采用的参考信号本身就已含有噪声。但当输入信噪比较大时，自相关接收法参考信号中的噪声影响很小，

这时两种接收法的检测效果差别不大，因而应采用便于实现的自相关接收法。

(4)互相关接收法与匹配滤波器法的比较

在白噪声条件下，匹配滤波器等效于互相关器。但须注意，这种等效只对输入混合波形的响应而言，两者在考虑问题的出发点和实现方法上是有所不同的，因此使用的场合也有差别。它们的差别如下：

①匹配滤波接收法利用的是频域特性(信号与噪声的频谱特性不同)，采用的是频域分析方法；而互相关接收法利用的是时域特性(信号与噪声的相关时间不同)，采用的是时域分析方法。因此在实际采用中，应根据输入信号在时间函数或频谱密度上的不同特点，来考虑选用哪一种方法。当输入信号为矩形等简单时间函数时，匹配滤波器比较容易实现。但若输入信号是不确知的波形，如在所谓“噪声雷达”中，采用的信号形式为随机噪声，这时难以求知其振幅频谱，就无法制作匹配滤波器，但却可以采用互相关接收法。

②匹配滤波器可用模拟方法实现，且能连续地给出实时输出，即能自动地给出互相关函数的全景图形。而互相关器中的时延 τ 不便于实现连续的取值，一路互相关器每次只能计算出对应于一个时延 r 值的互相关函数，若要得到互相关函数的全景图形，则须进行多次测量，或者采用多路并联形式，这就带来了分析时间长或设备复杂的缺点。不过，随着数字技术和集成电路的发展，这些缺点已不难克服。

5.2 连续随机信号的正交级数展开

在电子信息系统中，若观测信号 $x(t)=s(t)+n(t)(0\leqslant t\leqslant T)$，其中 $s(t)$ 是确知信号，当噪声 $n(t)$ 是白噪声时，则任意不同时刻的采样样本 $x_k(k=1,2,\cdots)$ 之间是互不相关的；当 $n(t)$ 是高斯白噪声时，样本之间不仅是互不相关的，也是相互统计独立的。样本之间的互不相关性、相互统计独立性，对信号处理会带来很大的方便。但对于非白噪声 $n(t)$，采样样本之间将具有相关性。

当噪声 $n(t)$ 是零均值的随机噪声时，信号 $x(t)=s(t)+n(t)(0\leqslant t\leqslant T)$ 是连续的随机信号，其离散化的离散随机信号为 $x_k(k=1,2,\cdots)$，我们希望它们之间是互不相关的。

连续随机信号的正交级数展开，研究如何将平稳的连续随机信号 $x(t)$ 离散化，并使获得的离散随机信号 $x_k(k=1,2,\cdots)$ 之间是互不相关的。所以，连续随机信号的正交级数展开，是随机信号处理的一种数学工具。

5.2.1 正交函数集概述

若定义在 $[0,T]$ 时间内的实函数集 $\{f_k(t);k=1,2,\cdots\}$ 满足

$$\int_0^T f_j(t)f_k(t)\mathrm{d}t=\begin{cases}1, j=k\\0, j\neq k\end{cases} \tag{5-2-1}$$

则该函数集称为标准正交函数集。其中，$f_k(t)(k=1,2,\cdots)$ 是标准正交函数集的第 k 个坐标函数。以下所有的正交函数集均是指这种标准的正交函数集。

如果在坐标函数 $f_k(t)(k=1,2,\cdots)$ 外，再也找不到另一个归一化的函数 $g(t)$，使

$$\int_0^T f_k(t)g(t)\mathrm{d}t=0 \quad k=1,2,\cdots \tag{5-2-2}$$

则该正交函数集称为完备的正交函数集。

由正交函数集的定义式(5-2-1)可知：

①正交函数集中的每一个坐标函数 $f_k(t)(k=1,2,\cdots)$ 都是归一化的函数，即

$$\int_0^T f_k(t)f_k(t)\mathrm{d}t=\int_0^T f_k^2(t)\mathrm{d}t=1 \quad k=1,2,\cdots \tag{5-2-3}$$

②正交函数集中的坐标函数 $f_k(t)(k=1,2,\cdots)$ 之间是正交的，即

$$\int_0^T f_j(t)f_k(t)\mathrm{d}t=0 \quad j,k=1,2,\cdots \quad j\neq k \tag{5-2-4}$$

正交函数集的基本应用是对确知信号进行正交级数展开。设 $s(t)$ 是定义在 $[0,T]$ 时间内的确知信号，信号能量 $E_s=\int_0^T s^2(t)\mathrm{d}t<\infty$，则该信号可用正交级数展开表示为

$$s(t)=\lim_{N\to\infty}\sum_{k=1}^{N}s_k f_k(t) \tag{5-2-5}$$

式中，$f_k(t)$ 是正交函数集的第 k 个坐标函数；s_k 是信号 $s(t)$ 在 $f_k(t)$ 上的正交投影，称为信号 $s(t)$ 的第 k 个展开系数。展开系数 s_k 可由下式求得

$$s_k=\int_0^T s(t)f_k(t)\mathrm{d}t \quad k=1,2,\cdots \tag{5-2-6}$$

对于确知信号 $s(t)$，展开系数 $s_k(k=1,2,\cdots)$ 是确定的量。

5.2.2 连续随机信号的正交级数展开

设连续随机信号

$$x(t) = s(t) + n(t) \quad 0 \leqslant t \leqslant T$$

其中，$s(t)$ 是确知信号；$n(t)$ 是零均值的随机噪声。所以，$x(t)$是连续的随机信号。因为随机信号 $x(t)$ 也是时间 t 的函数，所以选定正交函数集 $\{f_k(t);k = 1,2,\cdots\}$ 后，其正交级数展开表示为

$$x(t) = \lim_{N \to \infty} \sum_{k=1}^{N} x_k f_k(t) \tag{5-2-7}$$

展开系数

$$\begin{aligned} x_k &= \int_0^T x(t) f_k(t) \mathrm{d}t = \int_0^T [s(t) + n(t)] f_k(t) \mathrm{d}t \\ &= \int_0^T s(t) f_k(t) \mathrm{d}t + \int_0^T n(t) f_k(t) \mathrm{d}t = s_k + n_k \quad k = 1,2,\cdots \end{aligned} \tag{5-2-8}$$

式中，$s_k(k = 1,2,\cdots)$ 是确知信号 $s(t)$ 的第 k 个展开系数，它是确定的量；$n_k(k = 1,2,\cdots)$ 是随机噪声 $n(t)$ 的第 k 个展开系数，它是随机的量。所以，连续随机信号 $x(t)$的展开系数 $x_k(k = 1,2,\cdots)$ 是离散随机信号，而且这种展开在平均意义上应满足

$$\lim_{N \to \infty} E\left\{\left[x(t) - \sum_{k=1}^{N} x_k f_k(t) \mathrm{d}t\right]^2\right\} = 0 \tag{5-2-9}$$

即展开的均方误差等于零，或者说 $\lim\limits_{N \to \infty} \sum\limits_{k=1}^{N} x_k f_k(t)$ 均方收敛于 $x(t)$。

式(5-2-7)说明，连续随机信号 $x(t)$可以由式(5-2-8)求得的展开系数 $x_k(k = 1,2,\cdots)$ 来恢复，这就是说，$x(t)$可以由其展开系数 $x_k(k = 1,2,\cdots)$ 来表示。值得注意的是，将 $x(t)$进行正交级数展开时，对所选用的正交函数集 $\{f_k(t);k = 1,2,\cdots\}$ 并未提出约束，所以展开系数 $x_k(k = 1,2,\cdots)$ 之间可能是相关的。

5.2.3 平稳连续随机信号的卡亨南-洛维展开

前面关于连续随机信号正交级数展开的讨论说明，连续随机信号 $x(t)$ 可以用离散随机信号，即展开系数 $x_k(k = 1,2,\cdots)$ 来表示，但它们之间可能是相关的。为了处理方便，我们希望 $x_k(k = 1,2,\cdots)$ 之间是互不相关的。为此，可以采用连续随机信号的卡亨南-洛维展开，其基本方法是，将平稳连续随机信号 $x(t)$进行正交级数展开时，根据随机噪声 $n(t)$ 的统计特性，通过选择合适的正交函数集 $\{f_k(t);k = 1,2,\cdots\}$，使展开系数 $x_k(k = 1,2,\cdots)$ 之间是互不相关的。

设连续随机信号 $x(t) = s(t) + n(t)(0 \leqslant t \leqslant T)$，$s(t)$ 是确知信号，

$n(t)$ 是均值为零、自相关函数为 $r_n(t-u)$ 的平稳噪声，则 $x(t)$是平稳的连续随机信号。若 $x(t)$满足

$$\int_0^T x^2(t)\mathrm{d}t < \infty$$

则展开系数 $x_k = s_k + n_k (k = 1,2,\cdots)$ 的均值为

$$\begin{aligned}\mu_{x_k} &= E(x_k) = E(s_k + n_k) = s_k + E(n_k) = s_k + E\left[\int_0^T n(t) f_k(t)\mathrm{d}t\right] \\ &= s_k + \int_0^T E[n(t)] f_k(t)\mathrm{d}t = s_k \quad k = 1,2,\cdots \end{aligned} \tag{5-2-10}$$

协方差函数为

$$\begin{aligned} c_{x_j x_k} &= E[(x_j - \mu_{x_j})(x_k - \mu_{x_k})] \\ &= E[(s_j + n_j - s_j)(s_k + n_k - s_k)] = E(n_j n_k) \\ &= E\left[\int_0^T n(t) f_j(t)\mathrm{d}t \int_0^T n(u) f_k(u)\mathrm{d}u\right] \\ &= \int_0^T f_j(t)\left\{\int_0^T E[n(t)n(u)] f_k(u)\mathrm{d}u\right\}\mathrm{d}t \\ &= \int_0^T f_j(t)\left[\int_0^T r_n(t-u) f_k(u)\mathrm{d}u\right]\mathrm{d}t \quad j,k = 1,2,\cdots \end{aligned} \tag{5-2-11}$$

只有满足

$$c_{x_j x_k} = E[(x_j - \mu_{x_j})(x_k - \mu_{x_k})] = \lambda_k \delta_{jk} = \begin{cases} \lambda_k, j = k \\ 0, j \neq k \end{cases} \quad j,k = 1,2,\cdots \tag{5-2-12}$$

时，展开系数 x_j 与 $x_k (j,k = 1,2,\cdots; j \neq k)$ 之间才是互不相关的。式中，λ_k 是展开系数 $x_k (k = 1,2,\cdots)$ 的方差。分析式(5-2-11)可知，当式中括号内的积分项满足

$$\int_0^T r_n(t-u) f_k(u)\mathrm{d}u = \lambda_k f_k(t) \quad 0 \leqslant t \leqslant T \quad k = 1,2,\cdots \tag{5-2-13}$$

时，式(5-2-12)成立，即展开系数 x_j 与 $x_k (j,k = 1,2,\cdots; j \neq k)$ 之间是互不相关的。

式(5-2-13)是以零均值平稳噪声，$n(t)$ 的自相关函数 $r_n(t-u)$ 为核函数的积分方程，$\lambda_k (k = 1,2,\cdots)$ 是积分方程的特征值，$f_k(t)(0 \leqslant t \leqslant T; k = 1,2,\cdots)$ 是积分方程的特征函数。

上述分析结果说明，平稳连续随机信号 $x(t)$进行正交级数展开时，通过求解以零均值平稳噪声 $n(t)$ 的自相关函数 $r_n(t-u)$ 为核函数的积分方程式(5-2-13)，将所求得的特征函数 $f_k(t)(0 \leqslant t \leqslant T; k = 1,2,\cdots)$ 作为正交函数集 $\{f_k(t); k = 1,2,\cdots\}$ 的坐标函数，则展开系数 $x_k (k = 1,2,\cdots)$

之间是互不相关的。这就是平稳连续随机信号的卡亨南-洛维展开。

5.2.4 白噪声情况下正交函数集的任意性

如果零均值平稳噪声 $n(t)$ 是功率谱密度为 $P_n(\omega)=\dfrac{N_0}{2}$ 的白噪声，则其自相关函数为 $r_n(t-u)=\dfrac{N_0}{2}\delta(t-u)$。平稳连续随机信号 $x(t)$ 进行正交级数展开时，任取正交函数集 $\{f_k(t);k=1,2,\cdots\}$，仿照式(5-2-11)的推导，并代入 $r_n(t-u)=\dfrac{N_0}{2}\delta(t-u)$，得

$$\begin{aligned}
c_{x_jx_k} &= \int_0^T f_j(t)\left[\int_0^T r_n(t-u)f_k(u)\mathrm{d}u\right]\mathrm{d}t \\
&= \int_0^T f_j(t)\left[\int_0^T \frac{N_0}{2}\delta(t-u)f_k(u)\mathrm{d}u\right]\mathrm{d}t \\
&= \frac{N_0}{2}\int_0^T f_j(t)f_k(t)\mathrm{d}t \\
&= \frac{N_0}{2}\delta_{jk} = \begin{cases}\dfrac{N_0}{2}, j=k \\ 0, j\neq k\end{cases} \quad j,k=1,2,\cdots
\end{aligned} \tag{5-2-14}$$

上述结果说明，在 $n(t)$ 是白噪声情况下，任取正交函数集 $\{f_k(t);k=1,2,\cdots\}$，对平稳连续随机信号 $x(t)$ 进行正交级数展开，其展开系数 $x_k(k=1,2,\cdots)$ 之间都是互不相关的。这就是白噪声情况下，正交函数集的任意性。

5.2.5 平稳连续随机参量信号的正交级数展开

设平稳连续随机信号 $x(t)$ 为

$$x(t)=s(t;\boldsymbol{\theta})+n(t) \quad 0\leqslant t\leqslant T$$

其中，$s(t;\boldsymbol{\theta})$ 是含有随机(或未知)参量 $\boldsymbol{\theta}$ 的参量信号；$n(t)$ 是零均值平稳随机噪声。如何对 $x(t)$ 进行正交级数展开，才能使展开系数 $x_k(k=1,2,\cdots)$ 之间是互不相关的。

为了研究平稳连续随机参量信号的正交级数展开，把 $s(t;\boldsymbol{\theta})$ 看作以参量 $\boldsymbol{\theta}$ 为条件的信号，这样就有

$$x(t)=\lim_{N\to\infty}\sum_{k=1}^{N}x_kf_k(t)$$

展开系数

$$
\begin{aligned}
x_k &= \int_0^T x(t) f_k(t)\mathrm{d}t = \int_0^T [s(t;\boldsymbol{\theta}) + n(t)] f_k(t)\mathrm{d}t \\
&= \int_0^T s(t;\boldsymbol{\theta}) f_k(t)\mathrm{d}t + \int_0^T n(t) f_k(t)\mathrm{d}t \\
&= s_{k|\boldsymbol{\theta}} + n_k \quad k = 1,2,\cdots
\end{aligned} \tag{5-2-15}
$$

式中，$s_{k|\boldsymbol{\theta}}(k = 1,2,\cdots)$ 是参量信号 $s(t;\boldsymbol{\theta})$ 以 $\boldsymbol{\theta}$ 为条件的第 k 个展开系数；$n_k(k = 1,2,\cdots)$ 是随机噪声 $n(t)$ 的第 k 个展开系数。

这样，$x(t)$的展开系数 $x_k(k = 1,2,\cdots)$ 的条件均值为

$$
\mu_{x_k} = E(x_k) = E(s_{k|\boldsymbol{\theta}} + n_k) = s_{k|\boldsymbol{\theta}} \quad k = 1,2,\cdots \tag{5-2-16}
$$

为使展开系数 $x_k(k = 1,2,\cdots)$ 之间互不相关，应满足

$$
c_{x_j x_k} = E[(s_j - s_{j|\boldsymbol{\theta}})(s_k - s_{k|\boldsymbol{\theta}})] = \lambda_k \delta_{jk} \quad j,k = 1,2,\cdots \tag{5-2-17}
$$

类似于确知信号 $s(t)$ 情况的讨论，可以得出：当零均值平稳噪声 $n(t)$ 的自相关函数为 $r_n(t-u)$ 时，为使参量信号 $x(t)$的展开系数 $x_k(k = 1,2,\cdots)$ 之间互不相关，正交函数集 $\{f_k(t);k = 1,2,\cdots\}$ 的坐标函数 $f_k(t)(0 \leqslant t \leqslant T;k = 1,2,\cdots)$ 应满足式(5-2-13)的积分方程，即应采用卡亨南-洛维展开；当零均值平稳噪声 $n(t)$ 是功率谱密度为 $P_n(\omega) = N_0/2$ 的白噪声时，正交函数集是任意的。

以参量 $\boldsymbol{\theta}$ 为条件的展开系数的处理结果，仍然是参量 $\boldsymbol{\theta}$ 的函数，所以还应根据随机(或未知)参量 $\boldsymbol{\theta}$ 的统计特性再对 $\boldsymbol{\theta}$ 做处理，以消除这类信号处理系统结构和性能等的随机性或不确定性。

5.3　确知信号的检测

信道中的信号类型可以表示为如图 5-7 所示。

- 信号 + 噪声
  - 信号
    - 确知信号
    - 随机参量信号
      - 随机相位信号
      - 随机幅度信号
      - 随机频率信号
      - 随机到达时间信号
    - 随机信号
  - 加性噪声
    - 高斯噪声
      - 白噪声
      - 色噪色
    - 非高斯噪声
      - 白噪声
      - 色噪色

图 5-7　信号类型

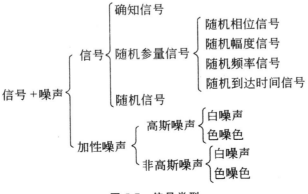

5.3.1 独立样本的获取

若在观测时间 T 内，以 Δt 为采样间隔对 $x(t)$ 进行采样，得到 N 个观测值 $x_1, x_2, \cdots, x_N$。这里我们思考一下 Δt 应该取何值才能使各观测值之间相互独立呢？

假设噪声 $n(t)$ 是高斯限带白噪声，$n(t)$ 的功率谱密度 $P_n(\omega)$ 为

$$P_n(\omega)=\begin{cases}\dfrac{N_0}{2}, & |\omega|\leqslant\Omega\\ 0, & |\omega|>\Omega\end{cases}$$

$n(t)$ 的自相关函数为

$$R_n(\tau)=\frac{\Omega N_0}{2\pi}\cdot\frac{\sin\Omega\tau}{\Omega\tau} \tag{5-3-1}$$

如图 5-8a、5-8b 所示。

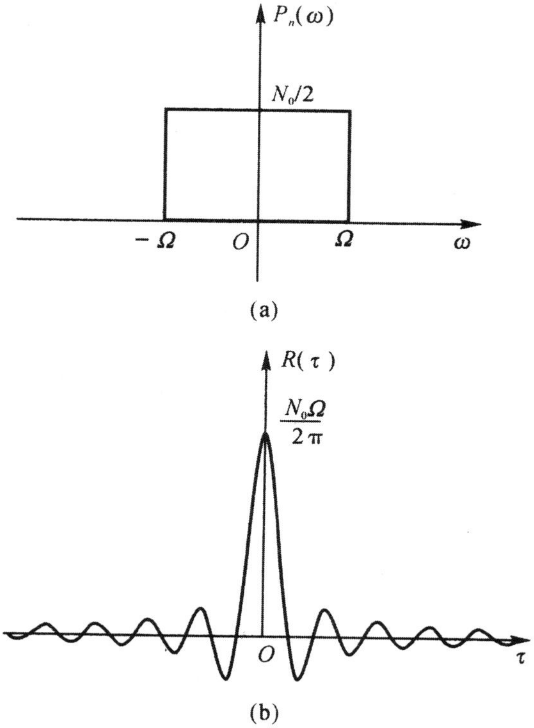

图 5-8 自相关函数

(a)窄带白噪声的功率谱密度；(b)窄带白噪声自相关函数

由式(5-3-1)可见，$R_n(\tau)$ 的第一个零点出现在 $\tau=\dfrac{\pi}{\Omega}$ 处，因此，如果以时间间隔 $\Delta t=\dfrac{\pi}{\Omega}$ 进行采样，所得各样本是不相关的。对于高斯分布的噪声，也是独立的。若设 $\Omega=2\pi F$，则 $\Delta t=\dfrac{1}{2F}$。

5.3.2　接收机的结构形式

在雷达中，日假设和风假设分别对应于

$$H_1: x(t)=s(t)+n(t)$$

$$H_0: x(t)=n(t)$$

对于 H_1 和 H_0 假设下的观测信号进行离散化后得

$$H_1: \boldsymbol{x}=\boldsymbol{s}+\boldsymbol{n}$$

$$H_0: \boldsymbol{x}=\boldsymbol{n}$$

式中，$n(t)$ 是零均值高斯限带白噪声，$s(t)$ 是确知信号。

$$\boldsymbol{x}=[x_1,x_2,\cdots,x_N]^{\mathrm{T}}$$

$$\boldsymbol{s}=[s_1,s_2,\cdots,s_N]^{\mathrm{T}}$$

$$\boldsymbol{n}=[n_1,n_2,\cdots,n_N]^{\mathrm{T}}$$

$$E[x_k \mid H_0]=E[n_k]=0$$

$$D[x_k \mid H_0]=D[n_k \mid H_0]=E[n_k^2]-E^2[n_k]=R_n(0)=\frac{N_0\Omega}{2\pi}=\sigma_n^2 \tag{5-3-2}$$

当采样间隔为

$$\Delta t=\frac{\pi}{\Omega} \tag{5-3-3}$$

时，由式(5-3-2)可知 $\{n_1,n_2,\cdots,n_N\}$ 是相互独立的高斯随机变量，于是，条件概率密度 $p(\boldsymbol{x} \mid H_1)$ 和 $p(\boldsymbol{x} \mid H_0)$ 可分别表示为

$$p(\boldsymbol{x} \mid H_0)=\left(\frac{1}{2\pi\sigma_n^2}\right)^{\frac{N}{2}}\exp\left[-\frac{\sum_{k=1}^{N}x_k^2}{2\sigma_n^2}\right]$$

$$p(\boldsymbol{x} \mid H_1)=\left(\frac{1}{2\pi\sigma_n^2}\right)^{\frac{N}{2}}\exp\left[-\frac{\sum_{k=1}^{N}(x_k-s_k)^2}{2\sigma_n^2}\right]$$

似然比为

$$\lambda(\boldsymbol{x})=\frac{p(\boldsymbol{x}\mid H_1)}{p(\boldsymbol{x}\mid H_0)}=\frac{\exp\left[-\sum_{k=1}^{N}\frac{(x_k-s_k)^2}{2\sigma_n^2}\right]}{\exp\left(-\sum_{k=1}^{N}\frac{x_k^2}{2\sigma_n^2}\right)} \tag{5-3-4}$$

假设似然比检测的最佳门限为 $\lambda^*(\boldsymbol{x})$，似然比检测判决规则为

$$\lambda(\boldsymbol{x})\underset{H_0}{\overset{H_1}{\gtrless}}\lambda^*(\boldsymbol{x})$$

若用对数似然比，判决规则为

$$\ln\lambda(\boldsymbol{x})\underset{H_0}{\overset{H_1}{\gtrless}}\ln\lambda^*(\boldsymbol{x})$$

由式(5-3-4)，判决规则为

$$\frac{1}{2\sigma_n^2}\sum_{k=1}^{N}(2x_ks_k-s_k^2)\underset{H_0}{\overset{H_1}{\gtrless}}\ln\lambda^*(\boldsymbol{x})$$

代入式(5-3-2)和式(5-3-3)，上式变为

$$\frac{\Delta t}{N_0}\sum_{k=1}^{N}(2x_ks_k-s_k^2)\underset{H_0}{\overset{H_1}{\gtrless}}\ln\lambda^*(\boldsymbol{x})$$

设

$$t\to 0, N\to\infty$$

上式左端求和变成积分

$$\frac{2}{N_0}\int_0^{T}x(t)s(t)\mathrm{d}t-\frac{1}{N_0}\int_0^{T}s^2(t)\mathrm{d}t\underset{H_0}{\overset{H_1}{\gtrless}}\ln\lambda^*(\boldsymbol{x})$$

$$\frac{2}{N_0}\int_0^{T}x(t)s(t)\mathrm{d}t-\frac{1}{2}\int_0^{T}s^2(t)\mathrm{d}t\underset{H_0}{\overset{H_1}{\gtrless}}\frac{N_0}{2}\ln\lambda^*(\boldsymbol{x})$$

$$\frac{1}{2}\int_0^{T}s^2(t)\mathrm{d}t=E$$

判决规则为

$$\int_0^{T}x(t)s(t)\mathrm{d}t\underset{H_0}{\overset{H_1}{\gtrless}}V_T$$

其中

$$V_T=\frac{N_0}{2}\ln\lambda^*+\frac{E}{2}$$

检验统计量为

$$G=\int_0^{T}x(t)s(t)\mathrm{d}t$$

其接收机结构如图 5-9 所示。可见，只要对观测到的 $x(t)$ 进行互相关处理，就可以得到检验统计量，并与门限 V_T 进行比较，作出判决。

也可用匹配滤波器实现。由于匹配滤波器在 $t=t_0$ 时刻输出信号达到

最大值，如果选 $t_0=T$，则匹配滤波器的冲击响应函数为

$$h(t)=\begin{cases}s(T-t),0\leqslant t\leqslant T\\0,\text{其他}\end{cases}$$

则输入波形 $x(t)$ 经匹配滤波后，在 $t=T$ 时刻的输出为

$$\begin{aligned}y(T)&=\int_0^T h(\lambda)x(T-\lambda)\mathrm{d}\lambda\\&=\int_0^T s(T-\lambda)x(T-\lambda)\mathrm{d}\lambda\\&\xlongequal{T-\lambda=t}\int_0^T s(t)x(t)\mathrm{d}t\end{aligned}$$

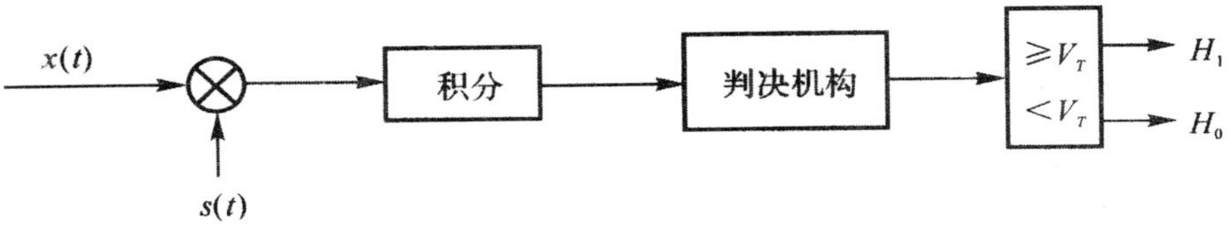

图 5-9　相关接收机

可见，只要对匹配滤波器的输出在 $t=T$ 时刻进行取样，所得结果与相关器的输出是等效的。检测确知信号的接收机是互相关处理器或匹配滤波器。接收机的设计过程就是求得检验统计量的过程。

5.3.3　接收机的检测性能

在信号检测理论中，研究系统的检测性能通常是在给定信号与噪声条件下，研究系统的平均风险或各类判决概率与输入信噪比的关系。在二元通信系统中，通常研究系统的平均错误概率与输入信噪比的关系。

为了便于计算二元通信系统中相关接收机的性能，首先假定两类假设的先验概率相等；而且假定正确判决不付出代价，错误判决付出相等的代价。

为了得到接收机的性能，首先我们对检验统计量 G 的统计特性进行讨论。

由于 G 是对 $x(t)$ 进行线性运算，并且 $x(t)$ 是高斯随机过程，从而我们可知 G 也是高斯随机过程。我们先求出 G 的条件均值与方差，然后才能达到求出 G 的条件概率密度的目的。

当 H_0 为真时，均值为

$$E_0[G]=E_0\left[\int_0^T x(t)s(t)\mathrm{d}t\right]=\int_0^T E[n(t)]s(t)\mathrm{d}t=0$$

方差为

$$D_0[G]=E_0[G^2]-E_0^2[G]=E_0[G^2]$$
$$=E_0\left[\left(\int_0^T x(t)s(t)\mathrm{d}t\right)^2\right]$$
$$=E\left\{\left[\int_0^T n(t)s(t)\mathrm{d}t\right]^2\right\}$$
$$=E\left[\int_0^T\int_0^T n(t_1)n(t_2)s(t_1)s(t_2)\mathrm{d}t_1\mathrm{d}t_2\right]$$
$$=\int_0^T\int_0^T E[n(t_1)n(t_2)]s(t_1)s(t_2)\mathrm{d}t_1\mathrm{d}t_2$$
$$=\int_0^T\int_0^T \frac{N_0}{2}\delta(t_2-t_1)s(t_1)s(t_2)\mathrm{d}t_1\mathrm{d}t_2$$
$$=\frac{N_0}{2}\int_0^T s^2(t)\mathrm{d}t$$
$$=\frac{N_0E}{2}$$

则检验统计量 G 的条件概率密度函数分别为

$$p(G\mid H_0)=\frac{1}{\sqrt{N_0E\pi}}\mathrm{e}^{-\frac{G^2}{N_0E}}$$

$$p(G\mid H_1)=\frac{1}{\sqrt{N_0E\pi}}\mathrm{e}^{-\frac{(G-E)^2}{N_0E}}$$

接收机的虚警概率和检测概率分别为

$$P_F=\int_{V_T}^{\infty}p(G\mid H_0)\mathrm{d}G$$
$$=\int_{V_T}^{\infty}\frac{1}{\sqrt{N_0E\pi}}\mathrm{e}^{-\frac{G^2}{N_0E}}\mathrm{d}G$$
$$=\int_{V_T\sqrt{\frac{2}{N_0E}}}^{\infty}\frac{1}{\sqrt{2\pi}}\mathrm{e}^{-\frac{t^2}{2}}\mathrm{d}t$$
$$=1-\Phi\left(V_T\sqrt{\frac{2}{N_0E}}\right)$$

$$P_D=\int_{V_T}^{\infty}p(G\mid H_1)\mathrm{d}G$$
$$=\int_{V_T}^{\infty}\frac{1}{\sqrt{N_0E\pi}}\mathrm{e}^{-\frac{(G-E)^2}{N_0E}}\mathrm{d}G$$
$$=\int_{V_T\sqrt{\frac{2}{N_0E}}\sqrt{\frac{2E}{N_0}}}^{\infty}\frac{1}{\sqrt{2\pi}}\mathrm{e}^{-\frac{t^2}{2}}\mathrm{d}t$$
$$=1-\Phi\left(V_T\sqrt{\frac{2}{N_0E}}-\sqrt{\frac{2E}{N_0}}\right) \tag{5-3-5}$$

式中，

$$\Phi(x)=\int_{-\infty}^{x}\frac{1}{\sqrt{2\pi}}e^{-\frac{t^2}{2}}dt$$

是标准正态分布，可以查表求得。由式(5-3-5)可以看出，P_F 和 P_D 都与接收机的输出信噪比 r 和 λ_0 有关，而 λ_0 决定于所用判决准则。如以 r 为参量，称 P_F 和 P_D 的关系曲线为接收机工作特性曲线(Receiver Operating Characteristic，ROC)，如图 5-10 所示。

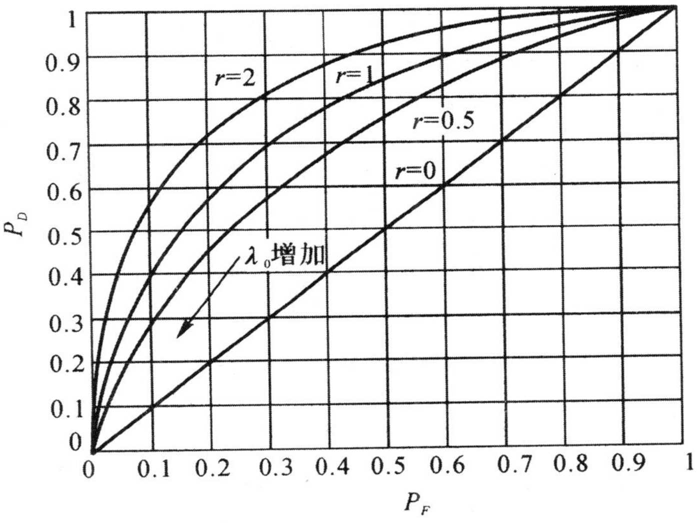

图 5-10　接收机工作特性曲线(ROC)

信噪比 r 在信号检测中占有非常重要的地位，是接收机的主要技术指标之一，因此常把图 5-10 所示的接收机工作特性改画成 P_D-r 曲线，而以 P_F 作参变量，结果如图 5-11 所示的检测特性曲线。

虽然在不同的问题中，观测空间中的随机观测量 $\boldsymbol{x}$ 的统计特性 $p(\boldsymbol{x}|H_j)$ 会有所不同，但接收机的工作特性却有大致相同的形状。如果似然比函数 $\lambda(\boldsymbol{x})$ 是 $\boldsymbol{x}$ 的连续函数，则接收机工作特性有如下共同特点：

①所有连续似然比检验的接收机工作特性都是上凸的。

②所有连续似然比检验的接收机工作特性均位于对角线 $P_F = P_D$ 之上。

③接收机工作特性在某点处的斜率等于该点 P_D 和 P_F 所要求的检测门限值 λ_0。

图 5-12 为接收机工作特性在不同准则下的解。

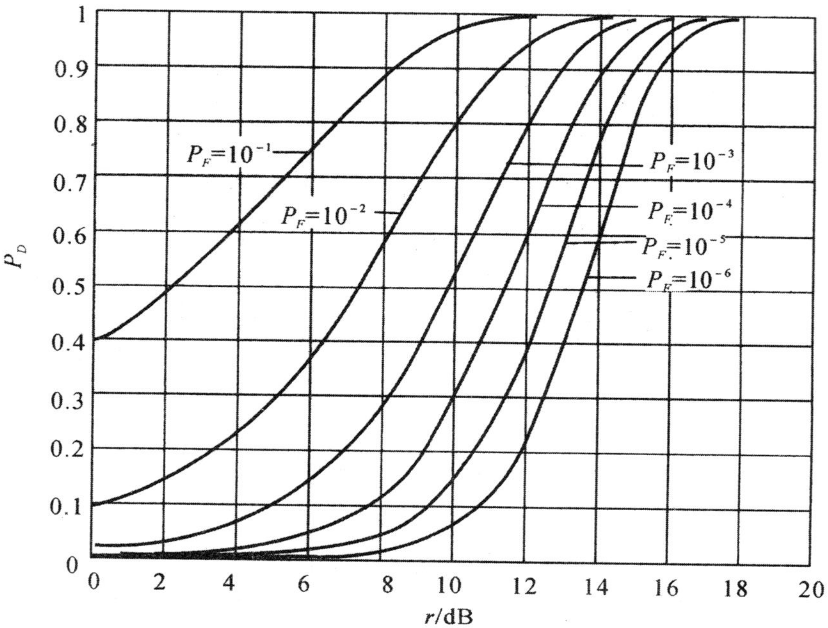

图 5-11　检测概率 P_D 与信噪比 r 的关系

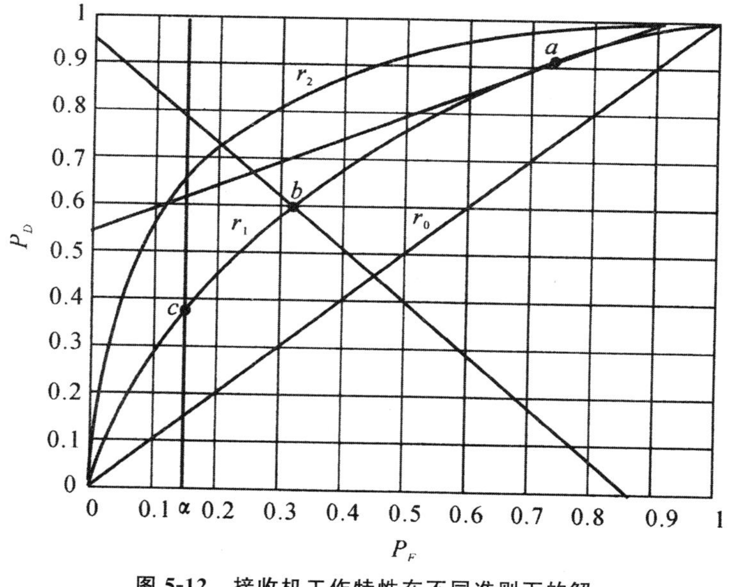

图 5-12　接收机工作特性在不同准则下的解

5.4　高斯白噪声中信号波形的检测

5.4.1　高斯白噪声中随机相位信号波形检测

我们设信号是雷达或声呐系统目标的回波。两种假设下的接收信号 $x(t)$ 分别为

$$\begin{cases} H_0: x(t) = n(t), 0 \leqslant t \leqslant T \\ H_1: x(t) = A\sin(\omega t + \theta) + n(t), 0 \leqslant t \leqslant T \end{cases}$$

式中，振幅 A 和频率 ω 已知，并满足

$$\omega = 2m\pi$$

其中，上式中 m 为正整数；相位 θ 是随机变量，它服从均匀分布

$$p(\theta) = \begin{cases} \dfrac{1}{2\pi}, 0 \leqslant \theta \leqslant 2\pi \\ 0, 其他 \end{cases}$$

其他噪声 $n(t)$ 是均值为零、功率谱密度为 $\dfrac{N_0}{2}$ 的高斯白噪声。

1. 判决表示式

为了实现对接收机的设计，我们首先要对似然函数和似然比进行求解。

当 H_0 为真时，只有噪声，这里首先假定 $n(t)$ 是限带白噪声，以 $\Delta t = \dfrac{1}{2F}$ 进行采样，从而获得 N 个独立样本，求得观测值的多维条件概率密度函数

$$p(\boldsymbol{x} \mid H_0) = \left(\frac{1}{\sqrt{2\pi}\sigma_n}\right)^N \exp\left(-\frac{1}{2\sigma_n^2}\sum_{k=1}^{N} x_k^2\right)$$

由于

$$\sigma_n^2 = \frac{N_0}{2\Delta t}$$

设

$$\Delta t \to 0, N \to \infty, N\Delta t = T$$

从而可得连续观测的似然函数为

$$p(\boldsymbol{x} \mid H_0) = \left(\frac{1}{\sqrt{2\pi}\sigma_n}\right)^N \exp\left(-\frac{1}{N_0}\int_0^T x^2(t)\mathrm{d}t\right)$$

当 H_1 为真时，要想求出 $p(\boldsymbol{x}\mid H_1)$，那么首先要对 $p(\boldsymbol{x}\mid H_1,\theta)$ 进行求解，当 θ 给定时，$A\sin(\omega t+\theta)$ 就变成确知信号，这样

$$E[x(t)\mid\theta]=A\sin(\omega t+\theta)$$

$$D[x(t)\mid\theta]=\sigma_n^2=\frac{N_0}{2\Delta t}$$

所以有

$$p(\boldsymbol{x}\mid H_1,\theta)=\left(\frac{1}{\sqrt{2\pi}\sigma_n}\right)^N\exp\left(-\frac{1}{2\sigma_n^2}\sum_{k=1}^{N}[x_k-A\sin(\omega t+\theta)]^2\right)$$

$$\xlongequal{\text{连续观测}}\left(\frac{1}{\sqrt{2\pi}\sigma_n}\right)^N\exp\left(-\frac{1}{N_0}\int_0^T[x(t)-A\sin(\omega t+\theta)]^2\mathrm{d}t\right)$$

所以

$$p(\boldsymbol{x}\mid H_1)=\int_\theta p(\boldsymbol{x}\mid H_1,\theta)p(\theta)\mathrm{d}\theta$$

$$=\left(\frac{1}{\sqrt{2\pi}\sigma_n}\right)^N\int_0^{2\pi}\exp\left(-\frac{1}{N_0}\int_0^T[x(t)-A\sin(\omega t+\theta)]^2\mathrm{d}t\right)\frac{1}{2\pi}\mathrm{d}\theta$$

对于窄带信号，射频正弦波周期远小于持续时间，即

$$T\gg\frac{2\pi}{\omega}$$

那么

$$\int_0^T A^2\sin^2(\omega t+\theta)\mathrm{d}t=\frac{A^2T}{2}-\frac{\sin2(\omega t+\theta)-\sin2\theta}{4\omega}=\frac{A^2T}{2}$$

最终获得

$$p(\boldsymbol{x}\mid H_1)=\left(\frac{1}{\sqrt{2\pi}\sigma_n}\right)^N\exp\left(-\frac{A^2T}{2N_0}\right)\exp\left(-\frac{1}{N_0}\int_0^T x^2(t)\mathrm{d}t\right)$$

$$\cdot\frac{1}{2\pi}\int_0^{2\pi}\exp\left(\frac{A}{N_0}\int_0^T x(t)\sin(\omega t+\theta)\mathrm{d}t\right)\mathrm{d}\theta$$

下面给出似然比判决式为

$$\lambda(\boldsymbol{x})=\frac{p(\boldsymbol{x}\mid H_1)}{p(\boldsymbol{x}\mid H_0)}=\frac{1}{2\pi}\exp\left[-\frac{A^2T}{2N_0}\right]\int_0^{2\pi}\exp\left(\frac{2A}{N_0}\int_0^T x(t)\sin(\omega t+\theta)\mathrm{d}t\right)\mathrm{d}\theta\underset{H_0}{\overset{H_1}{\gtrless}}\lambda_0 \tag{5-4-1}$$

化简可得

$$\int_0^T x(t)\sin(\omega t+\theta)\mathrm{d}t=\int_0^T x(t)\sin\omega t\cos\theta\mathrm{d}t+\int_0^T x(t)\cos\omega t\sin\theta\mathrm{d}t$$

设

$$\int_0^T x(t)\sin\omega t\,\mathrm{d}t=q\cos\theta_0$$

$$\int_0^T x(t)\cos\omega t\,\mathrm{d}t=q\cos\theta_0$$

从而有

$$\int_0^T x(t)\sin(\omega t+\theta)\mathrm{d}t = q\cos(\theta-\theta_0)$$

将其代入式(5-4-1)，从而可得出 $\lambda(\boldsymbol{x})$ 为

$$\lambda(\boldsymbol{x}) = \exp\left(-\frac{A^2T}{2N_0}\right)\frac{1}{2\pi}\int_0^{2\pi}\exp\left[\frac{2A}{N_0}q\cos(\theta-\theta_0)\right]\mathrm{d}\theta$$

利用第一类零阶修正贝塞尔函数的定义式

$$I_0(x) = \frac{1}{2\pi}\int_0^{2\pi}\exp[x\cos(\theta-\theta_0)]\mathrm{d}\theta, x\geqslant 0$$

可得

$$\lambda(\boldsymbol{x}) = \exp\left(-\frac{A^2T}{2N_0}\right)I_0\left(\frac{2Aq}{N_0}\right)$$

下面给出判决式

$$\lambda(\boldsymbol{x}) = \exp\left(-\frac{A^2T}{2N_0}\right)I_0\left(\frac{2Aq}{N_0}\right)\underset{H_0}{\overset{H_1}{\gtrless}}\lambda_0$$

也可写为

$$I_0\left(\frac{2Aq}{N_0}\right)\underset{H_0}{\overset{H_1}{\gtrless}}\lambda_0\exp\left(\frac{A^2T}{2N_0}\right)$$

由于修正的零阶贝塞尔函数 $I_0(x)$ 为 x 的单调增函数，因此可选择 q 作为检验统计量，其判决式

$$q\underset{H_0}{\overset{H_1}{\gtrless}}q\frac{N_0}{2A}\mathrm{arc}I_0(\lambda_0\mathrm{e}^{\frac{A^2T}{2N_0}}) = \eta, q\geqslant 0$$

或

$$q^2\underset{H_0}{\overset{H_1}{\gtrless}}\eta^2, q\geqslant 0$$

其中

$$q^2 = \left(\int_0^T x(t)\sin\omega t\,\mathrm{d}t\right)^2 + \left(\int_0^T x(t)\cos\omega t\,\mathrm{d}t\right)^2 \tag{5-4-2}$$

可见，q 是 $x(t)$ 的非线性函数。只要对输入信号进行处理，计算出 q，并与门限 η 比较，就构成最佳检测系统。

2. 接收机结构

式(5-4-2)表示为了得到检验统计量 q^2，接收机应当完成的运算。完成这种运算的接收机如图 5-13 所示，它由两路相互正交的相关器构成，通常这种检测系统称为正交接收机。正交接收机的结构可以这样解释：把随机相位信号

$$\sin(\omega t+\theta) = \cos\theta\sin\omega t + \sin\theta\cos\omega t$$

看成是两个随机幅度的正交信号之和。由于在观测期间，θ 是恒定值，所以两个正交信号可以用两个相关器来接收，相关器的本地信号分别是 $\sin\omega t$ 和 $\cos\omega t$。另外，由于相关器的输出与随机相位 θ 有关，所以不应在相关器之后立即采用门限比较。但若将两个相关器的输出平方之后再相加，得到的 q^2 就与 θ 无关，就可以进行门限比较。

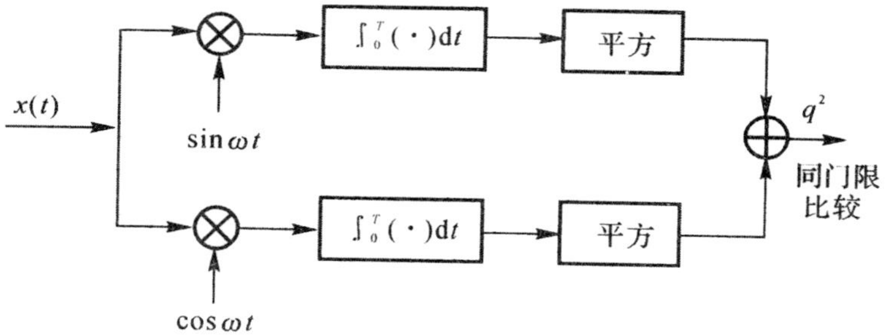

图 5-13　正交接收机结构

现在可以导出正交接收机的两种等效形式。第一种等效形式是以匹配滤波器代替相关器得到的。通过前面的讨论可知，对于参考信号为 $s(t)(0\leqslant t\leqslant T)$ 的相关器，可以由冲击响应函数为

$$h(t)=s(T-t)(0\leqslant t\leqslant T)$$

并在 $t=T$ 时刻对输出抽样的匹配滤波器来代替。现在的情况是两个相关器的本地参考信号分别为 $\sin\omega t$ 和 $\cos\omega t(0\leqslant t\leqslant T)$。因此图 5-13 的正交接收机可用图 5-14 的等效接收机来代替。

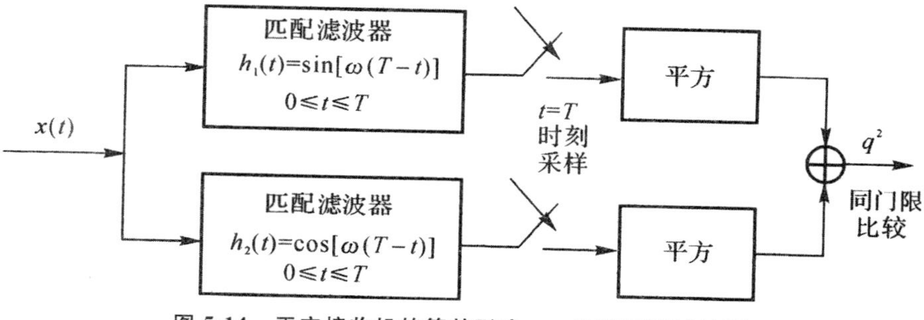

图 5-14　正交接收机的等效形式——两路匹配滤波器

第二种等效形式。

假定有一个与信号 $\sin(\omega t+\theta)$ 相匹配的滤波器，其冲击响应 $h(t)$ 为

$$h(t)=\sin[\omega(T-t)+\theta],0\leqslant t\leqslant T$$

当观测波形 $x(t)$ 输入该滤波器时，其输出 $y(t)$ 为

$$
\begin{aligned}
y(t) &= \int_0^t x(\lambda)h(t-\lambda)\mathrm{d}\lambda \\
&= \int_0^t x(\lambda)\sin[\omega(T-t+\lambda)+\theta]\mathrm{d}\lambda \\
&= \sin[\omega(T-t)+\theta]\int_0^t x(\lambda)\cos\omega\lambda\,\mathrm{d}\lambda \\
&\quad + \cos[\omega(T-t)+\theta]\int_0^t x(\lambda)\sin\omega\lambda\,\mathrm{d}\lambda
\end{aligned}
$$

这里讨论 $t=T$ 时，$y(t)$ 的包络值为

$$
|\ y(T)\ | = \left[\left(\int_0^T x(\lambda)\cos\omega\lambda\,\mathrm{d}\lambda\right)^2 + \left(\int_0^T x(\lambda)\sin\omega\lambda\,\mathrm{d}\lambda\right)^2\right]
$$

这正好就是式(5-4-2)中的 q，$y(t)$ 的包络与 θ 无关。因此滤波器可设成与具有任意相位（如 $\theta=0$）的信号相匹配，其后接一个包络检波器，它在 $t=T$ 时刻的输出就是检验统计量 q。这种匹配滤波器加包络检波器的组合常称为非相干匹配滤波器，如图 5-15 所示。因为相位匹配是任意的，所以在图 5-15 中可以使用对 $\sin\omega t$ 或 $\cos\omega t$ 的匹配滤波器。

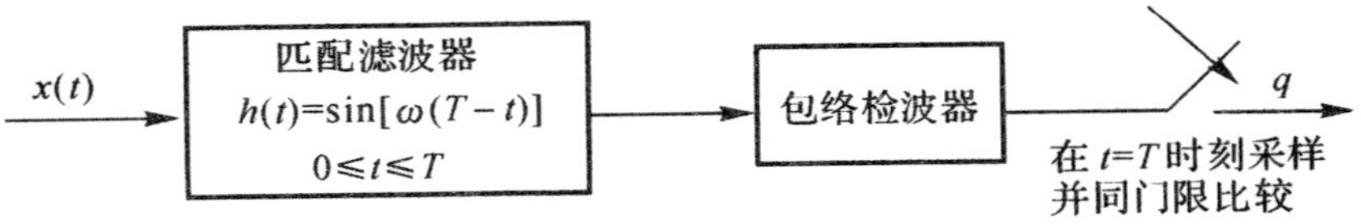

图 5-15　非相干匹配滤波器结构

在讨论匹配滤波器性质中曾指出，匹配滤波器对于信号的延迟时间有适应性。对于频率为 ω 的正(余)弦信号，频率 ω 乘时延就是相位量，因此在此等效为对任意相位的信号有适应性，即上述滤波器对于任何相位的信号都是匹配的。虽然在 T 时刻输出的信号峰值随 θ 的不同有些前后移动，但是观测时间远大于射频周期，即

$$
T \gg \frac{2\pi}{\omega}
$$

其包络值在一个信号射频周期内增加量是很小的。因此，可用除相位外与信号相匹配的滤波器后接包络检波器，在 $t=T$ 时输出 q，进行检测。

5.4.2　高斯白噪声中幅度未知信号波形检测

考虑在高斯白噪声中除了幅度以外已知的确定性信号检测问题，此时，两种假设下的接收信号 $x(t)$ 分别为

$$\begin{cases} H_0: x(t) = n(t), 0 \leqslant t \leqslant T \\ H_1: x(t) = As(t) + n(t), 0 \leqslant t \leqslant T \end{cases}$$

式中，$s(t)$ 是已知的；幅度 A 是未知的；噪声 $n(t)$ 是均值为零、功率谱密度为 $\frac{N_0}{2}$ 的高斯白噪声。

1. 判决表示式

为了求得广义似然比检验的判决式，首先需要求出 A 的最大似然估计。若在 $[0,T]$ 观测时间内，得到 N 个独立的观测样本 $x_1, x_2, \cdots, x_N$，则假设 H_1 条件下的似然函数为

$$p(\boldsymbol{x} \mid A, H_1) = \frac{1}{(2\pi\sigma_n^2)^{N/2}} \exp\left[-\frac{1}{2\sigma_n^2}\sum_{n=1}^{N}(x_n - As_n)^2\right]$$

可以求得 A 的最大似然估计

$$\hat{A}_{m1} = \frac{\sum_{n=1}^{N} x_n s_n}{\sum_{n=1}^{N} s_n^2}$$

则广义似然比判决式为

$$\begin{aligned} \lambda_G(\boldsymbol{x}) &= \frac{p(\boldsymbol{x} \mid \hat{A}_{m1}, H_1)}{p(\boldsymbol{x} \mid H_0)} \\ &= \frac{\dfrac{1}{(2\pi\sigma_n^2)^{N/2}} \exp\left[-\dfrac{1}{2\sigma_n^2}\sum_{n=1}^{N}(x_n - \hat{A}_{m1} s_n)^2\right]}{\dfrac{1}{(2\pi\sigma_n^2)^{N/2}} \exp\left[-\dfrac{1}{2\sigma_n^2}\sum_{n=1}^{N} x_n^2\right]} \\ &= \exp\left[-\frac{1}{2\sigma_n^2}\sum_{n=1}^{N}(-2\hat{A}_{m1} s_n x_n + \hat{A}_{m1}^2 s_n^2)\right] \underset{H_0}{\overset{H_1}{\gtrless}} \lambda_0 \end{aligned}$$

化简可得判决式

$$\left(\sum_{n=1}^{N} x_n s_n\right)^2 \underset{H_0}{\overset{H_1}{\gtrless}} 2\sigma_n^2 \ln\lambda_0 \sum_{n=1}^{N} s_n^2 = \eta$$

由于

$$\sigma_n^2 = \frac{N_0}{2\Delta t}$$

其中 Δt 是采样间隔，当 $\Delta t \to 0$ 时，可得连续观测时的判决式

$$\left(\int_0^T x(t)s(t)\mathrm{d}t\right)^2 \underset{H_0}{\overset{H_1}{\gtrless}} N_0 \ln\lambda_0 \int_0^T s^2(t)\mathrm{d}t = \gamma, \gamma > 0$$

或

$$\left|\int_0^T x(t)s(t)\,\mathrm{d}t\right| \underset{H_0}{\overset{H_1}{\gtrless}} \sqrt{N_0 \ln\lambda_0 \int_0^T s^2(t)\,\mathrm{d}t} = \gamma',\gamma' > 0 \qquad (5\text{-}4\text{-}3)$$

检测器刚好是相关器，取绝对值是由于 A 的符号未知的缘故。式(5-4-3)的检测器结构如图 5-16 所示。

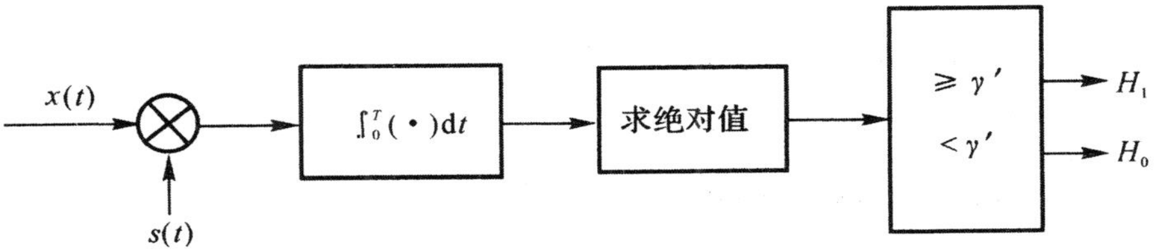

图 5-16　幅度未知信号的广义似然比检测系统结构

2. 检测性能

幅度知识的缺乏将使检测性能降低，但从相关器的性能来看只有轻微的下降。为了求得检测性能，设

$$\int_0^T x(t)s(t)\,\mathrm{d}t$$

则在 $G > \gamma'$ 和 $G < -\gamma'$ 时 H_1 成立，在 $-\gamma' < G < \gamma'$ 时 H_0 成立。

根据上节知识可知

$$G = \int_0^T x(t)s(t)\,\mathrm{d}t \sim \begin{cases} N\left(0,\dfrac{N_0 E_s}{2}\right),\text{在 } H_0 \text{ 条件下} \\ N\left(AE_s,\dfrac{N_0 E_s}{2}\right),\text{在 } H_1 \text{ 条件下} \end{cases}$$

式中，

$$E_s = \int_0^T s^2(t)\,\mathrm{d}t$$

接收机的虚警概率和检测概率分别为

$$\begin{aligned} P_F &= \int_{-\infty}^{-\gamma'} p(G \mid H_0)\,\mathrm{d}G + \int_{\gamma'}^{\infty} p(G \mid H_0)\,\mathrm{d}G \\ &= 2\int_{\gamma'}^{\infty} p(G \mid H_0)\,\mathrm{d}G \\ &= 2\int_{\gamma'}^{\infty} \left(\frac{1}{\pi N_0 E_s}\right)^{\frac{1}{2}} \mathrm{e}^{-\frac{G^2}{N_0 E_s}}\,\mathrm{d}G \\ &= 2\left[1-\Phi\left(\gamma'\sqrt{\frac{2}{N_0 E_s}}\right)\right] \end{aligned} \qquad (5\text{-}4\text{-}4)$$

$$\begin{aligned} P_D &= \int_{-\infty}^{-\gamma'} p(G \mid H_1)\,\mathrm{d}G + \int_{\gamma'}^{\infty} p(G \mid H_1)\,\mathrm{d}G \\ &= \int_{-\infty}^{-\gamma'} \left(\frac{1}{\pi N_0 E_s}\right)^{\frac{1}{2}} \mathrm{e}^{-\frac{(G-AE_s)^2}{N_0 E_s}}\,\mathrm{d}G + \int_{\gamma'}^{\infty} \left(\frac{1}{\pi N_0 E_s}\right)^{\frac{1}{2}} \mathrm{e}^{-\frac{(G-AE_s)^2}{N_0 E_s}}\,\mathrm{d}G \end{aligned}$$

$$= \Phi\left[(-\gamma' - AE_s)\sqrt{\frac{2}{N_0 E_s}}\right] + \left\{1 - \Phi\left[(\gamma' - AE_s)\sqrt{\frac{2}{N_0 E_s}}\right]\right\} \tag{5-4-5}$$

根据式(5-4-4)和式(5-4-5)可得虚警概率 P_F 和检测概率 P_D 之间的关系式为

$$P_D = 2 - \Phi\left[\Phi^{-1}\left(1 - \frac{P_F}{2}\right) - \sqrt{r}\right] - \Phi\left[\Phi^{-1}\left(1 - \frac{P_F}{2}\right) + \sqrt{r}\right]$$

式中

$$r = \frac{(2A^2 E_s)}{N_0} = \frac{2E}{N_0}$$

是匹配滤波器的输出信噪比；

$$E = A^2 E_s$$

是信号的能量。

将上述 P_D，P_F 和 r 的关系绘成曲线，可以得到其检测曲线，如图 5-17 实线所示。为了比较，图中还画出了已知幅度 A 情况的性能曲线。由图中可以看出，在相同的 P_D，P_F 下，检测幅度未知信号所需的输出信噪比大于检测幅度已知信号所需的信噪比，这是由于幅度知识的缺乏造成的。

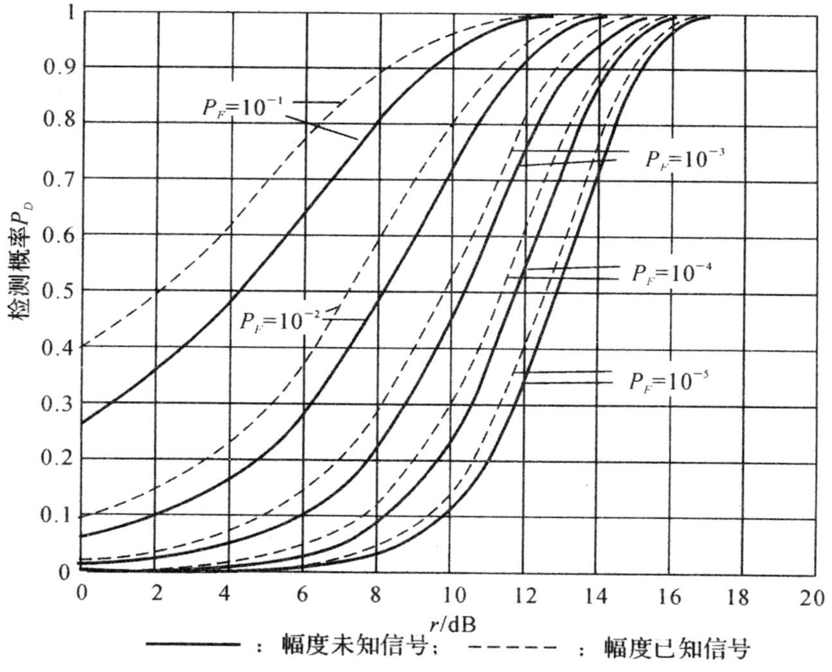

图 5-17　幅度未知信号的接收机工作特性曲线

5.4.3　高斯白噪声中未知到达时间信号波形检测

在雷达或声呐系统等情况下，希望检测信号的到达时间(或者等效的它的延迟是未知的信号)。期望在时间区间 $[0,T]$ 内的任何时刻回波信号出现，而该时间比回波信号本身的持续时间长得多。到达时间的任何先验分布都是一个很宽的函数，以至于平均似然比的值基本上决定于其峰值，即参量的估计值。因此，广义似然比检验可以作为一个检测器或估计器。

两种假设下的接收信号 $x(t)$ 分别为

$$\begin{cases} H_0: x(t) = n(t), 0 \leqslant t \leqslant T \\ H_1: x(t) = s(t-\tau) + n(t), 0 \leqslant t \leqslant T \end{cases}$$

式中，$s(t)$ 是一个已知的确定性信号，它在间隔 $[0,T]$ 上是非零的；τ 是未知延迟，如果可能的最大延迟时间是 $\tau_{\max}$，则

$$T = T_s + \tau_{\max}$$

噪声 $n(t)$ 是均值为零、功率谱密度为 $\frac{N_0}{2}$ 的高斯白噪声。很清楚，观测间隔 $[0,T]$ 应该包括所有可能延迟的信号。

为了求得广义似然比检验的判决式，首先需要求出 τ 的最大似然估计。在后续的讨论中得出了 τ 的最大似然估计 $\hat{\tau}_{m1}$，是通过对所有可能的 τ 使

$$\int_{\tau}^{\tau+T_s} x(t)s(t-\tau)\mathrm{d}t \tag{5-4-6}$$

最大而求得的，也就是将接收信号与可能的延迟信号相关，选择使式(5-4-6)最大的 τ 作为 $\hat{\tau}_{m1}$。为了获得广义似然比判决式，假设在 $[0,T]$ 观测时间内，得到 N 个独立的观测样本 $x_1, x_2, \cdots, x_N$，可得在假设 H_1 和 H_0 条件下连续观测的似然函数为

$$\begin{aligned}
& p(\boldsymbol{x} \mid \hat{\tau}_{m1}, H_1) \\
&= \left(\frac{1}{\sqrt{2\pi}\sigma}\right)^N \exp\left\{-\frac{1}{N_0}\left[\int_{\hat{\tau}_{m1}}^{T_s+\hat{\tau}_{m1}} x^2(t)\mathrm{d}t \right.\right. \\
&\quad \left.\left. + \int_{\hat{\tau}_{m1}}^{T_s+\hat{\tau}_{m1}} (x(t)-s(t-\hat{\tau}_{m1}))^2\mathrm{d}t + \int_{T_s+\hat{\tau}_{m1}}^{T} x^2(t)\mathrm{d}t\right]\right\} \\
&= \left(\frac{1}{\sqrt{2\pi}\sigma}\right)^N \left\{-\frac{1}{N_0}\left[\int_0^T x^2(t)\mathrm{d}t + \int_{\hat{\tau}_{m1}}^{T_s+\hat{\tau}_{m1}} (-2x(t)s(t-\hat{\tau}_{m1}) + s^2(t-\hat{\tau}_{m1}))\mathrm{d}t\right]\right\} \\
&= \left(\frac{1}{\sqrt{2\pi}\sigma}\right)^N \exp\left\{-\frac{1}{N_0}\int_0^T x(t)\mathrm{d}t\right\}
\end{aligned}$$

式中

$$\lambda_G(\boldsymbol{x}) = \frac{p(\boldsymbol{x} \mid \hat{\tau}_{m1}, H_1)}{p(\boldsymbol{x} \mid H_0)}$$

$$= \exp\left\{-\frac{1}{N_0}\left[\int_{\hat{\tau}_{m1}}^{T_s+\hat{\tau}_{m1}} (-2x(t)s(t-\hat{\tau}_{m1}) + s^2(t-\hat{\tau}_{m1})\mathrm{d}t\right]\right\} \mathop{\gtrless}_{H_0}^{H_1} \lambda_0$$

化简可得

$$\int_{\hat{\tau}_{m1}}^{T_s+\hat{\tau}_{m1}} x(t)s(t-\hat{\tau}_{m1})\mathrm{d}t \mathop{\gtrless}_{H_0}^{H_1} \frac{N_0}{2}\ln\lambda_0 + \frac{E}{2} = \gamma, \gamma > 0$$

式中

$$E = \int_{\hat{\tau}_{m1}}^{T_s+\hat{\tau}_{m1}} s^2(t-\hat{\tau}_{m1})\mathrm{d}t$$

为发射信号的能量。即用 $x(t)$ 与 $s(t-x)$ 的相关以及当 $\tau = \hat{\tau}_{m1}$ 得到的最大值与门限 γ 进行比较来实现广义似然比检测。如果超过门限，判决信号存在，它的延迟估计为 $\hat{\tau}_{m1}$，否则判决只有噪声。判决式也可以写为

$$\max_{\tau\in[0,T-T_s]}\int_{\tau}^{\tau+T_s} x(t)s(t-\tau)\mathrm{d}t \mathop{\gtrless}_{H_0}^{H_1} \gamma, \gamma > 0 \tag{5-4-7}$$

图 5-18 给出了式(5-4-7)的实现框图。

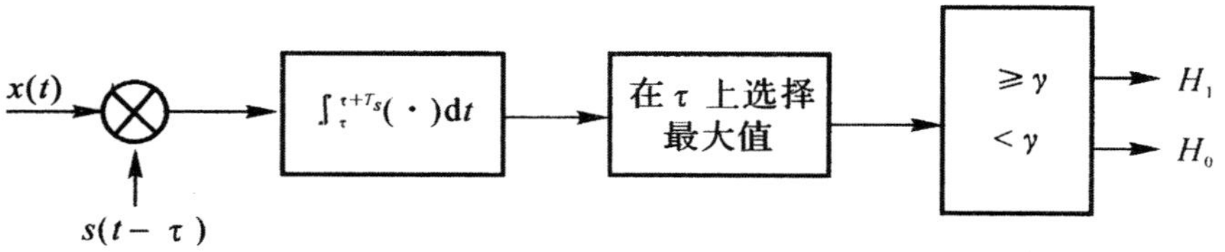

图 5-18　未知到达时间信号的广义似然比检测器结构

5.4.4　高斯白噪声中正弦信号波形检测

在高斯白噪声中的正弦信号检测是许多领域中常见的问题。由于其应用的广泛性，因此对检测器的结构和性能作详细的讨论。其结果形成了许多实际领域如雷达、声呐和通信系统的理论基础。一般的检测器是

$$\begin{cases} H_0: x(t) = n(t), 0 \leqslant t \leqslant T \\ H_1: x(t) = \begin{cases} n(t), 0 \leqslant t \leqslant \tau, T_s + \tau < t < T \\ A\cos(2\pi f_0 t + \varphi) + n(t), \tau \leqslant t \leqslant T_s + \tau \end{cases} \end{cases}$$

噪声 $n(t)$ 是均值为零、功率谱密度为 $\frac{N_0}{2}$ 的高斯白噪声，参数集 (A, f_0, φ) 的任意子集是未知的。正弦信号假定在区间 $[\tau, T_s + \tau]$ 是非零的，T_s 表示信号的长度，τ 是回波延迟时间。在开始时假定 τ 是已知的，且 $\tau = 0$。那么，观测区间正好是信号区间或者 $[0, T] = [0, T_s]$，后面考虑未知时延的情况。现在考虑

$$\begin{cases} H_0: x(t) = n(t), 0 \leqslant t \leqslant T \\ H_1: x(t) = A\cos(2\pi f_0 t + \varphi) + n(t), 0 \leqslant t \leqslant T \end{cases}$$

其中未知参数是确定性的。对于下列情况将使用广义似然比检测：

① A 未知。

② A,φ 未知。

③ A,φ,f_0 未知。

④ A,φ,f_0,τ 未知。

1. 幅度未知

信号为 $As(t)$，其中

$$s(t) = \cos(2\pi f_0 t + \varphi)$$

$s(t)$ 是已知的。容易得出广义似然比判决式为

$$\left| \int_0^T x(t)s(t)\mathrm{d}t \right| \underset{H_0}{\overset{H_1}{\gtrless}} \gamma', \gamma' > 0$$

检测器的结构如图 5-19a 所示，图 5-19a 绘出了检测器的性能曲线。这里信号的能量为

$$E = \frac{A^2 T}{2}$$

2. 幅度和相位未知

当 A 和 φ 是未知时，必须假定 $A > 0$，否则，A 和 φ 的两个集将产生相同的信号。这样，参数将无法辨认。如果

$$\frac{p(\boldsymbol{x} \mid \hat{A}, \hat{\varphi}, H_1)}{p(\boldsymbol{x} \mid H_0)} \geqslant \lambda_0$$

广义似然比判决 H_1 成立，其中 $\hat{A}$、$\hat{\varphi}$ 是最大似然估计，可以证明最大似然估计近似为

$$\hat{A} = \sqrt{\hat{\alpha}_1^2 + \hat{\alpha}_2^2}$$

$$\hat{\varphi} = \arctan\left(-\frac{\hat{\alpha}_2}{\hat{\alpha}_1}\right)$$

其中

$$\hat{\alpha}_1 = \frac{2}{T}\int_0^T x(t)\cos(2\pi f_0 t)\mathrm{d}t$$

$$\hat{\alpha}_2 = \frac{2}{T}\int_0^T x(t)\sin(2\pi f_0 t)\mathrm{d}t$$

从而可得判决式为

$$\lambda_G(\boldsymbol{x}) = \frac{\dfrac{1}{(2\pi\sigma^2)^{N/2}}\exp\left\{-\dfrac{1}{N_0}\int_0^T x(t) - \hat{A}\cos(2\pi f_0 t + \hat{\varphi})\mathrm{d}t\right\}}{\dfrac{1}{(2\pi\sigma^2)^{N/2}}\exp\left[-\dfrac{1}{N_0}\int_0^T x^2(t)\mathrm{d}t\right]} \underset{H_0}{\overset{H_1}{\gtrless}} \lambda_0$$

整理得

$$\ln\lambda_G(\boldsymbol{x}) = \frac{T}{2N_0}\hat{A}^2 \underset{H_0}{\overset{H_1}{\gtrless}} \ln\lambda_0$$

则判决式为

$$\left[\int_0^T x(t)\sin(2\pi f_0 t)\mathrm{d}t\right]^2 + \left[\int_0^T x(t)\cos(2\pi f_0 t)\mathrm{d}t\right]^2 \underset{H_0}{\overset{H_1}{\gtrless}} \frac{N_0 T}{2}\ln\lambda_0$$

假设

$$\mathrm{PSD}(f_0) = \frac{1}{T}\left\{\left[\int_0^T x(t)\sin(2\pi f_0 t)\mathrm{d}t\right]^2 + \left[\int_0^T x(t)\cos(2\pi f_0 t)\mathrm{d}t\right]^2\right\}$$

则其离散情况下的表达式

$$\mathrm{PSD}(f'_0) = \frac{1}{N}\left|\sum_{n=1}^{N} x(n)\exp(-\mathrm{j}2\pi f'_0 n)\right|^2$$

是在 $f = f'_0$ 处计算的周期图，其中 f'_0 是用采样频率对 f_0 规一化后得到的。最后得判决式

$$\mathrm{PSD}(f_0) \underset{H_0}{\overset{H_1}{\gtrless}} \frac{N_0}{2}\ln\lambda_0 = \gamma$$

或者

$$\mathrm{PSD}(f'_0) \underset{H_0}{\overset{H_1}{\gtrless}} \sigma_n^2\ln\lambda_0 = \gamma'$$

可见，检验统计量的表达式和高斯白噪声背景下未知信号相位的贝叶斯方法获得的检验统计量一致，则检测器的结构也与此相同，可用非相干或正交匹配接收机实现，具体见图 5-19b。检测性能的分析过程同高斯白噪声背景下未知信号相位的贝叶斯方法，这里不再赘述，在此给出虚警概率和检测概率的表达式

$$P_F = \exp\left(-\frac{\gamma'}{\sigma^2}\right)$$

$$P_D = Q\left(\sqrt{\frac{2E}{N_0}}, \frac{\sqrt{2\gamma'}}{\sigma}\right) \tag{5-4-8}$$

上式中，Q 是马库姆函数；$E = \dfrac{A^2 T}{2}$ 为信号的能量。如果用虚警概率 P_F 来表示，由式(5-4-8)得到

$$\frac{\sqrt{2\gamma'}}{\sigma} = \sqrt{-2\ln P_F}$$

故

$$P_D = Q\left(\sqrt{\frac{2E}{N_0}}, \sqrt{-2\ln P_F}\right) = Q(\sqrt{r}, \sqrt{-2\ln P_F})$$

检测曲线见图 5-20b。不出所料，与前面的未知幅度情况相比较检测性能

有轻微的衰减，比较图 5-20b 和图 5-20a 可以看出，对于小的虚警概率，这种衰减小于 1dB。

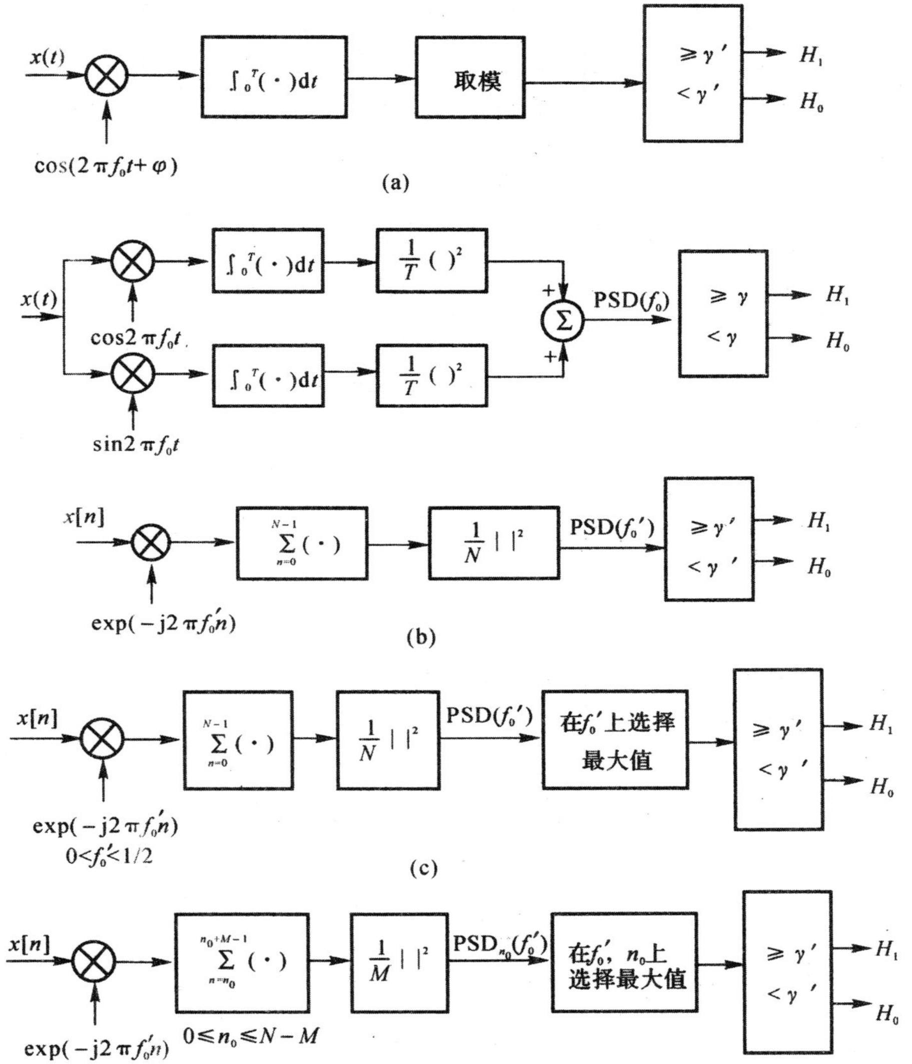

图 5-19　正弦信号的广义似然比检测器结构

(a)未知幅度正弦信号的广义似然比检测器结构；

(b)未知幅度和相位正弦信号的广义似然比检测器结构；

(c)未知幅度、相位和频率正弦信号的广义似然比检测器结构；

(d)未知幅度、相位、频率和到达时间正弦信号的广义似然比检测器结构

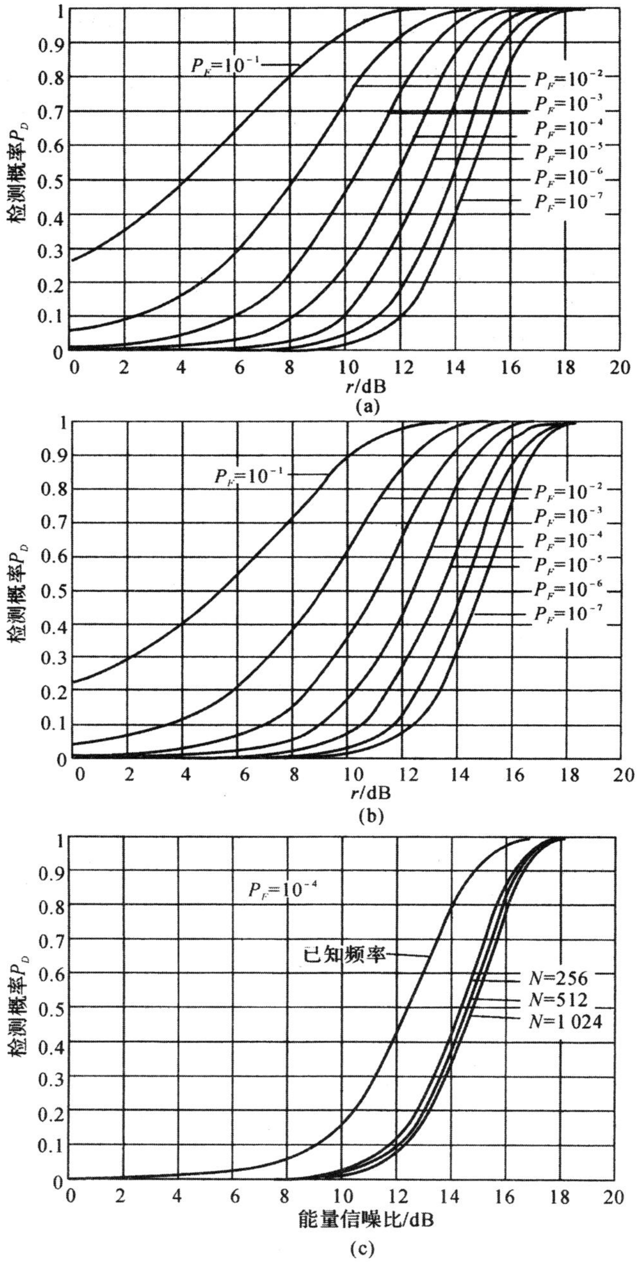

图 5-20　正弦信号的广义似然比检测器特性曲线

(a)未知幅度正弦信号的广义似然比检测器特性曲线；

(b)未知幅度和相位正弦信号的广义似然比检测器特性曲线；

(c)未知幅度、相位和频率正弦信号的广义似然比检测器特性曲线

5.5　高斯有色噪声中确知信号波形的检测

通常采用卡亨南-洛维展开法或者白化处理法互加性平稳高斯有色噪声中确知信号波形进行检测。一种方法是卡亨南-洛维展开法，即根据噪声的自相关函数 $r_n(t-u)$ 构造合适的正交函数集 $\{f_k(t);k=1,2,\cdots\}$，则观测信号 $x(t)$ 的展开系数 $x_k(k=1,2,\cdots)$ 是互不相关、相互统计独立的高斯离散随机信号，因而利用这些展开系数 $x_k(k=1,2,\cdots)$ 可构成似然比检验判决式，并最终实现信号波形的检测；另一种方法是白化处理法，先将观测信号 $x(t)$ 通过白化滤波器，使滤波器的输出噪声变成白噪声，然后再按白噪声的方法实现信号波形的检测。本节采用卡亨南-洛维展开法研究信号波形的检测。

5.5.1　观测信号模型

一般二元确知信号波形检测时，假设 H_0 为真和假设 H_1 为真的观测信号 $x(t)$ 的模型分别为

$$H_0:x(t)=s_0(t)+n(t)\quad 0\leqslant t\leqslant T$$
$$H_1:x(t)=s_1(t)+n(t)\quad 0\leqslant t\leqslant T$$

其中，$s_0(t)$ 和 $s_1(t)$ 分别是能量为 E_{s_0} 和 E_{s_1} 的确知信号；$n(t)$ 是均值为零、自相关函数为 $r_n(t-u)$ 的平稳高斯有色噪声。

5.5.2　最佳判决式

当观测信号 $x(t)$ 采用卡亨南-洛维展开时，正交函数集的坐标函数 $f_k(t)(k=1,2,\cdots)$ 是以噪声 $n(t)$ 的自相关函数 $r_n(t-u)$ 为核函数的积分方程

$$\int_0^T r_n(t-u)f_k(u)\mathrm{d}u=\lambda_k f_k(t)\quad 0\leqslant t\leqslant T\quad k=1,2,\cdots \tag{5-5-1}$$

的特征函数。式中，λ_k 是积分方程的特征值，也是 $x(t)$ 展开系数 $x_k(k=1,2,\cdots)$ 的方差。

观测信号 $x(t)$ 用其展开系数 $x_k(k=1,2,\cdots)$ 表示后，观测信号模型为

$$H_0:x_k=s_{0k}+n_k\quad k=1,2,\cdots$$
$$H_1:x_k=s_{1k}+n_k\quad k=1,2,\cdots$$

其中

$$n_k = \int_0^T n(t) f_k(t) \mathrm{d}t \quad k = 1,2,\cdots$$

$$s_{jk} = \int_0^T s_j(t) f_k(t) \mathrm{d}t \quad j = 0,1 \quad k = 1,2,\cdots$$

$$x_k = \int_0^T x(t) f_k(t) \mathrm{d}t \quad k = 1,2,\cdots$$

展开系数 $s_{jk}(j = 0,1;k = 1,2,\cdots)$ 是确定的量；$n_k(k = 1,2,\cdots)$ 是高斯离散随机信号，它们之间是互不相关的，也是相互统计独立的；$x_k(k = 1,2,\cdots)$ 也是互不相关且相互统计独立的高斯离散随机信号。

假设 $H_j(j = 0,1)$ 为真时，$x_k(k = 1,2,\cdots)$ 的均值和方差分别为

$$E(x_k \mid H_j) = E(s_{jk} + n_k) = s_{jk} \quad j = 0,1 \quad k = 1,2,\cdots \tag{5-5-2}$$

$$\mathrm{Var}(x_k \mid H_j) = E\{[(x_k \mid H_j) - E(x_k \mid H_j)]^2\} = E(n_k^2) = \lambda_k$$
$$j = 0,1 \quad k = 1,2,\cdots \tag{5-5-3}$$

于是，取 $x_k(k = 1,2,\cdots)$ 的前有限 N 项可构成 N 维高斯离散随机信号矢量，其似然函数

$$p(\boldsymbol{x}_N \mid H_j) = \prod_{k=1}^{N} \left(\frac{1}{2\pi\lambda_k}\right)^{\frac{1}{2}} \exp\left[-\frac{(x_k - s_{jk})^2}{2\lambda_k}\right] \quad j = 0,1 \tag{5-5-4}$$

然后，将展开系数求解式

$$x_k = \int_0^T x(t) f_k(t) \mathrm{d}t \quad k = 1,2,\cdots$$

和

$$s_{jk} = \int_0^T s_j(t) f_k(t) \mathrm{d}t \quad j = 0,1 \quad k = 1,2,\cdots$$

代入式(5-5-4)，当 $N \to \infty$ 时，则得假设 $H_j(j = 0,1)$ 为真时，观测信号 $x(t)$ 的似然函数为

$$\begin{aligned} p[x(t) \mid H_0] &= \lim_{N \to \infty} p(x_N \mid H_0) \\ &= F\exp\left\{-\frac{1}{2}\sum_{k=1}^{\infty} \frac{1}{\lambda_k}\left[\int_0^T x(t) f_k(t) \mathrm{d}t\right]^2 \right. \\ &\quad \left. + \int_0^T \left[x(t) - \frac{1}{2}s_0(t)\right] \sum_{k=1}^{\infty} \frac{s_{0k}}{\lambda_k} f_k(t) \mathrm{d}t\right\} \end{aligned} \tag{5-5-5}$$

和

$$\begin{aligned} p[x(t) \mid H_1] &= \lim_{N \to \infty} p(x_N \mid H_1) \\ &= F\exp\left\{-\frac{1}{2}\sum_{k=1}^{\infty} \frac{1}{\lambda_k}\left[\int_0^T x(t) f_k(t) \mathrm{d}t\right]^2 \right. \\ &\quad \left. + \int_0^T \left[x(t) - \frac{1}{2}s_1(t)\right] \sum_{k=1}^{\infty} \frac{s_{1k}}{\lambda_k} f_k(t) \mathrm{d}t\right\} \end{aligned} \tag{5-5-6}$$

式中，$F=\lim\limits_{N\to\infty}\prod\limits_{k=1}^{N}\left(\frac{1}{2\pi\lambda_k}\right)^{\frac{1}{2}}$，是某个常数。

设似然比检测门限为 η，将式(5-5-5)、式(5-5-6)代入似然比检验判决式

$$\lambda[x(t)]=\frac{p[x(t)\mid H_1]}{p[x(t)\mid H_0]}\underset{H_0}{\overset{H_1}{\gtrless}}\eta$$

化简整理得高斯有色噪声中一般二元确知信号波形检测的最佳判决式

$$l[x(t)]=\int_0^T\left[x(t)-\frac{1}{2}s_1(t)\right]g_1(t)\mathrm{d}t-\int_0^T\left[x(t)-\frac{1}{2}s_0(t)\right]g_0(t)\mathrm{d}t\underset{H_0}{\overset{H_1}{\gtrless}}\eta \tag{5-5-7}$$

式中

$$g_1(t)=\sum_{k=1}^{\infty}\frac{s_{1k}}{\lambda_k}f_k(t) \tag{5-5-8a}$$

$$g_0(t)=\sum_{k=1}^{\infty}\frac{s_{0k}}{\lambda_k}f_k(t) \tag{5-5-8b}$$

若级数 $\sum\limits_{k=1}^{\infty}\frac{|s_{jk}|^2}{\lambda_k}<\infty(j=0,1)$，则级数 $g_i(t)=\sum\limits_{k=1}^{\infty}\frac{s_{jk}}{\lambda_k}f_k(t)(j=0,1)$ 收敛。

在 $g_j(t)(j=0,1)$ 的表示式中，λ_k 和 $f_k(t)(k=1,2,\cdots)$ 分别是积分方程(5-5-1)的特征值和特征函数，而 $s_{jk}(j=0,1;k=1,2,\cdots)$ 是信号 $s_j(t)(j=0,1,\cdots)$ 的第 k 个展开系数。因此，我们可以期望直接用噪声 $n(t)$ 的自相关函数 $r_n(t-u)$ 和信号 $s_j(t)(j=0,1,\cdots)$ 来表示 $g_j(t)(j=0,1)$。为此，用 $r_n(t-u)$ 乘式(5-5-8a)的两端，并在 $0\leqslant u\leqslant T$ 区间内对 u 积分，则得

$$\begin{aligned}\int_0^T r_n(t-u)g_1(u)\mathrm{d}u&=\sum_{k=1}^{\infty}\frac{s_{1k}}{\lambda_k}\int_0^T r_n(t-u)f_k(u)\mathrm{d}u\\&=\sum_{k=1}^{\infty}s_{1k}f_k(t)=s_1(t)\quad 0\leqslant t\leqslant T\end{aligned}$$

所以，$g_1(t)$ 是积分方程

$$\int_0^T r_n(t-u)g_1(u)\mathrm{d}u=s_1(t)\quad 0\leqslant t\leqslant T \tag{5-5-9a}$$

的解。类似地，$g_0(t)$ 是积分方程

$$\int_0^T r_n(t-u)g_0(u)\mathrm{d}u=s_0(t)\quad 0\leqslant t\leqslant T \tag{5-5-9b}$$

的解。

式(5-5-9)是以噪声 $n(t)$ 的自相关函数 $r_n(t-u)$ 为核函数的积分方程，$s_j(t)(j=0,1,\cdots)$ 又是确知信号，因而解出的 $g_j(t)(j=0,1)$ 是确定的函数。

由式(5-5-7)得,高斯有色噪声中一般二元确知信号波形检测的最佳判决式为

$$\int_0^T x(t)g_1(t)dt-\int_0^T x(t)g_0(t)dt \underset{H_0}{\overset{H_1}{\gtrless}} \ln\eta+\frac{1}{2}\int_0^T s_1(t)g_1(t)dt-\frac{1}{2}\int_0^T s_0(t)g_0(t)dt=\gamma \tag{5-5-10}$$

如果 $r_n(t-u)=(N_0/2)\delta(t-u)$,即回到高斯白噪声的情况,则由式(5-5-9)易得

$$g_j(t)=\frac{N_0}{2}s_j(t) \quad 0\leqslant t\leqslant T \quad j=0,1 \tag{5-5-11}$$

于是,式(5-5-10)成为

$$\int_0^T x(t)s_1(t)dt-\int_0^T x(t)s_0(t)dt \underset{H_0}{\overset{H_1}{\gtrless}} \frac{N_0}{2}\ln\eta+\frac{E_{s_1}-E_{s_0}}{2}=\gamma \tag{5-5-12}$$

这就是高斯白噪声中一般二元确知信号波形检测的最佳判决式。所以,高斯白噪声中的结果是高斯有色噪声结果的特例。

5.5.3 检测系统结构

根据最佳判决式(5-5-10),由双路相关器实现的检测系统结构如图 5-21 所示。

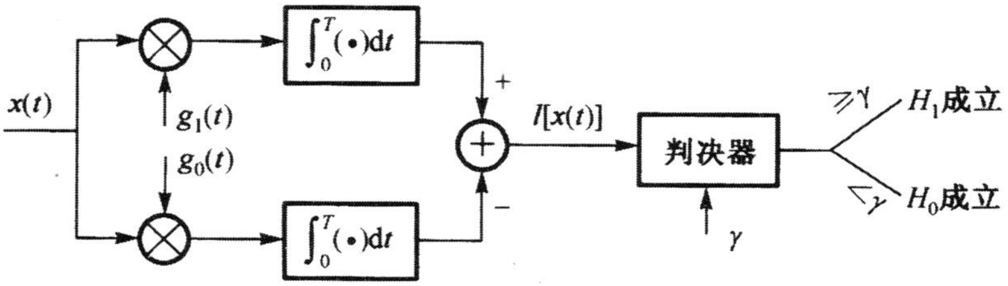

图 5-21 双路相关器检测系统结构

5.5.4 检测性能分析

为了分析方便,采用式(5-5-7)所示的最佳判决式。式中,检验统计量

$$l[x(t)]=\int_0^T\left[x(t)-\frac{1}{2}s_1(t)\right]g_1(t)dt-\int_0^T\left[x(t)-\frac{1}{2}s_0(t)\right]g_0(t)dt \tag{5-5-13}$$

是高斯离散随机信号。

假设 H_0 为真时,$l[x(t)]$ 的均值为

$$E(l|H_0)=E\left\{\int_0^T\left[s_0(t)+n(t)-\frac{1}{2}s_1(t)\right]g_1(t)\mathrm{d}t\right.$$
$$\left.-\int_0^T\left[s_0(t)+n(t)-\frac{1}{2}s_0(t)\right]g_0(t)\mathrm{d}t\right\}$$
$$=-\frac{1}{2}\int_0^T s_0(t)g_0(t)\mathrm{d}t+\frac{1}{2}\int_0^T[2s_0(t)-s_1(t)]g_1(t)\mathrm{d}t \tag{5-5-14}$$

式中，$g_j(t)(j=0,1)$ 是积分方程

$$\int_0^T r_n(t-u)g_j(u)\mathrm{d}u=s_j(t)\quad 0\leqslant t\leqslant T\quad j=0,1 \tag{5-5-15}$$

的解。利用逆核函数 $r_n^{-1}(z-t)$ 的定义：有色噪声 $n(t)$ 自相关函数 $r_n(t-u)$ 的逆函数 $r_n^{-1}(z-t)$ 称为逆核函数，其定义为

$$\int_0^T r_n^{-1}(z-t)r_n(t-u)\mathrm{d}t=\delta(z-u)\quad z\geqslant 0\quad 0\leqslant u\leqslant T \tag{5-5-16}$$

可解得 $g_j(t)(j=0,1)$ 的显式表达式。为此，用 $r_n^{-1}(z-t)$ 乘式(5-5-15)的两端，并在 $0\leqslant t\leqslant T$ 区间内对 t 积分，则有

$$\int_0^T g_j(u)\left[\int_0^T r_n^{-1}(z-t)r_n(t-u)\mathrm{d}t\right]\mathrm{d}u=\int_0^T s_j(t)r_n^{-1}(z-t)\mathrm{d}t\quad j=0,1 \tag{5-5-17}$$

式中，等号左端的积分

$$\int_0^T g_j(u)\left[\int_0^T r_n^{-1}(z-t)r_n(t-u)\mathrm{d}t\right]\mathrm{d}u=\int_0^T g_j(u)\delta(z-u)\mathrm{d}u$$
$$=g_j(z)\quad j=0,1$$

于是得

$$g_j(z)=\int_0^T s_j(t)r_n^{-1}(z-t)\mathrm{d}t\quad j=0,1 \tag{5-5-18}$$

将式(5-5-18)代入式(5-5-14)中，得

$$E(l|H_0)=-\frac{1}{2}\int_0^T s_0(t)\left[\int_0^T s_0(v)r_n^{-1}(t-v)\mathrm{d}v\right]\mathrm{d}t$$
$$+\frac{1}{2}\int_0^T[2s_0(t)-s_1(t)]\left[\int_0^T s_1(v)r_n^{-1}(t-v)\mathrm{d}v\right]\mathrm{d}t$$
$$=-\frac{1}{2}\int_0^T\int_0^T[s_1(t)-s_0(t)]r_n^{-1}(t-v)[s_1(v)-s_0(v)]\mathrm{d}v\mathrm{d}t \tag{5-5-19}$$

假设 H_0 为真时，$l[x(t)]$ 的方差为

$$\mathrm{Var}(l|H_0)=E\{[(l|H_0)-E(l|H_0)]^2\}$$
$$=E\left\{\left[\int_0^T n(t)g_1(t)\mathrm{d}t-\int_0^T n(t)g_0(t)\mathrm{d}t\right]^2\right\}$$

$$= E\left\{\int_0^T n(t)[g_1(t)-g_0(t)]\mathrm{d}t\int_0^T n(u)[g_1(u)-g_0(u)]\mathrm{d}u\right\}$$

$$= \int_0^T [g_1(t)-g_0(t)]\left\{\int_0^T E[n(t)n(u)][g_1(u)-g_0(u)]\mathrm{d}u\right\}\mathrm{d}t$$

$$= \int_0^T [g_1(t)-g_0(t)]\left\{\int_0^T r_n(t-u)[g_1(u)-g_0(u)]\mathrm{d}u\right\}\mathrm{d}t$$

$$= \int_0^T [s_1(t)-s_0(t)][g_1(t)-g_0(t)]\mathrm{d}t$$

$$= \int_0^T\int_0^T [s_1(t)-s_0(t)]r_n^{-1}(t-v)[s_1(v)-s_0(v)]\mathrm{d}v\mathrm{d}t$$

$$\xlongequal{\text{def}} \sigma_l^2 \tag{5-5-20}$$

类似地,可得假设 H_1 为真时,$l[x(t)]$ 的均值和方差分别为

$$E(l|H_1) = E\left\{\int_0^T \left[s_1(t)+n(t)-\frac{1}{2}s_1(t)\right]g_1(t)\mathrm{d}t - \int_0^T \left[s_1(t)+n(t)-\frac{1}{2}s_0(t)\right]g_0(t)\mathrm{d}t\right\}$$

$$= \frac{1}{2}\int_0^T\int_0^T [s_1(t)-s_0(t)]r_n^{-1}(t-v)[s_1(v)-s_0(v)]\mathrm{d}v\mathrm{d}t \tag{5-5-21}$$

$$\mathrm{Var}(l|H_0) = E\{[(l|H_1)-E(l|H_0)]^2\}$$

$$= E\left\{\left[\int_0^T n(t)g_1(t)\mathrm{d}t - \int_0^T n(t)g_0(t)\mathrm{d}t\right]^2\right\}$$

$$= \mathrm{Var}(l|H_0) \xlongequal{\text{def}} \sigma_l^2 \tag{5-5-22}$$

由式(5-5-19)～式(5-5-22)可知,检验统计量 $l[x(t)]$ 在假设 H_j 为真时的均值 $E(l|H_j)$ 和方差 $\mathrm{Var}(l|H_j)(j=0,1)$ 是由确知信号 $s_j(t)(j=0,1,\cdots)$ 和平稳高斯噪声的自相关函数 $r_n(t-u)$ 确定的;均值 $E(l|H_j)(j=0,1)$ 及均值与方差 $\mathrm{Var}(l|H_j)(j=0,1)$ 之间满足关系式

$$E(l|H_1) = -E(l|H_0) = \frac{\sigma_l^2}{2} \tag{5-5-23a}$$

$$\mathrm{Var}(l|H_1) = \mathrm{Var}(l|H_0) = \sigma_l^2 \tag{5-5-23b}$$

因为,$l[x(t)]$ 是高斯离散随机信号,所以判决概率 $P(H_i|H_j)(i,j=0,1)$ 由功率信噪比 d^2 决定,且

$$d^2 = \frac{[E(l|H_1)-E(l|H_0)]^2}{\mathrm{Var}(l|H_0)} = \sigma_l^2 \tag{5-5-24}$$

于是,判决概率分别为

$$P(H_1|H_0) = Q\left(\ln\frac{\eta}{d}+\frac{d}{2}\right) = Q\left(\ln\frac{\eta}{\sigma_l}+\frac{\sigma_l}{2}\right) \tag{5-5-25}$$

$$P(H_1 \mid H_1) = Q\left(\ln\frac{\eta}{d} - \frac{d}{2}\right)$$
$$= Q\{Q^{-1}[P(H_1 \mid H_0)] - d\}$$
$$= Q\{Q^{-1}[P(H_1 \mid H_0)] - \sigma_l\} \tag{5-5-26}$$

如果采用最小平均错误概率检测准则，并设两个假设的先验概率 $P(H_j)(j=0,1)$ 相等，则

$$P_e = Q\left(\frac{d}{2}\right) = Q\left(\frac{\sigma_l}{2}\right) \tag{5-5-27}$$

由上述结果可以看出，信号的检测性能随 $l[x(t)]$ 的方差 $\mathrm{Var}(l \mid H_j) = \sigma_l^2$ 的增大而提高，这是因为

$$\sigma_l^2 = E(l \mid H_1) - E(l \mid H_0) \tag{5-5-28}$$

的缘故。

$l[x(t)]$ 的均值 $E(l \mid H_j)$ 与方差 $\mathrm{Var}(l \mid H_j) = \sigma_l^2 (j=0,1)$ 的下列关系

$$E(l \mid H_1) = -E(l \mid H_0) = \frac{\sigma_l^2}{2}$$

在高斯白噪声中一般二元确知信号波形的检测时，肯定也是成立的。

5.5.5　最佳信号波形设计

高斯有色噪声中一般二元确知信号波形检测的性能随检验统计量 $l[x(t)]$ 的方差 $\mathrm{Var}(l \mid H_j) = \sigma_l^2$ 的增大而提高。由式(5-5-20)可知，σ_l^2 与信号 $s_j(t)(j=0,1)$ 的波形有关。因此，为了获得最好的信号检测性能，必须寻求一组信号 $s_j(t)(j=0,1)$，在一定的约束条件下，该组信号能使 σ_l^2 达到最大。

信号的能量肯定会影响信号检测的性能，所以在对信号的能量之和约束为常值的条件下，研究信号的最佳波形设计才是有意义的。

设信号 $s_0(t)$ 和 $s_1(t)$ 的能量之和

$$\int_0^T [s_0^2(t) + s_1^2(t)]\mathrm{d}t = E_{s_0} + E_{s_1} = 2E_s \tag{5-5-29}$$

为常值。在这个约束条件下，使 σ_l^2 达到最大，是一个求条件极值的问题。为此，构造一个辅助函数

$$F = \sigma_l^2 - 2\mu E_s \tag{5-5-30}$$

式中，$\mu(\mu \geqslant 0)$ 为拉格朗日乘子。通过 μ 引入约束条件，在 $2E_s$ 等于常值时，使 σ_l^2 极大化，也就是要极大化 F。

将式(5-5-20)的 σ_l^2 代入式(5-5-30)，得

$$F=\int_0^T\int_0^T[s_1(t)-s_0(t)]r_n^{-1}(t-v)[s_1(v)-s_0(v)]\mathrm{d}v\mathrm{d}t$$
$$-\mu\int_0^T[s_0^2(t)+s_1^2(t)]\mathrm{d}t \tag{5-5-31}$$

F 是依赖于信号 $s_0(t)$ 和 $s_1(t)$ 的泛函。为求得使 F 达到极大值的信号 $s_0(t)$ 和 $s_1(t)$，采用变分法。令 $y_0(t)$ 和 $y_1(t)$ 分别是 $s_0(t)$ 和 $s_1(t)$ 的最佳波形，即

$$s_0(t)=y_0(t)+\alpha_0\beta_0(t)\quad 0\leqslant t\leqslant T \tag{5-5-32a}$$
$$s_1(t)=y_1(t)+\alpha_1\beta_1(t)\quad 0\leqslant t\leqslant T \tag{5-5-32b}$$

式中，α_0 和 α_1 是任意的乘因子；$\beta_0(t)$ 和 $\beta_1(t)$ 是在 $0\leqslant t\leqslant T$ 区间内定义的两个任意函数。这样，式(5-5-31)变成

$$F=\int_0^T\int_0^T[y_1(t)+\alpha_1\beta_1(t)-y_0(t)-\alpha_0\beta_0(t)]r_n^{-1}(t$$
$$-v)[y_1(v)+\alpha_1\beta_1(v)-y_0(v)-\alpha_0\beta_0(v)]\mathrm{d}v\mathrm{d}t$$
$$-\mu\int_0^T[y_1(t)+\alpha_1\beta_1(t)]^2+[y_0(t)+\alpha_0\beta_0(t)]^2\mathrm{d}t \tag{5-5-33}$$

根据泛函的变分和泛函的极值的概念和定义，由式(5-5-33)得

$$\frac{\partial}{\partial\alpha_0}F\bigg|_{\substack{\alpha_0=0\\ \alpha_1=0}}=\int_0^T2\beta_0(v)\left\{\int_0^T[y_1(t)-y_0(t)]r_n^{-1}(t-v)\mathrm{d}t+\mu y_0(v)\right\}\mathrm{d}v \tag{5-5-34a}$$

$$\frac{\partial}{\partial\alpha_1}F\bigg|_{\substack{\alpha_0=0\\ \alpha_1=0}}=\int_0^T2\beta_1(v)\left\{\int_0^T[y_1(t)-y_0(t)]r_n^{-1}(t-v)\mathrm{d}t-\mu y_1(v)\right\}\mathrm{d}v \tag{5-5-34b}$$

由于 $\beta_0(t)$ 和 $\beta_1(t)$ 是在 $0\leqslant t\leqslant T$ 区间内定义的两个任意函数，所以要满足式(5-5-34a)和式(5-5-34b)同时等于零，必有

$$\int_0^T[y_1(t)-y_0(t)]r_n^{-1}(t-v)\mathrm{d}t+\mu y_0(v)=0 \tag{5-5-35a}$$
$$\int_0^T[y_1(t)-y_0(t)]r_n^{-1}(t-v)\mathrm{d}t-\mu y_1(v)=0 \tag{5-5-35b}$$

因此，最佳信号波形之间的关系应满足

$$y_1(t)=-y_0(t) \tag{5-5-36}$$

式(5-5-36)只给出了两个最佳信号波形之间的关系，还需要进一步确定最佳信号波形的函数形式。为此，将式(5-5-36)代入式(5-5-35b)，得

$$2\int_0^T y_1(t)r_n^{-1}(t-v)\mathrm{d}t=\mu y_1(v) \tag{5-5-37}$$

将上式等号两端同乘以 $r_n(t-u)$，并在 $0\leqslant t\leqslant T$ 区间内对 v 积分，得

$$2\int_0^T\int_0^T y_1(t)r_n^{-1}(t-v)r_n(u-v)\mathrm{d}v\mathrm{d}t=\mu\int_0^T y_1(v)r_n(u-v)\mathrm{d}v \tag{5-5-38}$$

上式左端的积分结果为

$$\begin{aligned}&2\int_0^T\int_0^T y_1(t)r_n^{-1}(t-v)r_n(u-v)\mathrm{d}v\mathrm{d}t\\&=2\int_0^T y_1(t)\left[\int_0^T r_n^{-1}(t-v)r_n(v-u)\mathrm{d}v\right]\mathrm{d}t\\&=2\int_0^T y_1(t)\delta(u-t)\mathrm{d}t=2y_1(u)\end{aligned} \tag{5-5-39}$$

这样，式(5-5-38)成为

$$2y_1(u)=\mu\int_0^T y_1(v)r_n(u-v)\mathrm{d}v \tag{5-5-40}$$

令 $\lambda=\frac{\mu}{2}$，则式(5-5-40)变为

$$\lambda y_1(t)=\int_0^T y_1(v)r_n(t-v)\mathrm{d}v \tag{5-5-41}$$

该方程是以噪声 $n(t)$ 的自相关函数 $r_n(t-v)$ 为核函数的积分方程。其中，信号 $y_1(t)$ 是相应于特征值 λ 的那个特征函数。为了得到使 σ_l^2 达到最大的那一个信号 $y_1(t)$，将式(5-5-36)中的 $y_1(t)=-y_0(t)$ 代入式(5-5-20)的 σ_l^2 中，并利用式(5-5-37)的结果，整理得

$$\begin{aligned}\sigma_l^2&=4\int_0^T\int_0^T y_1(t)r_n^{-1}(t-v)y_1(v)\mathrm{d}v\mathrm{d}t\\&=4\int_0^T y_1(v)\left[\int_0^T y_1(t)r_n^{-1}(t-v)\mathrm{d}t\right]\mathrm{d}v\\&=2\mu\int_0^T y_1^2(v)\mathrm{d}v=\frac{4E_s}{\lambda}\end{aligned} \tag{5-5-42}$$

可见，当信号能量之和 $2E_s$ 约束为常值时，要使 σ_l^2 达到最大，就应当把式(5-5-41)积分方程中最小特征值 $\lambda=\lambda_{\min}$ 所对应的那一个特征函数选为最佳信号 $y_1(t)$，同时满足 $y_0(t)=-y_1(t)$ 的信号波形关系。

如果 $n(t)$ 是高斯白噪声，其自相关函数为

$$r_n(t-v)=\frac{N_0}{2}\delta(t-v) \tag{5-5-43}$$

则式(5-5-41)变为

$$\begin{aligned}\lambda y_1(t)&=\int_0^T y_1(v)r_n(t-v)\mathrm{d}v\\&=\frac{N_0}{2}\int_0^T y_1(v)\delta(t-v)\mathrm{d}v\end{aligned}$$

$$= \frac{N_0}{2} y_1(t) \tag{5-5-44}$$

显然，特征值相等，即 $\lambda = \frac{N_0}{2}$。这说明，在高斯白噪声情况下，信号能量之和 $2E_s$ 约束为常值时，只要满足 $y_1(t) = -y_0(t)$ 的信号波形关系，就能获得最佳的信号状态检测效果，而与 $y_1(t)$ 的信号波形无关。

令信号 $s_0(t) = 0$，并代入一般二元确知信号波形检测的公式中，就得到高斯有色噪声中简单二元确知信号波形检测的结果。

第 6 章　信号参量估计

在随机噪声干扰背景中，除了研究信号是哪个状态和信号是哪种波形外，还需要获得信号的未知参量和信号的波形，这就是信号参量的统计估计和信号波形的统计估计，简称信号参量的估计和信号波形的估计。

6.1　估计量的性质

估计量是观测量的函数，而观测量是随机变量，所以估计量也是随机变量。因此，应用统计的方法分析和评价各种估计量的质量。估计量的主要性质就是评价估计量质量的指标。

6.1.1　估计量的无偏性

当对信号的参量进行多次观测后，可以构造出估计量 $\hat{\boldsymbol{\theta}}$，它是一个随机变量。希望估计量 $\hat{\boldsymbol{\theta}}$ 从平均的意义上等于被估计量 $\boldsymbol{\theta}$ 的真值（对非随机参量）或者被估计量 $\boldsymbol{\theta}$ 的均值（对随机参量），这是一个合理的要求。由此引出关于估计量 p 的无偏性的性质。

对于非随机参量 $\boldsymbol{\theta}$ 的估计量 $\hat{\boldsymbol{\theta}}$，其均值可以表示为

$$E(\hat{\boldsymbol{\theta}}) = \int_{-\infty}^{\infty} \hat{\boldsymbol{\theta}} p(\boldsymbol{x} \mid \boldsymbol{\theta}) \mathrm{d}x = \boldsymbol{\theta} + b(\boldsymbol{\theta}) \tag{6-1-1}$$

式中，估计量的均值是以参量 $\boldsymbol{\theta}$ 为条件的，而 $b(\boldsymbol{\theta})$ 称为估计量的偏。

当 $b(\boldsymbol{\theta})=0$ 时，即估计量的均值 $E(\hat{\boldsymbol{\theta}})$ 等于被估计量 $\boldsymbol{\theta}$ 的真值时，称 $\hat{\boldsymbol{\theta}}$ 为（条件）无偏估计量。

当 $b(\boldsymbol{\theta}) \neq 0$ 时，称为有偏估计量。如果偏 $b(\boldsymbol{\theta})$ 不是 $\boldsymbol{\theta}$ 的函数而是常数 b，则估计量是已知偏差的有偏估计，可以从估计量 $\hat{\boldsymbol{\theta}}$ 中减去 b 以获得无偏估计量；如果偏 $b(\boldsymbol{\theta})$ 是 $\boldsymbol{\theta}$ 的函数，则估计量 $\hat{\boldsymbol{\theta}}$ 是未知偏差的有偏估计量。

对于随机参量 $\boldsymbol{\theta}$，如果估计量 $\hat{\boldsymbol{\theta}}$ 的均值等于被估计量 $\boldsymbol{\theta}$ 的均值，即

$$E(\hat{\boldsymbol{\theta}}) = \int_{-\infty}^{\infty}\int_{-\infty}^{\infty} \hat{\boldsymbol{\theta}} p(x,\boldsymbol{\theta}) \mathrm{d}\boldsymbol{x}\mathrm{d}\boldsymbol{\theta} = E(\boldsymbol{\theta}) \tag{6-1-2}$$

则称 $\hat{\boldsymbol{\theta}}$ 是无偏估计量；否则就是有偏的，其偏等于两均值之差。

如果将根据有限 N 次观测量 $x_k(k=1,2,\cdots,N)$ 构造的估计量记为 $\hat{\boldsymbol{\theta}}(\boldsymbol{x}_N)$，且 $\hat{\boldsymbol{\theta}}(\boldsymbol{x}_N)$ 是有偏的，但满足

$$\lim_{N\to\infty} E[\hat{\boldsymbol{\theta}}(\boldsymbol{x}_N)] = \boldsymbol{\theta}\text{（非随机变量）} \tag{6-1-3}$$

或

$$\lim_{N\to\infty} E[\hat{\boldsymbol{\theta}}(\boldsymbol{x}_N)] = E(\boldsymbol{\theta})\text{（随机变量）} \tag{6-1-4}$$

则称 $\hat{\boldsymbol{\theta}}(\boldsymbol{x}_N)$ 是渐近无偏估计量。这里 N 维矢量 $\boldsymbol{x}_N=(\boldsymbol{x}_1,\boldsymbol{x}_2,\cdots,\boldsymbol{x}_N)^{\mathrm{T}}$ 的下标 N 是为了强调有限 N 次的记号。

6.1.2 估计量的有效性

如果同一个参量用两种方法进行估计，所得的估计量都是无偏的，怎样评价哪一种方法更好些呢？应进一步讨论估计的均方误差，以便比较估计值偏离真值的程度。

估计的均方误差为

$$E[\tilde{\boldsymbol{\theta}}^2(\boldsymbol{x})] = E[(\hat{\boldsymbol{\theta}}-\boldsymbol{\theta})^2] \tag{6-1-5}$$

若两种估计方法之中有一种均方误差较小，则认为它比另一种有效。为了确定某一种方法是否有效，则要看它的均方误差是不是所有估计方法中最小的。进行这样的比较太困难了，因此常用一种间接的比较方法——对于任何无偏估计方法总存在一个均方误差的最小值，把估计的均方误差与这个下限进行比较，若等于这个下限就称该估计量为有效估计量。下面介绍常用的均方误差下限——克拉美-罗界(Cramér-Rao Bound,CRB)。

1. 随机参量估计的均方误差界

设 $\hat{\boldsymbol{\theta}}$ 是随机参量 $\boldsymbol{\theta}$ 的无偏估计量，则

$$E[\hat{\boldsymbol{\theta}}-\boldsymbol{\theta}] = \int_{-\infty}^{\infty}\int_{-\infty}^{\infty}(\hat{\boldsymbol{\theta}}-\boldsymbol{\theta})p(\boldsymbol{x},\boldsymbol{\theta})\mathrm{d}\boldsymbol{x}\mathrm{d}\theta = 0 \tag{6-1-6}$$

式中，$p(\boldsymbol{x},\boldsymbol{\theta})$ 是 $\boldsymbol{x}$ 和 $\boldsymbol{\theta}$ 的联合概率密度函数。

将式(6-1-6)两边对 $\boldsymbol{\theta}$ 求导，假定 $p(\boldsymbol{x},\boldsymbol{\theta})$ 对 $\boldsymbol{\theta}$ 的一、二阶导数存在且绝对可积，同时满足求导与积分交换次序的条件，则

$$\begin{aligned}
&\frac{\partial}{\partial\boldsymbol{\theta}}\int_{-\infty}^{\infty}\int_{-\infty}^{\infty}(\hat{\boldsymbol{\theta}}-\boldsymbol{\theta})p(\boldsymbol{x},\boldsymbol{\theta})\mathrm{d}\boldsymbol{x}\mathrm{d}\theta \\
&= \int_{-\infty}^{\infty}\int_{-\infty}^{\infty}\frac{\partial}{\partial\boldsymbol{\theta}}[(\hat{\boldsymbol{\theta}}-\boldsymbol{\theta})p(\boldsymbol{x},\boldsymbol{\theta})]\mathrm{d}\boldsymbol{x}\mathrm{d}\theta \\
&= \int_{-\infty}^{\infty}\int_{-\infty}^{\infty}(\hat{\boldsymbol{\theta}}-\boldsymbol{\theta})\frac{\partial}{\partial\boldsymbol{\theta}}p(\boldsymbol{x},\boldsymbol{\theta})\mathrm{d}\boldsymbol{x}\mathrm{d}\theta - \int_{-\infty}^{\infty}\int_{-\infty}^{\infty}p(\boldsymbol{x},\boldsymbol{\theta})\mathrm{d}\boldsymbol{x}\mathrm{d}\theta \\
&= 0
\end{aligned}$$

因为

$$\int_{-\infty}^{\infty}\int_{-\infty}^{\infty} p(\boldsymbol{x},\boldsymbol{\theta})\mathrm{d}\boldsymbol{x}\mathrm{d}\theta = 1$$

故

$$\int_{-\infty}^{\infty}\int_{-\infty}^{\infty} (\hat{\boldsymbol{\theta}}-\boldsymbol{\theta})\frac{\partial}{\partial\boldsymbol{\theta}}p(\boldsymbol{x},\boldsymbol{\theta})\mathrm{d}\boldsymbol{x}\mathrm{d}\theta = 1 \tag{6-1-7}$$

因为对任意函数 $g(\boldsymbol{x})$ 有

$$\frac{\partial \ln g(\boldsymbol{x})}{\partial \boldsymbol{x}} = \frac{1}{g(\boldsymbol{x})}\frac{\partial g(\boldsymbol{x})}{\partial \boldsymbol{x}} \tag{6-1-8}$$

利用式(6-1-8)，将式(6-1-7)改写为

$$\int_{-\infty}^{\infty}\int_{-\infty}^{\infty} \frac{\partial \ln p(\boldsymbol{x},\boldsymbol{\theta})}{\partial\boldsymbol{\theta}}p(\boldsymbol{x},\boldsymbol{\theta})(\hat{\boldsymbol{\theta}}-\boldsymbol{\theta})\mathrm{d}\boldsymbol{x}\mathrm{d}\theta = 1$$

或者

$$\int_{-\infty}^{\infty}\int_{-\infty}^{\infty}\left[\frac{\partial \ln p(\boldsymbol{x},\boldsymbol{\theta})}{\partial\boldsymbol{\theta}}\sqrt{p(\boldsymbol{x},\boldsymbol{\theta})}\right]\left[\sqrt{p(\boldsymbol{x},\boldsymbol{\theta})}(\hat{\boldsymbol{\theta}}-\boldsymbol{\theta})\right]\mathrm{d}\boldsymbol{x}\mathrm{d}\theta = 1 \tag{6-1-9}$$

利用施瓦兹不等式，有下式成立

$$\int_{-\infty}^{\infty}\int_{-\infty}^{\infty}\left[\frac{\partial \ln p(\boldsymbol{x},\boldsymbol{\theta})}{\partial\boldsymbol{\theta}}\sqrt{p(\boldsymbol{x},\boldsymbol{\theta})}\right]^2\mathrm{d}\boldsymbol{x}\mathrm{d}\theta \cdot \int_{-\infty}^{\infty}\int_{-\infty}^{\infty}\left[\sqrt{p(\boldsymbol{x},\boldsymbol{\theta})}(\hat{\boldsymbol{\theta}}-\boldsymbol{\theta})\right]^2\mathrm{d}\boldsymbol{x}\mathrm{d}\theta$$

$$\geqslant \left\{\int_{-\infty}^{\infty}\int_{-\infty}^{\infty}\left[\frac{\partial \ln p(\boldsymbol{x},\boldsymbol{\theta})}{\partial\boldsymbol{\theta}}\sqrt{p(\boldsymbol{x},\boldsymbol{\theta})}\right]\cdot\left[\sqrt{p(\boldsymbol{x},\boldsymbol{\theta})}(\hat{\boldsymbol{\theta}}-\boldsymbol{\theta})\right]\mathrm{d}\boldsymbol{x}\mathrm{d}\theta\right\}^2 = 1 \tag{6-1-10}$$

故

$$\int_{-\infty}^{\infty}\int_{-\infty}^{\infty}\left[\frac{\partial \ln p(\boldsymbol{x},\boldsymbol{\theta})}{\partial\boldsymbol{\theta}}\right]^2 p(\boldsymbol{x},\boldsymbol{\theta})\mathrm{d}\boldsymbol{x}\mathrm{d}\theta\int_{-\infty}^{\infty}\int_{-\infty}^{\infty}(\hat{\boldsymbol{\theta}}-\boldsymbol{\theta})^2 p(\boldsymbol{x},\boldsymbol{\theta})\mathrm{d}\boldsymbol{x}\mathrm{d}\theta \geqslant 1 \tag{6-1-11}$$

即

$$E[(\hat{\boldsymbol{\theta}}-\boldsymbol{\theta})^2] \geqslant \left\{E\left[\frac{\partial \ln p(\boldsymbol{x},\boldsymbol{\theta})}{\partial\boldsymbol{\theta}}\right]^2\right\}^{-1} \tag{6-1-12}$$

式(6-1-12)等号左边是任意无偏估计的均方误差，等号右边是无偏估计均方误差的下限，即克拉美-罗界，它由观测量与被估计量的联合密度概率函数来确定。这个不等式的含义是任意一个无偏估计的均方误差不会小于克拉美-罗界。

$$\frac{\partial \ln p(\boldsymbol{x},\boldsymbol{\theta})}{\partial\boldsymbol{\theta}} = (\hat{\boldsymbol{\theta}}-\boldsymbol{\theta})K \tag{6-1-13}$$

当 $\frac{\partial \ln p(\boldsymbol{x},\boldsymbol{\theta})}{\partial\boldsymbol{\theta}}$ 和$(\hat{\boldsymbol{\theta}}-\boldsymbol{\theta})$ 呈线性关系时，式(6-1-13)才取等号。式中 K 是常数。

式(6-1-13)是有效估计的充要条件，满足此式时任意无偏估计的均方误差必然等于克拉美-罗界，等于克拉美-罗界的无偏估计是有效估计。

克拉美-罗界还有其他的表达形式，现推导如下。因为

$$\int_{-\infty}^{\infty}\int_{-\infty}^{\infty} p(\boldsymbol{x},\boldsymbol{\theta})\mathrm{d}\boldsymbol{x}\mathrm{d}\theta = 1$$

两边对 $\boldsymbol{\theta}$ 求导且利用式(6-1-8)，得

$$\int_{-\infty}^{\infty}\int_{-\infty}^{\infty} \frac{\partial \ln p(\boldsymbol{x},\boldsymbol{\theta})}{\partial \boldsymbol{\theta}} p(\boldsymbol{x},\boldsymbol{\theta})\mathrm{d}\boldsymbol{x}\mathrm{d}\theta = 0$$

再对 $\boldsymbol{\theta}$ 求导且利用式(6-1-8)，得

$$\int_{-\infty}^{\infty}\int_{-\infty}^{\infty} \left[\frac{\partial \ln p(\boldsymbol{x},\boldsymbol{\theta})}{\partial \boldsymbol{\theta}}\right]^2 p(\boldsymbol{x},\boldsymbol{\theta})\mathrm{d}\boldsymbol{x}\mathrm{d}\theta + \int_{-\infty}^{\infty}\int_{-\infty}^{\infty} \frac{\partial^2 \ln p(\boldsymbol{x},\boldsymbol{\theta})}{\partial \boldsymbol{\theta}^2} p(\boldsymbol{x},\boldsymbol{\theta})\mathrm{d}\boldsymbol{x}\mathrm{d}\theta = 0$$

故

$$E\left[\frac{\partial \ln p(\boldsymbol{x},\boldsymbol{\theta})}{\partial \boldsymbol{\theta}}\right]^2 = -E\left[\frac{\partial^2 \ln p(\boldsymbol{x},\boldsymbol{\theta})}{\partial \boldsymbol{\theta}^2}\right] \tag{6-1-14}$$

因为

$$p(\boldsymbol{x},\boldsymbol{\theta}) = p(\boldsymbol{\theta} \mid \boldsymbol{x})p(\boldsymbol{x})$$

所以

$$E\left[\frac{\partial \ln p(\boldsymbol{x},\boldsymbol{\theta})}{\partial \boldsymbol{\theta}}\right]^2 = E\left[\frac{\partial \ln p(\boldsymbol{\theta} \mid \boldsymbol{x})}{\partial \boldsymbol{\theta}}\right]^2 \tag{6-1-15}$$

由式(6-1-14)和式(6-1-15)可将式(6-1-12)写成另外两种形式

$$E[(\hat{\boldsymbol{\theta}}-\boldsymbol{\theta})^2] \geqslant \left\{-E\left[\frac{\partial^2 \ln p(\boldsymbol{x},\boldsymbol{\theta})}{\partial \boldsymbol{\theta}^2}\right]\right\}^{-1} \tag{6-1-16}$$

$$E[(\hat{\boldsymbol{\theta}}-\boldsymbol{\theta})^2] \geqslant \left\{E\left[\frac{\partial \ln p(\boldsymbol{x},\boldsymbol{\theta})}{\partial \boldsymbol{\theta}}\right]^2\right\}^{-1} \tag{6-1-17}$$

2. 非随机参量估计的均方误差界

设 $\hat{\boldsymbol{\theta}}$ 是非随机参量 $\boldsymbol{\theta}$ 的无偏估计量，此时估计的均方误差就等于估计量的方差，即

$$E[(\hat{\boldsymbol{\theta}}-\boldsymbol{\theta})^2] = E\{[\hat{\boldsymbol{\theta}}-E(\hat{\boldsymbol{\theta}})]^2\}$$

因此，估计的均方误差界就是估计量的方差界。

由于 $\hat{\boldsymbol{\theta}}$ 是无偏估计量，则

$$E(\hat{\boldsymbol{\theta}}-\boldsymbol{\theta}) = \int_{-\infty}^{\infty}(\hat{\boldsymbol{\theta}}-\boldsymbol{\theta})p(\boldsymbol{x} \mid \boldsymbol{\theta})\mathrm{d}\boldsymbol{x} = 0 \tag{6-1-18}$$

式中，$p(\boldsymbol{x} \mid \boldsymbol{\theta})$ 是 $\boldsymbol{\theta}$ 给定时 $\boldsymbol{x}$ 的条件概率密度函数。采用与随机参量类似的推导方法，可得

$$\begin{aligned}
&E[(\hat{\boldsymbol{\theta}}-\boldsymbol{\theta})^2] \\
&= \int_{-\infty}^{\infty}(\hat{\boldsymbol{\theta}}-\boldsymbol{\theta})^2 p(\boldsymbol{x} \mid \boldsymbol{\theta})\mathrm{d}\boldsymbol{x} \geqslant \frac{1}{\int_{-\infty}^{\infty}\left[\frac{\partial \ln p(\boldsymbol{x} \mid \boldsymbol{\theta})}{\partial \boldsymbol{\theta}}\right]^2 p(\boldsymbol{x} \mid \boldsymbol{\theta})\mathrm{d}\boldsymbol{x}} \\
&= \left\{E\left[\frac{\partial \ln p(\boldsymbol{x} \mid \boldsymbol{\theta})}{\partial \boldsymbol{\theta}}\right]^2\right\}^{-1} = \left\{-E\left[\frac{\partial^2 \ln p(\boldsymbol{x} \mid \boldsymbol{\theta})}{\partial \boldsymbol{\theta}^2}\right]\right\}^{-1}
\end{aligned} \tag{6-1-19}$$

只有下面的条件满足时，式(6-1-19)才能取等号。

$$\frac{\partial \ln p(\boldsymbol{x} \mid \boldsymbol{\theta})}{\partial \boldsymbol{\theta}} = (\hat{\boldsymbol{\theta}} - \boldsymbol{\theta})K(\boldsymbol{\theta}) \tag{6-1-20}$$

式中，$K(\boldsymbol{\theta})$ 是 $\boldsymbol{\theta}$ 的函数。此条件说明只要 $(\hat{\boldsymbol{\theta}} - \boldsymbol{\theta})$ 与 $\frac{\partial \ln p(\boldsymbol{x} \mid \boldsymbol{\theta})}{\partial \boldsymbol{\theta}}$ 呈线性关系，估计量的方差就等于最小方差界。式(6-1-19)后两个等号表达式即为克拉美-罗界。

在判断估计量的有效性时，用式(6-1-13)和式(6-1-20)是比较简便的。

6.1.3　估计量的一致性

估计量的一致性，考查估计量 $\hat{\boldsymbol{\theta}}(\boldsymbol{x}_N)$ 随着观测次数 N 的增加，估计量质量的提高程度。

对于任意小的整数 $\boldsymbol{\varepsilon}$，若满足

$$\lim_{N \to \infty} P[\,|\boldsymbol{\theta} - \hat{\boldsymbol{\theta}}(\boldsymbol{x}_N)| > \boldsymbol{\varepsilon}] = 0 \tag{6-1-21}$$

则称估计量 $\hat{\boldsymbol{\theta}}(\boldsymbol{x}_N)$ 是一致(收敛的)估计量；若满足

$$\lim_{N \to \infty} E\{[\boldsymbol{\theta} - \hat{\boldsymbol{\theta}}(\boldsymbol{x}_N)]^2\} = 0 \tag{6-1-22}$$

则称估计量 $\hat{\boldsymbol{\theta}}(\boldsymbol{x}_N)$ 是均方一致(均方收敛的)估计量。

由于估计量是随机变量，其概率分布不可能集中在参量真实值这一点上，希望当观测次数增加时，估计量的概率密度函数变得越来越尖锐，即方差减小，估计值趋近于参量的真值(或均值)。若对于任意 $\boldsymbol{\varepsilon} > 0$，有下式成立

$$\lim_{N \to \infty} P[\,|\hat{\boldsymbol{\theta}} - \boldsymbol{\theta}| < \boldsymbol{\varepsilon}] = 1$$

则称估计量 $\hat{\boldsymbol{\theta}}$ 是一致估计量(或收敛估计量)。其含义是当观测次数增加时，估计量取被估计量的可能性为 100%，即 $\hat{\boldsymbol{\theta}}$ 以概率 1 收敛于 $\boldsymbol{\theta}$。

6.1.4　估计量的充分性

如果观测信号矢量 $\boldsymbol{x}$ 的似然函数 $p(\boldsymbol{x} \mid \boldsymbol{\theta})$ 能够分解表示为

$$p(\boldsymbol{x} \mid \boldsymbol{\theta}) = g[\hat{\boldsymbol{\theta}}(\boldsymbol{x}) \mid \boldsymbol{\theta}]h(\boldsymbol{x}) \quad h(\boldsymbol{x}) > 0 \tag{6-1-23}$$

则称估计量 $\hat{\boldsymbol{\theta}}(\boldsymbol{x})$ 是充分估计量。其中，$g[\hat{\boldsymbol{\theta}}(\boldsymbol{x}) \mid \boldsymbol{\theta}]$ 可以是 $\hat{\boldsymbol{\theta}}(\boldsymbol{x})$ 的概率密度函数；$h(\boldsymbol{x})$ 是 $\boldsymbol{x}$ 的任意大于零的函数。

充分估计量的含义是：估计量 $\hat{\boldsymbol{\theta}}(\boldsymbol{x})$ 充分利用了观测信号矢量 $\boldsymbol{x}$ 中所有关于被估计量 $\boldsymbol{\theta}$ 的信息。

在估计量的性质中，最主要的是无偏性和有效性。当估计量不是有效估计量时，其主要性质是无偏性和均方误差 $E[(\boldsymbol{\theta} - \hat{\boldsymbol{\theta}})^2]$ 的大小。

6.2 贝叶斯估计

在研究信号检测的贝叶斯准则时，假定已知各种假设的先验概率 $\boldsymbol{P}(\boldsymbol{H}_j)$，并指定一级代价因子 C_{ij}，由此制定出使平均代价 C 最小的检测准则，即贝叶斯准则。在信号参量的估计中，用类似的方法提出贝叶斯估计准则，使为了估计而付出的平均代价最小。贝叶斯估计适用于被估计参量是随机参量的情况，本节将讨论单随机参量的贝叶斯估计。

6.2.1 贝叶斯估计的概念

通常，事件 A 在事件 B 发生条件下的概率，与事件 B 在事件 A 发生条件下的概率是不一样的。然而，两种概率之间有确定的关系，贝叶斯公式则描述了两种概率间的关系。贝叶斯估计方法的基础也是贝叶斯公式。

下面给出贝叶斯公式的定理。

定理 6.2.1 假设 $A_1A_2\cdots A_n$ 为样本空间 Ω 的一个划分，且 $P(A_i)>0(i=1,2,\cdots,n)$，则对于任何一个事件 $B(P(B)>0)$，有

$$P(A_j \mid B)=\frac{P(A_j)p(B \mid A_j)}{\sum_{i=1}^{n}P(A_i)p(B \mid A_i)},j=1,2,\cdots,n \tag{6-2-1}$$

式(6-2-1)为贝叶斯公式。

证明：由条件概率的定义，有

$$P(A_j \mid B)=\frac{P(A_jB)}{P(B)}=\frac{P(A_j)p(B \mid A_j)}{P(B)} \tag{6-2-2}$$

此外，根据全概率公式，有

$$P(B)=\sum_{i=1}^{n}P(A_i)p(B \mid A_i) \tag{6-2-3}$$

将式(6-2-3)代入式(6-2-2)，得

$$P(A_j \mid B)=\frac{P(A_j)p(B \mid A_j)}{\sum_{i=1}^{n}P(A_i)p(B \mid A_i)} \tag{6-2-4}$$

在式(6-2-1)中，$P(A_j \mid B)$ 表示已知 B 发生的情况下 A_j 发生的条件概率，由于取决于 B 的取值又被称为 A_j 的后验概率；$P(A_i)$ 是 A 的先验概率，之所以称为“先验”是因为它不考虑任何 B 方面的因素；$P(B)$ 是 B 的先验概率。$p(B \mid A_j)$ 是已知 A_j 发生后 B 的条件概率，由于取决于 A_j 的取值

又被称为 B 的后验概率。先验概率作为已知条件给出，由于事件 B 的发生，A 发生的概率可以重新计算得到。因此，贝叶斯公式综合了先验信息和观测得到的新信息，从而得到了后验信息，并以后验概率的形式体现出来。也可以说，贝叶斯公式提供了如何根据 B 的发生而对 A 发生的概率重新进行估计的方法，即反映了从先验概率到后验概率的转化。

6.2.2　常用代价函数

1. 三种典型的代价函数

在单随机信号参量估计问题中，因为被估计量 $\boldsymbol{\theta}$ 和构造的估计量 $\hat{\boldsymbol{\theta}}$ 通常都是连续的随机变量，所以给每一对 $(\boldsymbol{\theta},\hat{\boldsymbol{\theta}})$ 分配一个代价函数 $c(\boldsymbol{\theta},\hat{\boldsymbol{\theta}})$。代价函数 $c(\boldsymbol{\theta},\hat{\boldsymbol{\theta}})$ 是 $\boldsymbol{\theta}$ 和 $\hat{\boldsymbol{\theta}}$ 两个变量的函数。但是实际上，几乎对所有的重要问题都把它规定为估计误差 $\tilde{\boldsymbol{\theta}}(x)=\boldsymbol{\theta}-\hat{\boldsymbol{\theta}}(x)$ 的函数，估计误差也可简记为 $\tilde{\boldsymbol{\theta}}=\boldsymbol{\theta}-\hat{\boldsymbol{\theta}}$，这样，代价函数通常表示为

$$c(\boldsymbol{\theta},\hat{\boldsymbol{\theta}})=c(\boldsymbol{\theta}-\hat{\boldsymbol{\theta}})=c(\tilde{\boldsymbol{\theta}}) \tag{6-2-5}$$

三种典型的代价函数如图 6-1 所示，其数学表达式如下。

误差平方代价函数为

$$c(\tilde{\boldsymbol{\theta}})=c(\boldsymbol{\theta}-\hat{\boldsymbol{\theta}})=(\boldsymbol{\theta}-\hat{\boldsymbol{\theta}})^2 \tag{6-2-6a}$$

误差绝对值代价函数为

$$c(\tilde{\boldsymbol{\theta}})=c(\boldsymbol{\theta}-\hat{\boldsymbol{\theta}})=|\boldsymbol{\theta}-\hat{\boldsymbol{\theta}}| \tag{6-2-6b}$$

均匀代价函数为

$$c(\tilde{\boldsymbol{\theta}})=c(\boldsymbol{\theta}-\hat{\boldsymbol{\theta}})=\begin{cases}1, |\tilde{\boldsymbol{\theta}}|\geqslant \dfrac{\Delta}{2}\\ 0, |\tilde{\boldsymbol{\theta}}|<\dfrac{\Delta}{2}\end{cases} \tag{6-2-6c}$$

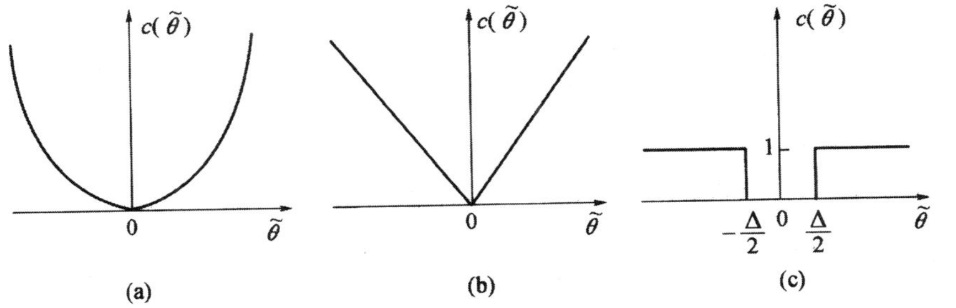

图 6-1　三种典型的常用代价函数

(a)误差平方代价函数；(b)误差绝对值代价函数；(c)均匀代价函数

除了上述3种常用的代价函数外，还可以根据需要选择其他形式的代价函数。但无论何种形式的代价函数都应满足两个基本的特性，即非负性和误差 $\tilde{\boldsymbol{\theta}}=\boldsymbol{\theta}-\hat{\boldsymbol{\theta}}=0$ 时的最小性。

2. 平均代价

因为估计量 $\hat{\boldsymbol{\theta}}$ 是随机观测信号矢量 $\boldsymbol{x}$ 的函数，也与被估计量 $\boldsymbol{\theta}$ 的统计特性有关，所以代价函数 $c(\tilde{\boldsymbol{\theta}})=c(\boldsymbol{\theta}-\hat{\boldsymbol{\theta}})$ 是随机参量 $\boldsymbol{\theta}$ 和观测矢量 $\boldsymbol{x}$ 的函数，因此平均代价为

$$C=\int_{-\infty}^{\infty}\int_{-\infty}^{\infty}c(\tilde{\boldsymbol{\theta}})p(\boldsymbol{x},\boldsymbol{\theta})\mathrm{d}\boldsymbol{x}\mathrm{d}\boldsymbol{\theta}=\int_{-\infty}^{\infty}\int_{-\infty}^{\infty}c(\boldsymbol{\theta}-\hat{\boldsymbol{\theta}})p(\boldsymbol{x},\boldsymbol{\theta})\mathrm{d}\boldsymbol{x}\mathrm{d}\boldsymbol{\theta} \tag{6-2-7}$$

式中，$p(\boldsymbol{x},\boldsymbol{\theta})$ 是随机观测信号矢量 $\boldsymbol{x}$ 和单随机被估计量 $\boldsymbol{\theta}$ 的联合概率密度函数。

在 $p(\boldsymbol{\theta})$ 已知，选定代价函数 $c(\boldsymbol{\theta}-\hat{\boldsymbol{\theta}})$ 条件下，使平均代价 C 最小的估计就称为贝叶斯估计，估计量记为 $\hat{\boldsymbol{\theta}}_b(\boldsymbol{x})$，简记为 $\hat{\boldsymbol{\theta}}_b$。利用概率论中的贝叶斯公式，$\boldsymbol{x}$ 和 $\boldsymbol{\theta}$ 的联合概率密度公式 $p(\boldsymbol{x},\boldsymbol{\theta})$ 可以表示为

$$p(\boldsymbol{x},\boldsymbol{\theta})=p(\boldsymbol{\theta}\mid\boldsymbol{x})p(\boldsymbol{x}) \tag{6-2-8}$$

这样平均代价 C 的公式可以改写为

$$C=\int_{-\infty}^{\infty}p(\boldsymbol{x})\left[\int_{-\infty}^{\infty}c(\boldsymbol{\theta}-\hat{\boldsymbol{\theta}})p(\boldsymbol{\theta}\mid\boldsymbol{x})\mathrm{d}\boldsymbol{\theta}\right]\mathrm{d}\boldsymbol{x} \tag{6-2-9}$$

式中，$p(\boldsymbol{\theta}\mid\boldsymbol{x})$ 是后验概率密度函数。由于上式中的 $p(\boldsymbol{x})$ 和内积分都是非负的，所以使上式所表示的 C 最小，等效为使内积分最小，即

$$C(\hat{\boldsymbol{\theta}}\mid\boldsymbol{x})\xlongequal{\text{def}}\int_{-\infty}^{\infty}c(\boldsymbol{\theta}-\hat{\boldsymbol{\theta}})p(\boldsymbol{\theta}\mid\boldsymbol{x})\mathrm{d}\boldsymbol{\theta} \tag{6-2-10}$$

最小。式中，$C(\hat{\boldsymbol{\theta}}\mid\boldsymbol{x})$ 称为条件平均代价。它对 $\hat{\boldsymbol{\theta}}$ 求最小，就能求得随机参量 $\boldsymbol{\theta}$ 的贝叶斯估计量 $\hat{\boldsymbol{\theta}}_b$。因此对具有已知概率密度函数 $p(\boldsymbol{\theta})$ 的单随机参量 $\boldsymbol{\theta}$，结合3种典型代价函数，可以导出3种重要的贝叶斯估计。

6.2.3 贝叶斯估计量的构造

1. 最小均方误差估计及估计量的构造

当采用误差平方代价函数时，条件平均代价表示为

$$C(\hat{\boldsymbol{\theta}}\mid\boldsymbol{x})=\int_{-\infty}^{\infty}(\boldsymbol{\theta}-\hat{\boldsymbol{\theta}})^2p(\boldsymbol{\theta}\mid\boldsymbol{x})\mathrm{d}\boldsymbol{\theta} \tag{6-2-11}$$

使其最小的必要条件是将式(6-2-11)对 $\hat{\boldsymbol{\theta}}$ 求偏导，并令结果等于零，解得最

佳估计量 $\hat{\boldsymbol{\theta}}$。因为式(6-2-11)的右端实际上是估计量的均方误差表达式，现使其最小来求解估计量，故称为最小均方误差估计(Minimum Mean Square Error Estimation)，所构造的估计量为最小均方误差估计量，记为 $\hat{\boldsymbol{\theta}}_{\text{mse}}(x)$，简记为 $\hat{\boldsymbol{\theta}}_{\text{mse}}$。

令

$$\frac{\partial}{\partial\hat{\boldsymbol{\theta}}}\int_{-\infty}^{\infty}(\boldsymbol{\theta}-\hat{\boldsymbol{\theta}})^2 p(\boldsymbol{\theta}\mid\boldsymbol{x})\mathrm{d}\boldsymbol{\theta}$$

$$=-2\int_{-\infty}^{\infty}\boldsymbol{\theta}p(\boldsymbol{\theta}\mid\boldsymbol{x})\mathrm{d}\boldsymbol{\theta}+2\hat{\boldsymbol{\theta}}\int_{-\infty}^{\infty}p(\boldsymbol{\theta}\mid\boldsymbol{x})\mathrm{d}\boldsymbol{\theta}\Big|_{\hat{\boldsymbol{\theta}}=\hat{\boldsymbol{\theta}}_{\text{mse}}}=0 \tag{6-2-12}$$

又

$$\int_{-\infty}^{\infty}p(\boldsymbol{\theta}\mid\boldsymbol{x})\mathrm{d}\boldsymbol{\theta}=1 \tag{6-2-13}$$

解得

$$\hat{\boldsymbol{\theta}}_{\text{mse}}(x)=\int_{-\infty}^{\infty}\boldsymbol{\theta}p(\boldsymbol{\theta}\mid\boldsymbol{x})\mathrm{d}\boldsymbol{\theta} \tag{6-2-14}$$

因为式(6-2-11)对 $\hat{\boldsymbol{\theta}}$ 的二阶偏导等于 2，为正，所以由式(6-2-14)求得的 $\hat{\boldsymbol{\theta}}_{\text{mse}}$ 能使平均代价 C 达到极小值。

从估计量的构造公式(6-2-14)可知，$\hat{\boldsymbol{\theta}}_{\text{mse}}$ 是被估计量 $\boldsymbol{\theta}$ 的条件均值 $E(\boldsymbol{\theta}\mid\boldsymbol{x})$，所以最小均方误差估计又称为条件均值估计。

最小均方误差估计的条件平均代价为

$$C_{\text{mse}}(\hat{\boldsymbol{\theta}}\mid\boldsymbol{x})=\int_{-\infty}^{\infty}(\boldsymbol{\theta}-\hat{\boldsymbol{\theta}}_{\text{mse}})^2 p(\boldsymbol{\theta}\mid\boldsymbol{x})\mathrm{d}\boldsymbol{\theta}$$

$$=\int_{-\infty}^{\infty}[\boldsymbol{\theta}-E(\boldsymbol{\theta}\mid\boldsymbol{x})]^2 p(\boldsymbol{\theta}\mid\boldsymbol{x})\mathrm{d}\boldsymbol{\theta} \tag{6-2-15}$$

它恰好是以观测矢量 $\boldsymbol{x}$ 为条件的被估计矢量 $\boldsymbol{\theta}$ 的条件方差。根据式(6-2-9)，最小均方误差估计的最小平均代价 C_{mse} 是该条件方差对所有观测量的统计平均，即

$$C_{\text{mse}}=\int_{-\infty}^{\infty}C_{\text{mse}}(\hat{\boldsymbol{\theta}}\mid\boldsymbol{x})p(\boldsymbol{x})\mathrm{d}\boldsymbol{x} \tag{6-2-16}$$

利用关系式

$$p(\boldsymbol{\theta}\mid\boldsymbol{x})=\frac{p(\boldsymbol{x}\mid\boldsymbol{\theta})p(\boldsymbol{\theta})}{p(\boldsymbol{x})}$$

$$p(\boldsymbol{x})=\int_{-\infty}^{\infty}p(\boldsymbol{x},\boldsymbol{\theta})\mathrm{d}\boldsymbol{\theta}=\int_{-\infty}^{\infty}p(\boldsymbol{\theta}\mid\boldsymbol{x})p(\boldsymbol{\theta})\mathrm{d}\boldsymbol{\theta}$$

可将式(6-2-14)改写成另一种更便于计算的式子，即

$$\hat{\boldsymbol{\theta}}_{\text{mse}}=\frac{\int_{-\infty}^{\infty}\boldsymbol{\theta}p(\boldsymbol{x}\mid\boldsymbol{\theta})p(\boldsymbol{\theta})\mathrm{d}\boldsymbol{\theta}}{\int_{-\infty}^{\infty}p(\boldsymbol{x}\mid\boldsymbol{\theta})p(\boldsymbol{\theta})\mathrm{d}\boldsymbol{\theta}} \tag{6-2-17}$$

式中，被估计量 $\boldsymbol{\theta}$ 的先验概率密度函数 $p(\boldsymbol{\theta})$ 是已知的，以 $\boldsymbol{\theta}$ 为条件的观测信号矢量 $\boldsymbol{x}$ 的概率密度函数 $p(\boldsymbol{x}\mid\boldsymbol{\theta})$，根据观测方程和观测噪声的统计特性一般是可以得到的。所以，估计量 $\hat{\boldsymbol{\theta}}_{\text{mse}}$ 的构造公式(6-2-17)避免了求后验概率密度函数 $p(\boldsymbol{\theta}\mid\boldsymbol{x})$ 的困难。

以被估计量 $\boldsymbol{\theta}$ 为条件的观测信号矢量 $\boldsymbol{x}$ 的概率密度函数 $p(\boldsymbol{x}\mid\boldsymbol{\theta})$，以下统一称为以被估计量 $\boldsymbol{\theta}$ 为条件的观测信号矢量 $\boldsymbol{x}$ 的似然函数，更一般地简述为观测信号矢量 $\boldsymbol{x}$ 的似然函数。

2. 条件中值估计及估计量的构造

对于误差绝对值代价函数，条件平均代价表示为

$$C(\hat{\boldsymbol{\theta}}\mid\boldsymbol{x})=\int_{-\infty}^{\infty}|\boldsymbol{\theta}-\hat{\boldsymbol{\theta}}|p(\boldsymbol{\theta}\mid\boldsymbol{x})\mathrm{d}\boldsymbol{\theta}$$
$$=\int_{-\infty}^{\hat{\boldsymbol{\theta}}}(\hat{\boldsymbol{\theta}}-\boldsymbol{\theta})p(\boldsymbol{\theta}\mid\boldsymbol{x})\mathrm{d}\boldsymbol{\theta}+\int_{\hat{\boldsymbol{\theta}}}^{\infty}(\boldsymbol{\theta}-\hat{\boldsymbol{\theta}})p(\boldsymbol{\theta}\mid\boldsymbol{x})\mathrm{d}\boldsymbol{\theta} \tag{6-2-18}$$

将 $C(\hat{\boldsymbol{\theta}}\mid\boldsymbol{x})$ 对 $\hat{\boldsymbol{\theta}}$ 求偏导，并令结果等于零，得

$$\int_{-\infty}^{\hat{\boldsymbol{\theta}}}p(\boldsymbol{\theta}\mid\boldsymbol{x})\mathrm{d}\boldsymbol{\theta}=\int_{\hat{\boldsymbol{\theta}}}^{\infty}p(\boldsymbol{\theta}\mid\boldsymbol{x})\mathrm{d}\boldsymbol{\theta} \tag{6-2-19}$$

根据随机变量中值(中位数)的定义，估计量 $\hat{\boldsymbol{\theta}}$ 已是被估计随机参量 $\boldsymbol{\theta}$ 的条件中值，故称为条件中值估计，或称为条件中位数估计，估计量记为 $\hat{\boldsymbol{\theta}}_{\text{mse}}(\boldsymbol{x})$，简记为 $\hat{\boldsymbol{\theta}}_{\text{mse}}$。显然，估计量 $\hat{\boldsymbol{\theta}}_{\text{mse}}$ 是 $P\{\boldsymbol{\theta}\leqslant\hat{\boldsymbol{\theta}}\}=1/2$ 的点。

3. 最大后验估计及估计量的构造

当采用均匀代价函数时，条件平均代价表示为

$$C(\hat{\boldsymbol{\theta}}\mid\boldsymbol{x})=\int_{-\infty}^{\hat{\boldsymbol{\theta}}-\Delta/2}p(\boldsymbol{\theta}\mid\boldsymbol{x})\mathrm{d}\boldsymbol{\theta}+\int_{\hat{\boldsymbol{\theta}}+\Delta/2}^{\infty}p(\boldsymbol{\theta}\mid\boldsymbol{x})\mathrm{d}\boldsymbol{\theta}$$
$$=1-\int_{\hat{\boldsymbol{\theta}}-\Delta/2}^{\hat{\boldsymbol{\theta}}+\Delta/2}p(\boldsymbol{\theta}\mid\boldsymbol{x})\mathrm{d}\boldsymbol{\theta} \tag{6-2-20}$$

显然，欲使 $C(\hat{\boldsymbol{\theta}}\mid\boldsymbol{x})$ 最小，需要式(6-2-20)右端的积分项

$$\int_{\hat{\boldsymbol{\theta}}-\Delta/2}^{\hat{\boldsymbol{\theta}}+\Delta/2}p(\boldsymbol{\theta}\mid\boldsymbol{x})\mathrm{d}\boldsymbol{\theta} \tag{6-2-21}$$

最大。采用均匀代价函数时，感兴趣的是 Δ 很小但不等于零的情况。对于足够小的 Δ，为使式(6-2-21)的积分值最大，应当选择 $\hat{\boldsymbol{\theta}}$ 使它处于后验概率密度函数 $p(\boldsymbol{\theta}\mid\boldsymbol{x})$ 最大值的位置，故称为最大后验估计(Maxmum A Posteriori Estimation)，所构造的估计量记为 $\hat{\boldsymbol{\theta}}_{\text{map}}(\boldsymbol{x})$，简记为 $\hat{\boldsymbol{\theta}}_{\text{map}}$。

如果 $p(\boldsymbol{\theta}\mid\boldsymbol{x})$ 的最大值处于 $\boldsymbol{\theta}$ 的可能取值范围内，且 $p(\boldsymbol{\theta}\mid\boldsymbol{x})$ 具有连续的一阶导数，则获得最大值的方程为

$$\left.\frac{\partial p(\boldsymbol{\theta} \mid \boldsymbol{x})}{\partial \boldsymbol{\theta}}\right|_{\boldsymbol{\theta}=\hat{\boldsymbol{\theta}}_{\text{map}}} = 0 \tag{6-2-22}$$

因为自然对数是自变量的单调函数，所以有

$$\left.\frac{\partial \ln p(\boldsymbol{\theta} \mid \boldsymbol{x})}{\partial \boldsymbol{\theta}}\right|_{\boldsymbol{\theta}=\hat{\boldsymbol{\theta}}_{\text{map}}} = 0 \tag{6-2-23}$$

该方程称为最大后验方程。利用上述方程求解 $\hat{\boldsymbol{\theta}}_{\text{map}}$ 时，在每一种情况下都必须检验所求得的解是否能使 $p(\boldsymbol{\theta} \mid \boldsymbol{x})$ 绝对最大。

为了更直观地表示观测信号矢量的似然函数 $p(\boldsymbol{x} \mid \boldsymbol{\theta})$ 和被估计量的先验概率密度函数 $p(\boldsymbol{\theta})$ 与 $\hat{\boldsymbol{\theta}}_{\text{map}}$ 的关系，将关系式

$$p(\boldsymbol{\theta} \mid \boldsymbol{x}) = \frac{p(\boldsymbol{x} \mid \boldsymbol{\theta})p(\boldsymbol{\theta})}{p(\boldsymbol{x})} \tag{6-2-24}$$

代入最大后验方程式(6-2-23)，得另一种求解更方便的最大后验方程，即为

$$\left[\frac{\partial \ln p(\boldsymbol{x} \mid \boldsymbol{\theta})}{\partial \boldsymbol{\theta}} + \frac{\partial \ln p(\boldsymbol{\theta})}{\partial \boldsymbol{\theta}}\right]_{\boldsymbol{\theta}=\hat{\boldsymbol{\theta}}_{\text{map}}} = 0 \tag{6-2-25}$$

式中，$p(\boldsymbol{x} \mid \boldsymbol{\theta})$ 是观测信号矢量 $\boldsymbol{x}$ 的似然函数。

前面讨论的 3 种典型代价函数下的随机单参量 $\boldsymbol{\theta}$ 的估计，虽有各自的名称，但都属于贝叶斯估计；贝叶斯估计可以是线性估计，也可以是非线性估计；当后验概率密度函数 $p(\boldsymbol{\theta} \mid \boldsymbol{x})$ 是高斯分布时，3 种贝叶斯估计量是相同的，都等于 $\boldsymbol{\theta}$ 的条件均值 $E(\boldsymbol{\theta} \mid \boldsymbol{x})$。

6.2.4 最佳估计的不变性

如果被估计量 $\boldsymbol{\theta}$ 的后验概率密度函数 $p(\boldsymbol{\theta} \mid \boldsymbol{x})$ 是高斯型的，那么，在 3 种典型代价函数下，使平均代价最小的估计量是一样的，都等于最小均方误差估计量，即

$$\hat{\boldsymbol{\theta}}_{\text{mse}} = \hat{\boldsymbol{\theta}}_{\text{med}} = \hat{\boldsymbol{\theta}}_{\text{map}}$$

它们的均方误差都是最小的，这就是最佳估计的不变性。但是，代价函数的选择常常带有主观性，而后验概率密度函数 $p(\boldsymbol{\theta} \mid \boldsymbol{x})$ 也不一定能满足高斯型的要求。因此，如果能找到一种估计，它对放宽约束条件的代价函数和后验概率密度函数都是最佳的，那将是比较理想的。也就是说，希望代价函数不仅仅限于前面的 3 种典型形式，后验概率密度函数也可以是非高斯型的，只要满足一定的约束条件，也能获得均方误差最小的估计。下面就来讨论什么类型的代价函数 $c(\tilde{\boldsymbol{\theta}})$ 和后验概率密度函数 $p(\boldsymbol{\theta} \mid \boldsymbol{x})$，能使估计量具有这种最小均方误差的不变性。

下面分为两种约束情况来讨论最小均方误差估计所具有的最佳估计不变性问题。

1. 约束情况 Ⅰ

如果代价函数 $c(\tilde{\boldsymbol{\theta}})$ 是 $\tilde{\boldsymbol{\theta}}$ 的对称、下凸函数，即满足

$$c(\tilde{\boldsymbol{\theta}}) = c(-\tilde{\boldsymbol{\theta}})\text{（对称）} \tag{6-2-26a}$$

$$c[b\tilde{\boldsymbol{\theta}}_1 + (1-b)\tilde{\boldsymbol{\theta}}_2] \leqslant bc(\tilde{\boldsymbol{\theta}}_1) + (1-b)c(\tilde{\boldsymbol{\theta}}_2), 0 \leqslant b \leqslant 1\text{（下凸）} \tag{6-2-26b}$$

而后验概率密度函数 $p(\boldsymbol{\theta} \mid \boldsymbol{x})$ 对称于条件均值，即满足

$$p(\boldsymbol{\theta} - \hat{\boldsymbol{\theta}}_{\text{mse}} \mid \boldsymbol{x}) = p(\hat{\boldsymbol{\theta}}_{\text{mse}} - \boldsymbol{\theta} \mid \boldsymbol{x}) \tag{6-2-27}$$

则使平均代价最小的估计量 $\hat{\boldsymbol{\theta}}$ 等于 $\hat{\boldsymbol{\theta}}_{\text{mse}}$。图 6-2 是约束条件的代价函数 $c(\tilde{\boldsymbol{\theta}})$ 和后验概率密度函数的图例。在这种约束情况下的最佳估计不变性的证明可参考相关文献。

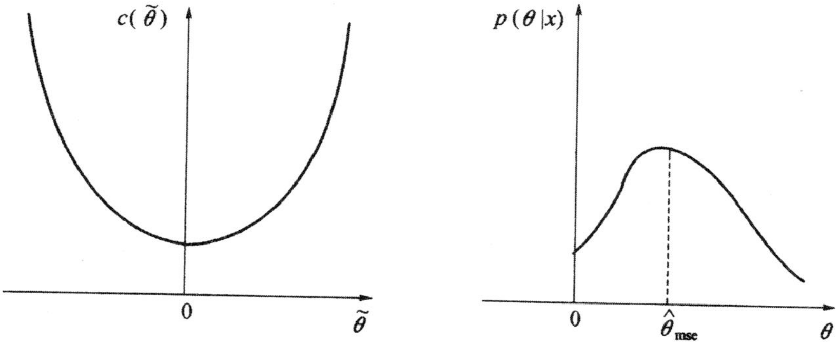

图 6-2　代价函数和后验概率密度函数的图例

在约束情况 Ⅰ 下，代价函数的下凸特性把均匀代价函数等这类代价函数排除在外。为了包括非下凸的代价函数，需要进一步的约束条件。为此，下面讨论第二种约束情况。

2. 约束情况 Ⅱ

如果代价函数 $c(\tilde{\boldsymbol{\theta}})$ 是 $\tilde{\boldsymbol{\theta}}$ 的对称非降函数，即满足

$$c(\tilde{\boldsymbol{\theta}}) = c(-\tilde{\boldsymbol{\theta}})\text{（对称）} \tag{6-2-28a}$$

$$c(\tilde{\boldsymbol{\theta}}_1) \geqslant c(\tilde{\boldsymbol{\theta}}_2), |\tilde{\boldsymbol{\theta}}_1| \geqslant |\tilde{\boldsymbol{\theta}}_2|\text{（非降）} \tag{6-2-28b}$$

而后验概率密度函数 $p(\boldsymbol{\theta} \mid \boldsymbol{x})$ 是对称于条件均值的单峰函数，即满足

$$p(\boldsymbol{\theta} - \hat{\boldsymbol{\theta}}_{\text{mse}} \mid \boldsymbol{x}) = p(\hat{\boldsymbol{\theta}}_{\text{mse}} - \boldsymbol{\theta} \mid \boldsymbol{x})\text{（对称）} \tag{6-2-29}$$

$$p(\theta - \delta \mid \boldsymbol{x}) \geqslant p(\hat{\boldsymbol{\theta}}_{\text{mse}} - \delta \mid \boldsymbol{x}), \theta \geqslant \hat{\boldsymbol{\theta}}_{\text{mse}}, \delta > 0\text{（单峰）} \tag{6-2-30}$$

则对于这类代价函数和后验概率密度函数，使平均代价最小的估计量 $\hat{\boldsymbol{\theta}}$ 等于最小均方误差估计量 $\hat{\boldsymbol{\theta}}_{\text{mse}}$。

在约束情况Ⅱ下的最佳估计不变性证明可参考相关文献。

对上述两种情况的讨论表明，在较宽的代价函数和后验概率密度函数的约束下，最小均方误差估计都是使平均代价最小的贝叶斯估计，这就是最佳估计的不变性。

6.3　最大似然估计

6.3.1　似然函数

设样本 $\boldsymbol{X} \sim f(\boldsymbol{X},\theta)$，$\theta$ 在参数空间 Θ 内取值，当 $\boldsymbol{X}$ 固定而把 $f(\boldsymbol{X},\theta)$ 看成是 θ 的函数时，称其为似然函数。

概率函数与似然函数可以说是一回事，只是角度不同。前者是固定 θ 而把 $f(\boldsymbol{X},\theta)$ 看成 $\boldsymbol{X}$ 的函数，后者是固定 $\boldsymbol{X}$ 而把 $f(\boldsymbol{X},\theta)$ 看成 θ 的函数。这个差别的统计意义可解释为：不妨把参数 θ 和样本 $\boldsymbol{X}$ 分别看成是"因"和"果"，θ 的值确定了，就完全确定了样本 $\boldsymbol{X}$ 的概率分布，定下了种种 $\boldsymbol{X}$ 的取值概率（几率），先有"因"，后有"果"；从另一个角度看，知道了"果"，$\boldsymbol{X}$ 取值确定，引起这一结果的原因是什么？即 θ 取什么样的值，才能导出这个结果？这个问题的回答引出了似然函数的概念，"似然"的字面意义就是"看起来像"。

当有了结果 $\boldsymbol{X}$ 时，这个结果看起来是由原因 θ 而产生的可能性，可以用 $f(\boldsymbol{X},\theta)$ 来计算。$\boldsymbol{X}$ 确定后，$f(\boldsymbol{X},\theta)$ 是产生这一结果的概率，θ 的取值不同，产生这一结果的概率不同。既然结果已产生，其概率一定很大，就有理由取使 $f(\boldsymbol{X},\theta)$ 达到最大值的 $\hat{\theta}$ 作为 θ 的估计值。这一想法便是极大似然原理。

6.3.2　极大似然估计的定义和性质

1. 定义

设样本 $\boldsymbol{X} \sim f(\boldsymbol{X},\theta)$，$\theta$ 在参数空间 Θ 取值，若 $\hat{\theta} = T(\boldsymbol{X})$ 是一个统计量，满足条件

$$f(\boldsymbol{X},\hat{\theta}) = \sup_{\theta\in\Theta} f(\boldsymbol{X},\theta) \tag{6-3-1}$$

则称 $\hat{\theta} = T(\boldsymbol{X})$ 是 θ 的极大似然估计（Maximum Likelihood Estimate,

MLE)。

按对“似然性”一词所作的解释,θ 的极大似然估计 $\hat{\theta} = T(\boldsymbol{X})$,就是在已得样本 $\boldsymbol{X}$ 的情况下似然性最大的那个 θ 值。$\boldsymbol{X}$ 不能唯一决定 θ,要取“看起来最像”的那个值 $\hat{\theta} = T(\boldsymbol{X})$。

2. 极大似然估计的求解方法

$\hat{\theta} = T(\boldsymbol{X})$ 的确定,要求解一个极值问题,有时是很困难的,其主要求解方法是对数似然函数法。

设 $\boldsymbol{X}_1,\boldsymbol{X}_2,\cdots,\boldsymbol{X}_N$ 是简单随机样本,且 $\boldsymbol{X}_i \sim f(\boldsymbol{X}_i,\theta)$,则似然函数为

$$f(\boldsymbol{X},\theta) = \prod_{i=1}^{N} f(\boldsymbol{X}_i,\theta) \tag{6-3-2}$$

这时,对 $f(\boldsymbol{X},\theta)$ 取对数,得

$$\ln f(\boldsymbol{X},\theta) = \sum_{i=1}^{N} \ln f(\boldsymbol{X}_i,\theta) \tag{6-3-3}$$

$\ln f(\boldsymbol{X},\theta)$ 称为对数似然函数。

极大似然估计 $\hat{\theta} = T(\boldsymbol{X})$ 必定满足

$$\ln f(\boldsymbol{X},\hat{\theta}) = \sup_{o\in\Theta} f(\boldsymbol{X},\theta) \tag{6-3-4}$$

$\hat{\theta}$ 可以从方程 $\dfrac{\partial \ln f(\boldsymbol{X},\theta)}{\partial\theta} = 0$ 中求得。

3. 极大似然估计的性质

定理 6.3.1 对于样本 $\boldsymbol{X}_1,\boldsymbol{X}_2,\cdots,\boldsymbol{X}_N$,当 N 足够大时,$\hat{\theta}$ 的极限概率分布是 $N(\theta,I^{-1}(\theta))$,其中 $I(\theta)$ 是费希尔信息量。

从定理 6.3.1 可知,极大似然估计 $\hat{\theta} = T(\boldsymbol{X})$ 是 θ 的渐近无偏估计,渐近达到方差下限,是渐近最佳的。

6.3.3 参数函数与矢量参数的极大似然估计

问题 1:设 $\boldsymbol{X} \sim f(\boldsymbol{X},\theta)$,若 $\alpha = g(\theta)$,如何求 α 的极大似然估计?

定理 6.3.2(极大似然估计的不变性定理) 设 $\boldsymbol{X} \sim f(\boldsymbol{X},\theta)$,$\alpha = g(\theta)$,则 α 的极大似然估计为 $\hat{\alpha} = g(\hat{\theta})$,其中 $\hat{\theta}$ 是 θ 的极大似然估计。

问题 2:对于矢量参数 $\boldsymbol{\theta}$,如何求解极大似然估计?

解决方案:设 $\boldsymbol{X} \sim f(\boldsymbol{X},\theta)$,$\theta = (\theta_1\theta_2\cdots\theta_p)$,求解方程 $\dfrac{\partial \ln f(\boldsymbol{X},\theta)}{\partial\theta} = 0$,可得 θ 的极大似然估计。

6.4　线性最小均方误差估计

前面讨论的贝叶斯估计，要求知道后验概率密度函数 $p(\boldsymbol{\theta} \mid \boldsymbol{x})$；最大似然估计要求知道似然函数 $p(\boldsymbol{x} \mid \boldsymbol{\theta})$。如果关于观测信号矢量 $\boldsymbol{x}$ 和被估计矢量 $\boldsymbol{\theta}$ 的概率密度函数先验知识未知，而仅知道观测信号矢量 $\boldsymbol{x}$ 和被估计随机矢量 $\boldsymbol{\theta}$ 的前二阶矩知识，即均值矢量、协方差矩阵和互协方差矩阵，在这种情况下，要求估计量的均方误差最小，但限定估计量是观测量的线性函数。所以把这种估计称为线性最小均方误差估计（Linear Minimum Mean Square Error Estimation）。

线性最小均方误差估计，由于仅要求 $\boldsymbol{x}$ 和 $\boldsymbol{\theta}$ 的前二阶矩先验知识，在实际中比较容易满足，所以应用非常广泛；另外，估计量所具有的重要的正交性质——估计的误差矢量与观测矢量正交，常称为正变性原理，是信号最佳线性滤波和估计算法的基础，在随机信号处理中占有十分重要的地位。

6.4.1　线性最小均方误差估计的概念

设 M 维被估计随机矢量 $\boldsymbol{\theta}$ 的线性观测方程为

$$\boldsymbol{x} = \boldsymbol{H\theta} + \boldsymbol{n} \tag{6-4-1}$$

其中，$\boldsymbol{x}$ 是 N 维观测信号矢量；$\boldsymbol{H}$ 是 $N \times M$ 观测矩阵；$\boldsymbol{\theta}$ 是 M 维被估计的随机矢量；$\boldsymbol{n}$ 是 N 维观测噪声矢量。若已知前二阶矩知识：被估计随机矢量 $\boldsymbol{\theta}$ 的均值矢量 $\boldsymbol{\mu}_{\theta}$，协方差矩阵 $\boldsymbol{C}_{\theta}$；观测信号矢量 $\boldsymbol{x}$ 的均值矢量 $\boldsymbol{\mu}_{x}$，协方差矩阵 $\boldsymbol{C}_{x}$；被估计随机矢量 $\boldsymbol{\theta}$ 与观测信号矢量 $\boldsymbol{x}$ 的互协方差矩阵 $\boldsymbol{C}_{\theta x}$。在这些先验知识条件下，可按如下两个要求构造估计矢量 $\hat{\boldsymbol{\theta}}$：

①估计矢量 $\hat{\boldsymbol{\theta}}$ 是观测信号矢量 $\boldsymbol{x}$ 的线性函数，即

$$\hat{\boldsymbol{\theta}} = \boldsymbol{a} + \boldsymbol{Bx} \tag{6-4-2a}$$

其中，$\boldsymbol{a}$ 是待定的 M 维矢量；$\boldsymbol{B}$ 是待定的 $M \times N$ 矩阵。

②估计矢量 $\hat{\boldsymbol{\theta}}$ 各分量 $\hat{\boldsymbol{\theta}}_j(j=1,2,\cdots,M)$ 的均方误差之和最小，即

$$E[(\boldsymbol{\theta}-\hat{\boldsymbol{\theta}})^{\mathrm{T}}(\boldsymbol{\theta}-\hat{\boldsymbol{\theta}})] = \mathrm{tr}\{E[(\boldsymbol{\theta}-\hat{\boldsymbol{\theta}})(\boldsymbol{\theta}-\hat{\boldsymbol{\theta}})^{\mathrm{T}}]\} \tag{6-4-2b}$$

最小。式中的符号 $\mathrm{tr}\{\cdot\}$ 是矩阵的迹。

我们在已知 $\boldsymbol{\theta}$ 和 $\boldsymbol{x}$ 前二阶矩先验知识条件下，按如上两个要求（简述为线性和均方误差最小）构造估计矢量的准则，称为线性最小均方误差估计，所构造的估计矢量为线性最小均方误差估计矢量，记为 $\hat{\boldsymbol{\theta}}_{\mathrm{lmse}}(\boldsymbol{x})$，简记为 $\hat{\boldsymbol{\theta}}_{\mathrm{lmse}}$。

6.4.2 线性最小均方误差估计量的构造

若把已知 $\boldsymbol{\theta}$ 和 $\boldsymbol{x}$ 前二阶矩先验知识条件下，满足估计矢量构造两个要求的待定矢量 $\boldsymbol{a}$ 记为 $\boldsymbol{a}_1$，待定矩阵 $\boldsymbol{B}$ 记为 $\boldsymbol{B}_1$，则

$$\hat{\boldsymbol{\theta}}_{\text{lmse}} = \boldsymbol{a}_1 + \boldsymbol{B}_1 \boldsymbol{x} \tag{6-4-3}$$

为了求得矢量 $\boldsymbol{a}_1$ 和矩阵 $\boldsymbol{B}_1$，将式(6-4-2a)代入式(6-4-2b)，得均方误差

$$E[(\boldsymbol{\theta}-\hat{\boldsymbol{\theta}})^{\mathrm{T}}(\boldsymbol{\theta}-\hat{\boldsymbol{\theta}})] = E[(\boldsymbol{\theta}-\boldsymbol{a}-\boldsymbol{Bx})^{\mathrm{T}}(\boldsymbol{\theta}-\boldsymbol{a}-\boldsymbol{Bx})] \tag{6-4-4}$$

使上式极小化，既满足了线性的要求，又满足了均方误差最小的要求。为此，利用矢量函数对矢量变量求导的乘法法则和矩阵函数对矩阵变量求导的乘法法则，将式(6-4-1)对矢量 $\boldsymbol{a}$ 求偏导，得

$$\begin{aligned}\frac{\partial}{\partial \boldsymbol{a}}E[(\boldsymbol{\theta}-\boldsymbol{a}-\boldsymbol{Bx})^{\mathrm{T}}(\boldsymbol{\theta}-\boldsymbol{a}-\boldsymbol{Bx})] &= -2E(\boldsymbol{\theta}-\boldsymbol{a}-\boldsymbol{Bx}) \\ &= 2(\boldsymbol{a}+\boldsymbol{B\mu}_x-\boldsymbol{\mu}_{\boldsymbol{\theta}})\end{aligned} \tag{6-4-5a}$$

对矩阵 $\boldsymbol{B}$ 求偏导，得

$$\begin{aligned}&\frac{\partial}{\partial \boldsymbol{B}}E[(\boldsymbol{\theta}-\boldsymbol{a}-\boldsymbol{Bx})^{\mathrm{T}}(\boldsymbol{\theta}-\boldsymbol{a}-\boldsymbol{Bx})] \\ &= -2E(\boldsymbol{\theta x}^{\mathrm{T}}-\boldsymbol{ax}^{\mathrm{T}}-\boldsymbol{Bxx}^{\mathrm{T}}) \\ &= 2[\boldsymbol{a}E(\boldsymbol{x}^{\mathrm{T}})+\boldsymbol{B}E(\boldsymbol{xx}^{\mathrm{T}})-E(\boldsymbol{\theta x}^{\mathrm{T}})]\end{aligned} \tag{6-4-5b}$$

令式(6-4-5a)和式(6-4-5b)分别等于零，得联立方程组

$$\begin{cases}\boldsymbol{a}+\boldsymbol{B\mu}_x-\boldsymbol{\mu}_{\boldsymbol{\theta}}\Big|_{\substack{\boldsymbol{a}=\boldsymbol{a}_1\\ \boldsymbol{B}=\boldsymbol{B}_1}} = 0 & (6\text{-}4\text{-}6\text{a}) \\ \boldsymbol{a}E(\boldsymbol{x}^{\mathrm{T}})+\boldsymbol{B}E(\boldsymbol{xx}^{\mathrm{T}})-E(\boldsymbol{\theta x}^{\mathrm{T}})\Big|_{\substack{\boldsymbol{a}=\boldsymbol{a}_1\\ \boldsymbol{B}=\boldsymbol{B}_1}} = 0 & (6\text{-}4\text{-}6\text{b})\end{cases}$$

然后求解联立方程组(6-4-6)。由式(6-4-6a)解得

$$\boldsymbol{a}_1 = -\boldsymbol{B}_1\boldsymbol{\mu}_x+\boldsymbol{\mu}_{\boldsymbol{\theta}} \tag{6-4-7a}$$

代入式(6-4-6b)，得

$$\boldsymbol{B}_1[E(\boldsymbol{xx}^{\mathrm{T}})-\boldsymbol{\mu}_xE(\boldsymbol{x}^{\mathrm{T}})]-[E(\boldsymbol{\theta x}^{\mathrm{T}})-\boldsymbol{\mu}_{\boldsymbol{\theta}}E(\boldsymbol{x}^{\mathrm{T}})] = 0 \tag{6-4-7b}$$

解得

$$\boldsymbol{B}_1\boldsymbol{C}_x-\boldsymbol{C}_{\boldsymbol{\theta}x} = 0$$

即

$$\boldsymbol{B}_1 = \boldsymbol{C}_{\boldsymbol{\theta}x}\boldsymbol{C}_x^{-1} \tag{6-4-7c}$$

进而得

$$\boldsymbol{a}_1 = \boldsymbol{\mu}_{\boldsymbol{\theta}}-\boldsymbol{C}_{\boldsymbol{\theta}x}\boldsymbol{C}_x^{-1}\boldsymbol{\mu}_x \tag{6-4-7d}$$

将解得的 $\boldsymbol{a}_1$ 和 $\boldsymbol{B}_1$ 代入式(6-4-3)，整理得 $\hat{\boldsymbol{\theta}}_{\text{lmse}}$ 的构造公式

$$\hat{\boldsymbol{\theta}}_{\text{lmse}} = \boldsymbol{\mu}_{\boldsymbol{\theta}}+\boldsymbol{C}_{\boldsymbol{\theta}x}\boldsymbol{C}_x^{-1}(\boldsymbol{x}-\boldsymbol{\mu}_x) \tag{6-4-8}$$

特别是当被估计随机矢量 $\boldsymbol{\theta}$ 与观测噪声矢量 $\boldsymbol{n}$ 之间互不相关，且已知

$\boldsymbol{n}$ 的均值矢量 $\boldsymbol{\mu}_n$ 和协方差矩阵 $\boldsymbol{C}_n$ 时，式(6-4-8)中

$$\boldsymbol{x} = \boldsymbol{H\theta} + \boldsymbol{n}$$

$$\boldsymbol{\mu}_x = \boldsymbol{H\mu}_\theta + \boldsymbol{\mu}_n$$

$$\begin{aligned}\boldsymbol{C}_{\theta x} &= E[(\boldsymbol{\theta} - \boldsymbol{\mu}_\theta)(\boldsymbol{x} - \boldsymbol{\mu}_x)^{\mathrm{T}}] \\ &= E[(\boldsymbol{\theta} - \boldsymbol{\mu}_\theta)(\boldsymbol{H\theta} - \boldsymbol{H\mu}_\theta + \boldsymbol{n} - \boldsymbol{\mu}_n)^{\mathrm{T}}] \\ &= \boldsymbol{C}_\theta \boldsymbol{H}^{\mathrm{T}}\end{aligned}$$

$$\begin{aligned}\boldsymbol{C}_x &= E[(\boldsymbol{x} - \boldsymbol{\mu}_x)(\boldsymbol{x} - \boldsymbol{\mu}_x)^{\mathrm{T}}] \\ &= E[(\boldsymbol{H\theta} - \boldsymbol{H\mu}_\theta + \boldsymbol{n} - \boldsymbol{\mu}_n)(\boldsymbol{H\theta} - \boldsymbol{H\mu}_\theta + \boldsymbol{n} - \boldsymbol{\mu}_n)^{\mathrm{T}}] \\ &= \boldsymbol{HC}_\theta \boldsymbol{H}^{\mathrm{T}} + \boldsymbol{C}_n\end{aligned}$$

所以，当 $\boldsymbol{\theta}$ 与 $\boldsymbol{n}$ 之间互不相关时，$\hat{\boldsymbol{\theta}}_{\mathrm{lmse}}$ 的构造公式变为

$$\hat{\boldsymbol{\theta}}_{\mathrm{lmse}} = \boldsymbol{\mu}_\theta + \boldsymbol{C}_\theta \boldsymbol{H}^{\mathrm{T}}(\boldsymbol{HC}_\theta \boldsymbol{H}^{\mathrm{T}} + \boldsymbol{C}_n)^{-1}(\boldsymbol{x} - \boldsymbol{H\mu}_\theta - \boldsymbol{\mu}_n) \tag{6-4-9}$$

6.4.3　线性最小均方误差估计量的性质

1. 估计矢量是观测矢量的线性函数

线性最小均方误差估计矢量 $\hat{\boldsymbol{\theta}}_{\mathrm{lmse}}$ 是通过把估计矢量构造成观测矢量的线性函数，并使均方误差最小求得的，所以它一定是观测矢量的线性函数。又因为估计矢量的均方误差最小，所以 $\hat{\boldsymbol{\theta}}_{\mathrm{lmse}}$ 是线性估计中的最佳估计。

2. 估计矢量的无偏性

因为估计矢量 $\hat{\boldsymbol{\theta}}_{\mathrm{lmse}}(\boldsymbol{x})$ 的均值为

$$E(\hat{\boldsymbol{\theta}}_{\mathrm{lmse}}) = \boldsymbol{\mu}_\theta + \boldsymbol{C}_{\theta x}\boldsymbol{C}_x^{-1}[E(\boldsymbol{x}) - \boldsymbol{\mu}_x] = \boldsymbol{\mu}_\theta \tag{6-4-10}$$

所以，估计矢量 $\hat{\boldsymbol{\theta}}_{\mathrm{lmse}}$ 是无偏估计量。

3. 估计矢量均方误差阵的最小性

线性最小均方误差估计矢量 $\hat{\boldsymbol{\theta}}_{\mathrm{lmse}}$ 在线性估计中具有最小的均方误差，而且均方误差阵 $\boldsymbol{M}_{\hat{\theta}_{\mathrm{lmse}}}$ 也具有最小性。估计矢量 $\hat{\boldsymbol{\theta}}_{\mathrm{lmse}}$ 的均方误差阵为

$$\begin{aligned}\boldsymbol{M}_{\hat{\theta}_{\mathrm{lmse}}} &= E[(\boldsymbol{\theta} - \hat{\boldsymbol{\theta}}_{\mathrm{lmse}})(\boldsymbol{\theta} - \hat{\boldsymbol{\theta}}_{\mathrm{lmse}})^{\mathrm{T}}] \\ &= E\{[\boldsymbol{\theta} - \boldsymbol{\mu}_\theta - \boldsymbol{C}_{\theta x}\boldsymbol{C}_x^{-1}(\boldsymbol{x} - \boldsymbol{\mu}_x)] \times [\boldsymbol{\theta} - \boldsymbol{\mu}_\theta - \boldsymbol{C}_{\theta x}\boldsymbol{C}_x^{-1}(\boldsymbol{x} - \boldsymbol{\mu}_x)]^{\mathrm{T}}\} \\ &= \boldsymbol{C}_\theta - \boldsymbol{C}_{\theta x}\boldsymbol{C}_x^{-1}\boldsymbol{C}_{\theta x}^{\mathrm{T}}\end{aligned} \tag{6-4-11}$$

该均方误差阵在所有线性估计中是最小的。证明如下：

设随机矢量 $\boldsymbol{\theta}$ 的任意线性估计矢量 $\hat{\boldsymbol{\theta}}_1 = \boldsymbol{a} + \boldsymbol{Bx}$，则其均方误差阵为

$$\boldsymbol{M}_{\hat{\theta}_1} = E[(\boldsymbol{\theta} - \boldsymbol{a} - \boldsymbol{Bx})(\boldsymbol{\theta} - \boldsymbol{a} - \boldsymbol{Bx})^{\mathrm{T}}] \tag{6-4-12}$$

令矢量 $\boldsymbol{C}$ 为

$$\boldsymbol{C}=\boldsymbol{a}-\boldsymbol{\mu}_{\theta}+\boldsymbol{B}\boldsymbol{\mu}_{x}$$

则式(6-4-12)变为

$$\begin{aligned}\boldsymbol{M}_{\hat{\theta}_1}&=E\{[\boldsymbol{\theta}-\boldsymbol{\mu}_{\theta}-\boldsymbol{C}-\boldsymbol{B}(\boldsymbol{x}-\boldsymbol{\mu}_x)][\boldsymbol{\theta}-\boldsymbol{\mu}_{\theta}-\boldsymbol{C}-\boldsymbol{B}(\boldsymbol{x}-\boldsymbol{\mu}_x)^{\mathrm{T}}]\}\\&=\boldsymbol{C}_{\theta}+\boldsymbol{C}\boldsymbol{C}^{\mathrm{T}}+\boldsymbol{B}\boldsymbol{C}_x\boldsymbol{B}^{\mathrm{T}}-\boldsymbol{C}_{\theta x}\boldsymbol{B}^{\mathrm{T}}-\boldsymbol{B}\boldsymbol{C}_{\theta x}^{\mathrm{T}}\\&=\boldsymbol{C}\boldsymbol{C}^{\mathrm{T}}+(\boldsymbol{B}-\boldsymbol{C}_{\theta x}\boldsymbol{C}_x^{-1})\boldsymbol{C}_x(\boldsymbol{B}-\boldsymbol{C}_{\theta x}\boldsymbol{C}_x^{-1})^{\mathrm{T}}+\boldsymbol{C}_{\theta}-\boldsymbol{C}_{\theta x}\boldsymbol{C}_x^{-1}\boldsymbol{C}_{\theta x}^{\mathrm{T}}\end{aligned}\quad(6\text{-}4\text{-}13)$$

式中，$\boldsymbol{M}_{\hat{\theta}_1}$ 第一项 $\boldsymbol{C}\boldsymbol{C}^{\mathrm{T}}$ 和第二项 $(\boldsymbol{B}-\boldsymbol{C}_{\theta x}\boldsymbol{C}_x^{-1})\boldsymbol{C}_x(\boldsymbol{B}-\boldsymbol{C}_{\theta x}\boldsymbol{C}_x^{-1})^{\mathrm{T}}$ 是非负定的，第三项 $\boldsymbol{C}_{\theta}-\boldsymbol{C}_{\theta x}\boldsymbol{C}_x^{-1}\boldsymbol{C}_{\theta x}^{\mathrm{T}}$ 正是 $\boldsymbol{M}_{\hat{\theta}_{\mathrm{lmse}}}$，所以有

$$\boldsymbol{M}_{\hat{\theta}_{\mathrm{lmse}}}\leqslant\boldsymbol{M}_{\hat{\theta}_1}\quad(6\text{-}4\text{-}14)$$

这就是说，任意其他线性估计矢量 $\hat{\boldsymbol{\theta}}_1(\boldsymbol{x})$ 的均方误差阵都不小于线性最小均方误差估计矢量 $\hat{\boldsymbol{\theta}}_{\mathrm{lmse}}$，即线性最小均方误差估计矢量的均方误差阵在线性估计中具有最小性。

4.估计的误差矢量与观测矢量的正交性

被估计矢量 $\boldsymbol{\theta}$ 与线性最小均方误差估计矢量 $\hat{\boldsymbol{\theta}}_{\mathrm{lmse}}$ 的误差矢量 $\tilde{\boldsymbol{\theta}}=\boldsymbol{\theta}-\hat{\boldsymbol{\theta}}_{\mathrm{lmse}}$ 与观测矢量 $\boldsymbol{x}$ 是正交的，即满足

$$E[(\boldsymbol{\theta}-\hat{\boldsymbol{\theta}}_{\mathrm{lmse}})\boldsymbol{x}^{\mathrm{T}}]=0\quad(6\text{-}4\text{-}15)$$

证明如下：

因为线性最小均方误差估计矢量 $\hat{\boldsymbol{\theta}}_{\mathrm{lmse}}$ 是无偏估计量，所以

$$\begin{aligned}E[(\boldsymbol{\theta}-\hat{\boldsymbol{\theta}}_{\mathrm{lmse}})\boldsymbol{x}^{\mathrm{T}}]&=E[(\boldsymbol{\theta}-\hat{\boldsymbol{\theta}}_{\mathrm{lmse}})(\boldsymbol{x}-\boldsymbol{\mu}_x)^{\mathrm{T}}]\\&=E\{[\boldsymbol{\theta}-\boldsymbol{\mu}_{\theta}-\boldsymbol{C}_{\theta x}\boldsymbol{C}_x^{-1}(\boldsymbol{x}-\boldsymbol{\mu}_x)](\boldsymbol{x}-\boldsymbol{\mu}_x)^{\mathrm{T}}\}\\&=\boldsymbol{C}_{\theta x}-\boldsymbol{C}_{\theta x}\boldsymbol{C}_x^{-1}\boldsymbol{C}_x\\&=0\end{aligned}$$

估计的误差矢量与观测矢量的正交性通常称为正交性原理。现在对正交性原理作一些说明。被估计矢量 $\boldsymbol{\theta}$ 与观测矢量 $\boldsymbol{x}$ 一般是不正交的，但由于估计矢量 $\hat{\boldsymbol{\theta}}_{\mathrm{lmse}}$ 是观测矢量 $\boldsymbol{x}$ 的线性函数，所以 $\hat{\boldsymbol{\theta}}_{\mathrm{lmse}}$ 与 $\boldsymbol{x}$ 同向。这样，从被估计矢量 $\boldsymbol{\theta}$ 中减去 $\hat{\boldsymbol{\theta}}_{\mathrm{lmse}}$ 之后，得误差矢量 $\hat{\boldsymbol{\theta}}$，正交性原理说明，该误差矢量与观测矢量是不相关的。借助几何的语言，不相关性就是正交性，于是把满足式(6-4-15)的估计量的性质称为估计的误差矢量与观测矢量的正交性。正交性原理表明，线性最小均方误差估计矢量 $\hat{\boldsymbol{\theta}}_{\mathrm{lmse}}$ 是被估计矢量 $\boldsymbol{\theta}$ 在观测矢量 $\boldsymbol{x}$ 上的正交投影，如图 6-3 所示。由于误差矢量 $\hat{\boldsymbol{\theta}}$ 与观测矢量 $\boldsymbol{x}$ 垂直，所以误差矢量 $\hat{\boldsymbol{\theta}}$ 是最短的，因而均方误差是最小的，这与对线性最小均方误差估计的要求是一致的。从几何的观点出发，把线性最小均方误差

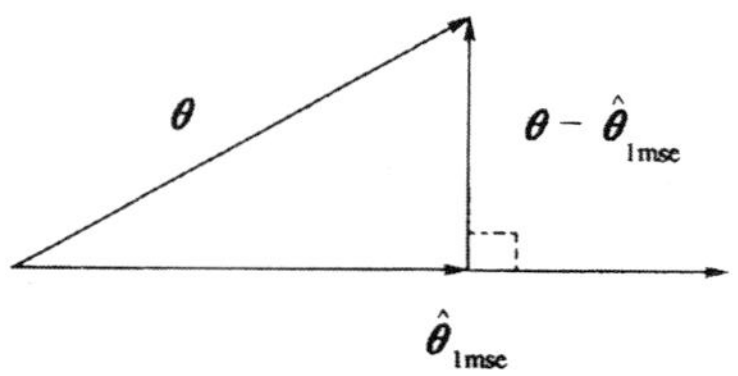

图 6-3　正交性原理示意图

估计矢量 $\hat{\boldsymbol{\theta}}_{\text{lmse}}$ 看作是被估计矢量 $\boldsymbol{\theta}$ 在观测矢量 $\boldsymbol{x}$ 的正交投影，这在信号的滤波理论中是很有用的。

5. 最小均方误差估计与线性最小均方误差估计的关系

在贝叶斯估计中讨论的随机矢量 $\boldsymbol{\theta}$ 的最小均方误差估计，估计矢量 $\hat{\boldsymbol{\theta}}_{\text{lmse}}$ 可以是观测矢量 $\boldsymbol{x}$ 的非线性函数，而线性最小均方误差估计，估计矢量 $\hat{\boldsymbol{\theta}}_{\text{lmse}}$ 一定是观测矢量 $\boldsymbol{x}$ 的线性函数。所以，尽管二者都要求估计的均方误差最小，但前者可以是非线性估计，而后者仅限于线性估计，二者是不一样的。但是，如果被估计矢量 $\boldsymbol{\theta}$ 与线性观测模型下的观测噪声矢量 $\boldsymbol{n}$ 是互不相关的高斯随机矢量，那么观测矢量 $\boldsymbol{x}$ 与被估计矢量 $\boldsymbol{\theta}$ 是联合高斯分布的。在这种情况下，已知 $\boldsymbol{x}$ 和 $\boldsymbol{\theta}$ 的前二阶矩知识与已知它们的概率密度函数是一样的，因此，线性最小均方误差估计与最小均方误差估计是相同的，即线性最小均方误差估计也是所有估计中的最佳估计。请注意，这是在高斯分布条件下的结论，不能推广到一般情况。

需要注意的是，在推导线性最小均方误差估计矢量的构造公式和研究其性质时，除要求知道 $\boldsymbol{x}$ 和 $\boldsymbol{\theta}$ 的前二阶矩知识外，未提出其他约束条件。这就是说，前面所得到的结果是通用的，它不仅适用于矢量估计，也适用于单参量估计；不仅适用于观测样本独立，也适用于观测样本相关时的估计。

6.4.4　线性最小均方误差估计的递推算法

前面的讨论我们发现，如果进行了 $k-1$ 次观测，为了强调观测次数，将观测矢量记为 $\boldsymbol{x}(k-1)=(\boldsymbol{x}_1,\boldsymbol{x}_2,\cdots,\boldsymbol{x}_{k-1})^{\mathrm{T}}$，那么在计算估计矢量 $\hat{\boldsymbol{\theta}}_{\text{lmse}}$ 时，要用到全部 $k-1$ 次的观测数据 $\boldsymbol{x}(k-1)$。这意味着，如果又进行了第 k 次观测，那么基于 k 次观测的 $\boldsymbol{\theta}$ 的线性最小均方误差估计矢量 $\hat{\boldsymbol{\theta}}_{\text{lmse}(k)}$ 需要利用 k 次观测的全部数据 $\boldsymbol{x}(k-1)=(\boldsymbol{x}_1,\boldsymbol{x}_2,\cdots,\boldsymbol{x}_{k-1})^{\mathrm{T}}$ 重新进行计算，这是麻烦低效的；另外一个问题是，观测矢量 $\boldsymbol{x}(k)$ 的协方差矩阵 $\boldsymbol{C}_{x(k)}$，需要进行求逆运算，如果 $\boldsymbol{x}(k)$ 的维数较高，$\boldsymbol{C}_{x(k)}$ 的求逆运算可能会比较困难，甚至出现病态矩阵的情况而无法求逆。

1. 递推估计的基本思想

前面曾经指出，线性最小均方误差估计应用非常广泛，因此人们希望寻求它的一种高效实用的算法，这就是线性最小均方误差递推估计。递推估计的基本思想是：如果已经获得被估计随机矢量 $\boldsymbol{\theta}$ 基于 $k-1$ 次观测矢量 $\boldsymbol{x}(k-1)$ 的线性最小均方误差估计矢量 $\hat{\boldsymbol{\theta}}_{\text{lmse}(k-1)}$，在此基础上进行了第 k 次观测，获得观测矢量 $\boldsymbol{x}_k$，那么，基于 k 次观测矢量 $\boldsymbol{x}_k$ 的 $\boldsymbol{\theta}$ 的线性最小均方误差估计矢量 $\hat{\boldsymbol{\theta}}_{\text{lmse}(k)}$ 等于 $\hat{\boldsymbol{\theta}}_{\text{lmse}(k-1)}$，加修正项 $\Delta\hat{\boldsymbol{\theta}}_k$，即

$$\hat{\boldsymbol{\theta}}_{\text{lmse}(k)}=\hat{\boldsymbol{\theta}}_{\text{lmse}(k-1)}+\Delta\hat{\boldsymbol{\theta}}_k \tag{6-4-16}$$

若 $\boldsymbol{x}_k$ 在 $\boldsymbol{x}(k-1)$ 上的正交投影记为 $\hat{\boldsymbol{x}}_{k|k-1}$，则误差矢量 $\hat{\boldsymbol{x}}_k=\boldsymbol{x}_k-\hat{\boldsymbol{x}}_{k|k-1}$ 表示第 k 次观测矢量 $\boldsymbol{x}_k$ 为估计矢量 $\boldsymbol{\theta}$ 而贡献的新信息，通常称为新息。由于误差矢量 $\tilde{\boldsymbol{x}}_k$ 与观测矢量 $\boldsymbol{x}(k-1)$ 正交，所以可利用正交性求出由新息引入的修正项 $\Delta\hat{\boldsymbol{\theta}}_k$。依此类推，每进行一次新的观测，由前一次的估计量加上修正项就得本次观测后的估计量。这就是一种递推估计。

设前 $(k-1)$ 次观测的观测信号矢量为

$$\begin{aligned}\boldsymbol{x}(k-1)&=[\boldsymbol{x}_1\quad \boldsymbol{x}_2\quad \cdots\quad \boldsymbol{x}_{k-1}]^{\mathrm{T}}\\&=[\boldsymbol{x}(k-2)\quad \boldsymbol{x}_{k-1}]^{\mathrm{T}}\end{aligned}$$

基于 $\boldsymbol{x}(k-1)$ 的估计矢量为 $\hat{\boldsymbol{\theta}}_{\text{lmse}(k-1)}$；第 k 次观测的观测信号矢量为 $\boldsymbol{x}_k$，基于前 k 次观测的观测信号矢量 $\boldsymbol{x}(k)=[\boldsymbol{x}(k-1)\quad \boldsymbol{x}_k]^{\mathrm{T}}$ 的估计矢量为 $\hat{\boldsymbol{\theta}}_{\text{lmse}(k)}$；$\hat{\boldsymbol{\theta}}_{\text{lmse}(k)}$ 由前一次的估计矢量 $\hat{\boldsymbol{\theta}}_{\text{lmse}(k-1)}$ 和与 $\boldsymbol{x}_k$ 有关、而与 $\boldsymbol{x}(k-1)$ 无显现关系的修正量 $\Delta\hat{\boldsymbol{\theta}}_k$ 之和计算；类似地，第 $(k+1)$ 次观测后，观测信号矢量为 $\boldsymbol{x}_{k+1}$，基于 $\boldsymbol{x}(k+1)$ 的估计矢量 $\hat{\boldsymbol{\theta}}_{\text{lmse}(k+1)}$ 由 $\hat{\boldsymbol{\theta}}_{\text{lmse}(k)}$ 和与 $\boldsymbol{x}_{k+1}$ 有关的修正量 $\Delta\hat{\boldsymbol{\theta}}_{k+1}$ 之和计算；依此类推，这就是一种递推估计算法。

2. 递推估计算法的公式

设第 k 次观测的线性观测方程为

$$\boldsymbol{x}_k=\boldsymbol{H}_k\boldsymbol{\theta}+\boldsymbol{n}_k\quad k=1,2,\cdots \tag{6-4-17}$$

其中，$\boldsymbol{x}_k$ 是第 k 次观测的观测信号矢量；$\boldsymbol{H}_k$ 是第 k 次观测的观测矩阵；$\boldsymbol{\theta}$ 是 M 维被估计矢量，它的均值矢量为 $\boldsymbol{\mu}_{\boldsymbol{\theta}}$，协方差矩阵为 $\boldsymbol{C}_{\boldsymbol{\theta}}$；$\boldsymbol{n}_k$ 是第 k 次观测的观测噪声矢量，其均值矢量为 $\boldsymbol{\mu}_{\boldsymbol{n}_k}$，协方差矩阵为 $\boldsymbol{C}_{\boldsymbol{n}_k}$；被估计矢量 $\boldsymbol{\theta}$ 与 $\boldsymbol{n}_k$ 之间是互不相关的；$\boldsymbol{n}_k$ 与 $\boldsymbol{n}(k-1)$ 之间也是互不相关的。

为简便起见，记估计矢量 $\hat{\boldsymbol{\theta}}_{\text{lmse}(k)}=\hat{\boldsymbol{\theta}}_k$，均方误差阵 $\boldsymbol{M}_{\hat{\boldsymbol{\theta}}_{\text{lmse}}}=\boldsymbol{M}_k$。由正交性原理，可导出线性最小均方误差估计的一组递推算法公式。

递推估计算法的公式：

修正的增益矩阵

$$\boldsymbol{K}_k=\boldsymbol{M}_{k-1}\boldsymbol{H}_k^{\mathrm{T}}(\boldsymbol{H}_k\boldsymbol{M}_{k-1}\boldsymbol{H}_k^{\mathrm{T}}+\boldsymbol{C}_{\boldsymbol{n}_k})^{-1} \tag{6-4-18a}$$

估计矢量的均方误差阵

$$\boldsymbol{M}_k=(\boldsymbol{I}-\boldsymbol{K}_k\boldsymbol{H}_k)\boldsymbol{M}_{k-1} \tag{6-4-18b}$$

估计矢量的更新

$$\hat{\boldsymbol{\theta}}_k=\hat{\boldsymbol{\theta}}_{k-1}+\boldsymbol{K}_k(\boldsymbol{x}_k-\boldsymbol{H}_k\hat{\boldsymbol{\theta}}_{k-1}-\boldsymbol{\mu}_{\boldsymbol{n}_k}) \tag{6-4-18c}$$

递推估计算法的初始条件

$$\hat{\boldsymbol{\theta}}_0 = \boldsymbol{\mu}_{\boldsymbol{\theta}} \tag{6-4-19a}$$

$$\boldsymbol{M}_0 = \boldsymbol{C}_{\boldsymbol{\theta}} \tag{6-4-19b}$$

3. 递推估计的过程

初始条件 $\hat{\boldsymbol{\theta}}_0$ 和 $\boldsymbol{M}_0$ 确定后，就可以从第一次观测（$k=1$）开始进行递推估计。

第一步，求出修正的增益矩阵 $\boldsymbol{K}_1$；

第二步，求出估计矢量的均方误差阵 $\boldsymbol{M}_1$；

第三步，确定 $\boldsymbol{x}_1 - \boldsymbol{H}_1\hat{\boldsymbol{\theta}}_0$，前乘增益矩阵 $\boldsymbol{K}_1$，结果加到 $\hat{\boldsymbol{\theta}}_0$ 上，获得估计矢量 $\hat{\boldsymbol{\theta}}_1$。

然后进行第二次观测，继续这个运算过程，实现递推估计。

4. 递推估计算法的特点和性质

递推估计采用前一次的估计矢量加修正项来获得本次观测后估计矢量的算法，效率高。递推估计算法公式中，虽然在计算修正的增益矩阵 $\boldsymbol{K}_k$ 时，仍需矩阵求逆运算，但其阶数仅取决于第 k 次观测信号矢量 $\boldsymbol{x}_k$ 的维数，而不是 k 次观测信号矢量 $\boldsymbol{x}(k)$ 的维数，所以是低阶矩阵求逆运算。这样，递推估计算法基本上克服了直接计算估计矢量的缺点和问题。

如果被估计矢量 $\boldsymbol{\theta}$ 的前二阶矩先验知识 $\boldsymbol{\mu}_{\boldsymbol{\theta}}$ 和 $\boldsymbol{C}_{\boldsymbol{\theta}}$ 未知，可以把初始条件选为 $\hat{\boldsymbol{\theta}}_0 = 0$ 和 $\boldsymbol{M}_0 = c\boldsymbol{I}(c \gg 1)$。这样确定初始条件，虽然在递推估计的开始阶段会有较大的均方误差，但很快会接近正常情况。

递推估计算法在获得估计矢量 $\hat{\boldsymbol{\theta}}_k$ 的同时，也获得了反映估计精度的均方误差阵 $\boldsymbol{M}_k$。

修正的增益矩阵 $\boldsymbol{K}_k$ 对新息形成修正项 $\Delta\hat{\boldsymbol{\theta}}_k$ 起增益控制作用。利用矩阵求逆引理Ⅱ

$$\boldsymbol{A}_{11}^{-1}\boldsymbol{A}_{12}(\boldsymbol{A}_{22} \mp \boldsymbol{A}_{21}\boldsymbol{A}_{11}^{-1}\boldsymbol{A}_{12})^{-1} = (\boldsymbol{A}_{11} \mp \boldsymbol{A}_{12}\boldsymbol{A}_{22}^{-1}\boldsymbol{A}_{21})^{-1}\boldsymbol{A}_{12}\boldsymbol{A}_{22}^{-1}$$

$\boldsymbol{K}_k$ 可以表示为

$$\boldsymbol{K}_k = (\boldsymbol{M}_{k-1}^{-1} + \boldsymbol{H}_k^{\mathrm{T}}\boldsymbol{C}_{\boldsymbol{n}_k}^{-1}\boldsymbol{H}_k)^{-1}\boldsymbol{H}_k^{\mathrm{T}}\boldsymbol{C}_{\boldsymbol{n}_k}^{-1} \tag{6-4-20}$$

将上式代入 $\boldsymbol{M}_k$ 的表示式(6-4-18b)中，整理得

$$\boldsymbol{M}_k = (\boldsymbol{M}_{k-1}^{-1} + \boldsymbol{H}_k^{\mathrm{T}}\boldsymbol{C}_{\boldsymbol{n}_k}^{-1}\boldsymbol{H}_k)^{-1} \tag{6-4-21}$$

于是有

$$\boldsymbol{K}_k = \boldsymbol{M}_k\boldsymbol{H}_k^{\mathrm{T}}\boldsymbol{C}_{\boldsymbol{n}_k}^{-1} \tag{6-4-22}$$

结果说明，观测噪声矢量 $\boldsymbol{n}_k$ 的协方差矩阵 $\boldsymbol{C}_{\boldsymbol{n}_k}$ 增大时，修正的增益矩阵 $\boldsymbol{K}_k$ 将减小。这是因为 $\boldsymbol{C}_{\boldsymbol{n}_k}$ 增大，表示观测信号矢量 $\boldsymbol{x}_k$ 的精度低，新息的误差大，这时减小 $\boldsymbol{K}_k$，能够减小较大的观测噪声对估计精度的影响。

上述结果还告诉我们，递推估计算法的第一步也可以由式(6-4-21)先计算 $\boldsymbol{M}_k$，第二步由式(6-4-22)再计算 $\boldsymbol{K}_k$，第三步进行估计矢量的更新。缺点是计算 $\boldsymbol{M}_k$ 时，要3次计算矩阵的逆。

6.5 最小二乘估计

6.5.1 最小二乘估计方法

从前面关于估计方法的讨论中可以看到，获得一个好的估计量有很多方法，我们把注意力集中在求出一个无偏的且具有最小均方误差的估计量上。均方误差最小意味着被估计量与估计量之差在统计平均的意义上达到最小。在最小二乘估计方法中，如果关于被估计量 θ 的信号模型为 $s_k(\theta)(k=1,2,\cdots)$，由于受到观测噪声或信号模型不精确性情况的影响，因此将观测到的受到扰动的 $s_k(\theta)$ 记为 $x_k(\theta)(k=1,2,\cdots)$。现在，如果进行了 N 次观测，θ 的估计量 $\hat{\theta}$ 选择使

$$\boldsymbol{J}(\hat{\theta})=\sum_{k=1}^{N}[x_k-s_k(\hat{\theta})]^2 \tag{6-5-1}$$

达到最小，即误差 $x_k-s_k(\hat{\theta})$ 的平方和达到最小。所以，把这种估计称为最小二乘估计(Less Square Estimation)，估计量记为 $\hat{\boldsymbol{\theta}}_{\mathrm{ls}}(\boldsymbol{x})$，简记为 $\hat{\boldsymbol{\theta}}_{\mathrm{ls}}$。估计量 $\hat{\theta}$ 按使式(6-5-1)达到最小的原则来构造是合理的，因为如果不存在观测噪声和模型误差，且 $x_k=s_k(\theta)$，此时 $\hat{\theta}=\theta$，估计误差为零。但是在实际观测中，观测量会受到其他因素的影响，估计误差就不会为零，此时按使式(6-5-1)达到最小的原则所构造的估计量 $\hat{\theta}$，可看作在统计平均的意义上最接近被估计量 θ 的估计量。

我们能够把关于 θ 的最小二乘估计方法的上述讨论结果推广到矢量 $\boldsymbol{\theta}$ 的估计中。设 $\boldsymbol{M}$ 维被估计矢量 $\boldsymbol{\theta}$ 的信号模型为 $s(\boldsymbol{\theta})$，观测信号矢量为 $\boldsymbol{x}$，则 $\boldsymbol{\theta}$ 的估计矢量 $\hat{\boldsymbol{\theta}}$ 选择为使

$$\boldsymbol{J}(\hat{\boldsymbol{\theta}})=(\boldsymbol{x}-\boldsymbol{s}(\hat{\boldsymbol{\theta}}))^{\mathrm{T}}(\boldsymbol{x}-\boldsymbol{s}(\hat{\boldsymbol{\theta}})) \tag{6-5-2}$$

最小。估计矢量记为 $\hat{\boldsymbol{\theta}}_{\mathrm{ls}}(\boldsymbol{x})$，简记为 $\hat{\boldsymbol{\theta}}_{\mathrm{ls}}$。

最小二乘估计根据信号模型 $s(\boldsymbol{\theta})$ 可分为线性最小二乘估计和非线性最小二乘估计。本节将主要讨论线性最小二乘估计，包括估计量的构造规则、构造公式、性质、加权估计和递推估计等。最后简要讨论非线性最小二乘估计。

6.5.2　线性最小二乘估计

1. 估计量的构造规则

若被估计矢量 $\boldsymbol{\theta}$ 是 $\boldsymbol{M}$ 维的，线性观测方程为

$$\boldsymbol{x}_k = \boldsymbol{H}_k\boldsymbol{\theta} + \boldsymbol{n}_k,\ k=1,2,\cdots,L \tag{6-5-3}$$

式中，第 k 次观测矢量 $\boldsymbol{x}_k$ 与同次的观测噪声矢量 $\boldsymbol{n}_k$ 同维，但每个 $\boldsymbol{x}_k$ 的维数不一定是相同的，其维数分别记为 N_k；第 k 次的观测矩阵 $\boldsymbol{H}_k$ 为 $N_k\times\boldsymbol{M}$ 矩阵。$\boldsymbol{x}_k$ 的每个分量是 $\boldsymbol{\theta}$ 的各分量的线性组合加观测噪声。

如果把全部 L 次观测矢量 $\boldsymbol{x}_k$ $(k=1,2,\cdots,L)$ 合成为如下一个维数为 $N=\sum\limits_{k=1}^{L}N_k$ 的矢量

$$\boldsymbol{x} = \begin{bmatrix} \boldsymbol{x}_1 \\ \boldsymbol{x}_2 \\ \vdots \\ \boldsymbol{x}_L \end{bmatrix}$$

并相应地定义 $N\times M$ 观测矩阵 $\boldsymbol{H}$ 和 N 维观测噪声矢量 $\boldsymbol{n}$ 如下：

$$\boldsymbol{H} = \begin{bmatrix} \boldsymbol{H}_1 \\ \boldsymbol{H}_2 \\ \vdots \\ \boldsymbol{H}_L \end{bmatrix},\boldsymbol{n} = \begin{bmatrix} \boldsymbol{n}_1 \\ \boldsymbol{n}_2 \\ \vdots \\ \boldsymbol{n}_L \end{bmatrix}$$

这样，线性观测方程(6-5-3)可以写成

$$\boldsymbol{x} = \boldsymbol{H}\boldsymbol{\theta} + \boldsymbol{n} \tag{6-5-4}$$

于是，线性最小二乘估计的信号模型为 $\boldsymbol{s}(\boldsymbol{\theta}) = \boldsymbol{H}\boldsymbol{\theta}$。根据式(6-5-2)，构造的估计量 $\hat{\boldsymbol{\theta}}$ 使性能指标

$$\boldsymbol{J}(\hat{\boldsymbol{\theta}}) = (\boldsymbol{x} - \boldsymbol{H}\hat{\boldsymbol{\theta}})^{\mathrm{T}}(\boldsymbol{x} - \boldsymbol{H}\hat{\boldsymbol{\theta}}) \tag{6-5-5}$$

达到最小，这就是线性最小二乘估计量的构造规则。$\boldsymbol{J}(\hat{\boldsymbol{\theta}})$ 通常称为最小二乘估计误差。

2. 估计量的构造公式

在矢量估计的情况下，根据估计量的构造规则，要求 $\boldsymbol{J}(\hat{\boldsymbol{\theta}})$ 达到最小。为此，令

$$\left.\frac{\partial \boldsymbol{J}(\hat{\boldsymbol{\theta}})}{\partial \hat{\boldsymbol{\theta}}}\right|_{\hat{\boldsymbol{\theta}}=\hat{\boldsymbol{\theta}}_{\mathrm{ls}}} = 0 \tag{6-5-6}$$

其解 $\hat{\boldsymbol{\theta}}_{\text{ls}}$ 就是所要求的估计量。

利用矢量函数对矢量变量求导的乘法法则，得

$$\frac{\partial \boldsymbol{J}(\hat{\boldsymbol{\theta}})}{\partial \hat{\boldsymbol{\theta}}} = \frac{\partial}{\partial \hat{\boldsymbol{\theta}}}[(\boldsymbol{x}-\boldsymbol{H}\hat{\boldsymbol{\theta}})^{\mathrm{T}}(\boldsymbol{x}-\boldsymbol{H}\hat{\boldsymbol{\theta}})] = -2\boldsymbol{H}^{\mathrm{T}}(\boldsymbol{x}-\boldsymbol{H}\hat{\boldsymbol{\theta}})$$

令其等于零，解得 $\hat{\boldsymbol{\theta}}_{\text{ls}}$ 为

$$\hat{\boldsymbol{\theta}}_{\text{ls}} = (\boldsymbol{H}^{\mathrm{T}}\boldsymbol{H})^{-1}\boldsymbol{H}^{\mathrm{T}}\boldsymbol{x} \tag{6-5-7}$$

因为

$$\frac{\partial^2 \boldsymbol{J}(\hat{\boldsymbol{\theta}})}{\partial \hat{\boldsymbol{\theta}}^2} = 2\boldsymbol{H}^{\mathrm{T}}\boldsymbol{H}$$

是非负定的矩阵，所以 $\hat{\boldsymbol{\theta}}_{\text{ls}}$ 是使 $\boldsymbol{J}(\hat{\boldsymbol{\theta}})$ 为最小的估计量。将式(6-5-7)所示的 $\hat{\boldsymbol{\theta}}_{\text{ls}}$ 代入最小二乘估计误差 $\boldsymbol{J}(\hat{\boldsymbol{\theta}})$ 的表示式，得

$$\boldsymbol{J}_{\min}(\hat{\boldsymbol{\theta}}_{\text{ls}}) = \boldsymbol{x}^{\mathrm{T}}[\boldsymbol{I}-\boldsymbol{H}(\boldsymbol{H}^{\mathrm{T}}\boldsymbol{H})^{-1}\boldsymbol{H}^{\mathrm{T}}]\boldsymbol{x} \tag{6-5-8}$$

3. 估计量的性质

现在讨论线性最小二乘估计量的性质。

①估计矢量是观测矢量的线性函数。由式(6-5-7)所示的估计矢量构造的公式可以看出，估计矢量 $\hat{\boldsymbol{\theta}}_{\text{ls}}$ 是观测矢量 $\boldsymbol{x}$ 的线性组合，所以它是 $\boldsymbol{x}$ 的线性函数。

②如果观测噪声矢量 $\boldsymbol{n}$ 的均值矢量为零，则线性最小二乘估计矢量是无偏的。

因为，若

$$E(\boldsymbol{n}) = 0$$

则

$$\begin{aligned} E(\hat{\boldsymbol{\theta}}_{\text{ls}}) &= E[(\boldsymbol{H}^{\mathrm{T}}\boldsymbol{H})^{-1}\boldsymbol{H}^{\mathrm{T}}\boldsymbol{x}] \\ &= E[(\boldsymbol{H}^{\mathrm{T}}\boldsymbol{H})^{-1}\boldsymbol{H}^{\mathrm{T}}(\boldsymbol{H}\boldsymbol{\theta}+\boldsymbol{n})] \\ &= E(\boldsymbol{\theta}) \end{aligned} \tag{6-5-9}$$

所以，$\hat{\boldsymbol{\theta}}_{\text{ls}}$ 又是无偏估计量。

③如果观测噪声矢量 $\boldsymbol{n}$ 的均值矢量为零，协方差矩阵为 $\boldsymbol{C}_n$，则线性最小二乘估计矢量的均方误差阵为

$$\boldsymbol{M}_{\hat{\boldsymbol{\theta}}_{\text{ls}}} = E[(\boldsymbol{\theta}-\hat{\boldsymbol{\theta}}_{\text{ls}})(\boldsymbol{\theta}-\hat{\boldsymbol{\theta}}_{\text{ls}})^{\mathrm{T}}] = (\boldsymbol{H}^{\mathrm{T}}\boldsymbol{H})^{-1}\boldsymbol{H}^{\mathrm{T}}\boldsymbol{C}_n\boldsymbol{H}(\boldsymbol{H}^{\mathrm{T}}\boldsymbol{H})^{-1} \tag{6-5-10}$$

因为

$$E[(\boldsymbol{\theta}-\hat{\boldsymbol{\theta}}_{\text{ls}})(\boldsymbol{\theta}-\hat{\boldsymbol{\theta}}_{\text{ls}})^{\mathrm{T}}] = E\{[\boldsymbol{\theta}-(\boldsymbol{H}^{\mathrm{T}}\boldsymbol{H})^{-1}\boldsymbol{H}^{\mathrm{T}}\boldsymbol{x}][\boldsymbol{\theta}-(\boldsymbol{H}^{\mathrm{T}}\boldsymbol{H})^{-1}\boldsymbol{H}^{\mathrm{T}}\boldsymbol{x}]^{\mathrm{T}}\}$$

将线性观测方程

$$\boldsymbol{x} = \boldsymbol{H}\boldsymbol{\theta}+\boldsymbol{n}$$

代入上式，得

$$\boldsymbol{M}_{\hat{\boldsymbol{\theta}}_{\mathrm{ls}}} = (\boldsymbol{H}^{\mathrm{T}}\boldsymbol{H})^{-1}\boldsymbol{H}^{\mathrm{T}}E(\boldsymbol{n}\boldsymbol{n}^{\mathrm{T}})\boldsymbol{H}(\boldsymbol{H}^{\mathrm{T}}\boldsymbol{H})^{-1}$$

又因为假设观测噪声矢量 $\boldsymbol{n}$ 的统计特性为

$$E(\boldsymbol{n}) = 0$$

$$E(\boldsymbol{n}\boldsymbol{n}^{\mathrm{T}}) = \boldsymbol{C}_{\boldsymbol{n}}$$

所以，线性最小二乘估计矢量 $\hat{\boldsymbol{\theta}}_{\mathrm{ls}}$ 的均方误差阵为

$$\boldsymbol{M}_{\hat{\boldsymbol{\theta}}_{\mathrm{ls}}} = E[(\boldsymbol{\theta} - \hat{\boldsymbol{\theta}}_{\mathrm{ls}})(\boldsymbol{\theta} - \hat{\boldsymbol{\theta}}_{\mathrm{ls}})^{\mathrm{T}}] = (\boldsymbol{H}^{\mathrm{T}}\boldsymbol{H})^{-1}\boldsymbol{H}^{\mathrm{T}}\boldsymbol{C}_{\boldsymbol{n}}\boldsymbol{H}(\boldsymbol{H}^{\mathrm{T}}\boldsymbol{H})^{-1}$$

因为在这种情况下，估计矢量是无偏的，所以估计矢量的均方误差阵就是估计误差矢量的协方差阵。

显然，线性最小二乘估计矢量 $\hat{\boldsymbol{\theta}}_{\mathrm{ls}}$ 的第二个性质（无偏性）和第三个性质（均方误差阵），需要将观测噪声矢量 $\boldsymbol{n}$ 的上述统计特性假设作为先验知识。

6.5.3　线性最小二乘加权估计

在前面的讨论中，所采用的性能指标对每次观测量是同等对待的。这不禁让人们思考这样一个问题，如果各次观测噪声的强度不一样，则所得的各次观测量的精度也不同，那么同等对待各次观测量的说法是不合理的。在这种情况下，理应给观测噪声较小的那个观测量（精度较高）较大的权值，才能获得更精确的估计结果。极端地说，如果某次观测的噪声为零，那么利用该次观测量就可获得精确的估计量，相当于该次观测量的值仅为 1，其他各次观测量的权值为零。因此，可以这样来构造估计量，即将观测量乘以与本次观测噪声强度成反比的权值后再构造估计量，这就是线性最小二乘加权估计。线性最小二乘加权估计需要关于线性观测噪声统计特性的前二阶矩先验知识。假定观测噪声矢量 $\boldsymbol{E}$ 的均值矢量和协方差矩阵分别

$$E(\boldsymbol{n}) = 0, E(\boldsymbol{n}\boldsymbol{n}^{\mathrm{T}}) = \boldsymbol{C}_{\boldsymbol{n}}$$

线性最小二乘加权估计的性能指标是使

$$\boldsymbol{J}_{W}(\hat{\boldsymbol{\theta}}) = (\boldsymbol{x} - \boldsymbol{H}\hat{\boldsymbol{\theta}})^{\mathrm{T}}\boldsymbol{W}(\boldsymbol{x} - \boldsymbol{H}\hat{\boldsymbol{\theta}}) \tag{6-5-11}$$

达到最小。此时的 $\hat{\boldsymbol{\theta}}$ 称为线性最小二乘加权估计矢量，记为 $\hat{\boldsymbol{\theta}}_{\mathrm{lsw}}(\boldsymbol{x})$，简记为 $\hat{\boldsymbol{\theta}}_{\mathrm{lsw}}$。其中，$\boldsymbol{W}$ 称为加权矩阵，它是 $N\times N$ 的对称正定阵。当 $\boldsymbol{W} = \boldsymbol{I}$ 时，就退化为非加权的线性最小二乘估计。

将式(6-5-11)的 $\boldsymbol{J}_{W}(\hat{\boldsymbol{\theta}})$ 对 $\hat{\boldsymbol{\theta}}$ 求偏导，并令结果等于 0，得

$$\frac{\partial \boldsymbol{J}_{W}(\hat{\boldsymbol{\theta}})}{\partial \hat{\boldsymbol{\theta}}} = -2\boldsymbol{H}^{\mathrm{T}}\boldsymbol{W}(\boldsymbol{x} - \boldsymbol{H}\hat{\boldsymbol{\theta}})\big|_{\hat{\boldsymbol{\theta}}=\hat{\boldsymbol{\theta}}_{\mathrm{lsw}}} = 0$$

解得线性最小二乘加权估计矢量为

$$\hat{\boldsymbol{\theta}}_{\mathrm{lsw}} = (\boldsymbol{H}^{\mathrm{T}}\boldsymbol{W}\boldsymbol{H})^{-1}\boldsymbol{H}^{\mathrm{T}}\boldsymbol{W}\boldsymbol{H} \tag{6-5-12}$$

将式(6-5-12)代入式(6-5-11),得最小二乘加权估计误差为

$$J_{W\min}(\hat{\boldsymbol{\theta}}_{\text{lsw}}) = \boldsymbol{x}^{\mathrm{T}}[\boldsymbol{W} - \boldsymbol{WH}(\boldsymbol{H}^{\mathrm{T}}\boldsymbol{WH})^{-1}\boldsymbol{H}^{\mathrm{T}}\boldsymbol{W}]\boldsymbol{x} \tag{6-5-13}$$

线性最小二乘加权估计矢量的主要性质如下:

①估计矢量是观测矢量的线性函数。

②如果观测噪声矢量 $\boldsymbol{n}$ 的均值矢量 $E(\boldsymbol{n})=0$,则估计矢量 $\hat{\boldsymbol{\theta}}_{\text{lsw}}$ 是无偏估计量。

③如果观测噪声矢量 $\boldsymbol{n}$ 的均值矢量 $E(\boldsymbol{n})=0$,协方差矩阵为 $E(\boldsymbol{nn}^{\mathrm{T}})=\boldsymbol{C}_n$,则估计误差矢量的均方误差阵(误差矢量的协方差矩阵)为

$$\begin{aligned}\boldsymbol{M}_{\hat{\boldsymbol{\theta}}_{\text{lsw}}} &= E[(\boldsymbol{\theta}-\hat{\boldsymbol{\theta}}_{\text{lsw}})(\boldsymbol{\theta}-\hat{\boldsymbol{\theta}}_{\text{lsw}})^{\mathrm{T}}]\\ &= (\boldsymbol{H}^{\mathrm{T}}\boldsymbol{WH})^{-1}\boldsymbol{H}^{\mathrm{T}}\boldsymbol{W}E(\boldsymbol{nn}^{\mathrm{T}})\boldsymbol{WH}(\boldsymbol{H}^{\mathrm{T}}\boldsymbol{WH})^{-1}\\ &= (\boldsymbol{H}^{\mathrm{T}}\boldsymbol{WH})^{-1}\boldsymbol{H}^{\mathrm{T}}\boldsymbol{WC}_n\boldsymbol{WH}(\boldsymbol{H}^{\mathrm{T}}\boldsymbol{WH})^{-1}\end{aligned} \tag{6-5-14}$$

在估计误差矢量的均方误差阵中,观测矩阵 $\boldsymbol{H}$ 和观测噪声矢量的协方差矩阵 $\boldsymbol{C}_n$ 是已知的,现在的问题是,如何选择加权矩阵 $\boldsymbol{W}$ 才能使均方误差阵取最小值。下面证明,当 $\boldsymbol{W}=\boldsymbol{C}_n^{-1}$ 时,估计误差矢量的均方误差阵是最小的。此时的加权矩阵称为最佳加权矩阵,记为 $\boldsymbol{W}_{\text{opt}}$。

设 $\boldsymbol{A}$ 和 $\boldsymbol{B}$ 分别是 $M\times N$ 和 $N\times K$ 的任意两个矩阵,且 $\boldsymbol{AA}^{\mathrm{T}}$ 的逆矩阵存在,则有矩阵不等式

$$\boldsymbol{B}^{\mathrm{T}}\boldsymbol{B} \geqslant (\boldsymbol{AB})^{\mathrm{T}}(\boldsymbol{AA}^{\mathrm{T}})^{-1}\boldsymbol{AB} \tag{6-5-15}$$

成立。令

$$\boldsymbol{A}=\boldsymbol{H}^{\mathrm{T}}\boldsymbol{C}_n^{-1/2},\boldsymbol{B}=\boldsymbol{C}_n^{-1/2}\boldsymbol{C}^{\mathrm{T}},\boldsymbol{C}=(\boldsymbol{H}^{\mathrm{T}}\boldsymbol{WH})^{-1}\boldsymbol{H}^{\mathrm{T}}\boldsymbol{W}$$

则由不等式(6-5-15)得

$$\begin{aligned}\boldsymbol{CC}_n\boldsymbol{C}_n^{\mathrm{T}} &\geqslant (\boldsymbol{H}^{\mathrm{T}}\boldsymbol{C}^{\mathrm{T}})^{\mathrm{T}}(\boldsymbol{H}^{\mathrm{T}}\boldsymbol{C}_n^{-1}\boldsymbol{H})^{-1}(\boldsymbol{H}^{\mathrm{T}}\boldsymbol{C}^{\mathrm{T}})\\ &= \boldsymbol{CH}(\boldsymbol{H}^{\mathrm{T}}\boldsymbol{C}_n^{-1}\boldsymbol{H})^{-1}(\boldsymbol{CH})^{\mathrm{T}}\\ &= (\boldsymbol{H}^{\mathrm{T}}\boldsymbol{C}_n^{-1}\boldsymbol{H})^{-1}\end{aligned} \tag{6-5-16}$$

式(6-5-16)的左端恰为式(6-5-14)的均方误差阵 $\boldsymbol{M}_{\hat{\boldsymbol{\theta}}_{\text{lsw}}}$;而其右端恰为 $\boldsymbol{W}=\boldsymbol{W}_{\text{opt}}=\boldsymbol{C}_n^{-1}$ 时的均方误差阵,即为

$$\boldsymbol{M}_{\hat{\boldsymbol{\theta}}_{\text{lsw}}} = (\boldsymbol{H}^{\mathrm{T}}\boldsymbol{WH})^{-1}\boldsymbol{H}^{\mathrm{T}}\boldsymbol{WC}_n\boldsymbol{WH}(\boldsymbol{H}^{\mathrm{T}}\boldsymbol{WH})^{-1} \geqslant (\boldsymbol{H}^{\mathrm{T}}\boldsymbol{C}_n^{-1}\boldsymbol{H})^{-1} \tag{6-5-17}$$

所以,当 $\boldsymbol{W}=\boldsymbol{W}_{\text{opt}}=\boldsymbol{C}_n^{-1}$ 时,估计矢量的均方误差阵最小,这时可获得线性最小二乘最佳加权估计矢量为

$$\hat{\boldsymbol{\theta}}_{\text{lsw}} = (\boldsymbol{H}^{\mathrm{T}}\boldsymbol{C}_n^{-1}\boldsymbol{H})^{-1}\boldsymbol{H}^{\mathrm{T}}\boldsymbol{C}_n^{-1}\boldsymbol{x} \tag{6-5-18}$$

而估计矢量的均方误差阵为

$$\boldsymbol{M}_{\hat{\boldsymbol{\theta}}_{\text{lsw}}} = (\boldsymbol{H}^{\mathrm{T}}\boldsymbol{C}_n^{-1}\boldsymbol{H})^{-1} \tag{6-5-19}$$

6.5.4　线性最小二乘递推估计

由前面的分析可知，求信号参量的最小二乘估计值必须将所有的观测数据同时处理。当观测数据很多时，其存储和计算量都很大。若采用递推的方法，不仅可以减少计算与存储量，还易于实时处理。

如同线性最小均方误差估计，如果直接按式(6-5-7)或式(6-5-12)来获得线性最小二乘估计量，主要存在两个问题：

①每进行一次观测，需要利用过去的全部观测数据重新进行计算，比较麻烦；

②估计量的计算中需要完成矩阵求逆，且矩阵的阶数随观测次数的增加而提高，这样，会遇到高阶矩阵求逆的困难。所以，希望寻求一种递推算法，即利用前一次的估计结果和本次的观测量，通过适当运算，获得当前的估计量。

设第 $k-1$ 次的线性观测方程为

$$\boldsymbol{x}_{k-1}=\boldsymbol{H}_{k-1}+\boldsymbol{n}_{k-1} \tag{6-5-20}$$

如果已经进行了 $k-1$ 次观测，为了强调观测次数 $k-1$，采用如下的记号：

$$\boldsymbol{x}(k-1)=\begin{bmatrix}\boldsymbol{x}_1\\ \boldsymbol{x}_2\\ \vdots\\ \boldsymbol{x}_{k-1}\end{bmatrix},\boldsymbol{H}(k-1)=\begin{bmatrix}\boldsymbol{H}_1\\ \boldsymbol{H}_2\\ \vdots\\ \boldsymbol{H}_{k-1}\end{bmatrix},\boldsymbol{n}(k-1)=\begin{bmatrix}\boldsymbol{n}_1\\ \boldsymbol{n}_2\\ \vdots\\ \boldsymbol{n}_{k-1}\end{bmatrix}$$

这样，线性观测方程为

$$\boldsymbol{x}(k-1)=\boldsymbol{H}(k-1)\boldsymbol{\theta}+\boldsymbol{n}(k-1) \tag{6-5-21}$$

设加权矩阵为

$$\boldsymbol{W}(k-1)=\begin{bmatrix}\boldsymbol{W}_1\\ \boldsymbol{W}_2\\ \vdots\\ \boldsymbol{W}_{k-1}\end{bmatrix}$$

则由式(6-5-21)得线性最小二乘加权估计矢量为

$$\hat{\boldsymbol{\theta}}_{\mathrm{lsw}(k-1)}=[\boldsymbol{H}^{\mathrm{T}}(k-1)\boldsymbol{W}(k-1)\boldsymbol{H}(k-1)]^{-1}\boldsymbol{H}^{\mathrm{T}}(k-1)\boldsymbol{W}(k-1)\boldsymbol{x}(k-1) \tag{6-5-22}$$

现在假设又进行了第 k 次观测，即

$$\boldsymbol{x}_k=\boldsymbol{H}_k\boldsymbol{\theta}+\boldsymbol{n}_k \tag{6-5-23}$$

则进行了 k 次观测的线性观测方程为

$$\boldsymbol{x}(k)=\boldsymbol{H}(k)\boldsymbol{\theta}+\boldsymbol{n}(k) \tag{6-5-24}$$

其中

$$\boldsymbol{x}(k)=\begin{bmatrix}\boldsymbol{x}(k-1)\\\boldsymbol{x}_k\end{bmatrix},\boldsymbol{H}(k)=\begin{bmatrix}\boldsymbol{H}(k-1)\\\boldsymbol{H}_k\end{bmatrix},\boldsymbol{n}(k)=\begin{bmatrix}\boldsymbol{n}(k-1)\\\boldsymbol{n}_k\end{bmatrix}$$

设加权矩阵为

$$\boldsymbol{W}(k)=\begin{bmatrix}\boldsymbol{W}(k-1) & 0\\0 & \boldsymbol{W}_k\end{bmatrix}$$

则 k 次观测的线性最小二乘加权估计矢量为

$$\hat{\boldsymbol{\theta}}_{\text{lsw}(k)}=[\boldsymbol{H}^{\mathrm{T}}(k)\boldsymbol{W}(k)\boldsymbol{H}(k)]^{-1}\boldsymbol{H}^{\mathrm{T}}(k)\boldsymbol{W}(k)\boldsymbol{x}(k) \tag{6-5-25}$$

为了导出递推估计的公式，定义

$$\boldsymbol{M}_{\hat{\boldsymbol{\theta}}_{\text{lsw}(k)}}=[\boldsymbol{H}^{\mathrm{T}}(k-1)\boldsymbol{W}(k-1)\boldsymbol{H}(k-1)]^{-1} \tag{6-5-26}$$

并记

$$\hat{\boldsymbol{\theta}}_{k-1}=\hat{\boldsymbol{\theta}}_{\text{lsw}(k-1)} \tag{6-5-27}$$

$$\boldsymbol{M}_{k-1}=\boldsymbol{M}_{\text{lsw}(k-1)} \tag{6-5-28}$$

这样，则有

$$\hat{\boldsymbol{\theta}}_{k-1}=\boldsymbol{M}_{k-1}\boldsymbol{H}^{\mathrm{T}}(k-1)\boldsymbol{W}(k-1)\boldsymbol{x}(k-1) \tag{6-5-29}$$

而

$$\hat{\boldsymbol{\theta}}_k=\boldsymbol{M}_k\boldsymbol{H}^{\mathrm{T}}(k)\boldsymbol{W}(k)\boldsymbol{x}(k) \tag{6-5-30}$$

其中

$$\begin{aligned}\boldsymbol{M}_k&=[\boldsymbol{H}^{\mathrm{T}}(k)\boldsymbol{W}(k)\boldsymbol{H}(k)]^{-1}\\&=\left([\boldsymbol{H}^{\mathrm{T}}(k-1)\quad \boldsymbol{H}_k^{\mathrm{T}}]\begin{bmatrix}\boldsymbol{W}(k-1) & \boldsymbol{0}\\\boldsymbol{0} & \boldsymbol{W}_k\end{bmatrix}\begin{bmatrix}\boldsymbol{H}(k-1)\\\boldsymbol{H}_k\end{bmatrix}\right)^{-1}\\&=[\boldsymbol{H}^{\mathrm{T}}(k-1)\boldsymbol{W}(k-1)\boldsymbol{H}(k-1)+\boldsymbol{H}_k^{\mathrm{T}}\boldsymbol{W}_k\boldsymbol{H}_k]^{-1}\\&=[\boldsymbol{M}_{k-1}^{-1}+\boldsymbol{H}_k^{\mathrm{T}}\boldsymbol{W}_k\boldsymbol{H}_k]^{-1}\end{aligned} \tag{6-5-31}$$

利用矩阵求逆引理，用 $\boldsymbol{M}_k$ 可表示为

$$\boldsymbol{M}_k=\boldsymbol{M}_{k-1}-\boldsymbol{M}_{k-1}\boldsymbol{H}_k^{\mathrm{T}}(\boldsymbol{H}_k\boldsymbol{M}_{k-1}\boldsymbol{H}_k^{\mathrm{T}}+\boldsymbol{W}_k^{-1})^{-1}\boldsymbol{H}_k\boldsymbol{M}_{k-1} \tag{6-5-32}$$

能够利用第 $k-1$ 次的估计矢量 $\hat{\boldsymbol{\theta}}_{k-1}$ 和第 k 次的观测矢量 $\boldsymbol{x}_k$，来获得第 k 次的估计矢量 $\hat{\boldsymbol{\theta}}_k$。为此，将式(6-5-30)写成

$$\begin{aligned}\hat{\boldsymbol{\theta}}_k&=\boldsymbol{M}_k\boldsymbol{H}^{\mathrm{T}}(k)\boldsymbol{W}(k)\boldsymbol{x}(k)\\&=\boldsymbol{M}_k[\boldsymbol{H}^{\mathrm{T}}(k-1)\quad \boldsymbol{H}_k^{\mathrm{T}}]\begin{bmatrix}\boldsymbol{W}(k-1) & \boldsymbol{0}\\\boldsymbol{0} & \boldsymbol{W}_k\end{bmatrix}\begin{bmatrix}\boldsymbol{x}(k-1)\\\boldsymbol{x}_k\end{bmatrix}\\&=\boldsymbol{M}_k[\boldsymbol{H}^{\mathrm{T}}(k-1)\boldsymbol{W}(k-1)\boldsymbol{x}(k-1)+\boldsymbol{H}_k^{\mathrm{T}}\boldsymbol{W}_k\boldsymbol{x}_k]\end{aligned} \tag{6-5-33}$$

现在来研究(6-5-33)右端的第一项。将式(6-5-29)两端同乘 $\boldsymbol{M}_k\boldsymbol{M}_{k-1}^{-1}$ 得

$$\boldsymbol{M}_k\boldsymbol{H}^{\mathrm{T}}(k-1)\boldsymbol{W}(k-1)\boldsymbol{x}(k-1)=\boldsymbol{M}_k\boldsymbol{M}_{k-1}^{-1}\hat{\boldsymbol{\theta}}_{k-1} \tag{6-5-34}$$

而由式(6-5-31)可得

$$\boldsymbol{M}_{k-1}^{-1}=\boldsymbol{W}_k^{-1}-\boldsymbol{H}_k^{\mathrm{T}}\boldsymbol{W}_k\boldsymbol{H}_k \tag{6-5-35}$$

将其代入式(6-5-34)，得

$$\begin{aligned}\boldsymbol{M}_k\boldsymbol{H}^{\mathrm{T}}(k-1)\boldsymbol{W}(k-1)\boldsymbol{x}(k-1) &= \boldsymbol{M}_k(\boldsymbol{M}_k^{-1}-\boldsymbol{H}_k^{\mathrm{T}}\boldsymbol{W}_k\boldsymbol{H}_k)\hat{\boldsymbol{\theta}}_{k-1} \\ &= \hat{\boldsymbol{\theta}}_{k-1}-\boldsymbol{M}_k\boldsymbol{H}_k^{\mathrm{T}}\boldsymbol{W}_k\boldsymbol{H}_k\hat{\boldsymbol{\theta}}_{k-1}\end{aligned} \tag{6-5-36}$$

将上式代入式(6-5-33)，并稍加整理，则得

$$\begin{aligned}\hat{\boldsymbol{\theta}}_k &= \hat{\boldsymbol{\theta}}_{k-1}+\boldsymbol{M}_k\boldsymbol{H}_k^{\mathrm{T}}\boldsymbol{W}_k(\boldsymbol{x}_k-\boldsymbol{H}_k\hat{\boldsymbol{\theta}}_{k-1}) \\ &= \hat{\boldsymbol{\theta}}_{k-1}+\boldsymbol{K}_k(\boldsymbol{x}_k-\boldsymbol{H}_k\hat{\boldsymbol{\theta}}_{k-1})\end{aligned} \tag{6-5-37}$$

其中，增益矩阵为

$$\boldsymbol{K}_k=\boldsymbol{M}_k\boldsymbol{H}_k^{\mathrm{T}}\boldsymbol{W}_k \tag{6-5-38}$$

这样，式(6-5-31)或式(6-5-32)的 $\boldsymbol{M}_k$，以及式(6-5-38)的 $\boldsymbol{K}_k$ 和式(6-5-37)的 $\hat{\boldsymbol{\theta}}_k$ 就是所要求的一组递推公式。由式(6-5-37)可知，第 k 次的估计矢量 $\hat{\boldsymbol{\theta}}_k$ 是由两项之和组成的。第一项是第 $k-1$ 次的估计矢量 $\hat{\boldsymbol{\theta}}_{k-1}$；第二项是第 k 次观测矢量 $\boldsymbol{x}_k$ 与 $\boldsymbol{H}_k\hat{\boldsymbol{\theta}}_{k-1}$ 之差所形成的“新息”前乘增益矩阵 $\boldsymbol{K}_k$ 的修正项，从而构成速推关系式。

在利用递推公式进行线性最小二乘加权(若取 $\boldsymbol{W}=\boldsymbol{I}$，则退化为非加权)估计矢量计算的，需要一组初始值 $\hat{\boldsymbol{\theta}}_0$ 和 $\boldsymbol{M}_0$。可以利用第一次的观测矢量 $\boldsymbol{x}_1$，由

$$\boldsymbol{M}_1=(\boldsymbol{H}_1^{\mathrm{T}}\boldsymbol{W}_1\boldsymbol{H}_1)^{-1} \tag{6-5-39}$$

和

$$\hat{\boldsymbol{\theta}}_1=\boldsymbol{M}_1\boldsymbol{H}_1^{\mathrm{T}}\boldsymbol{W}_1\boldsymbol{x}_1 \tag{6-5-40}$$

确定 $\boldsymbol{M}_1$ 和 $\hat{\boldsymbol{\theta}}_1$，然后，从第二次观测开始进行递推估计。也可以令

$$\hat{\boldsymbol{\theta}}_0=\boldsymbol{0},\boldsymbol{M}_{10}=c\boldsymbol{I}$$

其中，$c\gg 1$。这样，从第一次观测就开始进行递推估计。这样选择的初始状态，虽然开始递推估计时，误差可能较大，但由式(6-5-37)可知，如果 $\boldsymbol{M}_k$ 较大，则增益矩阵 $\boldsymbol{K}_k$ 较大，于是，“新息”起的作用就较大。所以，经过若干次递推估计后，初始值不准确的影响会逐渐消失，从而获得满意的递推估计结果。

6.5.5　非线性最小二乘估计

在最小二乘估计的方法中已经指出，$\boldsymbol{\theta}$ 的最小二乘估计矢量 $\hat{\boldsymbol{\theta}}$ 构造为使

$$\boldsymbol{J}(\hat{\boldsymbol{\theta}})=(\boldsymbol{x}-s(\hat{\boldsymbol{\theta}}))^{\mathrm{T}}(\boldsymbol{x}-s(\hat{\boldsymbol{\theta}}))$$

达到最小，其中 $s(\boldsymbol{\theta})$ 是变量模型。如果信号 $s(\boldsymbol{\theta})$ 是 $\boldsymbol{\theta}$ 的一个 $\boldsymbol{N}$ 维非线性函数，在这种情况下，求使 $\boldsymbol{J}(\hat{\boldsymbol{\theta}})$ 达到最小的估计矢量 $\hat{\boldsymbol{\theta}}$ 可能会变得十分困难。这里讨论两种能降低这种问题复杂程度的方法。

在最小二乘估计的方法中，未知矢量 θ 是通过使下式最小来估计的：

$$\boldsymbol{J}(\hat{\boldsymbol{\theta}}) = (\boldsymbol{x} - s(\hat{\boldsymbol{\theta}}))^{\mathrm{T}}(\boldsymbol{x} - s(\hat{\boldsymbol{\theta}}))$$

式中，$s(\boldsymbol{\theta})$ 是 $\boldsymbol{x}$ 的信号模型。在线性最小二乘估计问题中，信号模型 $s(\boldsymbol{\theta})$ 是待估计矢量参量 $\boldsymbol{\theta}$ 的线性函数。然而，在许多情况下，信号模型 $s(\boldsymbol{\theta})$ 是待估计矢量参量 $\boldsymbol{\theta}$ 的 $\boldsymbol{N}$ 维非线性函数，这个问题称为非线性最小二乘估计问题。

这种非线性最小二乘估计问题的形式在统计学上称为非线性回归问题，在这种情况下，给出参量变换和参量分离两种方法。

前面已经指出，信号参量 $\boldsymbol{\theta}$ 的最小二乘估计矢量 $\hat{\boldsymbol{\theta}}$ 构造为使各分量的二乘误差和

$$\boldsymbol{J}(\hat{\boldsymbol{\theta}}) = (\boldsymbol{x} - s(\hat{\boldsymbol{\theta}}))^{\mathrm{T}}(\boldsymbol{x} - s(\hat{\boldsymbol{\theta}}))$$

达到最小，其中 $s(\boldsymbol{\theta})$ 是信号的模型。当 $s(\boldsymbol{\theta}) = \boldsymbol{H\theta}$ 时，是线性信号模型。如果 $s(\boldsymbol{\theta})$ 是 $\boldsymbol{\theta}$ 的 $\boldsymbol{N}$ 维非线性函数，即为非线性信号模型，这时，使 $\boldsymbol{J}(\hat{\boldsymbol{\theta}})$ 达到最小的估计就是非线性最小二乘估计。非线性最小二乘估计矢量的构造往往比较困难。下面研究两种能降低估计复杂程度的方法。

1. 参量变换方法

在这种方法中，首先需要寻找一个未知矢量参量 $\boldsymbol{\theta}$ 的一对一变换，从而使变换后的参量可以表示为线性信号模型，然后求 $\boldsymbol{\alpha}$ 的线性最小二乘估计矢量为 $\hat{\boldsymbol{\alpha}}_{\mathrm{ls}}$，再通过反变换求得 $\boldsymbol{\theta}$ 的线性最小二乘估计矢量 $\hat{\boldsymbol{\theta}}_{\mathrm{ls}}$，设被估计矢量 $\boldsymbol{\theta}$ 的函数为

$$\boldsymbol{\alpha} = \boldsymbol{g}(\boldsymbol{\theta}) \tag{6-5-41}$$

式中，$\boldsymbol{g}$ 是 $\boldsymbol{\theta}$ 的一个 $\boldsymbol{M}$ 维函数，其反函数存在。如果能找到这样一个函数关系，它满足

$$s(\boldsymbol{\theta}(\boldsymbol{\alpha})) = s(\boldsymbol{g}^{-1}(\boldsymbol{\alpha})) = \boldsymbol{H\alpha} \tag{6-5-42}$$

则信号模型与 $\boldsymbol{\alpha}$ 呈线性关系。因此，可求得 $\boldsymbol{\alpha}$ 的线性最小二乘估计矢量 $\hat{\boldsymbol{\alpha}}_{\mathrm{ls}}$ 为

$$\hat{\boldsymbol{\alpha}}_{\mathrm{ls}} = (\boldsymbol{H}^{\mathrm{T}}\boldsymbol{H})^{-1}\boldsymbol{H}^{\mathrm{T}}\boldsymbol{x} \tag{6-5-43}$$

则 $\boldsymbol{\theta}$ 的非线性最小二乘估计矢量 $\hat{\boldsymbol{\theta}}_{\mathrm{ls}}$ 为

$$\hat{\boldsymbol{\theta}}_{\mathrm{ls}} = \boldsymbol{g}^{-1}(\hat{\boldsymbol{\alpha}}_{\mathrm{ls}}) \tag{6-5-44}$$

可以看出，参量变换方法的关键是能否找到一个满足式(6-5-42)的函数 $\boldsymbol{\alpha} = \boldsymbol{g}(\boldsymbol{\theta})$。一般来说，在部分非线性最小二乘估计中，这种方法是可行的。

2. 参量分离方法

在非线性最小二乘估计中，有些问题可以采用参量分离方法来构造估

计量。这类问题可描述为，虽然信号模型是非线性的，但其中部分参量可能是线性的。因此信号参量可分离的模型一般可以表示为

$$s(\boldsymbol{\theta}) = \boldsymbol{H}(\boldsymbol{\alpha})\boldsymbol{\beta} \tag{6-5-45}$$

其中，如果 $\boldsymbol{\theta}$ 是 $\boldsymbol{M}$ 维被估计矢量，则

$$\boldsymbol{\theta} = \begin{bmatrix} \boldsymbol{\alpha} \\ \boldsymbol{\beta} \end{bmatrix} \tag{6-5-46}$$

中的 $\boldsymbol{\alpha}$ 是 $\boldsymbol{P}$ 维矢量，$\boldsymbol{\beta}$ 是 $\boldsymbol{M}-\boldsymbol{P}$ 维矢量；$\boldsymbol{H}(\boldsymbol{\alpha})$ 是一个与 $\boldsymbol{\alpha}$ 有关的 $\boldsymbol{N}\times(\boldsymbol{M}-\boldsymbol{P})$ 矩阵。在这个信号模型中，模型与参量 $\boldsymbol{\beta}$ 呈线性关系，而与参量 $\boldsymbol{\alpha}$ 呈非线性关系。例如，振幅 a 和频率 w_0 是如下正弦信号的待估计参量：

$$s(t;a,w_0) = \sin w_0 t$$

其信号模型与频率 w_0 呈非线性关系，而与振幅 a 呈线性关系。

对于信号参量可分离的模型，选择估计量 $\hat{\boldsymbol{\alpha}}$ 和 $\hat{\boldsymbol{\beta}}$ 使

$$\boldsymbol{J}(\hat{\boldsymbol{\alpha}},\hat{\boldsymbol{\beta}}) = (\boldsymbol{x}-\boldsymbol{H}(\hat{\boldsymbol{\alpha}})\hat{\boldsymbol{\beta}})^{\mathrm{T}}(\boldsymbol{x}-\boldsymbol{H}(\hat{\boldsymbol{\alpha}})\hat{\boldsymbol{\beta}}) \tag{6-5-47}$$

达到最小。对于给定的 $\hat{\boldsymbol{\alpha}}$，使 $\boldsymbol{J}(\hat{\boldsymbol{\alpha}},\hat{\boldsymbol{\beta}})$ 达到最小的 $\hat{\boldsymbol{\beta}}$ 为

$$\hat{\boldsymbol{\beta}}_{\mathrm{ls}} = (\boldsymbol{H}^{\mathrm{T}}(\hat{\boldsymbol{\alpha}})\boldsymbol{H}(\hat{\boldsymbol{\alpha}}))^{-1}\boldsymbol{H}^{\mathrm{T}}(\hat{\boldsymbol{\alpha}})\boldsymbol{x} \tag{6-5-48}$$

根据式(6-5-48)，此时的最小二乘估计误差为

$$\boldsymbol{J}(\hat{\boldsymbol{\alpha}},\hat{\boldsymbol{\beta}}_{\mathrm{ls}}) = \boldsymbol{x}^{\mathrm{T}}[\boldsymbol{I}-\boldsymbol{H}(\hat{\boldsymbol{\alpha}})((\boldsymbol{H}^{\mathrm{T}}(\hat{\boldsymbol{\alpha}})\boldsymbol{H}(\hat{\boldsymbol{\alpha}}))^{-1}\boldsymbol{H}^{\mathrm{T}}(\hat{\boldsymbol{\alpha}})]\boldsymbol{x} \tag{6-5-49}$$

为了使其达到最小，估计量 $\hat{\boldsymbol{\alpha}}$ 应选择使

$$\boldsymbol{x}^{\mathrm{T}}\boldsymbol{H}(\hat{\boldsymbol{\alpha}})(\boldsymbol{H}^{\mathrm{T}}(\hat{\boldsymbol{\alpha}})\boldsymbol{H}(\hat{\boldsymbol{\alpha}}))^{-1}\boldsymbol{H}^{\mathrm{T}}(\hat{\boldsymbol{\alpha}})\boldsymbol{x} \tag{6-5-50}$$

取最大值，从而解得 $\hat{\boldsymbol{\alpha}}_{\mathrm{ls}}$。

6.6　多参量同时估计

设 $x(t)=s(t,\boldsymbol{\theta})+n(t)$，$n(t)$ 是功率谱密度为 $\frac{N_0}{2}$ 的限带高斯白噪声，$\boldsymbol{\theta}$ 是待估参量矢量。

$$\boldsymbol{\theta} = [\theta_1 \quad \theta_2 \quad \cdots \quad \theta_m]^{\mathrm{T}} \tag{6-6-1}$$

对第 j 个参量的最小均方估计为

$$\hat{\theta}_j(x) = \int_{(\boldsymbol{\theta})} \theta_j p(\boldsymbol{\theta}|x)\mathrm{d}\boldsymbol{\theta} \tag{6-6-2}$$

当用矢量表示时

$$\hat{\boldsymbol{\theta}}_{ms}(x) = \int_{(\boldsymbol{\theta})} \boldsymbol{\theta} p(\boldsymbol{\theta}|x)\mathrm{d}\boldsymbol{\theta} \tag{6-6-3}$$

对极大似然估计，类似 $p(x|A)=k\exp\left\{-\frac{1}{N_0}\int_0^{\mathrm{T}}[x(t)-As(t)]^2\mathrm{d}t\right\}$，

多参量的似然函数为

$$p(x \mid \boldsymbol{\theta}) = k\exp\left\{-\frac{1}{\mathrm{N}_0}\int_0^{\mathrm{T}}[x(t)-s(t,\boldsymbol{\theta})]^2\mathrm{d}t\right\} \tag{6-6-4}$$

$$\frac{\partial p(x \mid \boldsymbol{\theta})}{\partial \theta_j} = \frac{2}{\mathrm{N}_0}\int_0^{\mathrm{T}}[x(t)-s(t,\boldsymbol{\theta})]\frac{\partial s(t,\boldsymbol{\theta})}{\partial \theta_j}\mathrm{d}t \tag{6-6-5}$$

参数矢量 $\boldsymbol{\theta}$ 的最大似然估计是下列方程的解

$$\int_0^{\mathrm{T}}[x(t)-s(t,\boldsymbol{\theta})]\frac{\partial s(t,\boldsymbol{\theta})}{\partial \theta_j}\mathrm{d}t = 0 \quad j = 1,2,\cdots,m \tag{6-6-6}$$

第 7 章　信号波形估计

在许多实际问题中，信号参量本身就是随机过程或时变参量，因此要估计的是信号波形。本章将讨论用于信号波形估计的最佳线性估计理论，即维纳滤波和卡尔曼滤波理论。

7.1　信号波形估计概述

信号波形估计就是从被噪声干扰的接收信号中分离出有用信号的整个信号波形，而不只是信号的一个或几个参量。它是估计理论的一个重要组成部分。

从接收信号中滤除噪声以提取有用信号的过程称为滤波。因此，信号波形估计常称为滤波，关于滤波的理论和方法称为滤波理论，实现滤波的相应装置称为滤波器。滤波的目的就是从被噪声干扰的接收信号中分离出有用信号，从而最大限度地抑制噪声。滤波是信号处理中经常采用的主要方法之一，具有十分重要的应用价值。滤波理论是用来估计信号波形或系统状态的，是估计理论的一个重要组成部分。

根据滤波器的输出是否为输入的线性函数，可将它分为线性滤波器和非线性滤波器两种。线性滤波器和非线性滤波器所实现的滤波也就称为线性滤波和非线性滤波。

信号波形估计常采用最佳线性估计或最佳线性滤波。最佳线性滤波是以最小均方误差为最佳准则的线性滤波，也就是使滤波器的输出与期望输出之间的均方误差为最小的线性滤波。最佳线性滤波主要包括维纳滤波(Wiener filtering)和卡尔曼滤波(Kalman filtering)。维纳滤波是用线性滤波器实现对平稳随机过程的最佳线性估计，而卡尔曼滤波则用递推的算法解决包括非平稳随机过程在内的波形的最佳线性估计问题。

采用线性最小均方误差准则作为最佳线性滤波准则的原因是：这种准则下的理论分析比较简单，且可以得到解析的结果。贝叶斯估计和最大似然估计都要求对观测值做概率密度描述，线性最小均方误差估计却放松了要求，不再要求已知概率密度的假设，而只要求已知观测值的一、二阶矩。

最佳线性滤波或最佳线性估计所要解决的问题是：给定有用信号和加性噪声的混合信号波形，寻求一种线性运算作用于此混合波形，得到的结果将是信号与噪声的最佳分离，最佳的含义就是使估计的均方误差最小。或者说，最佳线性滤波所要解决的问题就是选取线性滤波器的单位冲激响应或传输函数，使估计的均方误差达到最小。

信号参量估计假定信号参量在观测时间内是不变的，是静态估计。信号波形估计所涉及的信号参量是时变的，故信号波形估计是动态估计。

信号波形估计中，接收设备的接收信号 $x(t)$ 为有用信号 $s(t)$ 与信道噪声 $n(t)$ 相加，则接收信号模型为

$$x(t)=s(t)+n(t) \tag{7-1-1}$$

有用信号 $s(t)$ 是被估计的信号波形。

设一个线性系统，其单位冲激响应为 $h(t)$，在输入为接收信号 $x(t)$ 的情况下，输出 $y(t)$ 为有用信号 $s(t)$ 的波形估计，这个线性系统称为线性估计器，或称为线性滤波器。线性估计器框图如图 7-1 所示。

线性估计器的输出 $y(t)$ 作为有用信号 $s(t)$ 的波形估计，可以用一般形式表示为 $y(t)=\hat{s}(t+\alpha)$，其中 $\hat{s}(t+\alpha)$ 表示有用信号 $s(t+\alpha)$ 的估计量。线性估计器的期望输出 $s(t+\alpha)$ 与实际输出 $y(t)$ 之间的差值称为误差，即 $e(t)=s(t+\alpha)-y(t)$。误差平方的均值称为均方误差，即

$$E[e^2(t)]=E\{[s(t+\alpha)-y(t)]^2\} \tag{7-1-2}$$

图 7-1　线性估计器框图

使均方误差最小的线性估计器就是最佳线性估计器。最佳线性估计器所要解决的问题就是寻找使均方误差达到最小的线性滤波器的单位冲激响应 $h(t)$。维纳滤波器的参数是时不变的，适用于平稳随机信号。卡尔曼滤波器参数可以是时不变的，也可以是时变的，既适用于平稳随机信号，也适用于非平稳随机信号。

根据 α 的取值范围不同，波形估计可以分为如下 3 种类型：

①若 $\alpha=0$，则称为滤波，即线性估计器试图从观测波形 $x(t)$ 中，尽可能地排除噪声 $n(t)$ 的干扰，分离出有用信号 $s(t)$ 本身。它是根据当前和过去的观测值 $x(t)$、$x(t-1)$、…，对当前的有用信号值 $s(t)$ 进行估计，使 $y(t)=\hat{s}(t)$。

②若 $\alpha>0$，则称为预测或外推，即线性估计器试图估计当前时刻 t 以后的未来 α 个时间单位的有用信号波形值，如雷达预测运动目标的轨迹等属于这种情况。它是根据过去的观测值估计未来的有用信号值，使 $y(t)=$

$\hat{s}(t+\alpha)$。

③若 $\alpha<0$，则称为平滑或内插，即线性估计器试图估计当前时刻 t 以前的过去 α 个时间单位的有用信号波形值，如数据平滑、地物照片处理等属于这种情况。它是根据过去的观测值估计过去的信号值，使 $y(t)=\hat{s}(t+\alpha)$。

7.2　连续随机过程的维纳滤波

假定信号 $s(t)$ 和加性噪声 $n(t)$ 均为平稳随机过程，且 $s(t)$ 和 $n(t)$ 是联合平稳的，设连续过程的观测数据为

$$x(t)=s(t)+n(t) \tag{7-2-1}$$

利用滤波器 $h(t)$ 实现对信号 $s(t)$ 的估计。

$$y(t)=\hat{s}(t)=\int_{-\infty}^{\infty}h(t-\tau)x(\tau)\mathrm{d}\tau=\int_{-\infty}^{\infty}h(\tau)x(t-\tau)\mathrm{d}\tau \tag{7-2-2}$$

利用均方误差作为连续维纳滤波器的性能指标来进行分析，即

$$E[(s(t)-\hat{s}(t))^2]=E\left[\left(s(t)-\int_{-\infty}^{\infty}h(\tau)x(t-\tau)\mathrm{d}\tau\right)^2\right] \tag{7-2-3}$$

为了得到线性最优滤波器的冲激响应，需求解满足上式为最小的冲激响应系数，即

$$h_{\mathrm{opt}}(t)=\arg\min_{h(t)}E\left[\left(s(t)-\int_{-\infty}^{\infty}h(\tau)x(t-\tau)\mathrm{d}\tau\right)^2\right] \tag{7-2-4}$$

根据 $s(t)$ 和 $n(t)$ 的统计特性可知

$$E[s(t)s(t+\tau)]=E[s(t)s(t-\tau)]=R_S(\tau) \tag{7-2-5}$$

$$E[n(t)n(t+\tau)]=E[n(t)n(t-\tau)]=R_N(\tau) \tag{7-2-6}$$

$$E[s(t)x(t+\tau)]=E[s(t)x(t-\tau)]=R_{sx}(\tau)=R_S(\tau)+R_{sn}(\tau) \tag{7-2-7}$$

$$\begin{aligned}E[x(t)x(t+\tau)]&=E[x(t)x(t-\tau)]=R_X(\tau)\\&=R_S(\tau)+R_{sn}(\tau)+R_{ns}(\tau)+R_N(\tau)\end{aligned} \tag{7-2-8}$$

将式(7-2-5)～式(7-2-8)代入式(7-2-3)，得

$$\begin{aligned}E[(s(t)-\hat{s}(t))^2]&=E\left[\left(s(t)-\int_{-\infty}^{\infty}h(\tau)x(t-\tau)\mathrm{d}\tau\right)^2\right]\\&=E\left[\left(s(t)-\int_{-\infty}^{\infty}h(\tau_1)x(t-\tau_1)\mathrm{d}\tau_1\right)\cdot\left(s(t)-\int_{-\infty}^{\infty}h(\tau_2)x(t-\tau_2)\mathrm{d}\tau_2\right)\right]\\&=E\left[s^2(t)-s(t)\int_{-\infty}^{\infty}h(\tau_1)x(t-\tau_1)\mathrm{d}\tau_1-s(t)\int_{-\infty}^{\infty}h(\tau_2)x(t-\tau_2)\mathrm{d}\tau_2\right.\\&\quad\left.+\int_{-\infty}^{\infty}\int_{-\infty}^{\infty}h(\tau_1)h(\tau_2)x(t-\tau_1)x(t-\tau_2)\mathrm{d}\tau_1\mathrm{d}\tau_2\right]\end{aligned}$$

$$
\begin{aligned}
&= E[s^2(t)] - \int_{-\infty}^{\infty} h(\tau_1) E[s(t)x(t-\tau_1)] \mathrm{d}\tau_1 \\
&\quad - \int_{-\infty}^{\infty} h(\tau_2) E[s(t)x(t-\tau_2)] \mathrm{d}\tau_2 \\
&\quad + \int_{-\infty}^{\infty}\int_{-\infty}^{\infty} h(\tau_1)h(\tau_2) E[x(t-\tau_1)x(t-\tau_2)] \mathrm{d}\tau_1 \mathrm{d}\tau_2 \\
&= R_S(0) - \int_{-\infty}^{\infty} h(\tau_1) R_{sx}(\tau_1) \mathrm{d}\tau_1 - \int_{-\infty}^{\infty} h(\tau_2) R_{sx}(\tau_2) \mathrm{d}\tau_2 \\
&\quad + \int_{-\infty}^{\infty}\int_{-\infty}^{\infty} h(\tau_1)h(\tau_2) R_X(\tau_2-\tau_1) \mathrm{d}\tau_1 \mathrm{d}\tau_2 \\
&= R_S(0) - 2\int_{-\infty}^{\infty} h(\tau) R_{sx}(\tau) \mathrm{d}\tau + \int_{-\infty}^{\infty}\int_{-\infty}^{\infty} h(\tau_1)h(\tau_2) R_X(\tau_2-\tau_1) \mathrm{d}\tau_1 \mathrm{d}\tau_2
\end{aligned} \tag{7-2-9}
$$

尽管偏微分方法可获得上式的最优解，但计算复杂，故采用参数优化方法来获得 $h_{\mathrm{opt}}(t)$。假设 $h(t)$ 是由 $h_{\mathrm{opt}}(t)$ 和 $\Delta h_{\mathrm{opt}}(t)$ 组成的，即

$$
h(t) = h_{\mathrm{opt}}(t) + \alpha \Delta h_{\mathrm{opt}}(t) \tag{7-2-10}
$$

其中，α 是一个标量参数。

将上式代入式(7-2-9)，得

$$
\begin{aligned}
J(\alpha) &= E[(s(t)-\hat{s}(t))^2] \\
&= R_S(0) - 2\int_{-\infty}^{\infty} [h_{\mathrm{opt}}(\tau) + \alpha\Delta h_{\mathrm{opt}}(\tau)] R_{sx}(\tau) \mathrm{d}\tau \\
&\quad + \int_{-\infty}^{\infty}\int_{-\infty}^{\infty} [h_{\mathrm{opt}}(\tau_1) + \alpha\Delta h_{\mathrm{opt}}(\tau_1)] \cdot [h_{\mathrm{opt}}(\tau_2) \\
&\quad + \alpha\Delta h_{\mathrm{opt}}(\tau_2)] R_X(\tau_2-\tau_1) \mathrm{d}\tau_1 \mathrm{d}\tau_2
\end{aligned} \tag{7-2-11}
$$

这时，均方误差 $J(\alpha)$ 转化为 α、$h_{\mathrm{opt}}(t)$、$\Delta h_{\mathrm{opt}}(t)$ 三者的函数。显然，当满足 $\left.\dfrac{\partial J(\alpha)}{\partial \alpha}\right|_{\alpha=0}$ 时，均方误差可获得最小值。

$$
\begin{aligned}
\left.\frac{\partial J(\alpha)}{\partial \alpha}\right|_{\alpha=0} &= -2\int_{-\infty}^{\infty} \Delta h_{\mathrm{opt}}(\tau) R_{sx}(\tau) \mathrm{d}\tau \\
&\quad + \int_{-\infty}^{\infty}\int_{-\infty}^{\infty} h_{\mathrm{opt}}(\tau_2) \Delta h_{\mathrm{opt}}(\tau_1) R_X(\tau_2-\tau_1) \mathrm{d}\tau_1 \mathrm{d}\tau_2 \\
&\quad + \int_{-\infty}^{\infty}\int_{-\infty}^{\infty} h_{\mathrm{opt}}(\tau_1) \Delta h_{\mathrm{opt}}(\tau_2) R_X(\tau_2-\tau_1) \mathrm{d}\tau_1 \mathrm{d}\tau_2 \\
&= 0
\end{aligned} \tag{7-2-12}
$$

因为 $\Delta h_{\mathrm{opt}}(\tau)$ 是任意项，所以上式应对所有可能的 $\Delta h_{\mathrm{opt}}(\tau)$ 都成立。于是上式等价于

$$
R_{sx}(\tau_2) - \int_{-\infty}^{\infty} h_{\mathrm{opt}}(\tau_1) R_X(\tau_2-\tau_1) \mathrm{d}\tau_1 = 0 \tag{7-2-13}
$$

即

$$R_{sx}(\tau)=\int_{-\infty}^{\infty}h_{\mathrm{opt}}(\tau_1)R_X(\tau-\tau_1)\mathrm{d}\tau_1,-\infty<\tau<\infty \quad (7\text{-}2\text{-}14)$$

上式称为维纳-霍普夫积分方程，将上式两边进行傅里叶变换，得

$$H_{\mathrm{opt}}(\omega)=\frac{G_{sx}(\omega)}{G_X(\omega)} \quad (7\text{-}2\text{-}15)$$

式中，$G_{sx}(\omega)=\sum_{\tau=-\infty}^{\infty}R_{sx}(\tau)\mathrm{e}^{-\mathrm{j}\omega\tau}$；$G_X(\omega)=\sum_{\tau=-\infty}^{\infty}R_X(\tau)\mathrm{e}^{-\mathrm{j}\omega\tau}$。

这种滤波器称为非因果维纳滤波器。因为滤波器的冲激响应 $h_{\mathrm{opt}}(\tau)$ 在$(-\infty,\infty)$内取值，故是物理不可实现的。但任何一个非因果线性系统都可以看作是由因果和反因果两部分组成的。因果部分是物理可实现的，反因果部分是物理不可实现的。由此可知，从一个非因果维纳滤波器中将因果部分单独分离出来，就可以得到物理可实现的因果维纳滤波器。

通常，直接从 $H(\omega)=\sum_{k=-\infty}^{\infty}h(k)\mathrm{e}^{-\mathrm{j}\omega k}$ 中分离出因果部分 $H(\omega)=\sum_{k=0}^{\infty}h(k)\mathrm{e}^{-\mathrm{j}\omega k}$ 是十分困难的，但功率谱 $G_X(\omega)$ 为 ω 的有理式函数时，却很容易获得因果维纳滤波器的最优解。

将有理式功率谱 $G_X(\omega)$ 分解为

$$G_X(\omega)=A_X^+(\omega)+A_X^-(\omega) \quad (7\text{-}2\text{-}16)$$

式中，$A_X^+(\omega)$ 的零、极点全部位于左半平面，而 $A_X^-(\omega)$ 的零、极点则全部位于右半平面，而且位于 ω 轴上的零、极点平分给 $A_X^+(\omega)$ 和 $A_X^-(\omega)$。

又可以进行如下分解

$$\frac{G_{sx}(\omega)}{A_X^-(\omega)}=B_X^+(\omega)+B_X^-(\omega) \quad (7\text{-}2\text{-}17)$$

式中，$B_X^+(\omega)$ 的零、极点全部位于左半平面，$B_X^-(\omega)$ 的零、极点则全部位于右半平面，并且位于 ω 轴上的零、极点平分给 $B_X^+(\omega)$ 和 $B_X^-(\omega)$。于是

$$\begin{aligned}H(\omega)&=\frac{G_{sx}(\omega)}{A_X^+(\omega)A_X^-(\omega)}\\&=\frac{1}{A_X^+(\omega)}\frac{G_{sx}(\omega)}{A_X^-(\omega)}\\&=\frac{1}{A_X^+(\omega)}[B_X^+(\omega)+B_X^-(\omega)]\end{aligned} \quad (7\text{-}2\text{-}18)$$

此时

$$H_{\mathrm{opt}}(\omega)=\frac{B_X^+(\omega)}{A_X^+(\omega)} \quad (7\text{-}2\text{-}19)$$

上式只包含左半平面的零、极点，所以它是物理可实现的。于是 $G_X(\omega)$ 为有理式功率谱时，连续过程因果维纳滤波器的最优化解可通过上式获得。

7.3 离散随机过程的维纳滤波

7.3.1 离散过程维纳滤波的时域解

维纳滤波器的求解是寻求在最小均方误差下滤波器的单位冲激响应 $h(n)$ 或传递函数 $H(z)$，实质上是求解维纳-霍普夫(Wiener-Hopf)方程。在满足因果性条件下，求解维纳-霍普夫方程就是一个难题。在时域中求解最小均方误差下的 $h(n)$，并用 $h_{\text{opt}}(n)$ 表示。对于离散过程，有

$$y(n)=\hat{s}(n)=\sum_{m=-\infty}^{\infty}h(m)x(n-m) \tag{7-3-1}$$

物理可实现的 $h(n)$，必须是一个因果序列，即

$$h(n)=0,n<0 \tag{7-3-2}$$

因此，如果是一个因果序列，式(7-3-1)就可表示为

$$y(n)=\hat{s}(n)=\sum_{m=0}^{\infty}h(m)x(n-m) \tag{7-3-3}$$

于是

$$\begin{aligned}E[e^2(n)]&=E[(s(n)-\hat{s}(n))^2]\\&=E\Big[\Big(s(n)-\sum_{m=0}^{\infty}h(m)x(n-m)\Big)^2\Big]\end{aligned} \tag{7-3-4}$$

为了求解使 $E[(s(n)-\hat{s}(n))^2]$ 最小的 $h(n)$，将上式对各 $h(n)$ 求偏导，令其结果为0，得

$$2E\Big[\Big(s(n)-\sum_{m=0}^{\infty}h(m)x(n-m)\Big)x(n-k)\Big]=0,k\geqslant 0 \tag{7-3-5}$$

也即

$$E[e(n)x(n-m)]=0 \tag{7-3-6}$$

上式称为正交性原理。这里借助矢量正交时点相乘为0的原理，即线性均方估计的估计误差与所观测样本正交，正交性原理与最小线性均方准则是等价的。

由式(7-3-5)可得

$$E[s(n)x(n-k)]=\sum_{m=0}^{\infty}h(m)E[x(n-m)x(n-k)],k\geqslant 0 \tag{7-3-7}$$

上式称为时域离散形式的维纳-霍普夫方程，从该方程中解出 $h_{\text{opt}}(m)$，即是最小均方误差准则下的最佳解。

上式中 $k \geqslant 0$ 的约束条件是由于假设 $h(n)$ 是一个物理可实现的因果序列。如果不加物理可实现的约束，上式中的 $k \geqslant 0$ 的约束条件就不存在了。因此非因果的维纳-霍普夫方程为

$$R_{sx}(k) = \sum_{m=-\infty}^{\infty} h_{\text{opt}}(m) R_X(k-m) \tag{7-3-8}$$

上式可以直接变换到 z 域，得

$$R_{sx}(z) = H_{\text{opt}}(z) R_X(z) \tag{7-3-9}$$

或

$$H_{\text{opt}}(z) = \frac{R_{sx}(z)}{R_X(z)} \tag{7-3-10}$$

因而

$$h_{\text{opt}}(n) = Z^{-1}[H_{\text{opt}}(z)] = Z^{-1}\left[\frac{R_{sx}(z)}{R_X(z)}\right] \tag{7-3-11}$$

然而，由于物理可实现系统不容许存在等待或滞后，就必须考虑因果性约束，以下讨论有限长时域解的逼近方法。

设 $h(n)$ 是一个因果序列，用长度为 N 的序列去逼近，于是有

$$y(n) = \hat{s}(n) = \sum_{m=0}^{N-1} h(m) x(n-m) \tag{7-3-12}$$

$$2E\left[\left(s(n) - \sum_{m=0}^{N-1} h(m) x(n-m)\right) x(n-k)\right] = 0, k = 0, 1, \cdots, N-1 \tag{7-3-13}$$

$$R_{sx}(k) = \sum_{m=0}^{N-1} h(m) R_X(k-m) \tag{7-3-14}$$

写成矩阵形式为

$$\boldsymbol{R}_X \boldsymbol{H} = \boldsymbol{R}_{sx} \tag{7-3-15}$$

这里

$$\boldsymbol{H} = [h(0), h(1), \cdots, h(N-1)]^{\mathrm{T}} \tag{7-3-16}$$

$$\boldsymbol{R}_X = \begin{bmatrix} R_X(0) & R_X(1) & \cdots & R_X(N-1) \\ R_X(1) & R_X(0) & \cdots & R_X(N-2) \\ \vdots & \vdots & \ddots & \vdots \\ R_X(N-1) & R_X(N-2) & \cdots & R_X(0) \end{bmatrix} \tag{7-3-17}$$

式中，$\boldsymbol{R}_X$ 称为 $x(n)$的自相关矩阵。

$$\boldsymbol{R}_{sx} = [R_{sx}(0), R_{sx}(1), \cdots, R_{sx}(N-1)]^{\mathrm{T}} \tag{7-3-18}$$

$\boldsymbol{R}_{sx}$ 称为 $s(n)$ 与 $s(n)$ 的互相关矩阵。于是

$$\boldsymbol{H} = \boldsymbol{H}_{\text{opt}} = \boldsymbol{R}_X^{-1}\boldsymbol{R}_{sx} \tag{7-3-19}$$

当已知 $\boldsymbol{R}_X$ 和 $\boldsymbol{R}_{sx}$，则可按上式在时域内解得满足因果条件的 $\boldsymbol{H}_{\text{opt}}$。但 N 大时，计算 $\boldsymbol{R}_X$ 及其逆矩阵的计算量很大，对存储量的要求很高。如果计算过程中想增加 $h(n)$ 的长度 N 来提高逼近精度，则必须重新计算。

7.3.2 离散过程维纳滤波的 z 域解

当维纳滤波器单位冲激响应 $h(n)$ 是一个物理可实现的因果序列时，得到的维纳-霍普夫方程有 $k \geqslant 0$ 的约束，不能直接在 z 域获得 $H_{\text{opt}}(z)$，进而通过 $H_{\text{opt}}(z) \leftrightarrow h_{\text{opt}}(n)$ 变换获得最优解。将 $x(n)$ 白化是一种常用的求解 z 域解的方法。

任何具有有理功率谱密度的随机信号都可以看成是由一白噪声 $w(n)$ 激励一个物理网络所形成的。一般信号 $s(n)$ 的功率谱密度 $G_S(z)$ 是 z 的有理分式，故 $s(n)$ 的信号模型如图 7-2 所示，其中 $A(z)$ 是信号 $s(n)$ 形成网络的传递函数。白噪声的自相关函数及功率谱密度分别用以下两式表示

$$R_W(n) = \sigma_w^2 \delta(n) \tag{7-3-20}$$

$$G_W(z) = \sigma_w^2 = \text{常数} \tag{7-3-21}$$

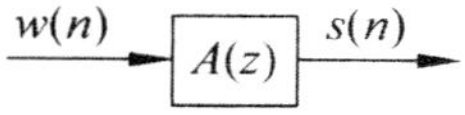

图 7-2　$s(n)$的信号模型

于是，$s(n)$ 的功率谱密度可表示为

$$G_S(z) = \sigma_w^2 A(z) A(z^{-1}) \tag{7-3-22}$$

如果 $x(n)$的功率谱密度也为 z 的有理分式，$x(n)$的信号模型如图 7-3 所示，$B(z)$ 是 $x(n)$的形成网络的传递函数。有

$$x(z) = \sigma_w^2 B(z) B(z^{-1}) \tag{7-3-23}$$

式中，$B(z)$ 是由圆内的零极点组成；$B(z^{-1})$ 是由相对应的圆外的零极点组成。故 $B(z)$ 是一个物理可实现的最小相移的网络。

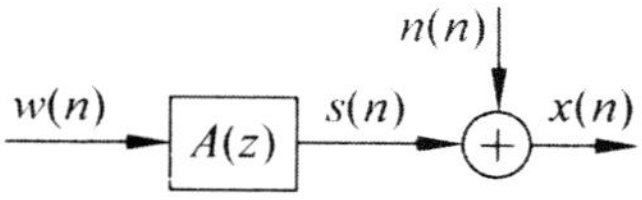

图 7-3　$x(n)$的信号模型

为了白化 $x(n)$，直接利用图 7-4 的信号模型进行运算求解。

由图 7-4 可得

$$X(z)=B(z)W(z) \tag{7-3-24}$$

于是

$$W(z)=\frac{1}{B(z)}X(z) \tag{7-3-25}$$

由于 $B(z)$ 是一个最小相移网络函数，故 $\frac{1}{B(z)}$ 也是一个物理可实现的最小相移网络，因此可以利用上式来白化 $x(n)$。

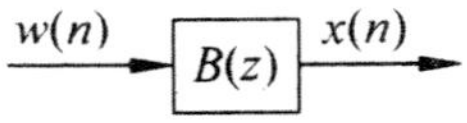

图 7-4 维纳滤波器的信号模型

为了求得 $H_{\text{opt}}(z)$，将 $H(z)$ 分解成两个串联的滤波器：$\frac{1}{B(z)}$ 与 $C(z)$，如图 7-5 所示。

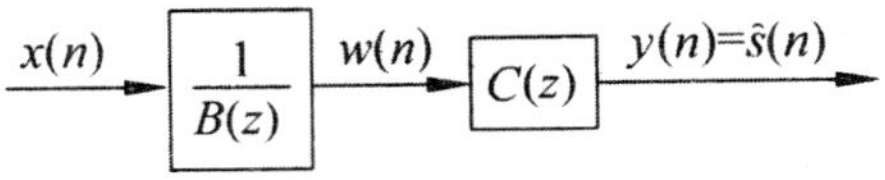

图 7-5 用白化方法求解维纳-霍普夫方程

$$H(z)=\frac{C(z)}{B(z)} \tag{7-3-26}$$

如果 $G_X(z)$ 已知，可按式(7-3-23)求得 $B(z)$ 或 $\frac{1}{B(z)}$，它是一个物理可实现的因果系统。于是，求最小均方误差下的最佳 $H_{\text{opt}}(z)$ 问题就转化为求最佳 $C(z)$ 的问题。以下分别讨论没有物理可实现性约束的(非因果的)与有物理可实现性约束的(因果的)维纳滤波器实现。

①没有物理可实现性约束的(非因果的)维纳滤波器。

由图 7-5 可得

$$\hat{s}(n)=\sum_{k=-\infty}^{\infty}c(k)w(n-k) \tag{7-3-27}$$

这里，$c(k)$ 为 $C(z)$ 的逆 z 变换。

$$\begin{aligned}E[e^2(n)]&=\left[\left(s(n)-\sum_{k=-\infty}^{\infty}c(k)w(n-k)\right)^2\right]\\&=E\left[s^2(n)-2\sum_{k=-\infty}^{\infty}c(k)w(n-k)s(n)\right.\\&\quad\left.+\sum_{k=-\infty}^{\infty}\sum_{r=-\infty}^{\infty}c(k)c(r)w(n-k)w(n-r)\right]\end{aligned}$$

$$= E[s^2(n)] - 2\sum_{k=-\infty}^{\infty} c(k)E[w(n-k)s(n)]$$

$$+ \sum_{k=-\infty}^{\infty}\sum_{r=-\infty}^{\infty} c(k)c(r)E[w(n-k)w(n-r)]$$

$$= R_S(0) - 2\sum_{k=-\infty}^{\infty} c(k)R_{us}(k) + \sum_{k=-\infty}^{\infty}\sum_{r=-\infty}^{\infty} c(k)c(r)R_W(r-k)$$

$$= R_S(0) - 2\sum_{k=-\infty}^{\infty} c(k)R_{us}(k) + \sigma_w^2 \sum_{k=-\infty}^{\infty} c^2(k)$$

$$= R_S(0) + \sum_{k=-\infty}^{\infty}\left[\sigma_w c(k) - \frac{R_{us}(k)}{\sigma_w}\right]^2 - \sum_{k=-\infty}^{\infty}\frac{R_{us}^2(k)}{\sigma_w^2} \tag{7-3-28}$$

由上式可知，欲求解满足最小均方误差条件下的 $c(k)$，必须使下式成立

$$\sigma_w c(k) - \frac{R_{us}(k)}{\sigma_w} = 0, -\infty < k < \infty \tag{7-3-29}$$

可得

$$c_{\text{opt}}(k) = \frac{R_{us}(k)}{\sigma_w^2}, -\infty < k < \infty \tag{7-3-30}$$

上式两边进行 z 变换可得

$$C_{\text{opt}}(z) = \frac{G_{us}(z)}{\sigma_w^2} \tag{7-3-31}$$

由式(7-3-26)得

$$H_{\text{opt}}(z) = \frac{C(z)}{B(z)} = \frac{1}{\sigma_w^2}\frac{G_{us}(z)}{B(z)} \tag{7-3-32}$$

由相关卷积定理可知

$$G_{sx}(z) = B(z^{-1})G_{us}(z) \tag{7-3-33}$$

于是

$$G_{us}(z) = \frac{G_{sx}(z)}{B(z^{-1})} \tag{7-3-34}$$

将上式代入式(7-3-32)得

$$H_{\text{opt}}(z) = \frac{C(z)}{B(z)} = \frac{1}{\sigma_w^2 B(z)}\frac{G_{sx}(z)}{B(z^{-1})} = \frac{G_{sx}(z)}{G_X(z)} \tag{7-3-35}$$

上式即为非物理实现约束的维纳滤波器的最优解。

以下讨论非物理实现约束的维纳滤波器的最小均方误差 $E[e^2(n)]_{\min}$。由式(7-3-28)和式(7-3-30)有

$$E[e^2(n)]_{\min} = R_S(0) - \frac{1}{\sigma_w^2}\sum_{k=-\infty}^{\infty} R_{us}^2(k) \tag{7-3-36}$$

由帕塞瓦尔(Parseval)定理可知

$$R_S(m)=\frac{1}{2\pi j}\oint G_S(z)z^{m-1}\mathrm{d}z \tag{7-3-37}$$

因而有

$$R_S(0)=\frac{1}{2\pi j}\oint G_S(z)\frac{\mathrm{d}z}{z} \tag{7-3-38}$$

由帕塞瓦尔定理和 z 变换的性质可知

$$\sum_{n=-\infty}^{\infty}x(n)y^*(n)=\frac{1}{2\pi j}\oint_C X(z)Y^*(1/z^*)z^{-1}\mathrm{d}z \tag{7-3-39}$$

当 $y^*(n)=x(n)$ 时，上式改写为

$$\sum_{n=-\infty}^{\infty}x^2(n)=\frac{1}{2\pi j}\oint_C X(z)X(z^{-1})z^{-1}\mathrm{d}z \tag{7-3-40}$$

上式中令 $x(n)=R_{ws}^2(k)$，并在两边同时乘以 $\frac{1}{\sigma_w^2}$ 得

$$\frac{1}{\sigma_w^2}\sum_{k=-\infty}^{\infty}R_{ws}^2(k)=\frac{1}{\sigma_w^2}\frac{1}{2\pi j}\oint_C G_{ws}(z)G_{ws}(z^{-1})\frac{\mathrm{d}z}{z} \tag{7-3-41}$$

于是，式(7-3-36)在 z 域可表示为

$$E[e^2(n)]_{\min}=\frac{1}{2\pi j}\oint_C\left[G_S(z)-\frac{1}{\sigma_w^2}G_{ws}(z)G_{ws}(z^{-1})\right]\frac{\mathrm{d}z}{z} \tag{7-3-42}$$

将式(7-3-34)代入式(7-3-42)，得

$$E[e^2(n)]_{\min}=\frac{1}{2\pi j}\oint_C\left[G_S(z)-\frac{1}{\sigma_w^2}\frac{G_{sx}(z)}{B(z^{-1})}\frac{G_{sx}(z^{-1})}{B(z)}\right]\frac{\mathrm{d}z}{z} \tag{7-3-43}$$

将式(7-3-35)代入式(7-3-43)，进行整理得

$$E[e^2(n)]_{\min}=\frac{1}{2\pi j}\oint_C\left[G_S(z)-\frac{G_{sx}(z)}{G_X(z)}G_{sx}(z^{-1})\right]\frac{\mathrm{d}z}{z} \tag{7-3-44}$$

当 $s(n)$ 与 $n(n)$ 不相关时，$G_{sx}(z)=G_S(z)$，$G_X(z)=G_S(z)+G_N(z)$，又因为 $G_S(z)=G_S(z^{-1})$，故而代入式(7-3-44)得

$$E[e^2(n)]_{\min}=\frac{1}{2\pi j}\oint_C\frac{G_S(z)G_N(z)}{G_S(z)+G_N(z)}\frac{\mathrm{d}z}{z} \tag{7-3-45}$$

取单位圆为积分围线，以 $z=e^{j\omega}$ 代入式(7-3-45)得

$$E[e^2(n)]_{\min}=\frac{1}{2\pi}\int_{-\pi}^{\pi}\frac{G_S(z)G_N(z)}{G_S(z)+G_N(z)}\mathrm{d}\omega \tag{7-3-46}$$

由上式可知，$E[e^2(n)]_{\min}$ 仅当信号与噪声的功率谱不相覆盖时为 0。

②有物理可实现性约束的(因果的)维纳滤波器。对于有物理可实现性约束的维纳滤波器：$c(k)=0(k<0)$，于是式(7-3-27)和式(7-3-28)分别转化为

$$\hat{s}(n)=\sum_{k=0}^{\infty}c(k)w(n-k) \tag{7-3-47}$$

$$E[e^2(n)] = R_S(0) + \sum_{k=0}^{\infty}\left[\sigma_w c(k) - \frac{R_{us}(k)}{\sigma_w}\right]^2 - \sum_{k=0}^{\infty}\frac{R_{us}^2(k)}{\sigma_w^2} \tag{7-3-48}$$

为了求解满足上式最小条件下的 $c(k)$，可得

$$c_{\text{opt}}(n) = \begin{cases} R_{us}(n)/\sigma_w^2, n \geqslant 0 \\ 0, n < 0 \end{cases} \tag{7-3-49}$$

若函数 $f(n)$ 的 z 变换为 $F(z)$，即

$$f(n) \leftrightarrow F(z) \tag{7-3-50}$$

设 $u(n)$ 为单位阶跃响应，$f(n)u(n)$ 的 z 变换用 $[F(z)]_+$ 表示，即

$$f(n)u(n) \leftrightarrow [F(z)]_+$$

$f(n)u(n)$ 可以用来表示一个因果序列，只在 $n \geqslant 0$ 时存在。如果它又是一个稳定序列，则 $[F(z)]_+$ 的全部极点必定都在单位圆内。将式(7-3-49)进行 z 变换并将式(7-3-34)代入得

$$\begin{aligned} H_{\text{opt}}(z) &= \frac{G_{\text{opt}}(z)}{B(z)} = \frac{[G_{us}(z)]_+}{\sigma_w^2 B(z)} \\ &= \frac{1}{\sigma_w^2 B(z)}\left[\frac{G_{us}(z)}{B(z^{-1})}\right]_+ \end{aligned} \tag{7-3-51}$$

上式即是要求的因果(物理可实现)维纳滤波器的传递函数。

因果维纳滤波器的最小均方误差为

$$\begin{aligned} E[e^2(n)]_{\min} &= R_S(0) - \frac{1}{\sigma_w^2}\sum_{k=0}^{\infty} R_{us}^2(k) \\ &= R_S(0) - \frac{1}{\sigma_w^2}\sum_{k=0}^{\infty}[R_{us}(k)u(k)]R_{us}(k) \end{aligned} \tag{7-3-52}$$

利用帕塞瓦尔定理，式(7-3-52)可用 z 域表示为

$$\begin{aligned} E[e^2(n)]_{\min} &= \frac{1}{2\pi j}\oint_C \left\{G_S(z) - \frac{1}{\sigma_w^2}[G_{us}(z)]_+ G_{us}(z^{-1})\right\}\frac{dz}{z} \\ &= \frac{1}{2\pi j}\oint_C \left\{G_S(z) - \frac{1}{\sigma_w^2}\left[\frac{G_{sx}(z)}{B(z^{-1})}\right]_+ \frac{G_{sx}(z^{-1})}{B(z)}\right\}\frac{dz}{z} \\ &= \frac{1}{2\pi j}\oint_C \left\{G_S(z) - \frac{1}{\sigma_w^2(z)}\left[\frac{G_{sx}(z)}{B(z^{-1})}\right]_+ G_{sx}(z^{-1})\right\}\frac{dz}{z} \\ &= \frac{1}{2\pi j}\oint_C \{G_S(z) - H_{\text{opt}}(z)G_{sx}(z^{-1})\}\frac{dz}{z} \end{aligned} \tag{7-3-53}$$

比较式(7-3-53)和式(7-3-44)可知，因果维纳滤波器的 $E[e^2(n)]_{\min}$ 与非因果维纳滤波器的 $E[e^2(n)]_{\min}$ 具有相同的形式，只是二者的 $H_{\text{opt}}(z)$ 有所不同。

7.4　标量与矢量信号的卡尔曼滤波

7.4.1　标量卡尔曼滤波

1. 概述

维纳滤波是从信号的相关函数、功率谱开始研究的。当信号从单输入变为多输入时，从平稳随机过程变为非平稳过程时，分析变得很复杂，很困难。因此维纳滤波遇到的两个难题是：一是多输入多输出的情况用维纳滤波是很烦琐的；二是对非平稳的输入，维纳滤波不能做一般的解决，即使个别情况可解出，也是非常烦琐的。

下面讨论的卡尔曼滤波仍归采用最小均方误差准则，放弃了用冲激响应，系统函数描述线性系统的常规方法。卡尔曼滤波把信号看作白噪声通过线性系统的结果。这样，就巧妙地将对随机信号的统计描述转化为线性系统的描述，而线性系统的描述不是随机的。它采用状态变量描述线性系统，用正交原理代替解维纳-霍晋夫方程，用递推快速求解，从而解决了维纳滤波不能解决的两个问题。在此，最佳滤波问题的卡尔曼解法，采用状态来阐述最小均方估计问题。它有两个特点：

①用状态空间概念来描述其数学公式，采用随机过程的矢量模型；

②采用递归算法。可以不加修改地应用于平稳和非平稳过程。由这种算法构成的估计器称为递归估计器，最佳的递归估计器则称为卡尔曼滤波器。

实际上，对系统的观测和控制经常是在离散时刻上进行的，而且日益广泛应用的数字计算机也是一种典型的离散时间系统，因此，我们主要讨论离散时间的卡尔曼滤波。

首先看一个简单的非递归法的例子，并用递归法来简化它。在测量一个物理量时，为了减少每次测量引入的随机误差，人们往往用多次独立测量的平均值来确定这个量值。例如，一个恒定电压受到噪声的污染，要求根据混有噪声的观测序列来估计这个电压，它可以采用样本均值进行估计。设观测序列表示为 $x_1, x_2, \cdots, x_n$，其中 z 的下标表示观测所取的时刻。现在先用非递归算法计算样本均值，具体步骤如下。

①第一个观测 x_1：存储，且均值估计为 $\hat{m}_1 = x_1$。

②第二个观测 x_2:存储 x_1 和 x_2,且均值估计为 $\hat{m}_2 = \frac{x_1 + x_2}{2}$。

③第三个观测 x_3:存储 x_1,x_2 和 x_3,且均值估计为 $\hat{m}_3 = \frac{x_1 + x_2 + x_3}{3}$。

④依此类推。

显然,这将按照实验的进程得出样本均值序列。可以看出,所需观测数据的存储量随着时间而增大,而且构成估计所需代数运算的数目也相应地增长。当数据的总数很大时,这将导致多次重复计算和大量的数据存储。

现在再看一下递归算法。它将前次的估计和当前的观测组合成一个新的估计,步骤如下:

①第一个观测 x_1:计算估计为 $\hat{m}_1 = x_1$,存储 $\hat{m}_1$,并且抛弃 x_1。

②第二个观测 x_2:计算前次估计 $\hat{m}_1$ 和现在观测 x_2 的加权和,作为新的估计量

$$\hat{m}_2 = \frac{1}{2}\hat{m}_1 + x_1$$

存储 $\hat{m}_2$ 并且抛弃 x_2 和 $\hat{m}_1$。

③第三个观测 x_3:计算 $\hat{m}_2$ 和 x_3 的加权和,作为新的估计量

$$\hat{m}_3 = \frac{2}{3}\hat{m}_2 + \frac{1}{3}x_3$$

存储 $\hat{m}_3$ 并且抛弃 x_3 和 $\hat{m}_2$。

④依此类推,显然,在 n 次上的加权和为

$$\hat{m}_n = \left(\frac{n-1}{n}\right)\hat{m}_{n-1} + \left(\frac{1}{n}\right)x_n$$

很明显,上述两种算法得出相同的估计序列,但后者不需要存储前面所有的观测值。在递归算法中,前面计算的成果被有效地利用了,可无限地处理下去,而且不存在加大存储问题。

由此可见,卡尔曼滤波不需要全部过去的观测数据,它只是根据前一个估计值 $\hat{x}_{k-1}$ 和最近一个观测数据 x_k 来估计信号的当前值。它是用状态方程和递推方法进行估计的,而且所得的解是以估计值的形式给出的。

为了便于了解卡尔曼滤波的基本原理,我们先研究一维(或标量的)卡尔曼滤波方程,即在单个随机信号 $x(k)$ 作用下卡尔曼滤波器的工作过程,且假定信号是平稳随机过程,然后推广到多个随机信号 $x_1(k)$,$x_2(k)$,…,$x_n(k)$ 共同作用时的情况,即推广到多维卡尔曼滤波方程,而且信号可以是非平稳随机过程。

卡尔曼滤波也分为连续形式和离散形式两种。由于目前几乎全部采用数字信号处理,所以只讨论离散卡尔曼滤波。

2. 标量信号模型和观测模型

研究维纳滤波时，信号模型是从信号和噪声的相关函数中得到的；而卡尔曼滤波的信号模型是信号的状态方程和观测方程。所以现在先从标量信号模型和观测模型开始讨论。

首先规定研究对象——信号及观测数据的物理模型及其数学表达式。这个通过白噪声产生信号的线性系统，称作信号模型。一维离散时间卡尔曼递推估计理论中，采用白噪声序列激励下的一阶差分方程，即卡尔曼滤波中信号模型为

$$s(k) = as(k-1) + w(k-1) \tag{7-4-1}$$

它是表征待估时变信号 $s(k)$ 的状态方程，式中，$s(k)$ 是 k 时刻的状态信号值，a 为模型的系统参数，且有 $0 \leqslant a < 1$，$w(k)$ 为零均值的白噪声序列，常称为状态噪声或系统噪声，且有

$$E[w(k)] = 0$$
$$E[w(i)w(j)] = 0 \tag{7-4-2}$$

因此，随机状态信号 $s(k)$ 可以看作是由均值为零的白噪声 $w(k-1)$ 激励一阶自回归滤波器所产生的平稳随机过程，如图 7-6 所示。图中 z^{-1} 表示延迟一个单位时间(采样周期)。于是，可得 $s(k)$ 的如下统计参数关系式

$$E[s(k)] = 0$$
$$E[s^2(k)] = \phi_{ss}(0) = \sigma_s^2 = \frac{\sigma_w^2}{1-a^2}$$
$$E[s(k) \cdot s(k+j)] = \phi_{ss}(j) = a^{|j|}\phi_{ss}(0) \tag{7-4-3}$$

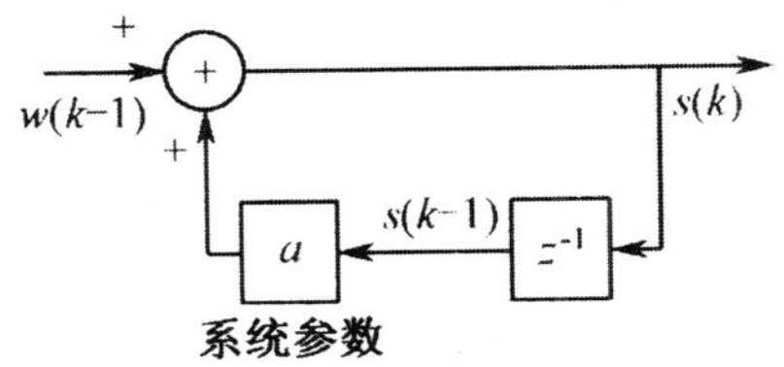

图 7-6　一阶自回归过程的模型

式中，$\phi_{ss}(j)$ 为相距 j 个间隔的两个样本的自相关，由式(7-4-3)可以看出，a 相当于过程的时间常数，a 越大(趋于 1)，过程变化就越慢，即过程发生显著变化需要较长的时间间隔。

这种一阶信号模型是基本的，因为一个高阶的状态方程可以化成一阶的状态方程组，这将在矢量卡尔曼滤波器一节中详细讨论。同时应当指出，有不少实际信号合乎这种一阶自回归模型。例如，一架飞机以某一速度飞

行，飞行员可以根据飞行条件做机动飞行，所产生的速度变化取决于两个因素：系统总的响应时间和由于加速度随机变化造成的速度随机起伏。用 $s(k)$ 表示 k 时刻的飞行速度，用 $w(k)$ 表示改变飞机速度的各种外在因素，如云层及阵风等。这些随机因素对飞机速度的影响是通过参数 a（它表示飞机的惯性和空气阻力）完成的。因此，式(7-4-1)可用来表示这种随机动态过程的最简单模型。

卡尔曼滤波需要依据观测数据对系统状态进行估计，因此，除了要建立系统信号模型的状态方程外，卡尔曼滤波还需要建立的另一个基本方程是线性观测方程，它可以写成

$$x(k) = cs(k) + n(k) \tag{7-4-4}$$

式中，$x(k)$ 为观测序列；$s(k)$ 为状态信号序列；$n(k)$ 为观测噪声；c 为观测参数，引入它的目的是便于今后向矢量信号模型过渡。观测噪声是来自观测过程中的干扰，应该注意它与信号模型中状态噪声 $w(k)$ 之间的区别。一般认为观测噪声是均值为零，方差为 σ_n^2 的加性白噪声序列，而且与 $w(k)$ 不相关。

这种线性观测模型如图 7-7 所示。

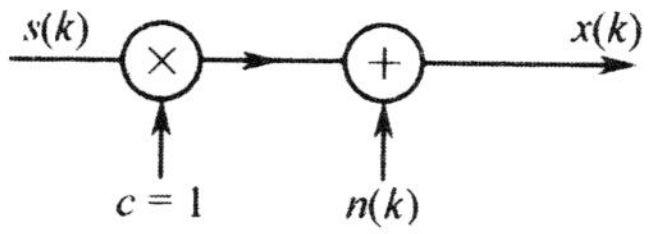

图 7-7 线性观测模型

3. 标量卡尔曼滤波算法

列出了信号的状态方程和观测方程后，下一步是求出滤波器的输出，即时变信号 $s(k)$ 的估计 $\hat{s}(k)$ 与观测值 $x(k)$ 之间的关系。前面已提到，卡尔曼滤波器采用递推估计方法，当数据样本增多时，不必重新用过去的全部数据进行计算，而只要利用前一次算出的估计量，再考虑到新数据带来的信息量，从而做出进一步的估计。因此，在一维卡尔曼滤波器里，在第 k 个数据到来时所做出的 k 时刻的估计 $\hat{s}(k)$，具有如下形式

$$\hat{s}(k) = a(k)\hat{s}(k-1) + b(k)x(k) \tag{7-4-5}$$

它表示现刻 $s(k)$ 的估计值等于前一时刻的估计值与新数据样本 $s(k)$ 的加权和，而且加权系数 $a(k)$ 和 $b(k)$ 是时变的系数。现在的任务就是按照均方误差最小，即

$$p(k) = E[e^2(k)] = E\{[s(k) - \hat{s}(k)]^2\} = 最小$$

来确定加权系数 $a(k)$ 和 $b(k)$。为此，求 $p(k)$ 对 $a(k)$ 及 $b(k)$ 的偏导数，并分别令它们等于零

$$\frac{\partial p(k)}{\partial a(k)} = -2E\{[s(k) - a(k)\hat{s}(k-1) - b(k)x(k)]\hat{s}(k-1)\} = 0$$

$$\frac{\partial p(k)}{\partial b(k)} = -2E\{[s(k) - a(k)\hat{s}(k-1) - b(k)x(k)]x(k)\} = 0$$

或写成另一种形式，即

$$E[e(k)\hat{s}(k-1)] = 0 \tag{7-4-6}$$

$$E[e(k)x(k)] = 0 \tag{7-4-7}$$

这就是最佳线性递推滤波的正交条件，即误差序列 $e(k)$ 与输入数据 $x(k)$ 及前一时刻的估计量 $\hat{s}(k-1)$ 正交。顺便指出，利用下面式(7-4-8)和式(7-4-9)，容易证明 $e(k)$ 和 $\hat{s}(k)$ 也是正交的，即

$$E[e(k)\hat{s}(k)] = 0 \tag{7-4-8}$$

估计的均方误差(即误差功率)为

$$\begin{aligned} p(k) &= E[e^2(k)] = E\{e(k)[s(k) - \hat{s}(k)]\} \\ &= E[e(k)s(k)] - a(k)E[e(k)\hat{s}(k-1)] - b(k)E[e(k)x(k)] \\ &= E[e(k)s(k)] \end{aligned} \tag{7-4-9}$$

它等于误差与被估计信号乘积的数学期望。

下面根据式(7-4-6)和式(7-4-7)确定 $a(k)$ 和 $b(k)$。为了书写方便，在推导中暂时将变量 k 写在符号的下角。由式(7-4-8)有

$$\begin{aligned} E[e_k s_{k-1}] &= E[(\hat{s} - s_k)\hat{s}_{k-1}] \\ &= E[(a_k\hat{s}_{k-1} + b_k x_k - s_k)\hat{s}_{k-1}] \\ &= E[(b_k x_k - s_k)\hat{s}_{k-1}] + E[a_k\hat{s}_{k-1}\hat{s}_{k-1}] \\ &= 0 \end{aligned}$$

在上式第二项中同时加一个和减一个 $a_k\hat{s}_{k-1}$ 项，并利用观测方程 $s_k = cs_k + n_k$，则上式变为

$$E[(cb_k s_k + b_k n_k - s_k)\hat{s}_{k-1}] + a_k E[(\hat{s}_{k-1} - s_{k-1} + s_{k-1})\hat{s}_{k-1}] = 0$$

再利用正交条件以及 $e_{k-1} = \hat{s}_{k-1} - s_{k-1}$，$s_k = as_{k-1} + w_{k-1}$ 和 $E[n_k\hat{s}_{k-1}] = 0$，$E[w_{k-1}\hat{s}_{k-1}] = 0$，$E[e_{k-1}\hat{s}_{k-1}] = 0$ 等关系式，上述方程可化简为

$$a_k E[s_{k-1}\hat{s}_{k-1}] = (1 - cb_k)E[(as_{k-1} + w_{k-1})\hat{s}_{k-1}]$$

由上式解出

$$a_k = a(1 - cb_k) \tag{7-4-10}$$

式中，a 是信号模型参数，c 为观测参数，将上式代入原估计方程式(7-4-5)，得出信号波形的第 k 个样本的递推估计为

$$\hat{s}_k = a\hat{s}_{k-1} + b_k[x_k - ac\hat{s}_{k-1}] \tag{7-4-11}$$

式中，$a\hat{s}_{k-1}$ 代表没有取得附加信息，即无新数据 $x(k)$ 时对 $s(k)$ 的最佳估计，也就是依据过去的 $k-1$ 个数据对 $s(k)$ 的预测；第二项是新生项或校正项，表示得到的新观测数据之后，对预测值进行的校正，它是新数据样本 $x(k)$ 与预测值之差再乘一个可变增益因子 b_k；b_k 是随时间变化的系数，又称为卡尔曼增益。式(7-4-11)给出的一维卡尔曼滤波器框图如图 7-8 所示。

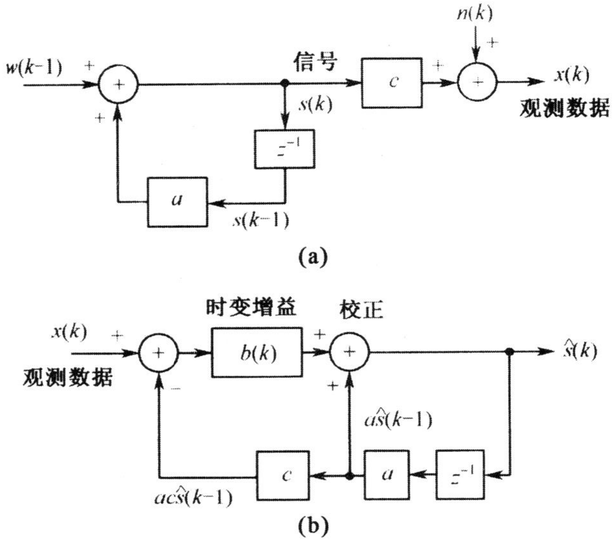

图 7-8　一维卡尔曼滤波

(a)一维信号和观测模型；(b)一维卡尔曼滤波器框图

如何求时变增益 $b(k)$ 是该系统工作的关键问题之一，下面利用正交条件式(7-4-7)推导 b_k。

根据式(7-4-7)有

$$E[e_k x_k] = E[(s_k - \hat{s}_k)x_k] = 0$$

用式(7-4-5)代换上式中的 $\hat{s}_k$，并将 x_k 写成状态信号序列和观测噪声之和，得

$$\begin{aligned} E[e_k x_k] &= E[(s_k - a_k\hat{s}_{k-1} - b_k x_k)(cs_k + n_k)] \\ &= cE[s_k s_k] - ca_k E[\hat{s}_{k-1}s_k] - b_k E[x_k x_k] \\ &= 0 \end{aligned}$$

式中，各统计平均项分别为

$$E[s_k s_k] = \sigma_s^2$$

$$E[x_k x_k] = c^2\sigma_s^2 + \sigma_n^2$$

$$E[\hat{s}_{k-1}s_k] = E[\hat{s}_{k-1}(as_{k-1} + w_{k-1})] = aE[\hat{s}_{k-1}s_{k-1}] + E[\hat{s}_{k-1}w_{k-1}]$$

而

$$
\begin{aligned}
E[\hat{s}_{k-1}s_{k-1}] &= E\left[\hat{s}_{k-1}\frac{1}{c}(x_{k-1}+n_{k-1})\right] \\
&= \frac{1}{c}E[(s_{k-1}-e_{k-1})x_{k-1}] - \frac{1}{c}E[\hat{s}_{k-1}n_{k-1}] \\
&= \frac{1}{c}E[s_{k-1}n_{k-1}] - \frac{1}{c}E[(a_{k-1}\hat{s}_{k-1}+b_{k-1}x_{k-1})n_{k-1}] \\
&= \sigma_s^2 - \frac{1}{c}b_{k-1}\sigma_n^2
\end{aligned}
$$

即

$$
E[\hat{s}_{k-1}w_{k-1}] = E[(a_{k-1}\hat{s}_{k-2}+b_{k-1}x_{k-1})w_{k-1}] = 0
$$

将上述各项代入原式，得

$$
\begin{aligned}
E[e_k x_k] &= c\sigma_s^2 - ca_k a\left(\sigma_s^2 - \frac{1}{c}b_{k-1}\sigma_n^2\right) - b_k(c^2\sigma_s^2+\sigma_n^2) \\
&= c\sigma_s^2 + a^2(1-cb_k)(c\sigma_s^2 - b_{k-1}\sigma_n^2) - b_k(c^2\sigma_s^2+\sigma_n^2) \\
&= 0
\end{aligned}
$$

考虑到 $(1-a^2)\sigma_s^2=\sigma_w^2$，由上式解出 b_k，得

$$
b_k = \frac{c(1-a^2)\sigma_s^2 + a^2 b_{k-1}\sigma_n^2}{ca^2 b_{k-1}\sigma_n^2 + c^2(1-a^2)\sigma_s^2 + \sigma_n^2} \tag{7-4-12a}
$$

$$
= \frac{c\sigma_w^2 + a^2 b_{k-1}\sigma_n^2}{ca^2 b_{k-1}\sigma_n^2 + c^2\sigma_w^2 + \sigma_n^2} \tag{7-4-12b}
$$

式中，$A=\sigma_w^2/\sigma_n^2$ 代表信噪比。式(7-4-12a)和式(7-4-12b)便是卡尔曼增益的递推公式。

从上面的结果中不难看出，当信号动态噪声很小时，$\sigma_w^2=0$（即激励信号的白噪声消失了）及 $a=c=1$（即信号在观测时间内完全相关）时，则 $s_k=s_{k-1}=s, A=\sigma_w^2/\sigma_n^2=0$，此时就变为信号参量的估计了，由式(7-4-12b)有

$$
b_k = \frac{b_{k-1}}{1+b_{k-1}} \tag{7-4-13}
$$

当观测噪声很小时，$\sigma_n^2=0$，则 A 很大，$b_k\approx 1, a_k\approx 0$，有 $\hat{s}_k\approx x_k$，这意味着，观测噪声很小时，观测数据几乎完全反映信号，所以信号的最好估计就是观测数据本身。

由式(7-4-11)，估计的均方误差为

$$
\begin{aligned}
p_k &= E[e_k s_k] = E[(s_k-\hat{s}_k)s_k] \\
&= E[s_k^2] - E[\hat{s}_k s_k] \\
&= \sigma_s^2 - \left(\sigma_s^2 - \frac{1}{c}b_k\sigma_n^2\right) \\
&= \frac{1}{c}b_k\sigma_n^2
\end{aligned} \tag{7-4-14}
$$

上式可写为

$$b_k = \frac{cp_k}{\sigma_n^2}$$

故 b_k 又可称为归一化估计均方误差。将式(7-4-14)代入式(7-4-12a)，得

$$b_k = c[\sigma_w^2 + a^2 p_{k-1}]/(\sigma_n^2 + c^2\sigma_w^2 + c^2 a^2 p_{k-1}) \tag{7-4-15}$$

式(7-4-16)和式(7-4-17)也组成 $b(k)$ 的递推公式，如果模型参数 a 及 σ_w^2 和 σ_n^2 已知，则可根据式(7-4-14)由 $p(k-1)$ 算出 $b(k)$，再根据式(7-4-15)由 $b(k)$ 算出 $p(k)$，完成时变增益及均方误差递推。

式(7-4-13)和式(7-4-14)是卡尔曼滤波的基本公式。当给定了起始条件之后，依据这两个递推公式便可以持续地给出各个时刻的滤波值，同时由式(7-4-16)给出滤波的均方误差。现在来确定递推计算的起始条件。可以根据没有观测数据的情况来确定起始估计 $\hat{s}(0)$，即选择 $\hat{s}(0)$ 使下式最小

$$p(0) = E\{[s(0) - \hat{s}(0)]^2\} = \text{最小}$$

令

$$\frac{\partial p(0)}{\partial \hat{s}(0)} = -2E[s(0) - \hat{s}(0)] = 0$$

故

$$\hat{s}(0) = E[s(0)] \tag{7-4-16}$$

即取 $s(0)$ 的统计均值为 $\hat{s}(0)$。

7.4.2 标量卡尔曼预测

前面讨论的是在加性白噪声中随机过程现刻值的估计，这常称为滤波问题。在许多实际问题中，特别是在控制系统中，常常希望能事先做出预测。例如，火炮控制系统需要火炮瞄准目标的前置点，因而要求系统能预测目标未来的位置。又如在雷达航迹处理中，需要推算下一个扫描周期中的目标参数。预测(外推)可分为一步、两步或 m 步，这取决于我们所预测的是多少时间间隔单元后的信号数据。原则上，预测的步数没有什么限制，但步数越多，预测的精度就越差，所以我们主要讨论一步预测。

关于预测的信号模型和观测模型与前面讨论滤波时所做的规定一样。

对 $s(k)$ 的一步预测用符号 $\hat{s}(k+1 \mid k)$ 表示，因此前面讨论过的滤波又可写成 $\hat{s}[k \mid k]$，它表示根据包括时间在内的前面全部观测数据，对 $k+1$ 时刻的信号值进行估计(即预测)。与滤波情况下的式(7-4-5)相似，一步线性递推预测的关系为

$$\hat{s}(k+1 \mid k) = \alpha(k)\hat{s}(k \mid k-1) + \beta(k)x(k) \tag{7-4-17}$$

式中，$\alpha(k)$ 和 $\beta(k)$ 区别于滤波情况下式(7-4-3)中的 $a(k)$ 和 $b(k)$，但仍然是时变的。式(7-4-17)表明，对 $k+1$ 时刻的一步预测值，等于 k 时刻的一步预测值与 k 时刻的输入数据的加权和，故称之为一步预测方程。所谓最佳线性预测，就是选择适当的加权系数 $\alpha(k)$ 和 $\beta(k)$，使预测均方误差最小，即

$$\begin{aligned} p(k+1 \mid k) &= E[e^2(k+1 \mid k)] \\ &= E\{[s(k+1) - \hat{s}(k+1) \mid k]^2\} \\ &= \text{最小} \end{aligned} \tag{7-4-18}$$

利用与上一节滤波情况类似的推导方式，可得出与式(7-4-8)和式(7-4-9)类似的正交方程，即

$$\begin{cases} E[e(k+1 \mid k)\hat{s}(k \mid k-1)] = 0 \\ E[e(k+1 \mid k)x(k)] = 0 \end{cases} \tag{7-4-19}$$

以上两式表明，预测误差序列与输入数据及前一时刻的预测值正交。与推导递推滤波公式类似，应用上述正交条件可得出 $\alpha(k)$ 和 $\beta(k)$ 有如下关系

$$\alpha(k) = a - c\beta(k)$$

将上式代入预测方程式(7-4-17)，则

$$\hat{s}(k+1 \mid k) = a\hat{s}(k \mid k-1) + \beta(k)[x(k) - c\hat{s}(k \mid k-1)] \tag{7-4-20}$$

此式是一步预测方程式(7-4-17)的另一种形式，它表明最佳一步预测值应等于前一次的预测值乘以 a，并加上一个加权的校正项，该校正项比例于新数据 $x(k)$ 与前时刻对观测值的预测 $ac\hat{s}(k-1)$ 之差，而校正项之比例常数 $p(k)$ 称为时变的预测增益，它是随 k 改变的。请注意，预测方程式(7-4-20)与滤波方程式(7-4-11)的差别在于滤波方程的校正项正比 $x(k)$ 与 $ac\hat{s}(k-1)$ 之差，这是因为此时 $\hat{s}(k-1)$ 表示对 $k-1$ 时刻 $s(k-1)$ 的估计，而预测方程中 $\hat{s}(k \mid k-1)$ 表示对 k 时刻 $s(k)$ 的一步预测估计。最佳一步预测器的框图如图 7-9 所示。

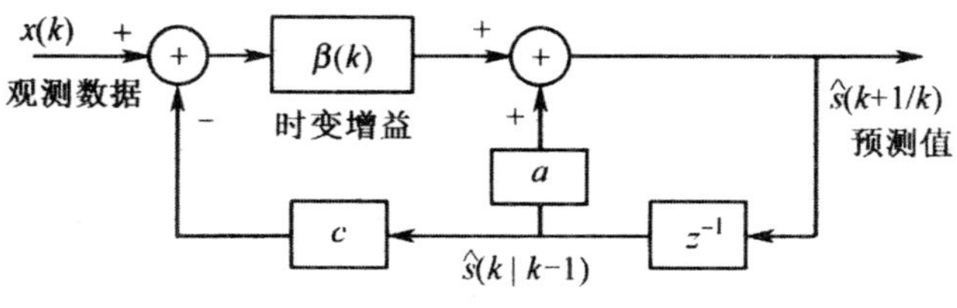

图 7-9　最佳一步预测器框图

应用正交原理和 $p(k+1 \mid k)$ 的定义式，可以得到均方预测误差和预测增益 $\beta(k)$ 的递推公式如下：

$$\beta(k) = \frac{acp(k \mid k-1)}{c^2 p(k \mid k-1) + \sigma_n^2} \tag{7-4-21}$$

$$p(k+1 \mid k) = \frac{a}{c}\sigma_n^2 \beta(k) + \sigma_w^2 \tag{7-4-22}$$

式(7-4-20)、式(7-4-21)和式(7-4-22)是一步递推预测的基本公式，适当地确定起始条件后，便可进行递推计算。

至此，似乎对于一步预测器的讨论已经完成。但是，为了研究同时完成最佳一步预测与最佳滤波的结构，还需要进一步研究这两种算法的关系。首先，假定信号模型中随机激励分量很小或为零，即假定 $w(k-1)=0$，则有(或近似有) $s(k)=as(k-1)$。因而可以合理地认为，在无其他信号可利用时，$k+1$ 时刻的一步预测值可表示为

$$\hat{s}(k+1 \mid k) = a\hat{s}(k \mid k) = a\hat{s}(k) \tag{7-4-23}$$

这就是说，对 $k+1$ 时刻的一步预测估计等于 k 时刻的滤波估计乘以 a。这一点是由信号模型本身决定的。可以证明，当 $w(k-1)$ 为零均值白噪声的一般情况下，式(7-4-17)也是正确的。

把表明最佳预测估计与最佳滤波估计之间的关系式(7-4-17)代入式(7-4-18)，有

$$\hat{s}(k+1 \mid k) = a\hat{s}(k) = a\hat{s}(k \mid k-1) + ab(k)[x(k) - c\hat{s}(k \mid k-1)] \tag{7-4-24}$$

在推导式(7-4-24)中，还使用了式(7-4-23)的变形 $\hat{s}(k \mid k-1) = a\hat{s}(k-1)$。式(7-4-24)表明，由滤波方程导出的预测估计表示式与预测方程式(7-4-24)完全一致的条件是

$$\beta(k) = ab(k) \tag{7-4-25}$$

由此可知，预测增益与滤波增益也相差 a 倍。

此外，利用式(7-4-23)，可以导出均方预测误差与均方滤波误差之间的关系如下

$$\begin{aligned} p(k+1 \mid k) &= E\{[s(k+1) - \hat{s}(k+1) \mid k]^2\} \\ &= E\{[as(k) - \hat{s}(k)] + w(k)^2\} \\ &= a^2 p(k) + \sigma_w^2 \end{aligned} \tag{7-4-26}$$

从式(7-4-26)可以看出它与式(7-4-25)一致，从而证明式(7-4-25)中 $p_1(k)$ 就是一步预测估计误差功率 $p(k \mid k-1)$。

由式(7-4-24)可知，预测估计与滤波估计之间仅差一个比例常数，因而可以用一个结构同时完成滤波与预测。结合式(7-4-17)和式(7-4-23)可画出计算流程，如图 7-10 所示。由该图可以看出，计算 $\hat{s}(k)$ 部分与最佳滤波框图(图 7-8)完全一致，仅仅变换了延迟 z^{-1} 与乘以两项操作的次序。而对

$\hat{s}(k+1 \mid k)$ 的运算，根据式(7-4-17)，应等于 $\hat{s}(k)$ 乘 a。

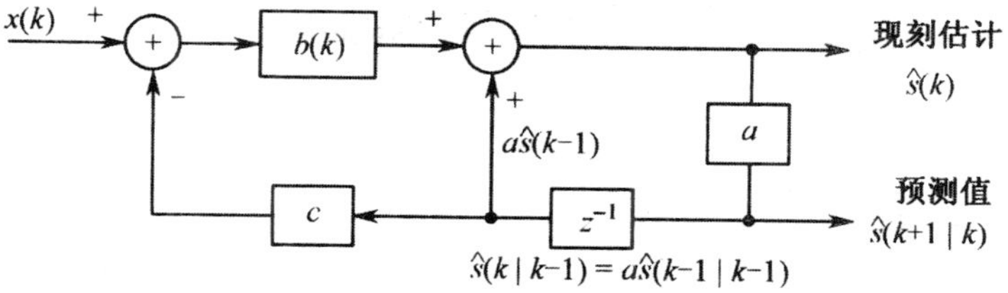

图 7-10 同时实现滤波与预测的框图

式(7-4-20)～式(7-4-23)构成了标量卡尔曼预测的递推算法，现略加整理并写成如下规范形式：

预测方程组[同式(7-4-20)]

$$\hat{s}(k+1 \mid k)=a\hat{s}(k \mid k-1)+\beta(k)[x(k)-c\hat{s}(k \mid k-1)]$$

预测增益[同式(7-4-21)]

$$\beta(k)=acp(k \mid k-1)[c^2 p(k \mid k-1)+\sigma_n^2]^{-1}$$

预测均方误差，由式(7-4-20)和式(7-4-21)导出

$$p(k+1 \mid k)=a^2 p(k \mid k-1)-ac\beta(k)p(k \mid k-1)+\sigma_w^2 \tag{7-4-27}$$

顺便提一下，上述各卡尔曼滤波公式还可用"新息"和"新息序列"的概念来导出。

7.4.3 矢量信号的卡尔曼滤波

前面讨论的问题是对单个平稳随机信号的最佳线性滤波和预测，而且假定随机信号为一阶自回归过程。在实际处理的问题中，经常需要对多个信号同时进行估计。例如，在雷达跟踪滤波问题中，需要同时估计目标的 3 个坐标及 3 个速度分量。同时还希望能处理更广泛的一类信号，例如，高阶的自回归过程等。采用矢量信号的概念，就容易解决这两个问题，既可处理比较复杂的信号类型，又可同时处理可能相关的若干信号。矢量信号定义为如下 q 维矢量

$$s(k)=\begin{bmatrix} s_1(k) \\ s_2(k) \\ \vdots \\ s_q(k) \end{bmatrix} \tag{7-4-28}$$

式中，$s_1(k), s_2(k), \cdots, s_q(k)$ 为待估计的 q 个信号序列。

7.5 卡尔曼滤波的推广

7.5.1 扩展卡尔曼滤波

前面讨论了线性离散时间系统的卡尔曼滤波，其状态方程和观测方程都是线性的。然而，在实际应用中，如雷达跟踪系统和导航系统中，通常采用极坐标系，因此其状态方程和观测方程是非线性的。离散时间系统的状态方程和观测方程其中之一是非线性的，那么该离散时间系统就是非线性离散时间系统。

(1)非线性离散时间系统的数学描述

一般地，非线性离散时间系统的状态方程可表示为

$$\boldsymbol{x}_k = f(\boldsymbol{x}_{k-1}, \boldsymbol{w}_{k-1}, k-1) \tag{7-5-1}$$

观测方程可表示为

$$\boldsymbol{z}_k = h(\boldsymbol{x}_k, \boldsymbol{n}_k, k) \tag{7-5-2}$$

式中，$f(\cdot)$ 是 M 维的矢量函数，它是自变量的非线性函数；$h(\cdot)$ 是 N 维矢量函数，它也是自变量的非线性函数；$\boldsymbol{w}_{k-1}$ 和 $\boldsymbol{n}_k$ 分别是 L 维的系统扰动噪声矢量和 N 维的观测噪声矢量。适当约束后的非线性离散时间系统的状态方程和观测方程可分别表示为

$$\boldsymbol{x}_k = f(\boldsymbol{x}_{k-1}, k-1) + g(\boldsymbol{x}_{k-1}, k-1)\boldsymbol{w}_{k-1} \tag{7-5-3}$$

和

$$\boldsymbol{z}_k = h(\boldsymbol{x}_k, k) + \boldsymbol{n}_k \tag{7-5-4}$$

其中，$f(\cdot)$ 和 $g(\cdot)$ 对 $\boldsymbol{x}_k$ 时可微的，扰动噪声矢量 $\boldsymbol{w}_{k-1}$ 和观测噪声矢量 $\boldsymbol{n}_k$，假设是零均值白噪声序列，且它们互不相关，即

$$E[\boldsymbol{w}_{k-1}] = 0$$

$$E[\boldsymbol{w}_j \boldsymbol{w}_k^{\mathrm{T}}] = \boldsymbol{C}_{\boldsymbol{w}_{k-1}} \delta_{jk}$$

$$E[\boldsymbol{n}_k] = 0$$

$$E[\boldsymbol{n}_j \boldsymbol{n}_k^{\mathrm{T}}] = \boldsymbol{C}_{\boldsymbol{n}_k} \delta_{jk}$$

$$\boldsymbol{C}_{\boldsymbol{w}_j \boldsymbol{n}_k} = E[\boldsymbol{w}_j \boldsymbol{n}_k^{\mathrm{T}}] = 0, j、k = 0, 1, \cdots$$

系统初始时刻 $(t = 0)$ 的状态矢量 $\boldsymbol{x}_0$ 的均值矢量和协方差矩阵分别为

$$E[\boldsymbol{x}_0] = \boldsymbol{u}_{s_0}$$

$$\boldsymbol{C}_{x_0} = E[(\boldsymbol{x}_0 - \boldsymbol{u}_{s_0})(\boldsymbol{x}_0 - \boldsymbol{u}_{s_0})^{\mathrm{T}}]$$

对于非线性离散时间系统，在理论上很难找到严格的递推滤波公式，因

此目前大都采用近似方法来研究。而非线性滤波的线性化则是用近似方法来研究非线性滤波问题的重要途径之一。下面讨论一种将非线性滤波线性化的重要方法——扩展卡尔曼滤波。

(2)非线性离散时间系统的扩展卡尔曼滤波

假设 k 时刻状态矢量 $\boldsymbol{x}_k$ 的线性最小均方误差估计 $\hat{\boldsymbol{x}}_k$ 已经获得,这样就可以将非线性离散时间系统的状态方程在 $\boldsymbol{x}_k=\hat{\boldsymbol{x}}_k$ 附近展开成泰勒级数,只保留一阶小量(只保留展开式的线性部分),可以近似得到

$$\boldsymbol{x}_k \approx f(\hat{\boldsymbol{x}}_{k-1},k-1)+\frac{\partial f(\hat{\boldsymbol{x}}_{k-1},k-1)}{\partial \hat{\boldsymbol{x}}_{k-1}^{\mathrm{T}}}(\boldsymbol{x}_{k-1}-\hat{\boldsymbol{x}}_{k-1}) + g(\hat{\boldsymbol{x}}_{k-1},k-1)\boldsymbol{w}_{k-1} \tag{7-5-5}$$

将非线性离散时间系统的观测方程在 $\hat{\boldsymbol{x}}_{k/k-1}$ 附近展开成泰勒级数,同样只保留展开式的线性部分,可以近似得到

$$\boldsymbol{z}_k \approx h(\hat{\boldsymbol{x}}_{k/k-1},k)+\frac{\partial h(\hat{\boldsymbol{x}}_{k/k-1},k)}{\partial \hat{\boldsymbol{x}}_{k/k-1}}(\boldsymbol{x}_k-\hat{\boldsymbol{x}}_{k/k-1})+\boldsymbol{n}_k \tag{7-5-6}$$

离散状态的一步预测变为

$$\hat{\boldsymbol{x}}_{k/k-1}=f(\hat{\boldsymbol{x}}_{k-1},k-1) \tag{7-5-7}$$

至此,可以获得线性化的离散状态方程和观测方程

$$\boldsymbol{x}_k=\boldsymbol{\Phi}_{k,k-1}\boldsymbol{x}_{k-1}+[f(\hat{\boldsymbol{x}}_{k-1},k-1)-\boldsymbol{\Phi}_{k,k-1}\hat{\boldsymbol{x}}_{k-1}]+\boldsymbol{\Gamma}_{k-1}\boldsymbol{w}_{k-1} \tag{7-5-8}$$

$$\boldsymbol{z}_k=\boldsymbol{H}_k\boldsymbol{x}_k+[h(\hat{\boldsymbol{x}}_{k/k-1},k)-\boldsymbol{H}_k\hat{\boldsymbol{x}}_{k/k-1}]+\boldsymbol{n}_k \tag{7-5-9}$$

其中

$$\boldsymbol{\Phi}_{k,k-1}=\left.\frac{\partial f(\boldsymbol{x}_{k-1},k-1)}{\partial \boldsymbol{x}_{k-1}^{\mathrm{T}}}\right|_{x_{k-1}=\hat{x}_{k-1}}$$

$$\boldsymbol{H}_k=\left.\frac{\partial h(\boldsymbol{x}_{k/k-1},k)}{\partial \boldsymbol{x}_{k/k-1}^{\mathrm{T}}}\right|_{x_{k/k-1}=\hat{x}_{k/k-1}}$$

$$\boldsymbol{\Gamma}_{k-1}=g(\hat{\boldsymbol{x}}_{k-1},k-1)$$

利用前面推导线性离散时间系统卡尔曼滤波的方法,可以获得非线性离散时间系统的扩展卡尔曼滤波的一组递推公式。

①计算一步预测均方误差阵:

$$\boldsymbol{P}_{k/k-1}=\boldsymbol{\Phi}_{k,k-1}\boldsymbol{P}_{k-1}\boldsymbol{\Phi}_{k,k-1}^{\mathrm{T}}+\boldsymbol{\Gamma}_{k-1}\boldsymbol{C}_{\boldsymbol{w}_{k-1}}\boldsymbol{\Gamma}_{k-1}^{\mathrm{T}} \tag{7-5-10}$$

②计算卡尔曼滤波增益:

$$\boldsymbol{K}_k=\boldsymbol{P}_{k/k-1}\boldsymbol{H}_k^{\mathrm{T}}(\boldsymbol{H}_k\boldsymbol{P}_{k/k-1}\boldsymbol{H}_k^{\mathrm{T}}+\boldsymbol{C}_{\boldsymbol{n}_k})^{-1} \tag{7-5-11}$$

③计算滤波均方误差阵:

$$\boldsymbol{P}_k=(\boldsymbol{I}-\boldsymbol{K}_k\boldsymbol{H}_k)\boldsymbol{P}_{k/k-1} \tag{7-5-12}$$

④计算状态一步预测:

$$\hat{\boldsymbol{x}}_{k/k-1}=f(\hat{\boldsymbol{x}}_{k-1},k-1) \tag{7-5-13}$$

⑤计算状态滤波:

$$\hat{\boldsymbol{x}}_k = \hat{\boldsymbol{x}}_{k/k-1} + \boldsymbol{K}_k(\boldsymbol{z}_k - h(\hat{\boldsymbol{x}}_{k/k-1}, k)) \tag{7-5-14}$$

非线性离散时间系统的扩展卡尔曼滤波是以将非线性的状态方程和观测方程线性化为前提的，由于在线性化的过程中忽略了泰勒展开式中的高阶量(非线性部分)，这样会不可避免地给状态滤波和预测带来误差。因此，非线性离散时间系统的扩展卡尔曼滤波并不像线性离散时间系统的卡尔曼滤波那样是离散系统状态的最佳估计，而是准最佳估计。

7.5.2 无迹卡尔曼滤波

另外一种比较常用的次优非线性贝叶斯滤波方法是无迹卡尔曼滤波(UKF)，该方法是在无迹变换的基础上发展起来的。无迹变换的基本思想是由 Juiler 等首先提出来的。无迹变换是用于计算经过非线性变换的随机变量统计的一种新方法，其不需要对非线性状态和量测模型进行线性化，而是对状态矢量的概率密度函数进行近似化，近似化后的概率密度函数仍然是高斯的，但它表现为一系列选取好的采样点。

(1)无迹变换

无迹变换用固定数量的参数去近似一个高斯分布，这样做比近似非线性函数的线性变换更容易。其实现原理为：在原先状态分布中按某一规则取一些点，使这些点的均值和协方差等于原状态分布的均值和协方差；将这些点代入非线性函数中，相应得到非线性函数点集，通过该点集求取变换后的均值和协方差。由于这样得到的函数值没有经过线性化，没有忽略其高阶项，因而由此得到的均值和协方差的估计比扩展卡尔曼滤波(EKF)方法要精确。

假设 n_k 维状态矢量 $\boldsymbol{x}$ 的统计特性为：均值为 $\bar{\boldsymbol{x}}$，方差为 $\boldsymbol{P}_x$，$\boldsymbol{x}$ 通过任意一个非线性函数 $f: R^{n_x} \to R^{n_y}$ 变换得到 n_y 维变量 $\boldsymbol{y} = f(\boldsymbol{x})$，$\boldsymbol{x}$ 的统计特性通过非线性函数 $f(\cdot)$ 进行传播，得到 $\boldsymbol{y}$ 的统计特性 $\boldsymbol{y}$ 和 $\boldsymbol{P}_y$。

无迹变换的基本思想是：根据 $\boldsymbol{x}$ 的均值 $\bar{\boldsymbol{x}}$ 和方差 $\boldsymbol{P}_x$，选择 $2n_x+1$ 个加权样点 $\boldsymbol{s}_i = \{\boldsymbol{W}_i, \boldsymbol{x}_i\}(i = 1, 2, \cdots, 2n_x+1)$ 来近似随机变量 $\boldsymbol{x}$ 的分布，称 $\boldsymbol{x}_i$ 为 σ 点(粒子)；基于设定的粒子 $\boldsymbol{x}_i$ 计算其经过 $f(\cdot)$ 的传播 r_i；然后基于 r_i 计算 $\bar{y}$ 和 P_y。

无迹变换的具体过程描述如下：

$$\boldsymbol{x}_0 = \bar{\boldsymbol{x}}, \boldsymbol{W}_0 = \frac{\lambda}{n_x + \lambda}, i = 0 \tag{7-5-15}$$

$$\boldsymbol{x}_i = \bar{\boldsymbol{x}} + (\sqrt{(n_x+\lambda)\boldsymbol{P}_x})_i, i = 1, 2, \cdots, n_x \tag{7-5-16}$$

$$\boldsymbol{x}_i = \bar{\boldsymbol{x}} - (\sqrt{(n_x+\lambda)\boldsymbol{P}_x})_i, i = n_x+1, n_x+2, \cdots, 2n_x \tag{7-5-17}$$

$$W_0^{(m)}=\frac{\lambda}{n_x+\lambda},W_0^{(c)}=\frac{\lambda}{n_x+\lambda}+(1-\alpha^2+\beta),\lambda=\alpha^2(n_x+k)-n \tag{7-5-18}$$

$$W_i^{(m)}=W_i^{(c)}=\frac{1}{2(n_x+k)},i=1,2,\cdots,2n_x \tag{7-5-19}$$

式中，$\alpha>0$ 是一个比例因子，它可以调节粒子的分布距离，降低高阶矩的影响，减小预测误差，一般取小的正值，如 0.01；$\beta\geqslant 0$ 的作用是改变 $W_0^{(c)}$，调节 β 的数值可以提高方差的精度，控制估计状态的峰值误差。α 和 β 的值随 $\boldsymbol{x}$ 分布的不同而不同，如果 $\boldsymbol{x}$ 服从正态分布，则一般取 $n_x+k=3$。$\left(\sqrt{(n_x+\lambda)\boldsymbol{P}_x}\right)_i$ 是矩阵 $(n_x+\lambda)\boldsymbol{P}_x$ 的均方根的第 i 行(列)，可以利用 QR 分解或 Cholesky 分解得到矩阵 $(n_x+\lambda)\boldsymbol{P}_x$ 的均方根。$W_i^{(m)}$ 是求一阶统计特性时的权系数，$W_i^{(c)}$ 是求二阶统计特性时的权系数。

变换过程如下：

①选定参数 k、α 和 β 的数值。

②按照式(7-5-15)～式(7-5-19)计算得到 $2n_x+1$ 个调整后的粒子及其权值。

③对每个粒子点进行非线性变换，形成变换后的点集 $y_i=f(x_i)$，$i=1,2,\cdots,2n_x$。

④变换后的点集的均值 $\bar{\boldsymbol{y}}$ 和方差 $\boldsymbol{P}_y$ 由下式计算：

$$\bar{\boldsymbol{y}}=\sum_{i=0}^{2n_x}W_i^{(m)}\boldsymbol{y}_i,\boldsymbol{P}_y=\sum_{i=0}^{2n_x}W_i^{(c)}(\boldsymbol{y}_i-\bar{\boldsymbol{y}})(\boldsymbol{y}_i-\bar{\boldsymbol{y}})^{\mathrm{T}} \tag{7-5-20}$$

由于无迹变换得到的函数值没有经过线性化，没有忽略其高阶项，同时因为避免了雅可比矩阵(线性化)的计算，因而由此得到的均值和协方差的估计比 EKF 方法要精确。该算法对于 $\boldsymbol{x}$ 均值和协方差的计算精确到真实后验分布的二阶矩，而且误差可以通过 k 来调节，而 EKF 只是非线性函数的一阶近似，因此，该算法具有比 EKF 更高的精度。如果已知 $\boldsymbol{x}$ 概率密度分布的形状，可以通过将 β 设为一个非零值来减小 4 阶项以上带来的误差。

(2)算法描述

在无迹变换基础上建立起来的 UKF 是 1996 年由剑桥大学的 Julier 首次提出来的，UKF 是无迹变换和标准卡尔曼滤波体系的结合。与 EKF 不同，UKF 是通过上述无迹变换使非线性系统方程适用于线性假设下的标准卡尔曼滤波体系，而不是像 EKF 那样通过线性化非线性函数实现递推滤波。由于 UKF 不需要求导，它比 EKF 能更好地逼近状态方程的非线性特性，具有更高的估计精度，计算量却与 EKF 同阶，因而获得了广泛关注。

假设系统如式(7-5-1)和式(7-5-2)表示，过程噪声和量测噪声均为不相关的零均值高斯白噪声，其协方差分别为 $\boldsymbol{Q}_k$ 和 $\boldsymbol{R}_k$，则 UKF 滤波算法如下所述：

①初始化。初始状态 x_0 的统计特性：$E[\boldsymbol{x}_0]=\bar{\boldsymbol{x}}_0$，$\mathrm{var}[\boldsymbol{x}_0]=E[(\boldsymbol{x}_0-\bar{\boldsymbol{x}}_0)(\boldsymbol{x}_0-\bar{\boldsymbol{x}}_0)^{\mathrm{T}}]=\boldsymbol{P}_0$，且 $E[\boldsymbol{x}_0,\boldsymbol{w}_k]=0$，$E[\boldsymbol{x}_0,\boldsymbol{v}_k]=0$。考虑噪声扩展后的初始状态矢量及其方差为

$$\bar{\boldsymbol{x}}_0^a=[\bar{\boldsymbol{x}}_0^{\mathrm{T}}\quad 0\quad 0]^{\mathrm{T}},$$

$$\boldsymbol{P}_0^a=E[(\boldsymbol{x}_0^a-\bar{\boldsymbol{x}}_0^a)(\boldsymbol{x}_0^a-\bar{\boldsymbol{x}}_0^a)^{\mathrm{T}}]=\begin{bmatrix}\boldsymbol{P}_0 & 0 & 0\\ 0 & \boldsymbol{Q} & 0\\ 0 & 0 & \boldsymbol{R}\end{bmatrix}\tag{7-5-21}$$

②系统的扩展状态矢量表示为

$$\boldsymbol{x}_k^a=[\boldsymbol{x}_k^{\mathrm{T}}\quad \boldsymbol{w}_k^{\mathrm{T}}\quad \boldsymbol{v}_k^{\mathrm{T}}],$$

$$\boldsymbol{P}_k^a=E[(\boldsymbol{x}_k^a-\bar{\boldsymbol{x}}_k^a)(\boldsymbol{x}_k^a-\bar{\boldsymbol{x}}_k^a)^{\mathrm{T}}]=\begin{bmatrix}\boldsymbol{P}_k & 0 & 0\\ 0 & \boldsymbol{Q}_k & 0\\ 0 & 0 & \boldsymbol{R}_k\end{bmatrix}\tag{7-5-22}$$

选取粒子

$$\boldsymbol{x}_{k-1}^a=\left[\bar{\boldsymbol{x}}_{k-1}^a\ \bar{\boldsymbol{x}}_{k-1}^a+\sqrt{(n_a+\lambda)\boldsymbol{P}_{k-1}^a}\ \bar{\boldsymbol{x}}_{k-1}^a-\sqrt{(n_a+\lambda)\boldsymbol{P}_{k-1}^a}\right]\tag{7-5-23}$$

且

$$\boldsymbol{x}_{k-1}^a=[\boldsymbol{x}_{k-1}^x\quad \boldsymbol{x}_{k-1}^w\quad \boldsymbol{x}_{k-1}^v]^{\mathrm{T}}\tag{7-5-24}$$

式中，$n_a=n_x+n_w+n_v$，n_x、n_w、n_v 分别为系统状态矢量、过程噪声和量测噪声的维数；$\boldsymbol{x}_{k-1}^x$、$\boldsymbol{x}_{k-1}^w$、$\boldsymbol{x}_{k-1}^v$ 分别为 $\boldsymbol{x}_{k-1}^a$ 中对应于状态矢量、过程噪声和量测噪声的分量。

③时间更新。若不考虑有输入作用，由式(7-5-18)、式(7-5-19)可计算得权值 W_i，则有

$$\boldsymbol{x}_{k/k-1}^x=f(\boldsymbol{x}_{k-1}^x,\boldsymbol{u}_{k-1},\boldsymbol{x}_{k-1}^w)\tag{7-5-25}$$

$$\bar{\boldsymbol{x}}_{k/k-1}=\sum_{i=0}^{2n_a}W_i^{(m)}\boldsymbol{x}_{i,k/k-1}^x\tag{7-5-26}$$

$$\boldsymbol{P}_{k/k-1}=\sum_{i=0}^{2n_a}W_i^{(c)}[\boldsymbol{x}_{i,k/k-1}^x-\bar{\boldsymbol{x}}_{k-1}][\boldsymbol{x}_{i,k/k-1}^x-\bar{\boldsymbol{x}}_{k-1}]^{\mathrm{T}}\tag{7-5-27}$$

$$z_{k/k-1}=h(\boldsymbol{x}_{k/k-1}^x,\boldsymbol{x}_{k/k-1}^v)\tag{7-5-28}$$

$$\bar{z}_{k/k-1}=\sum_{i=0}^{2n_a}W_i^{(m)}\boldsymbol{z}_{i,k/k-1}\tag{7-5-29}$$

式中，$\bar{\boldsymbol{x}}_{k/k-1}$ 为所有粒子点的一步预测加权和。

④测量更新。

$$P_{z_{k/k-1}z_{k/k-1}} = \sum_{i=0}^{2n_a} W_i^{(c)} [z_{i,k/k-1} - \bar{z}_{k/k-1}][z_{i,k/k-1} - \bar{z}_{k/k-1}]^{\mathrm{T}} \quad (7\text{-}5\text{-}30)$$

$$P_{x_{k/k-1}z_{k/k-1}} = \sum_{i=0}^{2n_a} W_i^{(c)} [x_{i,k/k-1} - \bar{x}_{k/k-1}][z_{i,k/k-1} - \bar{z}_{k/k-1}]^{\mathrm{T}} \quad (7\text{-}5\text{-}31)$$

$$K_k = P_{x_{k/k-1}z_{k/k-1}} P^{-1}_{x_{k/k-1}z_{k/k-1}} \quad (7\text{-}5\text{-}32)$$

$$\hat{P}_k = P_{k/k-1} + K_k P_{Z_{k/k-1}z_{k/k-1}} k_k^{\mathrm{T}} \quad (7\text{-}5\text{-}33)$$

至此，得到了 UKF 在 k 时刻的滤波状态和方差。

如果系统的状态噪声和量测噪声为加性噪声，则无须像式(7-5-22)那样增广状态向量，算法中的时间更新和状态更新方程得以简化。当量测方程和状态方程均为线性方程时，由 UKF 得到的滤波结果和标准的线性卡尔曼滤波得到的结果相同。

7.6　卡尔曼滤波的发散现象分析

7.6.1　发散现象及原因

从理论上讲，随着观测次数的增加，卡尔曼滤波的均方误差 $\boldsymbol{p}_k$ 应该逐渐减小而最终趋于某个稳定值。但在实际应用中，有时会发生这样的现象：按公式计算的方差阵可能逐渐地趋于 0，而实际滤波的均方误差会随着观测人数的增加而增大，这种现象称为卡尔曼滤波的发散现象。

产生发散的原因很多，其中信号模型不准确是重要原因之一。下面先看一个例子，考虑一个气球高度的估计问题。

设气球以速度 v 垂直从高度 x_0 升高，则高度变化的状态方程和观测方程为

$$x_k = x_{k-1} + v \quad (7\text{-}6\text{-}1)$$

$$z_k = x_k + n_k \quad (7\text{-}6\text{-}2)$$

式中，n_k 是白噪声序列，有

$$E(n_k) = 0$$

$$E(n_k n_j) = \delta_{kj}$$

设计离散卡尔曼滤波时，如果不了解气球在垂直升高，而选择了状态方程

$$x_k = x_{k-1} \quad (7\text{-}6\text{-}3)$$

如果初始状态取 $\hat{x} = 0$，而 $p_0 = \infty$。应用卡尔曼滤波，根据

$$\Phi_{k,k-1} = 1, H_k = 1, R_{n_k} = 1, R_{w_k} = 1$$

可求得

$$P_k = \frac{1}{k}, K_k = \frac{1}{k}$$

所以,状态滤波公式为

$$\begin{aligned}\hat{x} &= \Phi_{k,k-1}\hat{x}_{k-1} + K_k[z_k - H_k\Phi_{k,k-1}\hat{x}_{k-1}] \\ &= \frac{k-1}{k}\hat{x}_{k-1} + \frac{1}{k}z_k \\ &= \frac{k-2}{k}\hat{x}_{k-2} + \frac{1}{k}\hat{x}_{k-1} + \frac{1}{k}z_k \\ &= \cdots \\ &= \frac{1}{k}\sum_{j=1}^{k} z_j \end{aligned} \tag{7-6-4}$$

由于观测方程为

$$z_k = x_k + n_k$$

它是对实际气球高度的观测,即

$$z_k = x_0 + kv + n_k$$

所以,状态滤波值为

$$\hat{x}_k = x_0 + \frac{k+1}{2}v + \frac{1}{k}\sum_{j=1}^{k} n_j \tag{7-6-5}$$

在时刻 k,实际气球的高度为

$$x_k = x_0 + kv \tag{7-6-6}$$

这样,实际的气球高度与状态滤波值之差为

$$\begin{aligned} x_{k-1} &= x_k - \hat{x}_k \\ &= x_0 + kv - x_0 - \frac{k+1}{2}v - \frac{1}{k}\sum_{j=1}^{k} n_j \\ &= \frac{k+1}{2}v - \frac{1}{k}\sum_{j=1}^{k} n_j \end{aligned} \tag{7-6-7}$$

可见,随着观测次数 k 的增加,误差 x_k 增大。这时状态滤波的均方误差为

$$P_k = E(x_k^2) = \frac{(k-1)^2}{4}v^2 + \frac{1}{k} \tag{7-6-8}$$

显然,状态滤波的均方误差:当 $k \to \infty$ 时,$E(x_k^2) \to \infty$。

而按所选的数学模型,即式(7-6-3),认为 $v = 0$ 时,算出的 $P_k = \frac{1}{k}$,当 $k \to \infty$ 时,$P_k \to \infty$。但实际上,当 $k \to \infty$ 时,$P_k \to \infty$,这就是卡尔曼滤波的发散现象。

卡尔曼滤波发散现象产生的原因，除了信号模型不准确外，扰动噪声和观测噪声的统计特性取得不准、计算字长有限产生的量化误差等也是发散产生的原因。

7.6.2　克服发散现象的措施和方法

克服卡尔曼滤波发散的方法归纳起来主要有如下几种：

①自适应滤波器，如果在滤波过程中，利用新的观测数据，对信号模型、噪声的统计特性等实时进行修正，以保持最优或次最优滤波，用这种自适应滤波方法可以抑制发散现象。

②限定滤波增益法在卡尔曼滤波算法中，随着 k 的增大滤波增益将逐渐减小，即新息的修正作用越来越小。这样，由于模型等不准产生的误差得不到有效的抑制，容易产生滤波发散现象。这个方法就是使滤波增益 k 随着时间下降至某个数值后，不再随 k 的增加而减小，这是克服发散的方法之一。不过这样做的结果可能使滤波达不到最佳结果。

③渐消记忆法卡尔曼滤波具有无限增长的记忆特性，它获得的滤波值使用了 k 时刻以前的全部观测数据。但对动态模型来说，在进行滤波时，需加大新数据的作用，减小老数据的影响。这就是渐消记忆法卡尔曼滤波的基本思想。

④限定记忆法这种方法与渐消记忆法的不同之处在于不是逐渐减小老数据的影响，而是在作 k 时刻滤波时，只利用离 k 时刻最近的 N 个数据，把变更前的数据丢掉，N 的数目的选择与信号模型的类型有关。

⑤自适应滤波法就是在利用观测数据进行滤波时，不断地对不确定的系统模型参数和噪声的统计特性进行估计并修正，以减小模型误差。因此，这种方法也是克服卡尔曼滤波发散的主要途径之一。

除上述克服滤波发散的方法外，还可以在状态方程模型中加大扰动噪声，增加扰动方差，以避免均方误差阵减小太多，也是防止发散现象的一种方法。

7.7　常增益滤波方法

7.7.1　α-β 滤波

α-β 滤波器最早是为了改善边扫描边跟踪雷达的跟踪性能而提出的。

α-β 滤波是以输入为均匀变化的信号为前提的。当得到 k 时刻的测量值 $x(k)$ 后，按下列方程对信号 $s(k)$ 进行估计：

$$\hat{s}(k)=\hat{s}(k|k-1)+\alpha[x(k)-\hat{s}(k|k-1)] \tag{7-7-1}$$

$$\hat{\dot{s}}(k)=\hat{\dot{s}}(k|k-1)+\frac{\beta}{T}[x(k)-\hat{s}(k|k-1)] \tag{7-7-2}$$

一步预测为

$$\hat{s}(k|k-1)=\hat{s}(k-1)+T\hat{\dot{s}}(k-1) \tag{7-7-3}$$

$$\hat{\dot{s}}(k|k-1)=\hat{\dot{s}}(k-1) \tag{7-7-4}$$

其中，$\hat{s}(k)$ 是第 k 个周期的平滑坐标；$\hat{s}(k|k-1)$ 是在第 $k-1$ 个周期内计算所得的第 k 个周期的外推坐标；$x(k)$ 是第 k 个周期录取的坐标；$\hat{\dot{s}}(k)$ 是第 k 个周期的速度估计；T 是天线扫描周期；校正系数 α 和 β 分别为位置和速度平滑系数，它们可以是常数，也可以是随取样序列分段改变。我们引入以下记号。

滤波估计矢量：

$$\hat{\boldsymbol{s}}(k)=[\hat{s}(k),\hat{\dot{s}}(k)]^{\mathrm{T}}$$

预测估计矢量：

$$\hat{\boldsymbol{s}}(k|k-1)=[\hat{s}(k|k-1),\hat{\dot{s}}(k|k-1)]^{\mathrm{T}}$$

状态转移矩阵：

$$\boldsymbol{\Phi}=\begin{bmatrix}1 & T\\0 & 1\end{bmatrix}$$

观测矩阵：

$$\boldsymbol{H}=[1\quad 0]$$

滤波增益矩阵：

$$\boldsymbol{K}=\begin{bmatrix}\alpha & \dfrac{\beta}{T}\end{bmatrix}^{\mathrm{T}}$$

则可写出 α-β 滤波的矢量矩阵表达式。式(7-7-3)和式(7-7-4)写成矩阵形式为

$$\hat{\boldsymbol{s}}(k|k-1)=\boldsymbol{\Phi}\hat{\boldsymbol{s}}(k-1) \tag{7-7-5}$$

同样，式(7-7-1)和式(7-7-2)写成矩阵形式为

$$\hat{\boldsymbol{s}}(k)=\hat{\boldsymbol{s}}(k|k-1)+\boldsymbol{K}[x(k)-\boldsymbol{H}\hat{\boldsymbol{s}}(k|k-1)] \tag{7-7-6}$$

由式(7-7-5)和式(7-7-6)可知，α-β 滤波是一种递推滤波，其运算流程如图 7-11 所示。

将式(7-7-5)和式(7-7-6)以及图 7-11 与卡尔曼滤波和预测方程相比

较，显然它们具有相同的结构形式，不同之处仅在于卡尔曼滤波增益 $\boldsymbol{K}(k)$ 是时变的，而 α-β 滤波增益 $\boldsymbol{K}$ 是恒定、非时变的。因此，可以认为 α-β 滤波是卡尔曼滤波的特例。

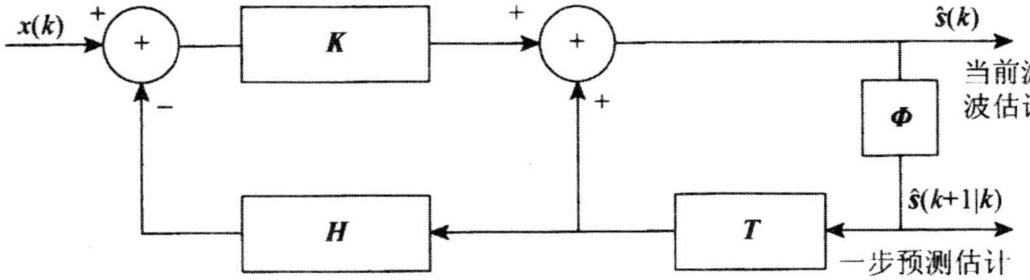

图 7-11　同时实现矢量信号滤波与预测的常增益 α-β 滤波流程

α-β 滤波器实质上是一个二阶线性定常系统，它有两个自由参数，即 α 和 β。因此，可以用线性系统的理论讨论 α-β 滤波器的性质和选择 α 和 β 的数值。通过计算可以求得位置估值和速度估值的等效传递函数 $H_s(z)$ 和 $H_{\dot{s}}(z)$ 分别为

$$H_s(z)=\frac{\hat{s}(z)}{x(z)}=\frac{\alpha z\left(z+\dfrac{\beta-\alpha}{\alpha}\right)}{z^2-(2-\alpha-\beta)z+(1-\alpha)} \tag{7-7-7}$$

$$H_{\dot{s}}(z)=\frac{\hat{\dot{s}}(z)}{x(z)}=\frac{\dfrac{\beta}{T}z(z-1)}{z^2-(2-\alpha-\beta)z+(1-\alpha)} \tag{7-7-8}$$

由式(7-7-7)和式(7-7-8)可以看出，滤波器的特征方程为

$$z^2-(2-\alpha-\beta)z+(1-\alpha)=0 \tag{7-7-9}$$

根据稳定性判据可知，滤波器的稳定区域是由

$$2\alpha+\beta<4, 0<\alpha<2, 0<\beta<4$$

所限定的三角形，如图 7-12 所示。只要 α 和 β 的取值落在这个区域之内，滤波器就是稳定的。α 和 β 值的选择除了满足稳定性条件以外，还要考虑对滤波器暂态和稳态性能的要求。就滤波器的暂态特性而言，可分为过阻尼、欠阻尼和临界阻尼 3 种情况。这 3 种情况的区域划分如图 7-13 所示。

临界阻尼状态时，特征方程的根是两个正的重根 r，由此可建立起求解 α-β 参数值的关系式，即

$$(z-r)^2=z^2-(2-\alpha-\beta)z-(1-\alpha)$$

比较上式两边的各个系数，可得

$$2r=2-\alpha-\beta$$

$$r^2=1-\alpha$$

因此，临界阻尼状态时，α 和 β 的关系式为

$$\beta = 2 - \alpha - 2\sqrt{1-\alpha} \tag{7-7-10}$$

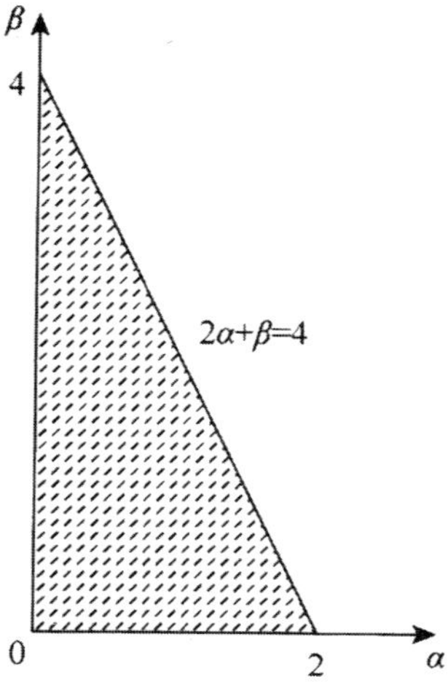

图 7-12　滤波器的稳定区域

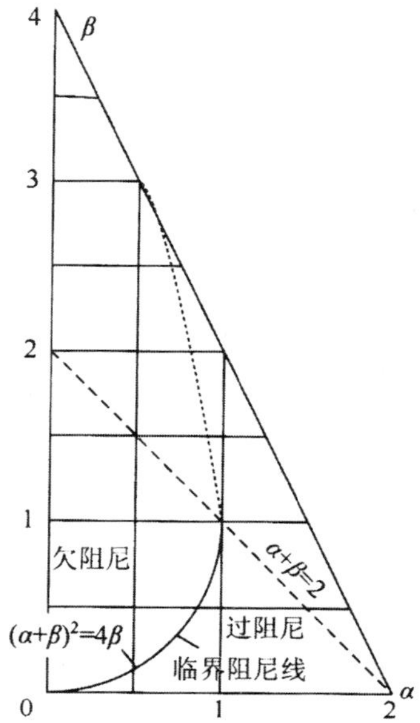

图 7-13　稳定区域划分

α 是位于 0～1 的某一个数值，它的数值可以根据系统所要求的阻尼比和自然谐振频率来确定。要求系统的带宽越大，α 就应越大，这时平滑越差；反之，α 越小，系统带宽就越小，平滑将越好。

7.7.2　α-β-γ 滤波

对于一个等加速度输入过程可用 α-β-γ 法来实现的递推滤波，α-β-γ 滤波的滤波方程为

$$\hat{s}(k) = \hat{s}(k|k-1) + \alpha[x(k) - \hat{s}(k|k-1)]$$

$$\hat{\dot{s}}(k) = \hat{\dot{s}}(k|k-1) + \frac{\beta}{T}[x(k) - \hat{s}(k|k-1)]$$

$$\hat{\ddot{s}}(k) = \hat{\ddot{s}}(k|k-1) + \frac{2\gamma}{T^2}[x(k) - \hat{s}(k|k-1)]$$

预测方程组为

$$\hat{s}(k|k-1) = \hat{s}(k-1) + T\hat{\dot{s}}(k-1) + \frac{T^2}{2}\hat{\ddot{s}}(k-1)$$

$$\hat{\dot{s}}(k|k-1) = \hat{\dot{s}}(k-1) + T\hat{\ddot{s}}(k-1)$$

$$\hat{\ddot{s}}(k|k-1) = \hat{\ddot{s}}(k-1)$$

矩阵表达式滤波方程和预测方程分别为

$$\hat{\boldsymbol{s}}(k)=\hat{\boldsymbol{s}}(k|k-1)+\boldsymbol{K}[x(k)-\boldsymbol{H}\hat{\boldsymbol{s}}(k|k-1)]$$

$$\hat{\boldsymbol{s}}(k|k-1)=\boldsymbol{\Phi}\hat{\boldsymbol{s}}(k-1)$$

其中

$$\hat{\boldsymbol{s}}(k)=\begin{bmatrix}\hat{s} & \hat{\dot{s}} & \hat{\ddot{s}}\end{bmatrix}^{\mathrm{T}}$$

$$\hat{\boldsymbol{s}}(k|k-1)=\begin{bmatrix}\hat{s} & \hat{\dot{s}} & \hat{\ddot{s}}\end{bmatrix}^{\mathrm{T}}_{k|k-1}$$

$$\boldsymbol{K}=\begin{bmatrix}\alpha & \dfrac{\beta}{T} & \dfrac{2\gamma}{T^2}\end{bmatrix}^{\mathrm{T}}$$

$$\boldsymbol{\Phi}=\begin{bmatrix}1 & T & \dfrac{T^2}{2}\\ 0 & 1 & T\\ 0 & 0 & 1\end{bmatrix}$$

系统的位置、速度和加速度估计值对应输入测量值的等效传递函数为

$$H_{\hat{s}}(z)=\frac{[\alpha^3+(-2\alpha+\beta+\gamma)z^2+(\alpha-\beta+\gamma)]z}{z^3-(3-\alpha-\beta-\gamma)z^2+(3-2\alpha-\beta+\gamma)z-(1-\alpha)}$$

$$H_{\hat{\dot{s}}}(z)=\frac{\dfrac{\beta}{T}z(z-1)\left(z+\dfrac{2\gamma-\beta}{\beta}\right)}{z^3-(3-\alpha-\beta-\gamma)z^2+(3-2\alpha-\beta+\gamma)z-(1-\alpha)}$$

$$H_{\hat{\ddot{s}}}(z)=\frac{\dfrac{2\gamma}{T^2}z(z-1)^2}{z^3-(3-\alpha-\beta-\gamma)z^2+(3-2\alpha-\beta+\gamma)z-(1-\alpha)}$$

因此，系统的特征方程为

$$z^3-(3-\alpha-\beta-\gamma)z^2+(3-2\alpha-\beta+\gamma)z-(1-\alpha)=0$$

由稳定性判据可知，系统的稳定条件为

$$\alpha>0,\beta>0,\gamma>0,2\alpha+\beta\leqslant 4,2\alpha>\beta,\alpha(\beta+\gamma)>2\gamma$$

α、β 和 γ 的参数值选择与 α-β 滤波器参数值选择一样，应考虑系统的稳定性以及暂态和稳态特性。

在临界阻尼状态选择时，系统特征方程的根是三重正实根 r，即

$$(z-r)^3=z^3-(3-\alpha-\beta-\gamma)z^2+(3-2\alpha-\beta+\gamma)z-(1-\alpha)$$

由此可得 α、β 和 γ 与根 r 的关系式为

$$\alpha=1-r^3$$

$$\beta=1.5(1-r^2)(1-r)$$

$$\gamma=0.5(1-r)^3$$

给定 α 值后，可求得 r 值，从而得到 β 和 γ 的数值。

第 8 章　信号检测与估计的应用

信号检测与估计理论主要研究在信号、噪声和干扰三者共存条件下，如何正确发现、辨别和估计信号参数。信号的检测与估计技术的应用也越来越受到人们的关注。在实际应用中，我们经常需要这方面的知识，例如，雷达、通信、声呐、自动控制、模式识别、天气预报、系统识别等技术领域，并在统计识别、射电天文学、雷达天文学、地震学、生物物理学一级医学信号处理等领域获得了广泛应用。

8.1　信号检测与估计应用概述

8.1.1　雷达系统的信号估计和信号检验问题

由雷达系统可确定飞机的位置。为了确定飞机与雷达的距离 R，可以发射一个电磁脉冲 $s(t)=A\sin(2\pi\omega_0 t)$，如图 8-1 所示，这个脉冲在遇到飞机时就产生反射，继而由天线接收的回波将会引起 τ_0 秒的延时 $s(t)=A\sin[2\pi\omega_0(t-\tau_0)]$。观测 τ_0 的值，可用方程 $\tau_0=2R/c$ 间接确定距离 R，其中，c 为电磁传播速度。

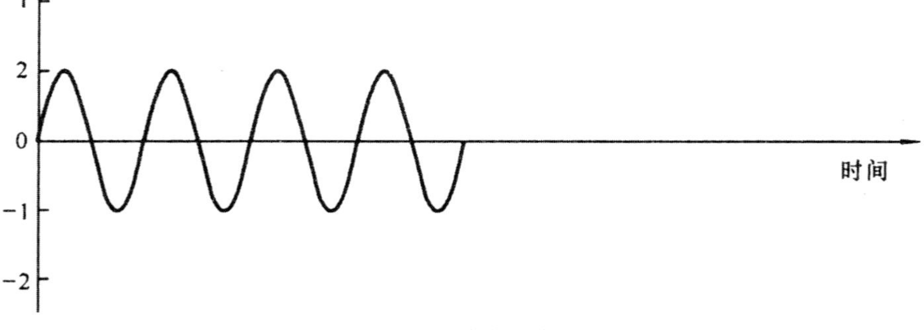

图 8-1　雷达发射脉冲

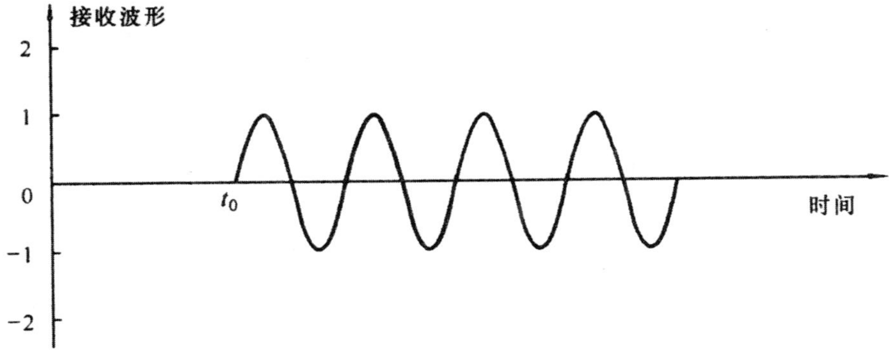

图 8-2　理想的接收信号

在实际应用中，由于多种噪声的干扰，接收到的雷达信号不是如图 8-2 所示的理想波形，而是如图 8-3 所示的随机信号波形。

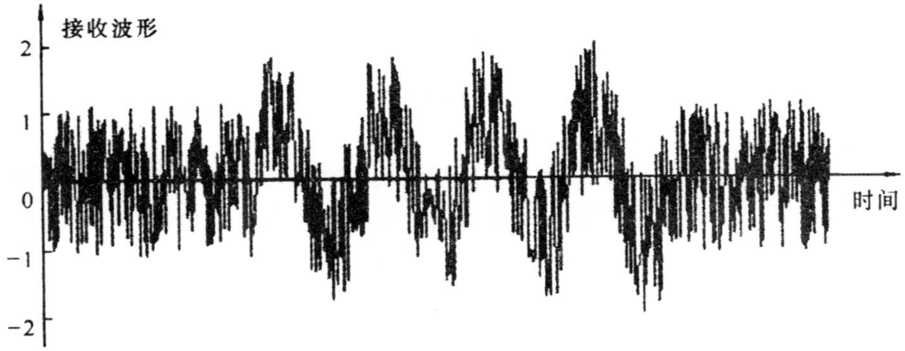

图 8-3　有噪声干扰的雷达接收信号

信号处理时，会遇到如下问题。

①是否有回波信号？即空中有飞机吗？需要检测回波信号是否存在。

②若有回波信号，产生的延时是多少？由于噪声干扰，无法在图表上简单地量出延时，需要用统计的方法进行估计。

8.1.2　信号估计与检测问题的一般性描述

确定性信号可分为参数信号 $s(t,\theta)$ 和无参数信号 $s(t)$，所以，随机信号常常表示为 $X(t,\theta)=s(t,\theta)+\varepsilon(t)$，或 $X(t)=s(t)+\varepsilon(t)$。

带有参数的随机信号 $X(t,\theta)$，其不确定性来自两个方面。

①随机噪声 $\varepsilon(t)$ 的影响。

②参数 θ 的未知性。

要正确地分析处理信号 $X(t,\theta)$，去除随机噪声 $\varepsilon(t)$ 是首要任务。只要对 θ 的值给出正确的估计，信号去噪便是件容易的事。

对于无参数的随机信号 $X(t)=s(t)+\varepsilon(t)$，可以通过信号滤波来去除噪声 $\varepsilon(t)$，还原或估计出确定性信号 $s(t)$。

信号处理的另一大任务是信号检测。

①在随机信号 $X(t,\theta)$ 或 $X(t)$ 中，检测信号 $s(t,\theta)$ 或 $s(t)$ 是否存在？如何检测？

②θ 取不同的值 $\theta=\theta_i(i=1,2,\cdots,M)$，$s(t,\theta_i)$ 为不同类型(形式)的信号，即观测信号 $X(t,\theta)$ 有多个不同的来源。判断或检测随机信号 $X(t,\theta)$ 来源于哪种信号 $s(t,\theta_i)$，也是信号分析处理的主要任务之一。

8.2 在通信系统中的应用

8.2.1 模拟通信系统接收机结构

信号波形估计问题在求模拟通信系统接收结构的过程中起着非常重要的重要作用。模拟通信系统将要发射的信号以调幅或者调角(调频和调相)的方式对载波进行调制，达到便于传播和提高抗干扰能力的目的。

模拟通信系统中信号的波形估计问题有两种研究途径，一是利用最大后验概率法，二是利用状态变量法。本节主要依靠第一种方法来求调幅和调角两种情况下模拟通信系统接收机的结构。

1.信号 $x(t)$的估计问题

假定信号 $x(t)$是随机过程的一个样本函数，将它以线性或非线性方式去调制载波。在加性白高斯噪声 $v(t)$ 中观测已调的信号 $y(x(t),t)$，因此，观测波形为

$$z(t)=y(x(t),t)+v(t),t_0\leqslant t\leqslant t_1 \tag{8-2-1}$$

式(8-2-1)所示的观测模型，依 $y(x(t),t)$ 的形式不同，可以用来描述几种常见的模拟调制方式。例如：

$$y(x(t),t)=\sqrt{2E}x(t)\sin\omega_c t \tag{8-2-2}$$

其中，式(8-2-2)表示双边带、抑制载波调幅(DSB-SC-AM)。如果已调信号是

$$y(x(t),t)=\sqrt{2E}\,[1+\alpha x(t)]\sin\omega_c t \tag{8-2-3}$$

那么该信号就是双边带调幅(DSB-AM)。其中,α 是标量,称作调制指数。这种调制方式下载波分量也照样发送。在这两种载波调幅情况下,已调信号是线性的。

在调角情况下,载波的相位或频率随信号 $x(t)$ 而变化。在调相(PM)情况下,已调信号是

$$y(x(t),t)=\sqrt{2E}\sin[\omega_c t+\beta x(t)] \tag{8-2-4}$$

其中,β 也是调制指数。信号 $x(t)$ 在 $y(x(t),t)$ 中是以非线性的方式出现的。

更一般地,信号 $x(t)$ 可先通过一个线性(通常是时不变的)滤波器(预加重网络),将信号的频谱改变成合乎某种要求的形式。已调信号是

$$y(x(t),t)=\sqrt{2E}\sin\left[\omega_c t+\int_{t_0}^{t_1}h(t,\tau)x(\tau)\mathrm{d}\tau\right] \tag{8-2-5}$$

其中,$h(t,\tau)$ 是滤波器的冲激响应。图 8-4 画出了一般模拟调制系统的基本组成部分,设 $\theta(t)$ 表示滤波器的输出。

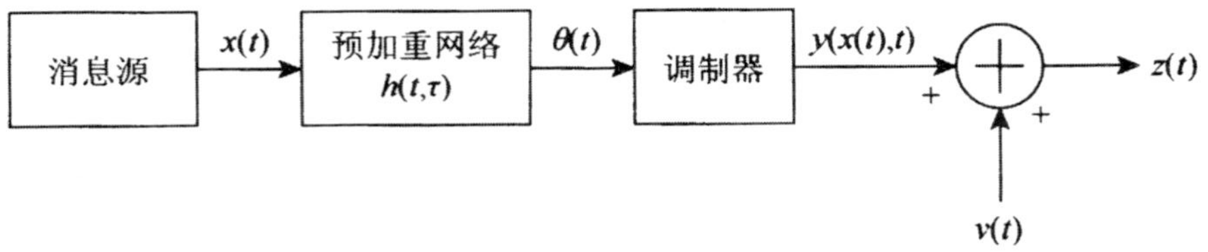

图 8-4　模拟调制系统

如果预加重网络是一个积分器,则式(8-2-5)转化为

$$y(x(t),t)=\sqrt{2E}\sin\left[\omega_c t+\int_{t_0}^{t_1}x(\tau)\mathrm{d}\tau\right] \tag{8-2-6}$$

这时得到的是调频(FM)。使用预加重滤波调制方式的另外一个例子是残留边带调幅(VSB-AM),这种调制方式已经广泛用来传输视频信号。在残留边带调幅方式中,信号 $x(t)$ 同时通过两个线性时不变滤波器,这两个滤波器的冲激响应分别为 $h_c(t,\tau)$ 和 $h_s(t,\tau)$。两个滤波器的输出 $x_c(t)$ 和 $x_s(t)$ 分别对两个载波进行调幅,两个载波频率相同,但相位彼此差 90°,如图 8-5 所示。其中,已调信号是

$$y(x(t),t)=\sqrt{2E}\,[x_c(t)\cos\omega_c t+x_s(t)\sin\omega_c t] \tag{8-2-7}$$

特殊情况下,当 $x_c(t)=x(t)$、$x_s(t)=\tilde{x}(t)$,$\tilde{x}(t)$ 表示 $x(t)$ 的希尔伯特变换,信号经希尔伯特变换后,在频域各频率分量的幅度保持不变,但相位将出现 90°相移,则该调制方式对应于单边带调幅(SSB-AM)。此时,有

$$H_c(\mathrm{j}\omega)=1$$

且

$$H_s(\mathrm{j}\omega)=\begin{cases}-\mathrm{j},\omega>0\\0,\omega=0\\+\mathrm{j},\omega<0\end{cases}$$

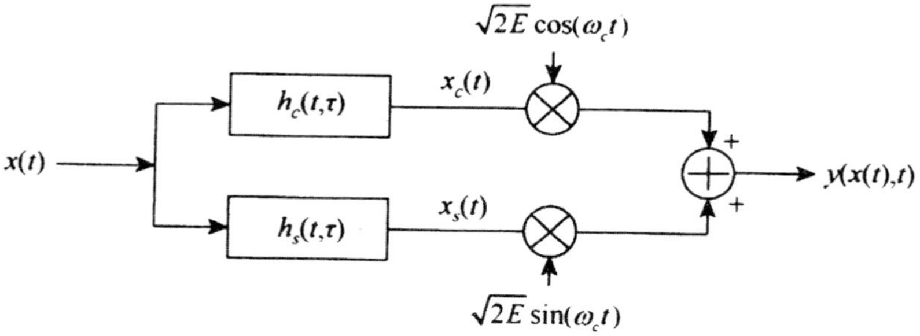

图 8-5 残留边带调制系统

假定信号是高斯过程，利用波形估计的最大后验方程可以推导出式(8-2-1)所示观测模型的估计方程，即

$$\hat{x}(t)=\frac{2}{N_0}\int_{t_0}^{t_1}\varphi_x(t,u)\frac{\partial y(\hat{x}(u),u)}{\partial\hat{x}(u)}[z(u)-y(\hat{x}(u),u)]\mathrm{d}u,t_0\leqslant t\leqslant t_1 \tag{8-2-8}$$

图 8-6 画出了实现式(8-2-8)估计器的方框图。因为式(8-2-8)的估计量是根据整个区间 $[t_0,t_1]$ 上的观测量得出来的，所以，$\hat{x}(t)$ 实际上是基于整个区间 $[t_0,t_1]$ 内观测值记录的平滑估计 $\hat{x}(u\mid t)$，而且该估计器是物理上不可实现的，我们在推导调角系统最大后验接收机时再详细地讨论。

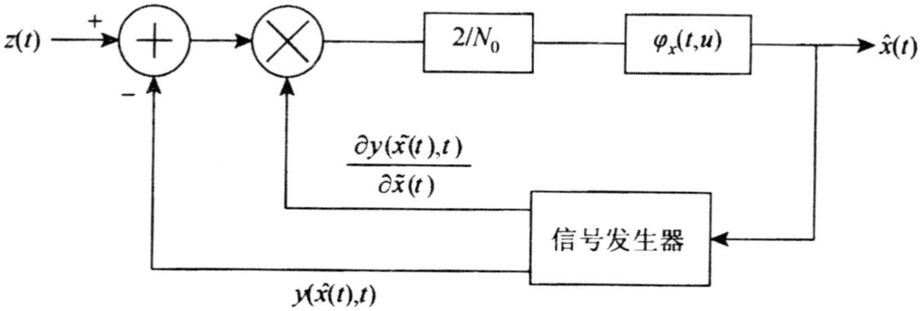

图 8-6 模拟调制用的最大后验估计器

现在研究具有预加重滤波的调制系统。设 $\theta(t)$ 表示滤波器的输出，如图 8-4 所示。利用类似的方法可给出最大后验方程，即

$$\hat{x}(t)=\frac{2}{N_0}\int_{t_0}^{t_1}\int_{t_0}^{t_1}\varphi_x(t,\sigma)h(\sigma,u)\frac{\partial y(\hat{\theta}(u),u)}{\partial\hat{\theta}(u)}[z(u)-y(\hat{x}(u),u)]\mathrm{d}\sigma\mathrm{d}u,\quad t_0\leqslant t\leqslant t_1 \tag{8-2-9}$$

其中，$h(t,\sigma)$ 表示预加重滤波器的冲激响应，即

$$\hat{\theta}(t)=\frac{2}{N_0}\int_{t_0}^{t_1}h(t,u)\hat{x}(u)\mathrm{d}u$$

把式(8-2-8)的 $y(\hat{x}(u),u)$ 进行适当代换，并考虑到最大后验估计运算和线性运算交换次序，就可由该式推导出式(8-2-9)。定义

$$\int_{t_0}^{t_1}\phi_x(t,\sigma)h(\sigma,u)\mathrm{d}\sigma\triangleq h_x(t,u) \tag{8-2-10}$$

则可将式(8-2-9)转化为与式(8-2-8)相同的形式，即

$$\hat{x}(t)=\frac{2}{N_0}\int_{t_0}^{t_1}h_x(t,u)\frac{\partial y(\hat{x}(u),u)}{\partial\hat{x}(u)}[z(u)-y(\hat{x}(u),u)]\mathrm{d}u,t_0\leqslant t\leqslant t_1 \tag{8-2-11}$$

可见式(8-2-11)与式(8-2-8)相同，只是以 $h_x(t,u)$ 代替了 $\phi_x(t,u)$。这时，估计器的结构仍如图 8-6 所示，只是 $h_x(t,u)$ 换成 $\phi_x(t,u)$。

下面就调幅和调频这两种具体情况讨论接收机的结构。

2. 调幅

考察式(8-2-1)的观测模型

$$z(t)=y(x(t),t)+v(t),t_0\leqslant t\leqslant t_1$$

其中，$v(t)$ 是零均值高斯随机过程，它的谱密度为 $N_0/2$。各种调幅信号 $y(x(t),t)$ 为双边带调幅，即

$$y(x(t),t)=\sqrt{2E}[1+x(t)]\sin\omega_c t \tag{8-2-12}$$

双边带抑制载波调幅为

$$y(x(t),t)=\sqrt{2E}x(t)\sin\omega_c t \tag{8-2-13}$$

残留边带调幅为

$$y(x(t),t)=\sqrt{E}[x_c(t)\cos\omega_c t+x_s(t)\sin\omega_c t] \tag{8-2-14}$$

以上情况都假定消息的频带远小于载波频率。

对于双边带调幅和双边带抑制载频调幅，最大后验方程均由式(8-2-8)给出。此时，

$$\frac{\partial y(x(t),t)}{\partial x(t)}=\sqrt{2E}\sin\omega_c t \tag{8-2-15}$$

因此，估计方程为

$$\hat{x}(t)=\frac{2}{N_0}\int_{t_0}^{t_1}\phi_x(t,u)(\sqrt{2E}\sin\omega_c u)[z(u)-\sqrt{2E}\hat{x}(u)\sin\omega_c u]\mathrm{d}u \tag{8-2-16}$$

假定 $x(t)$ 是平稳过程，并且假定 $-\infty < t < \infty$，即可推得该方程的解。此时，式(8-2-16)可写为

$$\hat{x}(t) = \frac{2}{N_0}\int_{-\infty}^{\infty} \varphi_x(t-u)(\sqrt{2E}\sin\omega_c u)\left[z(u) - \sqrt{2E}\hat{x}(u)\sin\omega_c u\right]du \tag{8-2-17}$$

由图 8-6 可推得这个估计器的方框图，如图 8-7 所示。环路滤波器相对于载频来说是一个低通滤波器。对应于 $2E\hat{x}(u)\sin^2\omega_c t$ 的倍频项将被环路滤波器过滤。

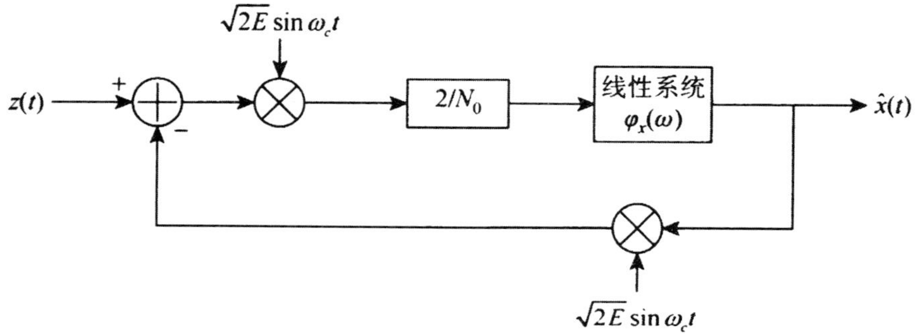

图 8-7　最大后验的调幅接收机结构

将式(8-2-17)写成

$$\hat{x}(t) = \frac{2}{N_0}\int_{-\infty}^{\infty} \phi_x(t-u)\left[\sqrt{2E}z(u)\sin\omega_c u - E\hat{x}(u)\right]du + \frac{2}{N_0}\int_{-\infty}^{\infty} \phi_x(t-u)\hat{x}(u)\cos 2\omega_c u\,du \tag{8-2-18}$$

忽略倍频项，可以得到如图 8-8a 所示的结构。如果用一个滤波器代替反馈环路，就可导出如图 8-8b 所示的系统。估计量 $\hat{x}(t)$ 是根据整个区间 $2E\hat{x}(u)\sin^2\omega_c t$ 上的观测量集合做出的估计。因此，最佳解调器由乘法器和一个不可实现的最佳滤波器组成。可以把估计量 $\hat{x}(t)$ 想象成无限滞后的平滑滤波器的输出。因此，这个非因果滤波器可以用一个可实现滤波器和无限延时来代替，利用足够长的延时可以得到实际的结构。

在残留边带调幅情况下，解调器的有关表示式由式(8-2-14)给出。将式(8-2-9)做一些代数变换，可以证明 $\hat{x}_c(t)$ 和 $\hat{x}_s(t)$ 分别为

$$\begin{aligned}\hat{x}_c(t) = \frac{2}{N_0}\int_{t_0}^{t_1}\sqrt{E}\Big\{&\cos\omega_c u\left[\int_{t_0}^{t_1} h_c(t,v)\varphi_x(v,u)dv\right] \\ &+ \sin\omega_c u\left[\int_{t_0}^{t_1} h_s(u,v)\varphi_x(v,u)dv\right]\Big\} \\ &\times\left\{z(u) - \sqrt{E}\left[\hat{x}_c(u)\cos\omega_c u + \hat{x}_s(u)\sin\omega_c u\right]\right\}du\end{aligned} \tag{8-2-19}$$

$$\hat{x}_s(t) = \frac{2}{N_0}\int_{t_0}^{t_1}\sqrt{E}\left\{\cos\omega_c u\left[\int_{t_0}^{t_1} h_s(t,v)\varphi_x(v,u)\mathrm{d}v\right]\right.$$
$$\left.+\sin\omega_c u\left[\int_{t_0}^{t_1} h_c(u,v)\varphi_x(v,u)\mathrm{d}v\right]\right\}$$
$$\times\left\{z(u)-\sqrt{E}\left[\hat{x}_c(u)\cos\omega_c u+\hat{x}_s(u)\sin\omega_c u\right]\right\}\mathrm{d}u \quad (8\text{-}2\text{-}20)$$

对于单边带调幅情况时，上述公式会变得非常简单。

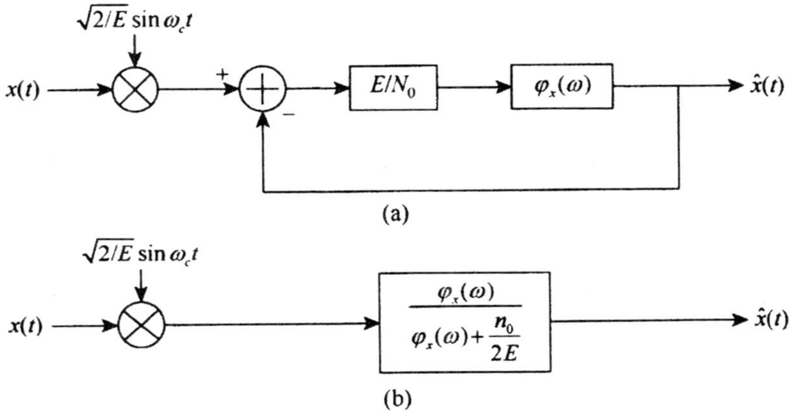

图 8-8 幅度调幅的另一种结构

双边带调幅和残留边带调幅系统，由于载频未被抑制掉，要比双边带抑制载波调幅或单边带抑制载波调幅系统有较大的估计误差。因为可用功率有一部分消耗在发送载波上。但这些系统的优点是接收机容易得到载波。因为求解调器的结构时假定接收机端的载波是确知的。对于抑制载波的系统来说，接收机必须根据混有噪声的发送信号观测波形来恢复载波。例如，设置一个导频可以帮助恢复载波。无论如何，由于信道有噪声，接收机的性能有可能因此而显著恶化。

3. 调角

现在考察调角方案。信号 $x(t)$ 通过线性滤波器后得到相位函数，即

$$\theta(t) = \int_{t_0}^{t_1} h_x(t,u)x(u)\mathrm{d}u \quad (8\text{-}2\text{-}21)$$

已调信号为

$$y(x(t),t) = \sqrt{2E}\sin[\omega_c t+\theta(t)] \quad (8\text{-}2\text{-}22)$$

假定观测模型与式(8-2-1)相同。由于

$$\frac{\partial y(x(t),t)}{\partial x(t)} = \sqrt{2E}\cos[\omega_c t+\theta(t)] \quad (8\text{-}2\text{-}23)$$

由式(8-2-8)推得最大后验估计量为

$$\hat{x}(t)=\frac{2}{N_0}\int_{t_0}^{t_1}h_x(t,u)\{\sqrt{2E}\cos[\omega_c u+\hat{\theta}(u)]\}\{[z(u)-\sin[\omega_c u+\hat{\theta}(u)]]\}\mathrm{d}u \tag{8-2-24}$$

其中，$h_x(t,u)$ 是由式(8-2-10)定义的。图 8-9 画出了这个估计器的结构。考虑到环路滤波器相对于载频来说通常起低通滤波器的作用，可以略去式(8-2-24)中的倍频项。于是，估计量可表示为

$$\hat{x}(t)=\frac{2}{N_0}\int_{t_0}^{t_1}h_x(t,u)\{\sqrt{2E}\cos[\omega_c u+\hat{\theta}(u)]\}z(u)\mathrm{d}u \tag{8-2-25}$$

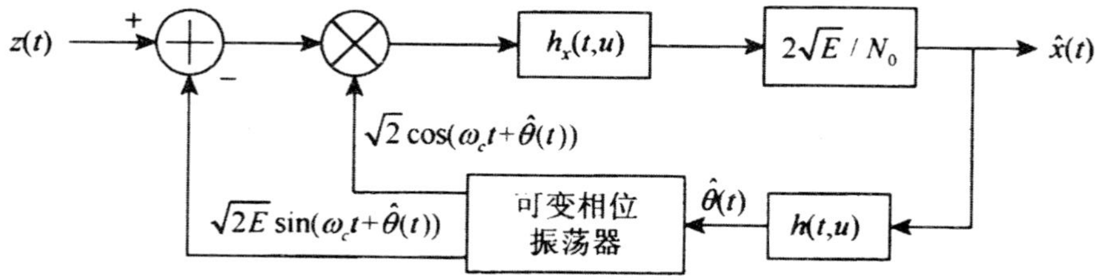

图 8-9 角度调幅的最大后验接收机结构

从而得到图 8-10 所示的简化结构。在调相情况下，没有预加重滤波器，$h(t,u)=\phi(t-u)$。由式(8-2-10)得知，这时 $h_x(t,u)=\phi_x(t-u)$。在调频情况下，滤波器的冲激响应是 1，相当于预加重滤波中的一个积分器。

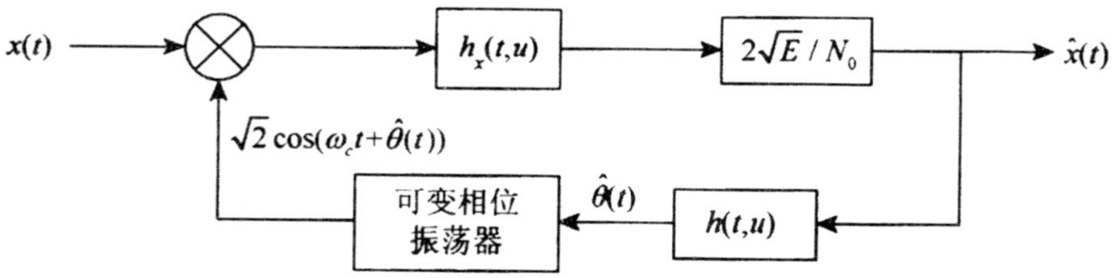

图 8-10 角度调幅的另一种结构

滤波器级 $h_x(t,u)$ 仍然是非因果的。我们记得调幅情况下引入延时就可以解决这个问题。遗憾的是在这里不能这样做，因为不可实现滤波器是在环路里面，滤波器的输出必须实时地反馈到输入端。为了得到可实现估计器的结构，对式(8-2-25)进行修改即可解决问题。我们仅限于讨论调相情况，并假定消息过程是平稳过程。同时，假定观测间隔是 $(-\infty,t)$。此时，最大后验估计量为

$$\hat{x}(t)=\frac{2}{N_0}\int_{-\infty}^{t_1}\varphi_x(t-u)\{\sqrt{2E}\cos[\omega_c u+\hat{x}(u)]\}z(u)\mathrm{d}u \tag{8-2-26}$$

该种估计器的实际实现方案可利用以前介绍的锁相环路得到。如图 8-11 所示，可解释锁相环路在调角信号解调时的应用，图中的线性时不变系统 $f(t)$ 表示把相位检波器的低通滤波器、环路滤波器和环路放大器综合在一起得到的系统。由此图不难推知，压控振荡器的输出为

$$X(t)=\int_{-\infty}^{t} f(t-u)\left\{\sqrt{2E}\cos\left[\omega_c u+X(u)\right]\right\} z(u)\,\mathrm{d}u \quad (8\text{-}2\text{-}27)$$

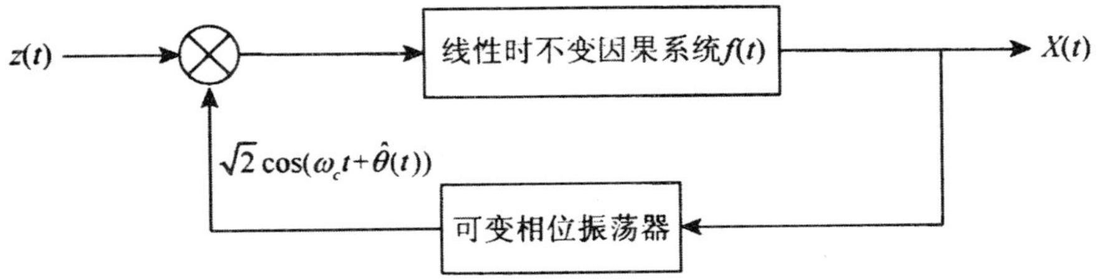

图 8-11　用锁相环作为解调器

若令

$$f(t)=\frac{2\sqrt{E}}{N_0}\phi_x(t)$$

则式(8-2-27)变为

$$X(t)=\frac{2}{N_0}\int_{-\infty}^{t}\phi_x(t-u)z(u)\times\left\{\sqrt{2}\cos\left[\omega_c u+X(u)\right]\right\}\mathrm{d}u \quad (8\text{-}2\text{-}28)$$

虽然式(8-2-28)与式(8-2-26)外表上相似，但实际上两者有重大差别。如前所述，式(8-2-26)中的 $\hat{x}(t)$ 是根据整个观测记录做出的估计量。因此，式(8-2-26)右侧的 $\hat{x}(t)$ 取决于 $-\infty<s\leqslant t$ 时的观测波形 $z(s)$。然而，式(8-2-28)中的 $X(t)$ 代表因果系统的输出，则式(8-2-28)右侧的 $X(u)$ 取决于 $-\infty<s\leqslant u\leqslant t$ 时的观测量。因此，锁相环路没有实现最大后验估计。但是作为一个实用的解调器，它是很重要的，并且在各方面已经得到了广泛的应用。可以证明，信噪比 E/N_0 比较大时，锁相环路相当于一个相位误差较低的最佳调相解调器。即使信噪比较低时，锁相环路当作解调器也具有优异的性能。若要用它作为调频的解调器，对相位估计量微分就可以得到频率估计量。

8.2.2　数字通信同步技术

相干通信系统为了有效工作，要求有不同程度的同步，在已知信号波形的基带传输系统中，接收机必须知道信号出现的开始和终止时间。对于射

频通信系统来说，还必须知道载频的相位。此外，若把数字组成字，还必须知道字出现的起始和终止时间。

首先研究载波的同步问题。如果发送信号中包含载频分量，只要锁定这个分量，就可以很简单地得到载频的相干。实现锁定最通用的装置通常采用图 8-12 所示的锁相环路(PLL)。该系统包括相位检波器、环路滤波器、环路放大器和压控振荡器(VCO)。为了了解锁相环路的工作原理，假定输入信号为

$$y_r(t) = E_r\sin[\omega_c t + \theta(t)] \tag{8-2-29}$$

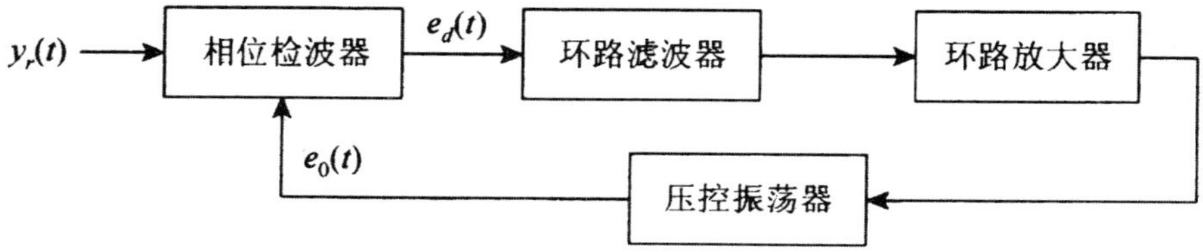

图 8-12 锁相环路框图

压控振荡器的输出为

$$e_0(t) = E_0\sin[\omega_c t + \varphi(t)] \tag{8-2-30}$$

相位检波器的种类很多，假定我们采用乘法器后接低通滤波器，滤波器的作用是消除乘法器输出的二次谐波项。因此，相位检波器的输出为

$$e_d(t) = \frac{1}{2}E_0E_rK_d\sin[\theta(t) - \varphi(t)] \tag{8-2-31}$$

其中，K_d 是与乘法器有关的常数。压控振荡器实际上是一个调频器，它的输出频偏 $\mathrm{d}\varphi(t)/\mathrm{d}t$ 正比于加到压控振荡器输入的电压 $e_v(t)$，于是

$$\frac{\mathrm{d}\varphi(t)}{\mathrm{d}t} = K_v e_v(t) \tag{8-2-32}$$

其中，K_v 是压控振荡器常数。假定锁相环路中的环路滤波器和环路放大器可以用某一增益代替，则可联立式(8-2-31)和式(8-2-32)，解得

$$\frac{\mathrm{d}\phi(t)}{\mathrm{d}t} = K\sin[\theta(t) - \phi(t)] \tag{8-2-33}$$

显然，根据式(8-2-33)，当 $\theta(t) > \phi(t)$ 时，$\mathrm{d}\phi(t)/\mathrm{d}t$ 是正的，$\phi(t)$ 将增加；类似地，当 $\theta(t) < \phi(t)$ 时，$\mathrm{d}\phi(t)/\mathrm{d}t$ 是负的，$\phi(t)$ 将减少。在这两种情况下，$\phi(t)$ 相对于 $\theta(t)$ 的变化方向总是使得最后 $\theta(t) = \phi(t)$，从而实现锁定。于是，压控振荡器的相位 $\theta(t)$ 是载波相位 $\phi(t)$ 的一个很好的估计。由式(8-2-33)还可以看出，如果 $\theta(t)$ 和 $\phi(t)$ 之差大于 $\pi/2$，压控振荡器就跟不上载波相位。

发送信号没有载波分量时(如 PRK 情况)，可以采用柯斯达斯(Costas)

同步环路。图 8-13 画出了柯斯达斯环路的方框图。假定输入信号 $y_r = E_r\cos\omega_c t$ 时，图中标出了环路中各点的信号。压控振荡器前低通滤波器的输出实际上是其输入的直流值。这个信号控制压控振荡器，最后使 $\theta(t)$ 变为零，从而实现相位锁定。

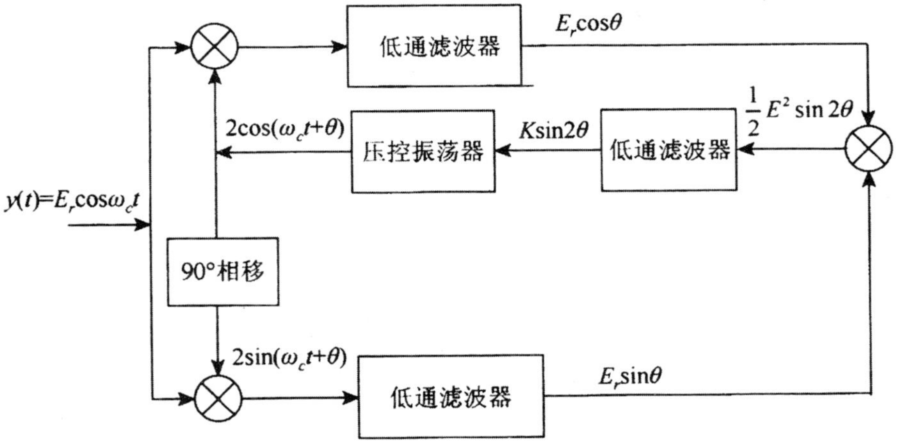

图 8-13　柯斯达斯环路

数字同步一般包括 3 种方法。例如，让发射机和接收机跟随同一时钟引入同步，也可以使用单独的同步信号（主控时钟），还可以根据本身的调制实现自同步。此外还可用最大后验估计法来估计这个定时偏差。现以二元 PRK 系统为例解释一下。假定发送信号是

$$y_1 = x(t)$$
$$y_0 = -x(t) \tag{8-2-34}$$

假定 $y_1(t)$ 和 $y_0(t)$ 是等概率的，令 θ 表示定时偏差，接收信号的模型是

$$\begin{cases} H_1: z(t) = y_1(t,\theta) + v(t) \\ H_0: z(t) = y_0(t,\theta) + v(t) \end{cases} \tag{8-2-35}$$

其中，$v(t)$ 是平稳的高斯白噪声过程，均值为零，方差为 $\frac{N_0}{2}$。

现求数位偏移的估计 $\hat{\theta}$。为了求 $\hat{\theta}_{\text{map}}$，在任一数字间隔上用正交基函数集 $\{g_k(t)\}$ 把 $z(t)$ 展开，令 $z_k(t)$ 表示 $z(t)$ 的 N 项近似，即

$$z_k(t) = \sum_{k=1}^{N} z_k g_k(t), \theta + jT \leqslant t \leqslant \theta + (j+1)T; j = 0,1,2\cdots \tag{8-2-36}$$

其中

$$z_k = \int_{jT}^{(j+1)T} z_k g_k(t)\mathrm{d}t$$

不难推知，系数 z_k 是独立的高斯随机变量，它们的矩量为

$$E[z_k \mid H_i] = y_{ki}(\theta), i = 0,1$$

$$\mathrm{var}[z_k \mid H_i] = \frac{N_0}{2}, i = 0,1 \tag{8-2-37}$$

根据式(8-2-34)，有

$$y_{k1}(\theta) = - y_{k0}(\theta) = \int_{\theta+jT}^{\theta+(j+1)T} x(t,\theta) g_k(t)\mathrm{d}t \triangleq x_k(\theta) \tag{8-2-38}$$

然后，可以写出 $z_k(t)$ 以 θ 为条件的概率密度函数，即

$$p(z_k(t) \mid \theta) = p(z_1, z_2, \cdots, z_k \mid \theta) \sum_{i=0}^{1} p(z_1, z_2, \cdots, z_k \mid \theta, H_i) P(H_i) \tag{8-2-39}$$

由于已假定“1”和“0”信号是等概率的，并且在每种假设下，$\{z_k\}$ 都是独立高斯随机变量集，均值和方差由式(8-2-37)给定，所以

$$p(z_k(t) \mid \theta) = \frac{1}{2(\pi N_0)^{N/2}} \exp\left[-\frac{1}{N_0}\sum_{k=1}^{N} z_k^2\right] \times \exp\left[-\frac{1}{N_0}\sum_{k=1}^{N} x_k^2(\theta)\right] \cosh\left(\sum_{k=1}^{N} z_k x_k(\theta)\right) \tag{8-2-40}$$

同时

$$p(\theta \mid z_k(t)) = \frac{p(z_k(t) \mid \theta) p(\theta)}{p(z_k(t))} \tag{8-2-41}$$

假定 θ 在 $[0,T]$ 上均匀分布，式(8-2-41)的分母正好是归一化因子。所以，当 K 趋于无穷时，式(8-2-40)右端的表示式最大，就可以求出 θ 的最大后验估计。于是，有

$$\lim_{K\to\infty} \sum_{k=1}^{N} x_k^2(\theta) = \lim_{K\to\infty} \int_{\theta+\mathrm{j}T}^{\theta+(j+1)T} x_K^2(t)\mathrm{d}t = E \tag{8-2-42}$$

其中，E 表示已调信号的能量。此外

$$\lim_{K\to\infty} \sum_{k=1}^{N} z_k x_k(\theta) = \int_{\theta+\mathrm{j}T}^{\theta+(j+1)T} z_k(t) x_k(t)\mathrm{d}t \tag{8-2-43}$$

由于 $\cosh x$ 是 x 的非减函数，得

$$\hat{\theta}_{\mathrm{map}} = \max_{\theta} \left| \frac{1}{N_0} \int_{\theta+jT}^{\theta+(j+1)T} z_k(t) x_k(t)\mathrm{d}t \right| \tag{8-2-44}$$

假定 θ 在区间 $[0,T]$ 上只取 3 个离散值，则可得到它的实际实现方案。这时，对 L 值中的每一个都计算一次式(8-2-44)，然后选其中最大者为 $\hat{\theta}_{\mathrm{map}}$ 值。图 8-14 画出了这种估计器的结构。

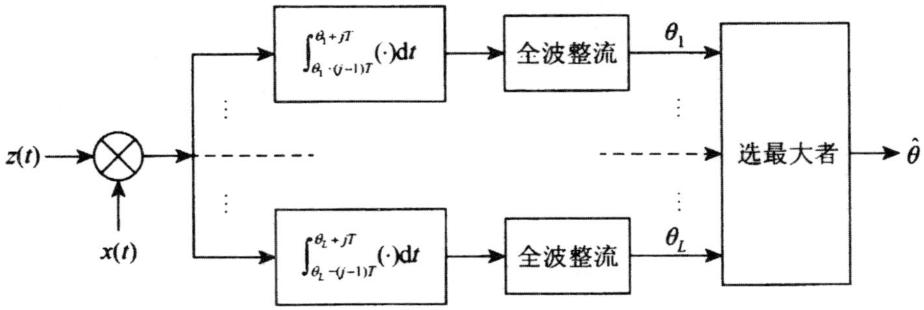

图 8-14　估计单个间隔上数位偏移的最大后验估计器

8.3　在船用导航雷达中的应用

雷达是船舶上的重要导航设备之一，能够保障船舶航行的安全性。本节主要介绍信号检测和参数估计在船舶用导航雷达信息处理中的应用。

8.3.1　船用导航雷达杂波 CFAR 处理

1. 雷达杂波及分布

雷达是利用物体对电磁波的反射特性来探测目标的。然而，不仅我们感兴趣的目标（如海面的船舶、空中的飞机等）能够反射雷达发射的电磁波，建筑物、海面、雨雪等也能反射电磁波。在雷达系统中，通常把除所关心的目标以外的回波信号统称为杂波。对于船用雷达，干扰信号主要包括海杂波、雨雪杂波、邻近相同频率雷达的发射信号及雷达接收机内部噪声等，其中对雷达的目标探测能力影响较大的主要是海杂波和雨雪杂波。

根据雷达杂波的形成机制，可知雷达杂波信号是随机过程，其主要特性由分布规律和相关性（或功率谱密度）来描述。下面主要介绍雷达海杂波的统计分布。

雷达发射信号经天线辐射照射到海面，设雷达发射脉冲宽度为 f，则最小分辨距离为

$$\Delta R = \frac{1}{2}c\tau$$

其中，c 为真空中光速。方位分辨率由天线的水平波束宽度 θ 决定。（近

似)矩形区域 $\Delta R\times\theta$ 为雷达分辨单元,如图 8-15 所示。同一分辨单元内的反射波将同时到达雷达接收机。

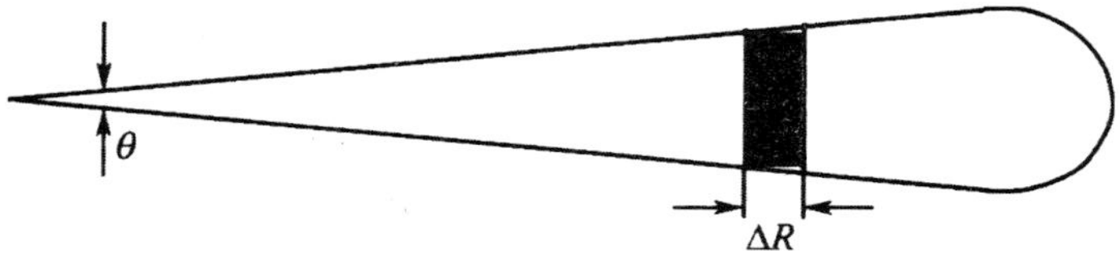

图 8-15　雷达分辨单元

当雷达分辨率较低时,分辨单元面积较大,在一个分辨单元内包括大量的散射点。因此,雷达接收机接收到的海面反射回波电压可以表示为

$$u(t)=\sum_{k=1}^{n}u_k(t)=\sum_{k=1}^{n}u_{mk}\cos(\omega_0 t-\varphi_k)$$

式中,ω_0 为发射信号频率,u_{mk} 和 φ_k 分别表示第 k 个散射点的回波电压幅度和相位。上式可以分解为

$$u(t)=u_m\cos(\omega_0 t-\phi)=\cos(\omega_0 t)+u_y\sin(\omega_0 t)$$

其中,

$$u_x=\sum_{k=1}^{n}u_{mk}\cos(\varphi_k)$$

$$u_y=\sum_{k=1}^{n}u_{mk}\sin(\varphi_k)$$

及

$$u_m=\sqrt{u_x^2+u_y^2}$$

检波后的视频信号只有幅度信息没有相位信息,所以通常只关心幅度 u_m 的分布。由于同一分辨单元内有很多散射点,每个散射点的回波信号是独立变化的,而且每个散射点很小,不可能形成很大的回波电压。根据中心极限定理,可知 u_x 和 u_y 近似服从正态分布,即 $u(t)$ 为窄带高斯过程。因此,u_x 和 u_y 的概率密度函数可表示为

$$p(u_x)=\frac{1}{\sqrt{2\pi}\sigma}e^{-\frac{u_x^2}{2\sigma_x^2}}$$

$$p(u_y)=\frac{1}{\sqrt{2\pi}\sigma}e^{-\frac{u_y^2}{2\sigma_y^2}}$$

显然,u_x 和 u_y 的方差相同,即 $\sigma_x^2=\sigma_y^2=\sigma^2$。因为窄带高斯过程的包络服从瑞利分布,所以,接收机输入端海杂波电压的幅度 u_m 的分布为

$$p(u_m)=\frac{u_m}{\sigma^2}e^{-\frac{u_m^2}{2\sigma^2}},u_m\geqslant 0$$

因此，在雷达分辨率较低的情况下，通常用瑞利分布来描述雷达海杂波。同样的道理，雨雪杂波和接收机内部噪声通常也都用瑞利分布来描述。

大量实测数据表明，在雷达分辨率较低、照射单元很大时，海面回波与瑞利分布吻合较好。但是当雷达分辨率较高、照射单元内的散射点较少时，实测海面回波在幅度较大区域（即分布曲线的“尾部”）比瑞利分布下降得慢。为了更好地描述雷达海面回波的分布，在 20 世纪六七十年代，人们又相继提出了用对数正态分布和韦布尔分布等描述雷达海杂波。

2. 恒虚警率检测原理

雷达目标检测通常采用奈曼-皮尔逊准则，即在保证虚警概率恒定的前提下使发现概率达到最大，因此通常称为恒虚警率（Constant False Alarm Rate，CFAR）检测。杂波恒虚警率处理是船舶交通管理雷达和船舶导航雷达中一项重要的信号处理技术。CFAR 处理可以保障信号自动检测和目标自动跟踪系统在杂波背景中正常工作。对于船舶导航雷达和交管雷达，干扰杂波主要为海杂波。在大多数情况下，雷达海杂波服从瑞利分布，可以采用单元平均恒虚警（CA-CFIAR）技术实现恒虚警率处理。

设杂波电压 $x(t)$ 服从瑞利分布

$$p(x)=\frac{x}{\sigma^2}e^{-\frac{x^2}{2\sigma^2}},x\geqslant 0$$

其均值和方差分别为

$$E(x)=\sqrt{\frac{\pi}{2}}\sigma$$

$$\mathrm{var}(x)=\left(2-\frac{\pi}{2}\right)\sigma^2\approx 0.43\sigma^2$$

用固定门限 U 进行检测，根据虚警概率的定义

$$P_f=P(x\geqslant U/H_0)=\int_U^{\infty}p(x)\mathrm{d}x=\int_U^{\infty}\frac{x}{\sigma^2}e^{-\frac{x^2}{2\sigma^2}}\mathrm{d}x=e^{-\frac{U^2}{2\sigma^2}}$$

式中，H_0 代表目标不存在。P_f 与门限 U 有关，也与杂波强度参数 σ^2 有关。图 8-16 所示为虚警概率随归一化杂波强度 σ/U 变化的情况。从图中可知，杂波强度增大约 3.5dB，P_f 从 10^{-6} 增大到 10^{-3}。在实际中，杂波强度随雷达接收机的工作状态、天气、海况等因素经常变化。可见，用固定门限检测很难保持虚警概率的恒定。

若检测门限为 $U=k\sigma$，即检测门限随杂波强度的变化而变化，如图 8-17 所示，则虚警概率为

$$P_f=\int_U^{\infty}p(x)\mathrm{d}x=\int_{k\sigma}^{\infty}\frac{x}{\sigma^2}e^{-\frac{x^2}{2\sigma^2}}\mathrm{d}x=e^{-\frac{k^2\sigma^2}{2\sigma^2}}=e^{-k^2/2}$$

即虚警概率与杂波强度无关。系数 k 由系统设定的虚警概率决定，如若要求 $P_f=10^{-6}$，则 $k=\sqrt{2\ln P_f^{-1}}=\sqrt{2\ln 10^6}\approx 5.2565$。

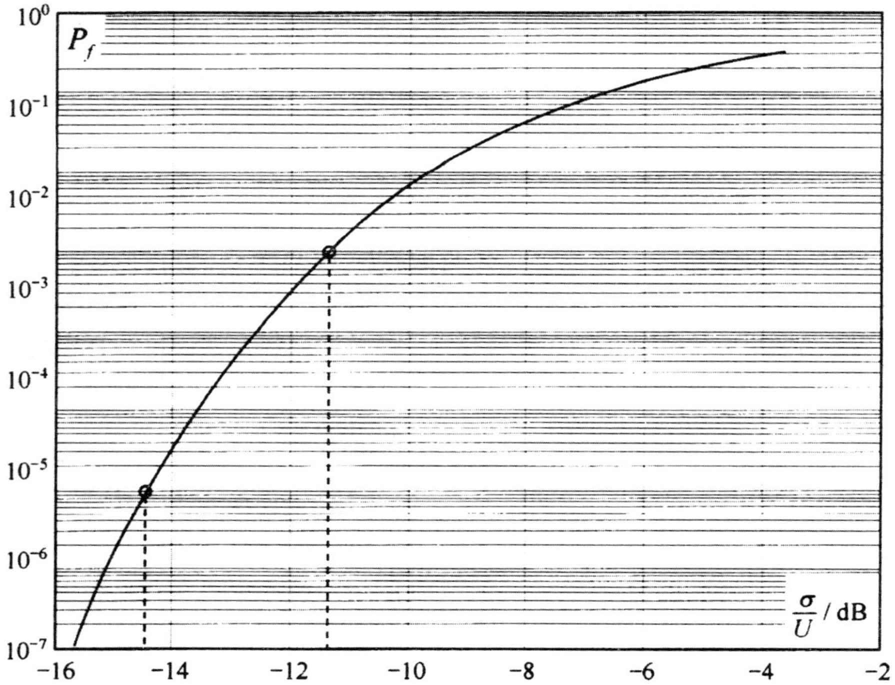

图 8-16　瑞利分布杂波 P_f 随杂波强度变化的规律

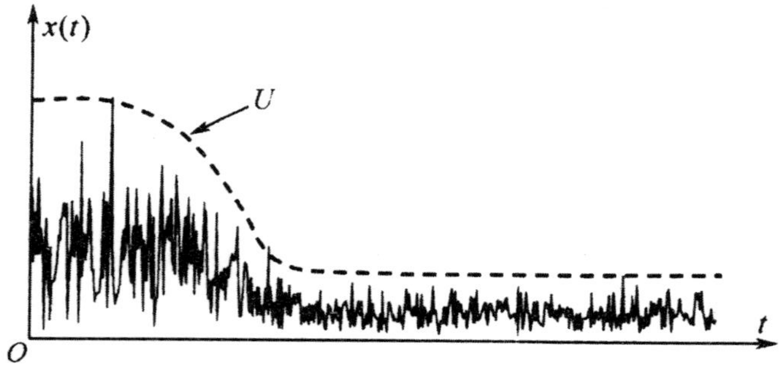

图 8-17　自适应门限示意图

杂波强度通常是未知的，而且是随时间和位置变化的，因此无法事先确定自适应门限 U，只能根据杂波的观测值（采样值）实时地估计杂波的强度参数。

设在没有目标且杂波强度未变化的情况下，在雷达同一次发射期间内进行 N 次独立观测，则观测矢量 $\boldsymbol{x}=(x_1,x_2,\cdots,x_N)^{\mathrm{T}}$ 的 N 维概率密度函数为

$$p(x/\sigma)=\prod_{i=1}^{N}\frac{x_i}{\sigma^2}\mathrm{e}^{-\frac{x_i^2}{2\sigma^2}}$$

取对数，得

$$\ln[p(x/\sigma)]=\sum_{i=1}^{N}\ln(x_i)-\sum_{i=1}^{N}\ln(\sigma^2)-\frac{1}{2\sigma^2}\sum_{i=1}^{N}x_i^2$$

对 σ 求导数并令其等于零：

$$\frac{\partial\ln[p(x/\sigma)]}{\partial\sigma}=-\frac{2N}{\sigma}+\frac{1}{\sigma^3}\sum_{i=1}^{N}x_i^2\bigg|_{\sigma=\hat{\sigma}_{\mathrm{ml}}}=0$$

经整理，得到参数 σ 的最大似然估计

$$\hat{\sigma}_{\mathrm{ml}}=\sqrt{\frac{1}{2N}\sum_{i=1}^{N}x_i^2}\tag{8-3-1}$$

因此，恒虚警检测门限可表示为

$$U=k\hat{\sigma}_{\mathrm{ml}}=k\sqrt{\frac{1}{2N}\sum_{i=1}^{N}x_i^2}\tag{8-3-2}$$

3. 恒虚警率损失

当观测值个数 N 为有限时，杂波强度 σ 的最大似然估计 $\hat{\sigma}_{\mathrm{ml}}$ 本身也是一个随机变量，因此，按照 $\hat{\sigma}_{\mathrm{ml}}$ 确定的恒虚警检测门限 $U=k\hat{\sigma}_{\mathrm{ml}}$ 也是随机变化的。虽然当 N 较大时，$\hat{\sigma}_{\mathrm{ml}}$ 的方差远远小于 σ 本身的方差，但仍然会对恒虚警检测系统的发现概率带来影响。

首先分析按式(8-3-2)确定的门限 U 的概率密度。根据瑞利分布与正态分布的关系，式(8-3-2)可以表示为

$$U=k\sigma\sqrt{\frac{1}{2N}\sum_{i=1}^{N}(u_x^2+u_y^2)}$$

其中，u_x 和 u_y 服从均值为零、方差为 1 的正态分布。

令

$$\chi^2=\sum_{i=1}^{N}(u_x^2+u_y^2)$$

则

$$U=k\sigma\sqrt{\frac{\chi^2}{2N}}$$

则随机变量 χ^2 服从自由度为 $2N$ 的 χ^2 分布，而 $z=\sqrt{\frac{\chi^2}{2N}}=\sqrt{\frac{1}{2N}\sum_{i=1}^{N}(u_x^2+u_y^2)}$

的分布为

$$p_{\sqrt{\frac{x^2}{2N}}}(z)=\frac{2N^N}{(N-1)!}x^{2N-1}\mathrm{e}^{-Nz^2},z\geqslant 0$$

再令 $y=U=k\sigma z$，则 $\frac{\mathrm{d}z}{\mathrm{d}y}=\frac{1}{k\sigma}$，所以门限 U 的概率密度为

$$p_U(y)=\frac{2N^N}{(N-1)!}\left(\frac{y}{k\sigma}\right)^{2N-1}\mathrm{e}^{-Nz^2/(k^2\sigma^2)}\ \frac{1}{k\sigma}$$

$$=\frac{2}{(N-1)!(k\sigma/\sqrt{N})^{2N}}(y)^{2N-1}\mathrm{e}^{-Ny^2/(k^2\sigma^2)}$$

令 $\gamma=\frac{k}{\sqrt{N}}$，$\xi=\frac{y}{\sigma}$，则归一化门限的概率密度为

$$P_{\frac{U}{\sigma}}(\xi)=\frac{2N^N}{(N-1)!}\left(\frac{\xi}{\gamma}\right)^{2N-1}\mathrm{e}^{-\frac{\xi^2}{\gamma^2}},\xi\geqslant 0$$

归一化的瑞利分布杂波的概率密度为

$$P_{\frac{X}{\sigma}}(x)=x\mathrm{e}^{-\frac{x^2}{2}},x\geqslant 0$$

用门限 U 对回波信号进行检测等价于用归一化门限 U/σ 对归一化回波信号进行检测，所以虚警概率可以表示为

$$P_f=P(X>U)=P\left(\frac{X}{\sigma}>\frac{U}{\sigma}\right)$$

考虑到估计门限 U 用到的(参考单元)观测值不同于检测单元的观测值，因此可以认为门限 U 与检测单元的观测值之间是统计独立的，如图 8-18 所示，所以有

$$P_f=\int_0^\infty p(\xi)\int_\xi^\infty p(x)\mathrm{d}x\mathrm{d}\xi=\int_0^\infty p(\xi)\int_\xi^\infty x\mathrm{e}^{-\frac{x^2}{2}}\mathrm{d}x\mathrm{d}\xi=\int_\xi^\infty \mathrm{e}^{-\frac{\xi^2}{2}}p(\xi)\mathrm{d}\xi$$

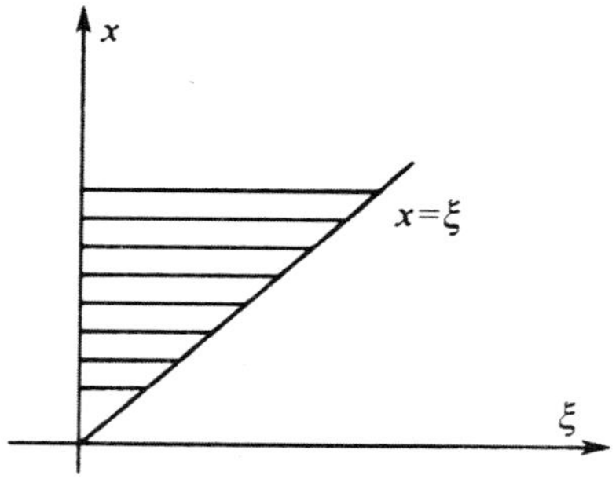

图 8-18　求弓的积分限的确定

代入 ξ 的概率密度，得

$$P_f=\frac{2}{(N-1)!}\int_0^\infty \mathrm{e}^{-\frac{\xi^2}{2}}\left(\frac{\xi}{\gamma}\right)^{2N-1}\mathrm{e}^{-\frac{\xi^2}{\gamma^2}}\ \frac{1}{\gamma}\mathrm{d}\xi$$

令 $t=\dfrac{\xi}{\gamma}$，有

$$P_f=\frac{2}{(N-1)!}\int_0^{\infty}t^{2N-1}\mathrm{e}^{-t^2\left(1+\frac{\gamma^2}{2}\right)}\mathrm{d}t$$
$$=\frac{2}{(N-1)!}\left(\frac{2}{2+\gamma^2}\right)^N\int_0^{\infty}\left[\left(\frac{2+\gamma^2}{2}\right)t^2\right]^{N-1}\mathrm{e}^{-\left(1+\frac{\gamma^2}{2}\right)t^2}2\left(\frac{2+\gamma^2}{2}\right)\mathrm{d}t$$
$$=\frac{2}{(N-1)!}\left(\frac{2}{2+\gamma^2}\right)^N\int_0^{\infty}\left[\left(\frac{2+\gamma^2}{2}\right)t^2\right]^{N-1}\mathrm{e}^{-\left(1+\frac{\gamma^2}{2}\right)t^2}d\left(\frac{2+\gamma^2}{2}\right)t^2$$

令 $\upsilon=\left(1+\dfrac{\gamma^2}{2}\right)t^2$，整理得

$$P_f=\frac{2}{(N-1)!}\left(\frac{2}{2+\gamma^2}\right)^N\int_0^{\infty}\upsilon^{N-1}\mathrm{e}^{-\upsilon}\mathrm{d}\upsilon$$
$$=\frac{2}{(N-1)!}\left(\frac{2}{2+\gamma^2}\right)^N\Gamma(N-1)$$
$$=\left(\frac{2}{2+\gamma^2}\right)^N=\left(\frac{2}{2+k^2/N}\right)^N=\left(\frac{2}{1+k^2/(2N)}\right)^N \tag{8-3-3}$$

令 N 趋近无穷大并对上式取极限，得

$$P_f=\lim_{N\to\infty}\left(\frac{1}{1+k^2/(2N)}\right)^N=\mathrm{e}^{-\frac{k^2}{2}} \tag{8-3-4}$$

只有在 $N=\infty$ 时，CFAR 检测与 σ 已知时用固定门限 $U=k\sigma$ 检测的虚警概率相同，无恒虚警率损失。

图 8-19 所示为 N 取不同值时按式(8-3-3)计算的虚警概率及 $N=\infty$ 时按式(8-3-4)计算的虚警概率。

例如，按 $P_f=10^{-8}$ 设定门限，当参考单元个数 $N=16$ 时，实际虚警概率大于 10^{-6}。为了保持虚警概率仍为 10^{-8}，门限系数 k 必须增大约 3dB。而门限升高将使发现概率下降，为了维持相同的发现概率，信噪比必须相应地增加 3dB。因此，由于估计杂波强度参数采用的参考单元数目有限，使得门限本身具有随机变化的成分，为了维持相同的虚警概率所需的门限的升高称为恒虚警率损失。恒虚警率损失通常以 dB 度量。

对利用 8 个参考单元估计杂波强度 σ 的恒虚警率门限检测，按杂波强度参数 σ 已知直接确定检测门限的虚警概率进行计算机仿真实验，结果如图 8-20 所示。可见，仿真结果与前面给出的公式的计算结果一致。

恒虚警率损失是指当杂波强度不变而且已知时，可以用固定门限（不需要估计杂波强度）进行检测，而实际上根据估计的杂波强度按式(8-3-2)计算的门限，为了满足虚警概率的要求从而所造成的信噪比的损失。

按式(8-3-1)求 $\hat{\sigma}_{\mathrm{ml}}$ 较麻烦。瑞利分布的统计平均值为 $m=E(x)=\sqrt{\pi/2}\sigma$，即 m 与 σ 之间呈线性关系，求出 m 的估计值便可得到 σ 的估计值，

而统计平均值可以用采样平均值来估计。

$$\hat{m} = \frac{1}{N}\sum_{i=1}^{N} x_i$$

所以，可以按下式估计 σ

$$\hat{\sigma} = \sqrt{\frac{2}{\pi}}\,\frac{1}{N}\sum_{i=1}^{N} x_i \tag{8-3-5}$$

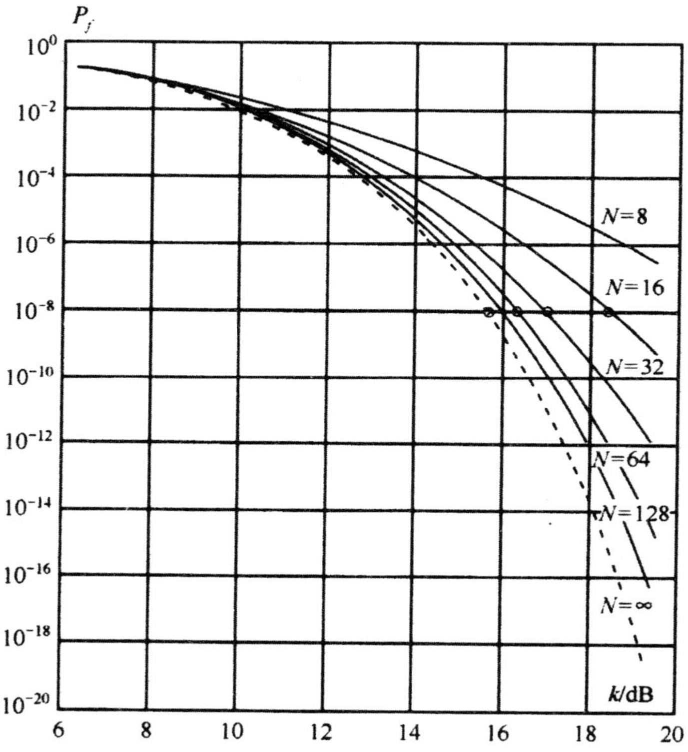

图 8-19　恒虚警率损失曲线

计算机仿真结果表明，当 $N > 10$ 时，按式(8-3-5)估计的 σ 的方差约比按式(8-3-1)估计的 $\hat{\sigma}_{ml}$ 的方差高 5%。因此，实际当中两者的恒虚警率损失差别很小，约为 0.4dB。

事实上，对于小信号情况，检波器一般工作在平方律检波状态，视频杂波服从单边指数分布。

$$p(x) = \frac{1}{2\sigma^2}e^{-\frac{x}{2\sigma^2}}, x \geqslant 0$$

$$m = E(x) = 2\sigma^2$$

$$\mathrm{var}(x) = 4\sigma^4$$

若检测门限 $U = k\sigma^2$，则

$$P_f = \int_U^{\infty} p(x)\mathrm{d}x = \int_{k\sigma^2}^{\infty} \frac{1}{2\sigma^2}\mathrm{e}^{-\frac{x}{2\sigma^2}}\mathrm{d}x = \int_{k/2}^{\infty} \mathrm{e}^{-u}\mathrm{d}u = \mathrm{e}^{-k/2}$$

与杂波强度 σ^2 无关。下面求 σ^2 的最大似然估计。

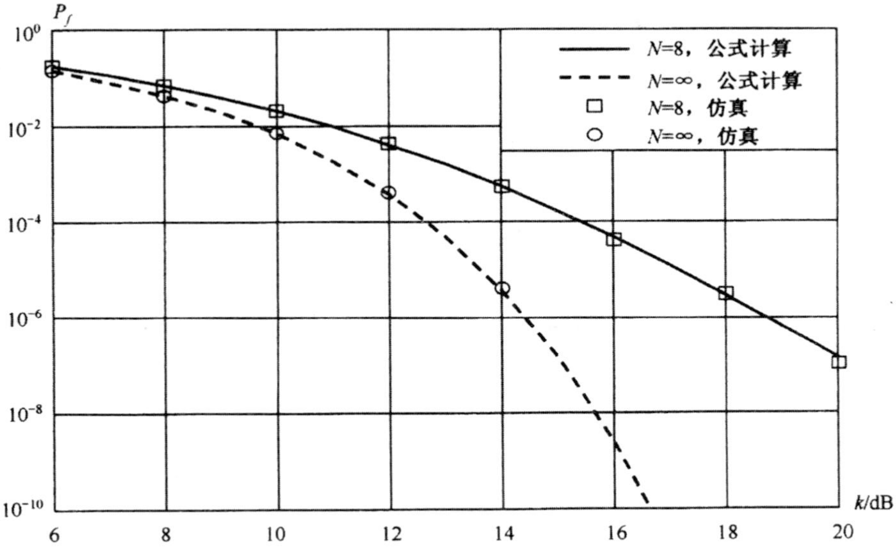

图 8-20　恒虚警率损失理论计算与仿真结果对比

观测矢量 $x = (x_1, x_2, \cdots, x_N)^{\mathrm{T}}$ 的 N 维概率密度函数为

$$p(x/\sigma^2) = \prod_{i=1}^{N} \frac{x_i}{2\sigma^2}\mathrm{e}^{-\frac{x_i}{2\sigma^2}}$$

取对数

$$\ln[p(x/\sigma^2)] = -\sum_{i=1}^{N}\ln(2\sigma^2) - \frac{1}{2\sigma^2}\sum_{i=1}^{N}x_i$$

对 σ^2 求导数并令其等于零

$$\frac{\partial \ln[p(x/\sigma^2)]}{\partial \sigma^2} = -\frac{N}{\sigma^2} + \frac{1}{2\sigma^4}\sum_{i=1}^{N}x_i \bigg|_{\sigma^2 = \hat{\sigma}^2_{\mathrm{ml}}} = 0$$

得到 σ^2 的最大似然估计为

$$\hat{\sigma}^2_{\mathrm{ml}} = \frac{1}{2N}\sum_{i=1}^{N}x_i$$

$$U = k\hat{\sigma}^2_{\mathrm{ml}} = \frac{k}{2N}\sum_{i=1}^{N}x_i$$

即采样平均值就是 σ^2 的最大似然估计。

综合上述因素,实际当中针对瑞利分布杂波通常都是通过杂波的采样平均值来确定检测门限的。

4. 对数正态 CFAR 检测器

当雷达分辨率较高时,杂波幅度分布偏离瑞利分布,主要表现在幅度大的成分出现的概率高出瑞利分布的范围,出现“拖尾”现象。下面以实际杂波服从对数正态分布为例,分析杂波分布模型的变化对 CFAR 检测性能的影响。

对数正态分布的概率密度函数为

$$p(x)=\frac{1}{\sqrt{2\pi}\sigma x}\mathrm{e}^{-\frac{(\ln x-\mu)^2}{2\sigma^2}}$$

图 8-21a 所示为方差同为 1 的对数正态分布(实线)和瑞利分布(虚线)的对比:图 8-21b 所示为两者尾部的对比情况。可见,在方差相同的情况下,对数正态分布出现幅度较大值的概率明显高于瑞利分布。

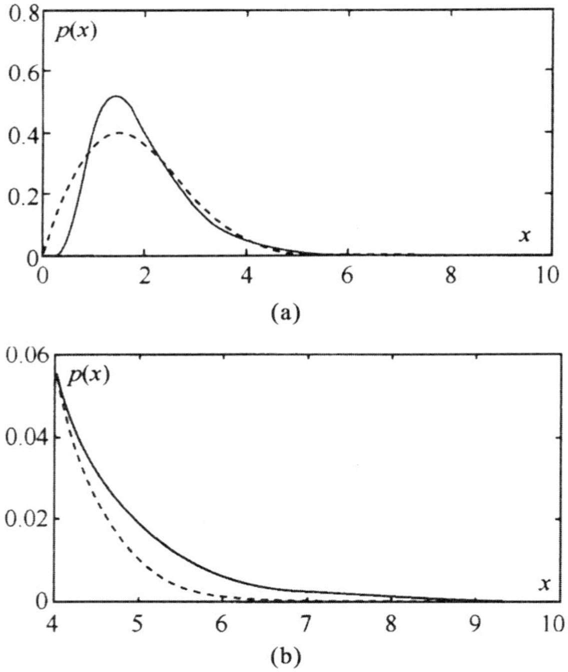

图 8-21　对数正态分布与瑞利分布概率密度函数对比

为了说明杂波分布“尾部”对 CFAR 检测器性能的影响,用计算机仿真产生方差同为 1 的瑞利分布和对数正态分布杂波,如图 8-22 所示。图中虚线所示为按瑞利分布杂波 $P_f=10^{-6}$ 设定的门限。从图中可见，虽然两者方差相同，但对数正态分布杂波超过门限的概率远远大于瑞利分布杂波。若按照瑞利分布 $P_f=10^{-6}$ 设定的门限，当杂波变成方差相同的对数正态分布时，仿真结果表明 CA-CFAR 检测器输出的虚警概率约为 $P_f=2\times10^{-3}$，与瑞利分布相比提高了 3 个数量级。

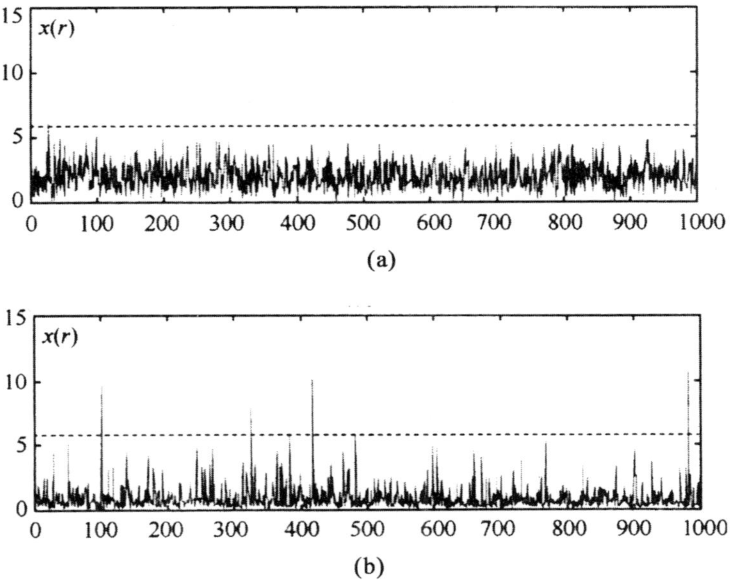

图 8-22　方差同为 1 的瑞利分布(a)和对数正态分布(b)杂波计算机仿真实例

当然并不是说不服从瑞利分布的杂波就不能实现恒虚警率检测，上面的分析只是说明前面讨论的针对瑞利分布杂波设计的 CA-CFAR 对非瑞利杂波不能实现虚警概率恒定。此外，在非瑞利分布杂波情况下也可以采用与分布无关的非参量检测器。

(1)对数正态 CFAR 原理

令 $y=\ln x$，则 y 的概率密度函数为

$$p(y)=\frac{1}{\sqrt{2\pi}\sigma x}\mathrm{e}^{-\frac{(y-\mu)^2}{2\sigma^2}} \tag{8-3-6}$$

可见 y 服从 $N(\mu,\sigma^2)$ 分布。令 $z=\dfrac{y-\mu}{\sigma}$，则 z 的概率密度函数为

$$p(z)=\frac{1}{\sqrt{2\pi}}\mathrm{e}^{-\frac{z^2}{2}}$$

用固定门限 T 对 z 进行检测，虚警概率为

$$P_f=\int_T^{\infty}p(z)\mathrm{d}z=\frac{1}{\sqrt{2\pi}}\int_T^{\infty}\mathrm{e}^{-\frac{z^2}{2}}\mathrm{d}z=1-\Phi(T)=\frac{1}{2}erfc\left(\frac{T}{\sqrt{2}}\right)$$

可见 P_f 与杂波强度参数 μ 和 σ 无关。剩下的问题是如何获得 μ 和 σ^2 的估计值。

根据式(8-3-6)，可得 μ 的最大似然估计为

$$\hat{\mu}_{\mathrm{ml}}=\frac{1}{N}\sum_{i=1}^{N}y_i$$

σ^2 的最大似然估计为

$$\hat{\sigma}_{\mathrm{ml}}^2=\frac{1}{N}\sum_{i=1}^{N}(y_i-\hat{\mu}_{\mathrm{ml}})^2$$

也可以用门限

$$U=k\hat{\sigma}_{\mathrm{ml}}+\hat{\mu}_{\mathrm{ml}}$$

直接对 y 进行检测实现恒虚警率检测。与 CA-CFAR 检测器一样，在实际当中也是通过检测单元两侧的参考单元来计算 $\hat{\mu}_{\mathrm{ml}}$ 和 $\hat{\sigma}_{\mathrm{ml}}^2$ 的。

很容易证明，服从韦布尔分布的杂波也可以用上述方法实现恒虚警率检测。事实上对于瑞利分布杂波，上述方案同样能实现恒虚警率检测。

设 x 服从瑞利分布，令 $y=\ln x$，则

$$p(y)=\frac{\mathrm{e}^{2y}}{\sigma^2}\exp\left[-\frac{\mathrm{e}^{2y}}{\sigma^2}\right]$$

y 的均值为

$$E(y)=\frac{1}{2}[\ln(2\sigma^2)-C]$$

其中，$C=\int_0^{\infty}\mathrm{e}^{-t}\ln t\mathrm{d}t\approx 0.577$ 为欧拉常数；方差为

$$\mathrm{var}(y)=\frac{\pi^4}{24}$$

图 8-23 所示 σ 分别为 0.1、1 和 10 时，瑞利分布杂波经对数变换后的一段仿真结果。可见，瑞利分布杂波经对数变换后，方差为与杂波强度 σ 无关的常数，只有均值随 σ 变化。只要减掉均值便可用固定门限检测。

(2)对数正态 CFAR 对瑞利杂波的 CFAR 损失

针对对数正态分布杂波设计的恒虚警率检测器，也能对瑞利分布杂波实现恒虚警率检测，但是恒虚警率损失更大。由于对数正态恒虚警率检测器与 CA-CFAR 检测器的门限计算方法不同，不便于直接比较两者的恒虚警率损失。图 8-24a、8-24b 分别为杂波服从瑞利分布时，达到虚警概率等于 10^{-3} 的 CA-CFAR 检测器门限 $U_{CA}=k\hat{\sigma}_{\mathrm{ml}}$ 和对数正态恒虚警率检测器的门限 $U_{\mathrm{LOG}}=k\hat{\sigma}_{\mathrm{ml}}+\hat{\mu}_{\mathrm{ml}}$ 的仿真结果，仿真中参考单元数取 32，$\sigma=1$。图中虚

线为到达同样虚警概率的固定门限($k=3.7169$)。可见 U_{LOG} 的方差远远高于 U_{CA} 的方差，这是因为均方差估计的方差远远高于均值估计的方差。图 8-25 所示为对数恒虚警门限中的两个成分 $\hat{\mu}_{ml}$ 和 $k\hat{\sigma}_{ml}$ 估计的仿真结果。

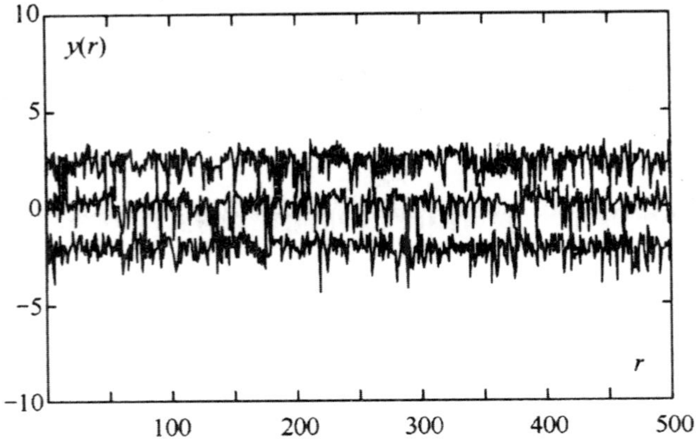

图 8-23　瑞利杂波取对数后方差为常数($\sigma=0.1, 1.0, 10$)

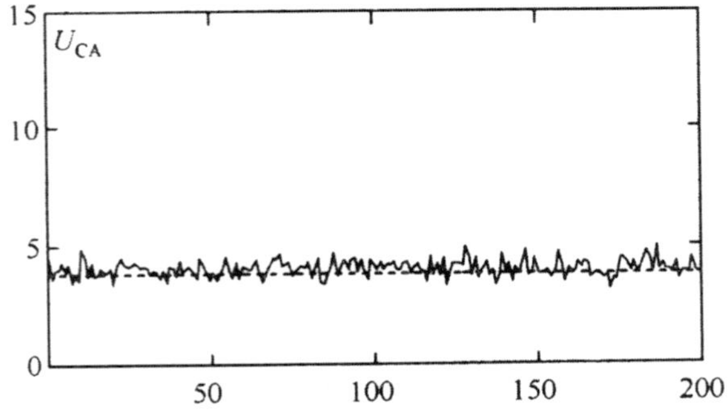

(a)

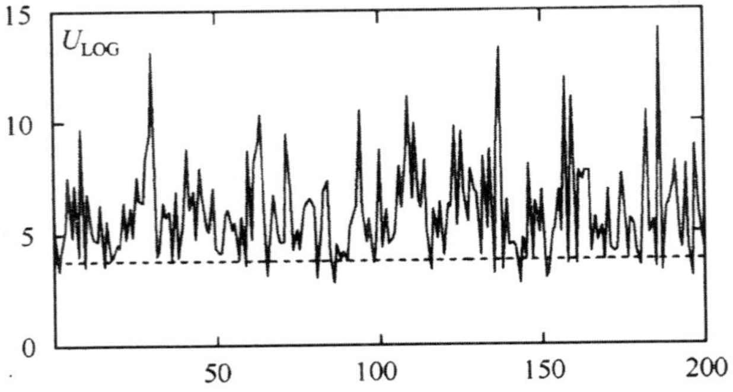

(b)

图 8-24　CA-CFAR 门限(a)和对数正态 CFAR 门限(b)

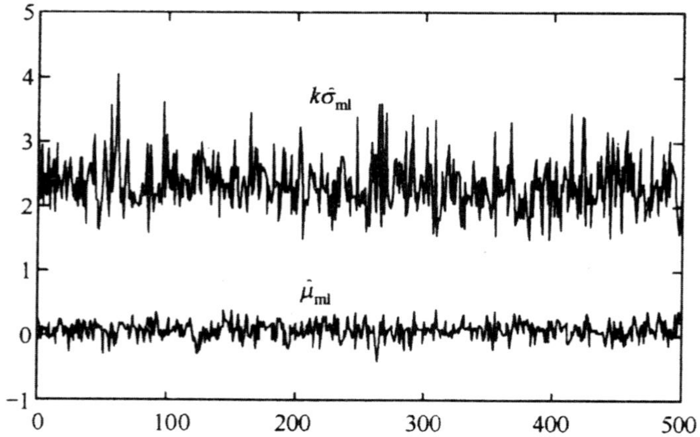

图 8-25　对 $\hat{\mu}_{ml}$ 和 $k\hat{\sigma}_{ml}$ 估计的结果

在 $N=32$，$P_f=10^{-3}$ 条件下，当输入为 $\sigma=1$ 的瑞利分布杂波时，$k\hat{\sigma}_{ml}$ 和 $\hat{\mu}_{ml}$ 估计方差的仿真结果分别为 $\text{var}(k\hat{\sigma}_{ml})=0.16$，$\text{var}(\hat{\mu}_{ml})=0.017$。

8.3.2　船舶导航雷达信号积累检测

根据前面的分析，在瑞利杂波背景下，虚警概率与杂波强度 σ 及检测门限 U 的关系为 $P_f=\exp\left(-\dfrac{U^2}{2\sigma^2}\right)$。为了满足 $P_f=10^{-6}$，归一化检测门限应达到 $\dfrac{U^2}{2\sigma^2}=\ln(P_f)=6\times\ln(10)\approx13.82$，或 $10\lg\left(\dfrac{U^2}{2\sigma^2}\right)\approx11.40\text{dB}$。这意味着对于幅度恒定为 A 的目标，其信噪比 $10\lg\left(\dfrac{A^2}{2\sigma^2}\right)$ 必须高于 11.40dB 才能满足在虚警概率为 10^{-6} 的前提下被发现。如果是起伏目标，则要求信噪比更高。显然，这对小目标的检测非常不利。因为在白噪声背景下，对于恒定目标或慢起伏目标的回波信号进行积累可以提高信噪比，因此通过多次观测进行判决可以提高检测器的性能。例如，若目标回波信号是幅度恒定或强相关的，杂波采样值是统计独立的，则为了满足同样的虚警概率，根据 10 次观测值的平均值 $\bar{x}=\dfrac{1}{10}\sum\limits_{i=1}^{10}x_i$ 进行判决要比根据单次观测进行判决的门限降低 10dB，即积累后的信噪比提高 10dB。关键问题是如何在每个检测单元（分辨单元）获得多个观测值。

假设雷达天线波束（半功率点）宽度为 θ（度），天线转速为 n（转/分），则天线旋转过角度 θ 所需的时间为 $T_s=60\theta/(360n)=\theta/(6n)$（s）。若雷达发射脉冲重复频率为 f_r（Hz），则在 T_s 的时间内雷达发射次数为 $m = T_s f_r = \theta f_r/(6n)$。例如，$\theta = 0.5°$，$f_r = 2000\text{Hz}$，$n = 20\text{r/min}$，则 $m \approx 8$。

由于雷达发射信号在天线波束中心所对应的方向功率最强，两侧逐渐衰减，如图 8-26 所示。图中 α 为方位，$A(\alpha)$ 为天线方向性图形，θ 为天线波束半功率点宽度。因此，一个点目标的回波在同一距离连续的若干个方位上形成一个包络与天线方向性图形相同的脉冲串，如图 8-27 所示。

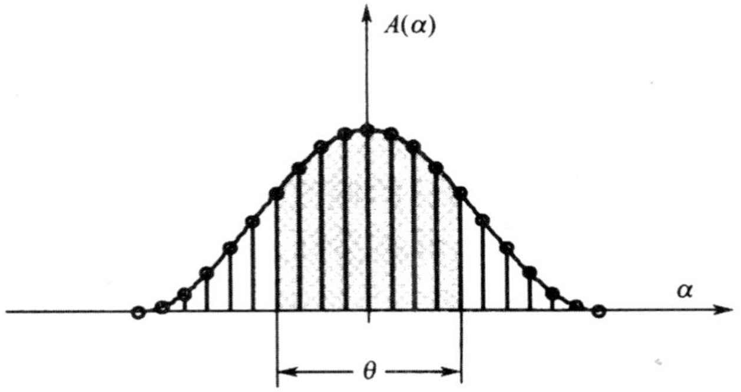

图 8-26　天线方向性图

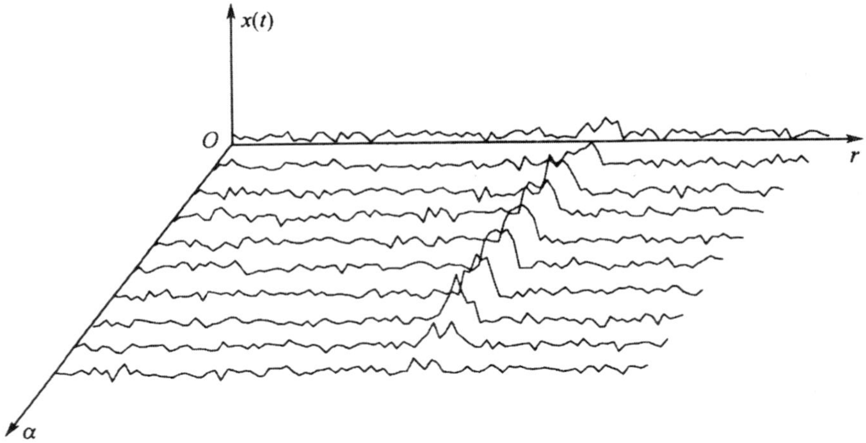

图 8-27　雷达回波视频脉冲串

图 8-28 是积累前后视频信号波形对比，其中图 8-28a 为一次发射的回波视频信号，图 8-28b 是连续 8 次发射的回波视频信号经过积累后的结果。可见，积累后信噪比明显提高。

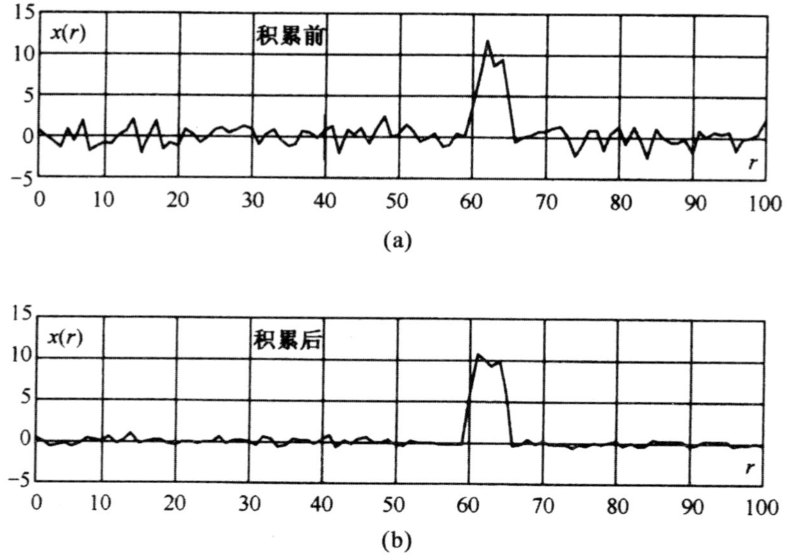

图 8-28 回波视频信号积累($m=8$)前后对比

1. 积累检测原理

目标回波信号可表示为

$$s(t)=a(t)\cos(\omega_0 t+\varphi)$$

式中，ω_0 为发射信号频率，$a(t)$为回波信号幅度，对于非起伏目标 $a(t)$是非随机的。$a(t)$随目标与天线中心方向夹角的变化规律与天线方向性图形一致，即目标回波信号的幅度受到天线方向性图形的调制。φ 是随机相位，在$[0,2\pi]$上均匀分布。因为无论天线照射到哪个方向都有杂波存在，所以雷达杂波的幅度并不受天线方向性图形的影响。射频杂波 $n(t)$ 可用高斯白噪声来描述，根据分析，包络检波后的视频杂波服从瑞利分布。

$$p(x_i/H_0)=\frac{x_i}{\sigma^2}e^{-\frac{x_i^2}{2\sigma^2}}$$

目标回波加噪声的混合信号服从莱斯分布

$$p(x_i/H_1)=\frac{x_i}{\sigma^2}\exp\left(-\frac{x_i^2+A_i^2}{2\sigma^2}\right)I_0\left(\frac{A_i x_i}{\sigma^2}\right)$$

式中，A 为 $A(\alpha)$ 在不同方向上的采样值。

假设同一距离不同方位上杂波采样值是独立同分布的，则在 H_0（无目标）假设下观测矢量（回波脉冲串）的联合概率密度函数为

$$p(\boldsymbol{x}/H_0)=\prod_{i=1}^{m}\frac{x_i}{\sigma^2}e^{-\frac{x_i^2}{2\sigma^2}}$$

在 H_1 假设下(有目标)观测矢量(回波脉冲串)的联合概率密度函数为

$$p(\boldsymbol{x}/H_1)=\prod_{i=1}^{m}\frac{x_i}{\sigma^2}\exp\left(-\frac{x_i^2+A_i^2}{2\sigma^2}\right)I_0\left(\frac{A_ix_i}{\sigma^2}\right)$$

m 为脉冲积累数。因此,似然比可表示为

$$\begin{aligned}\Lambda(\boldsymbol{x})&=\frac{p(\boldsymbol{x}/H_1)}{p(\boldsymbol{x}/H_0)}=\prod_{i=1}^{m}\frac{x_i}{\sigma^2}\exp\left(-\frac{A_i^2}{2\sigma^2}\right)I_0\left(\frac{A_ix_i}{\sigma^2}\right)\\&=\exp\left(-\frac{1}{2\sigma^2}\sum_{i=1}^{m}A_i^2\right)\prod_{i=1}^{m}I_0\left(\frac{A_ix_i}{\sigma^2}\right)\end{aligned}$$

取对数

$$\ln\Lambda(\boldsymbol{x})=-\frac{1}{2\sigma^2}\sum_{i=1}^{m}A_i^2+\sum_{i=1}^{m}\ln\left[I_0\left(\frac{A_ix_i}{\sigma^2}\right)\right]$$

因为 A_i 为确定值,$\sum_{i=1}^{m}A_i^2$ 为与观测值无关的常数,可将其归到门限中。所以似然比检验可表示为

$$\sum_{i=1}^{m}\ln\left[I_0\left(\frac{A_ix_i}{\sigma^2}\right)\right]\underset{H_0}{\overset{H_1}{\gtrless}}\eta$$

η 为检测门限。当 x 很小时,$\ln[I_0(x)]\approx\frac{1}{4}x^2$。所以当 A_i/σ^2 较小时,有

$$\sum_{i=1}^{m}\ln\left[I_0\left(\frac{A_ix_i}{\sigma^2}\right)\right]\approx\frac{1}{4}\frac{A_i^2x_i^2}{\sigma^4}$$

似然比检验可简化为

$$\sum_{i=1}^{m}A_i^2x_i^2\underset{H_0}{\overset{H_1}{\gtrless}}\eta'$$

式中,$\eta'=4\sigma^4$。当 x 很大时,$\ln[I_0(x)]\approx x$,则

$$\ln\left[I_0\left(\frac{A_ix_i}{\sigma^2}\right)\right]\approx\frac{A_i^2x_i^2}{\sigma^2}$$

似然比检验可简化为

$$\sum_{i=1}^{m}A_ix_i\underset{H_0}{\overset{H_1}{\gtrless}}\eta''$$

式中,$\eta''=\sigma^2\eta$。

根据二极管检波器的特性,当输入信号幅度较大时检波器输出与输入信号的幅度成正比(线性检波)。因此,针对大信号的最佳检测器结构如图 8-29 所示。

事实上,当输入信号幅度较小时,二极管检波器的输出与输入信号幅度的平方成正比(平方律检波)。因此,无论是小信号还是大信号,对检波器输出的视频信号进行加权积累就可以实现似然比检验。因此,图 8-29 所示的最佳检测器结构也适用于小信号情况,唯一的区别是图中加权积累的权系

数在小信号时应为 A_i^2。

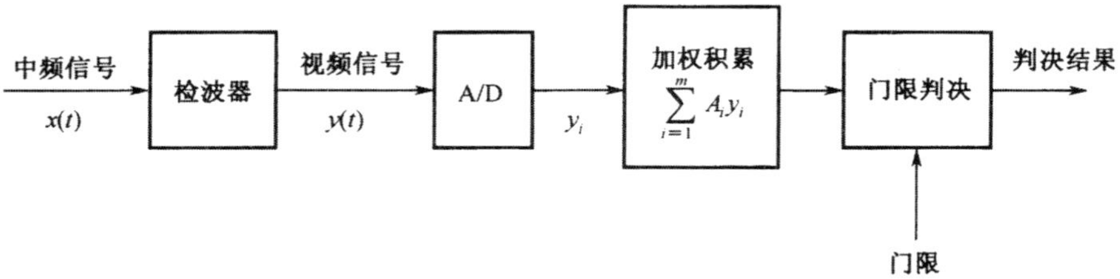

图 8-29 瑞利杂波背景中雷达视频信号最佳检测器框图

2. 滑窗检测器

在船舶导航雷达中一种常用的视频信号积累检测器原理如图 8-30 所示。

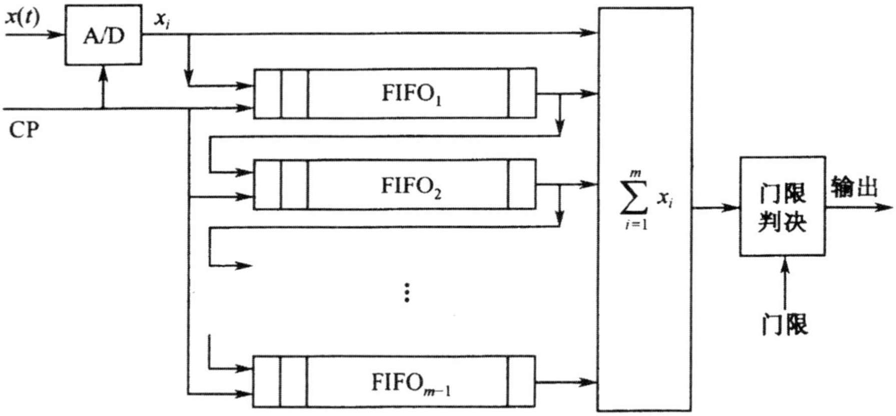

图 8-30 滑窗检测器原理图

$m-1$ 个先进先出(FIFO)移位寄存器用来保存前 $m-1$ 个方位的回波信号。每个 FIFO 的长度都等于一个方位的距离量化单元数。在每个距离采样时钟 CP 时间内,检测单元和前 $m-1$ 个方位相同距离单元的采样值同时送到累加器进行累加,积累结果与判决门限比较得到判决输出。然后在时钟 CP 的作用下所有采样数据向前移动一个位置,对下一个距离单元相邻方位的 m 个采样点进行积累检测。如此一个单元接一个单元不断地进行,就好像一个宽度为 m 的窗口在距离上从近到远不断滑动,完成全部距离单元的积累检测,因此称为滑窗检测器。由于滑窗检测器没有对视频信号进行加权积累,或者说是等权积累,因此不是最优检测器,但其性能与最优检测器相差不大。

3. 反馈积累检测器

滑窗检测器虽然能实现积累检测，但还存在一些缺点。第一，由于是不加权积累，所以没有充分利用视频脉冲串的幅度信息，不能实现最佳积累检测。若要实现加权积累，则需要 m 个乘法器，硬件代价较大。第二，滑窗检测器的窗口宽度不能随意改变，当雷达的某些参数改变导致脉冲积累数发生变化时，滑窗检测器的电路结构需要相应地改变。

滑窗检测器实际上是一种 FIR 滤波器，为了弥补滑窗检测器的缺点，可以用 IIR 滤波器来代替。实际当中常用二阶 IIR 滤波器（也称双极点滤波器）实现雷达视频脉冲串的加权积累。双极点滤波器的结构如图 8-31 所示。

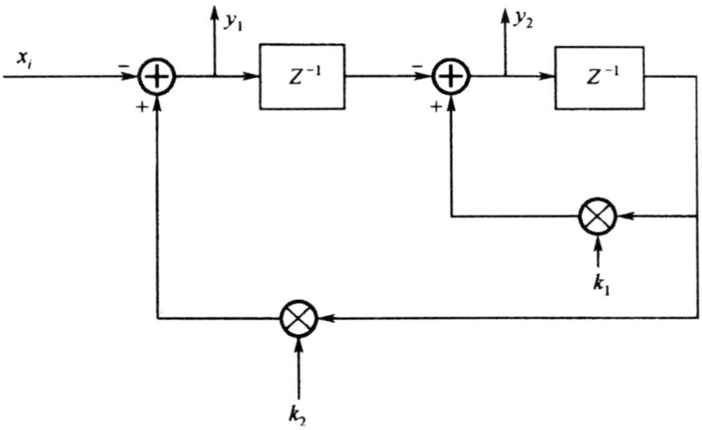

图 8-31 双极点滤波器的结构

双极点滤波器的传递函数为

$$H(Z)=\frac{Y_2(Z)}{X_i(Z)}=\frac{Z}{Z^2-k_1Z+k_2^2}$$

当 $k_1^2<4k_2$ 时，系统的一对共轭对称极点位于 Z 平面的单位圆内，其冲激响应可表示为

$$h(n)=B\mathrm{e}^{-\xi\omega_0 n}\sin(\omega_d n)$$

式中

$$B=\frac{\mathrm{e}^{\xi\omega_0}}{\sin(\omega_d)}$$

$$\omega_d=\cos^{-1}\left(\frac{k_1}{2\sqrt{k_2}}\right)$$

$$\xi = \frac{-\ln(\sqrt{k_2})}{\left[(\ln\sqrt{k_2})^2 + \omega_d^2\right]^{1/2}}$$

$$\omega_0 = \frac{\omega_d}{\sqrt{1-\xi^2}}$$

调整两个反馈系数 k_1 和 k_2 可以改变双极点滤波器冲激响应的形状，使其与视频脉冲串的包络(雷达天线方向性图形)接近，如图 8-32 所示。根据匹配滤波器原理，在白噪声背景中，匹配滤波器的冲激响应与信号波形成比例。可见，双极点滤波器可以在白噪声背景中近似实现雷达视频脉冲串的最佳积累检测。

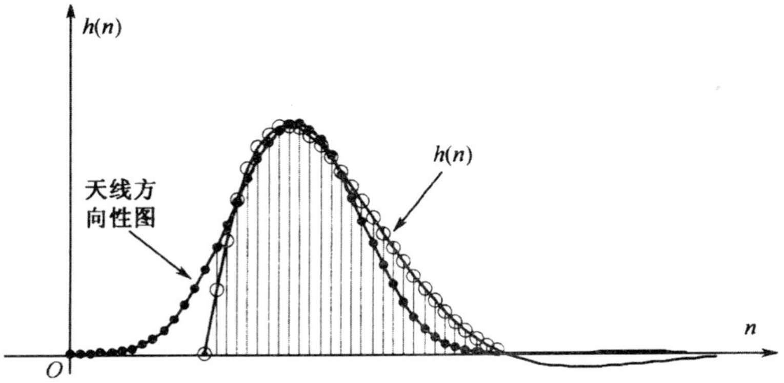

图 8-32　双极点滤波器的冲激响应与天线方向性图形对比

仿真结果表明：在 $m = 20$ 的情况下，双极点滤波器的输出信噪比与匹配滤波器相比差 0.13dB，比滑窗检测器高 0.37dB。

8.4　其他应用

信号检测与估计的基本理论除了在通信和雷达等方面的应用以外，还可广泛应用于图像处理、模式识别、系统辨识、语音信号处理、控制理论等领域。本节主要探讨统计信号处理理论在系统辨识中的应用。

任何系统的设计都要求知道其动态特性，这些特性取决于系统的参数，可由系统的输入/输出进行确定。系统辨识意味着确定一个由输入到输出的变换，这一变换是根据输入端和输出端的测量得到的。本节中，首先关心辨识以正常工作记录为基础的随机输入的线性时不变系统。设系统的特征化用微分方程或传递函数表示。于是，特征化是参数型的，问题就简化为辨识系统中的某些参数。我们可以用估计理论的方法来估计随机参数。然而，在多数应用中，输出信号仅仅间接地取决于所估计的参数，并且参数不能用简单方法得到。我们讨论由输出量测数据获得这些估计的某些方法。

8.4.1　ARMA 模型辨识

平稳随机过程可认为是由白噪声激励的线性时不变系统的输出。例如，对具有如下自相关序列的过程

$$\phi_x(k) = \phi_x(0)\alpha^{|k|} \tag{8-4-1}$$

在 Z 域中的功率谱为

$$\Phi_x(z) = \frac{\phi_x(0)(1-\alpha^2)}{(z-\alpha)(z^{-1}-\alpha)} \tag{8-4-2}$$

如果令 $\phi_x(0)(1-\alpha^2)=G^2$，式(8-4-2)可改写为

$$\Phi_x(z) = \frac{G}{(z-\alpha)}\frac{G}{(z^{-1}-\alpha)} \tag{8-4-3}$$

于是，$\Phi_x(z)$ 可认为是线性时不变系统输出的谱，该系统的传递函数为

$$H(z) = \frac{G}{(z-\alpha)}$$

它是由具有单位方差的零均值白噪声序列 $w(k)$ 激励的。因此，有

$$X(z) = \frac{G}{(z-\alpha)}W(z) \tag{8-4-4}$$

其中，$X(z)$ 和 $W(z)$ 分别代表 $x(k)$ 和 $w(k)$ 的 Z 变换。

描述随机过程 $x(k)$ 相应的差分方程为

$$x(k+1) - \alpha x(k) = Gw(k) \tag{8-4-5}$$

类似式(8-4-5)定义的过程，叫作自回归(AR)过程。于是，谱估计问题就归结为辨识该过程自回归模型参数的问题。以后，我们假定随机过程 $x(k)$ 为零均值。

式(8-4-5)描绘的过程是一阶过程。由于系统传递函数 $H(z)$ 不具有有限零点，我们可以使模型通用化。假设 $H(z)$ 为一个通用传递函数，其形式为

$$H(z) = \frac{G(1+\beta'_1 z^{-1} + \cdots + \beta'_M z^{-M})}{1+\alpha_1 z^{-1} + \cdots + \alpha_N z^{-N}}$$

则系统有 M 个零点和 N 个极点。

令 $G\beta'_i = \beta_i (i = 1,\cdots,M)$，则

$$H(z) = \frac{G + \sum_{i=1}^{M} \beta_i z^{-i}}{1 + \sum_{i=1}^{N} \alpha_i z^{-i}}$$

输出 $X(z)$ 为

$$X(z) = H(z)W(z) = \frac{G + \sum_{i=1}^{M} \beta_i z^{-i}}{1 + \sum_{i=1}^{N} \alpha_i z^{-i}} W(z) \tag{8-4-6}$$

相应的差分方程可写为

$$x(k) + \sum_{i=1}^{N} \alpha_i x(k-i) = Gw(k) + \sum_{i=1}^{N} \beta_i w(k-i) \tag{8-4-7}$$

式(8-4-7)代表 ARMA 过程。注意，如果 $\beta_i = 0(i = 1,\cdots,M)$，我们就可得到前面定义的自回归过程。如果 $\alpha_i = 0(i = 1,\cdots,N)$，则 $x(k)$ 为一个移动平均(MA)过程。在前一种情况下，$H(z)$ 无有限零点，为全极点函数。对于移动平均过程，$H(z)$ 代表全零点系统。

设 G、α_i 和 β_i 分别表示 $\hat{G}$、$\hat{\alpha}_i$ 和 $\hat{\beta}_i$ 的估计，定义误差为

$$\varepsilon(k) = x(k) + \sum_{i=1}^{N} \hat{\alpha}_i x(k-i) - \sum_{i=1}^{N} \hat{\beta}_i w(k-i) \tag{8-4-8}$$

按照估计理论相关方法，确定 $\hat{\alpha}$ 和 $\hat{\beta}$，使均方误差 $E[\varepsilon^2(k)]$ 为最小。这样得到的模型是观测数据的最佳线性均方模型。也就是说，这一模型是在均方意义上基于以往的观测和输入得出的 $x(k)$ 最好的预测值。

现在我们讨论辨识 ARMA 过程参数的方法。首先讨论由观测 $x(k)$ 辨识自回归参数，然后把结果推广到 ARMA 模型中。

我们暂且假设 $\beta_i = 0$，故 $x(k)$ 为自回归过程。对于这种情况，差分方程变为

$$x(k) + \sum_{i=1}^{N} \alpha_i x(k-i) = Gw(k) \tag{8-4-9}$$

现在可把问题叙述为，给定信号 $x(k)$ 的测量值，求参数 $\alpha_i = 0(i = 1,\cdots,N)$。如果 $\hat{\alpha}_i$ 代表 α_i 的估计，则误差为

$$\varepsilon(k) = x(k) + \sum_{i=1}^{N} \hat{\alpha}_i x(k-i) \tag{8-4-10}$$

依据均方误差最小来确定估计，即

$$J = E[\varepsilon^2(k)] = E\left[x(k) + \sum_{i=1}^{N} \hat{\alpha}_i x(k-i)\right] \tag{8-4-11}$$

令 J 对 $\hat{\alpha}_i$ 的偏导数等于零，可得

$$E\left[\left(x(k)+\sum_{i=1}^{N}\hat{\alpha}_i x(k-i)\right)x(k-j)\right]=0,j=1,\cdots,N$$

即 $\varepsilon(k)$ 与 $x(k-j)(j=,\cdots,N)$ 正交。由于过程 $x(k)$ 是平稳的，故式(8-4-11)可整理为

$$\sum_{i=1}^{N}\hat{\alpha}_i\phi_x(j-i)=-\varphi_x(j),j=1,\cdots,N \tag{8-4-12}$$

其中

$$\phi_x(j-i)=E[x(k-i)x(k-j)]=E[x(j)x(i)]$$

写成矩阵形式为

$$\begin{bmatrix}\phi_x(0) & \phi_x(1) & \phi_x(2) & \cdots & \phi_x(N-1)\\ \phi_x(1) & \phi_x(0) & \phi_x(1) & \cdots & \phi_x(N-2)\\ \phi_x(2) & \phi_x(1) & \phi_x(0) & \cdots & \phi_x(N-3)\\ \vdots & \vdots & \vdots & & \vdots\\ \phi_x(N-1) & \phi_x(N-2) & \phi_x(N-3) & \cdots & \phi_x(0)\end{bmatrix}\begin{bmatrix}\hat{\alpha}_1\\ \hat{\alpha}_2\\ \hat{\alpha}_3\\ \vdots\\ \hat{\alpha}_N\end{bmatrix}=-\begin{bmatrix}\phi_x(1)\\ \phi_x(2)\\ \phi_x(3)\\ \vdots\\ \phi_x(N)\end{bmatrix} \tag{8-4-13}$$

该方程通常称为 Yule-Walker 方程。方程左边的矩阵为托普利兹矩阵，该矩阵沿任意对角线上的元素是相同的。这样的矩阵是正定的，因此可逆。此外，估计 $\hat{\alpha}_i$ 将形成稳定的集，即多项式

$$1+\sum_{i=1}^{N}\alpha_i z^{-i}=0$$

所有零点在 z 平面单位圆内，这就保证了自回归模型是稳定的。定义矩阵 $\boldsymbol{\phi}^N$ 和向量 $\hat{\boldsymbol{\alpha}}^N$、$\boldsymbol{\rho}^N$ 分别为

$$\boldsymbol{\phi}^N=\begin{bmatrix}\phi_x(0) & \cdots & \phi_x(N-1)\\ \vdots & & \vdots\\ \phi_x(N-1) & \cdots & \phi_x(0)\end{bmatrix},\hat{\boldsymbol{\alpha}}^N=\begin{bmatrix}\hat{\alpha}_1\\ \vdots\\ \hat{\alpha}_N\end{bmatrix},\boldsymbol{\rho}^N=\begin{bmatrix}\phi_x(1)\\ \vdots\\ \phi_x(N)\end{bmatrix}$$

Yule-Walker 方程的解可写成

$$\hat{\boldsymbol{\alpha}}^N=-(\boldsymbol{\phi}^N)^{-1}\boldsymbol{\rho}^N \tag{8-4-14}$$

选择 $\hat{\alpha}$ 得到 J 的最小值为

$$J=E[\varepsilon(k)x(k)]=\phi_x(0)+\sum_{i=1}^{N}\hat{\alpha}_i\varphi_x(i) \tag{8-4-15}$$

为了计算增益 G，我们注意到，如果参数已被正确辨识 $\varepsilon(k)=Gw(k)$，有

$$\hat{G}^2E[w^2(k)]=\hat{G}^2=E[\varepsilon(k)^2]=\phi_x(0)+\sum_{i=1}^{N}\hat{\alpha}_i\phi_x(i)$$

下面要确定自相关系数 $\phi_x(k)(k=1,\cdots,N-1)$。这些系数可利用

$$\hat{R}_x(k)=\frac{1}{L}\sum_{n=0}^{L-|k|-1}x(n)x(n+k) \tag{8-4-16}$$

估计，其中，L 为数据序列的长度。

由式(8-4-14)确定 $\hat{\boldsymbol{\alpha}}^N$ 时，存在如下问题。第一，模型的阶数 N 应事先已知或是固定的。第二，为了计算出相关系数，数据序列必须同时全部处理。因此，这是一种成批处理技术，它的计算既浪费存储空间，计算复杂性又高。第三，式(8-4-14)还包括矩阵 $\boldsymbol{\phi}^N$ 求逆。这一缺点可用三角形化过程来克服。然而，其他两个缺点仍然存在。

可用如下方法克服第一个缺点，即对各 N 值计算出估计 $\hat{\boldsymbol{\alpha}}^N$，并把产生最小 J 值的 N 作为真实模型的阶数。然而，这要求对各个 N 都重复求解式(8-4-13)。下面将简要讨论这一方法——Levinson 算法。

8.4.2 Levinson 算法

设模型阶数为 n，相应的估计用 $\hat{\alpha}_1^n,\hat{\alpha}_2^n,\cdots,\hat{\alpha}_n^n$ 表示，即

$$\hat{\boldsymbol{\alpha}}^n=[\hat{\alpha}_1^n,\hat{\alpha}_2^n,\cdots,\hat{\alpha}_n^n]^{\mathrm{T}}$$

而估计 $\hat{\boldsymbol{\alpha}}^n$ 满足

$$\begin{bmatrix}\phi_x(0) & \cdots & \phi_x(n-1)\\ \vdots & & \vdots\\ \phi_x(n-1) & \cdots & \phi_x(0)\end{bmatrix}\begin{bmatrix}\hat{\alpha}_1^n\\ \vdots\\ \hat{\alpha}_n^n\end{bmatrix}=-\begin{bmatrix}\phi_x(1)\\ \vdots\\ \phi_x(n)\end{bmatrix}\tag{8-4-17}$$

将方程的次序倒一下还可写成

$$\begin{bmatrix}\phi_x(0) & \cdots & \phi_x(n-1)\\ \vdots & & \vdots\\ \phi_x(n-1) & \cdots & \phi_x(0)\end{bmatrix}\begin{bmatrix}\hat{\alpha}_n^n\\ \vdots\\ \hat{\alpha}_1^n\end{bmatrix}=-\begin{bmatrix}\phi_x(n)\\ \vdots\\ \phi_x(1)\end{bmatrix}\tag{8-4-18}$$

现在令模型阶段加 1，并令相应的估计为

$$\hat{\boldsymbol{\alpha}}^{n+1}=[\hat{\alpha}_1^{n+1},\hat{\alpha}_2^{n+1},\cdots,\hat{\alpha}_{n+1}^{n+1}]^{\mathrm{T}}$$

于是，$\hat{\boldsymbol{\alpha}}^{n+1}$ 满足

$$\begin{bmatrix}\phi_x(0) & \cdots & \phi_x(n-1) & \phi_x(n)\\ \vdots & & \vdots & \vdots\\ \phi_x(n-1) & \cdots & \phi_x(0) & \phi_x(1)\\ \phi_x(n) & \cdots & \phi_x(1) & \phi_x(0)\end{bmatrix}\begin{bmatrix}\hat{\alpha}_1^{n+1},\\ \vdots\\ \hat{\alpha}_n^{n+1}\\ \hat{\alpha}_{n+1}^{n+1}\end{bmatrix}=-\begin{bmatrix}\phi_x(1)\\ \vdots\\ \phi_x(n)\\ \phi_x(n+1)\end{bmatrix}\tag{8-4-19}$$

式(8-4-19)写为如下分块矩阵形式

$$\begin{bmatrix}\phi_x(0) & \cdots & \phi_x(n-1)\\ \vdots & & \vdots\\ \phi_x(n-1) & \cdots & \phi_x(0)\end{bmatrix}\begin{bmatrix}\hat{\alpha}_1^n\\ \vdots\\ \hat{\alpha}_n^{n+1}\end{bmatrix}+\hat{\alpha}_{n+1}^{n+1}\begin{bmatrix}\phi_x(n)\\ \vdots\\ \phi_x(1)\end{bmatrix}=-\begin{bmatrix}\phi_x(1)\\ \vdots\\ \phi_x(n)\end{bmatrix}\tag{8-4-20}$$

和

$$\sum_{i=1}^{n}\hat{\alpha}_i^{n+1}\phi_x(n+1-i)+\hat{\alpha}_{n+1}^{n+1}\phi_x(0)=-\phi_x(n+1)$$

以相关矩阵 $\boldsymbol{\phi}^N$ 的逆前乘式(8-4-20)，并利用式(8-4-17)和式(8-4-18)，可写出

$$\begin{bmatrix}\hat{\alpha}_1^{n+1}\\ \vdots\\ \hat{\alpha}_n^{n+1}\end{bmatrix}-\hat{\alpha}_{n+1}^{n+1}\begin{bmatrix}\hat{\alpha}_n^{n}\\ \vdots\\ \hat{\alpha}_1^{n}\end{bmatrix}=\begin{bmatrix}\hat{\alpha}_1^{n}\\ \vdots\\ \hat{\alpha}_n^{n}\end{bmatrix}$$

的递推形式。当给定 n 阶模型的估计时就能递推算出任何 $n+1$ 阶模型的估计。把这些方程重新按以下形式写出，就可明显看出这一点。令 p_{n+1} 代表 $\hat{\alpha}_{n+1}^{n+1}$ 就能写出

$$\hat{\alpha}_0^{n+1}=\hat{\alpha}_0^{n}$$

$$\hat{\alpha}_i^{n+1}=\hat{\alpha}_i^{n}+p_{n+1}\hat{\alpha}_{n+1-i}^{n+1},i=1,\cdots,n \tag{8-4-21}$$

其中

$$p_{n+1}=\hat{\alpha}_{n+1}^{n+1} \tag{8-4-22}$$

参数 p 叫作偏相关系数。由式(8-4-21)可清楚地看出，如果知道 $p_1,\cdots,p_n$，就能算出任何 n 时的估计 $\hat{\alpha}_i^n$。现在来考虑求这些系数。令 $\hat{\alpha}_i^{n+1}$ 乘以 z^{-i}，对 i 求和并利用式(8-4-21)和式(8-4-22)，得

$$\sum_{i=0}^{n+1}\hat{\alpha}_i^{n+1}z^{-i}=\sum_{i=0}^{n+1}\hat{\alpha}_i^{n}z^{-i}+p_{n+1}z^{-1}\left(\sum_{i=0}^{n}\hat{\alpha}_{n+1-i}^{n}z^{-(i-1)}+z^{-n}\right) \tag{8-4-23}$$

定义多项式

$$F_n(z^{-1})=\sum_{i=0}^{n}\hat{\alpha}_i^{n}z^{-i} \tag{8-4-24}$$

和

$$G_n(z^{-1})=z^{-1}\left(\sum_{i=0}^{n-1}\hat{\alpha}_{n-i}^{n}z^{-i}+z^{-n}\right) \tag{8-4-25}$$

利用这些多项式，式(8-4-23)可写为

$${}_{n+1}(z^{-1})=F_n(z^{-1})+p_{n+1}G_n(z^{-1}) \tag{8-4-26}$$

现在用 $F_n(z^{-1})$ 和 $G_n(z^{-1})$ 求 $G_{n+1}(z^{-1})$ 的关系。为此，用 $n+1-i$ 代替 i，式(8-4-21)可写为

$$\hat{\alpha}_{n+1-i}^{n+1}=\hat{\alpha}_{n+1-i}^{n}+p_{n+1}\hat{\alpha}_i^{n},i=1,\cdots,n \tag{8-4-27}$$

由式(8-4-25)，得

$$zG_{n+1}(z^{-1})=\sum_{i=0}^{n}\hat{\alpha}_{n+1-i}^{n+1}z^{-i}+z^{-(n+1)}=\hat{\alpha}_{n+1}^{n+1}+\sum_{i=1}^{n}\hat{\alpha}_{n+1-i}^{n+1}z^{-i}+z^{-(n+1)} \tag{8-4-28}$$

将式(8-4-22)和式(8-4-27)代入式(8-4-28),得

$$zG_{n+1}(z^{-1})=\sum_{i=1}^{n}(\hat{\alpha}_{n+1-i}^{n}+p_{n+1}\hat{\alpha}_i^n)z^{-i}+z^{-(n+1)}+p_{n+1}$$
$$=z^{-1}\sum_{i=0}^{n}\hat{\alpha}_{n-i}^{n}z^{-i}+z^{-n}+p_{n+1}\sum_{i=0}^{n}\hat{\alpha}_i^n z^{-i} \quad (8\text{-}4\text{-}29)$$

再利用式(8-4-24)和式(8-4-25),将式(8-4-29)写成

$$zG_{n+1}(z^{-1})=G_n(z^{-1})+p_{n+1}F_n(z^{-1}) \quad (8\text{-}4\text{-}30)$$

可以利用式(8-4-26)和式(8-4-30)递推计算 p_i 的估计。式(8-4-21)可用来得到估计 $\hat{\alpha}_i^n$。递推用的初始条件可由式(8-4-24)和式(8-4-25)得

$$F_0(z^{-1})=1,G_0(z^{-1})=1 \quad (8\text{-}4\text{-}31)$$

起始时用 $F_0(z^{-1})X(z)=X(z)$ 和 $G_0(z^{-1})X(z)=X(z)$,并利用式(8-4-26)和式(8-4-31),就能得到如图 8-33 所示的网格结构。

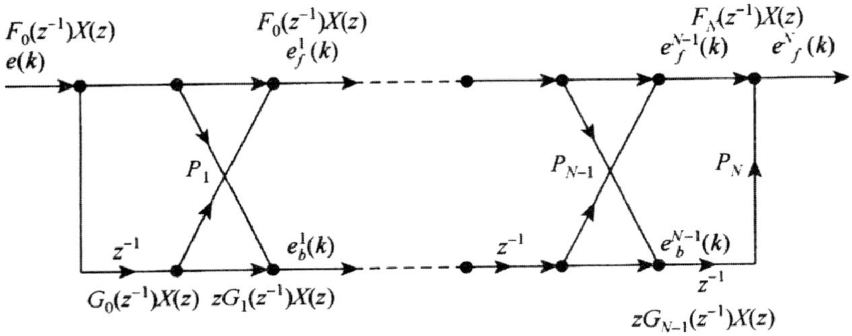

图 8-33 用 Levinson 算法进行辨识

由图 8-33 可知,$\varepsilon_f^n(k)$ 为沿着网格上面支路的第 n 个加法器的输出,它就是假定 n 阶模型之下所得的剩余量。这样就可以使 $E[(\varepsilon_f^n(k))^2]$ 最小,以得到参数的估计 $\hat{\alpha}_1^n,\hat{\alpha}_2^n,\cdots,\hat{\alpha}_n^n$。

正如前面所说的那样,这样得到的结构产生 $x(k)$ 的最佳线性均方估计,是以 $x(k)$ 过去的值 $x(k-1),\cdots,x(k-n)$ 表示的。为了看出这一点,我们把估计量定义为

$$\hat{x}(k)=-\sum_{i=1}^{n}\hat{\gamma}_i^n x(k-i) \quad (8\text{-}4\text{-}32)$$

然后,利用正交原理,系数 $\hat{\gamma}_i^n$ 必须保证估计误差,即

$$\varepsilon_f^n(k)=x(k)-\hat{x}(k)=x(k)+\sum_{i=1}^{n}\hat{\gamma}_i^n x(k-i) \quad (8\text{-}4\text{-}33)$$

与集合 $x(k-j)(j=1,\cdots,n)$ 正交。即

$$E\left[\left(x(k)+\sum_{i=1}^{n}\hat{\gamma}_i^n x(k-i)\right)x(k-j)\right]=0,j=1,\cdots,n \quad (8\text{-}4\text{-}34)$$

与式(8-4-24)比较,有

$$\hat{\gamma}_i^n=\hat{\alpha}_n,i=1,\cdots,n \quad (8\text{-}4\text{-}35)$$

同样,以 $x(k-n),\cdots,x(k-1)$ 写出 $x(k-n-1)$ 的估计量

$$\hat{x}(k-n-1)=\sum_{i=0}^{n-1}\hat{\delta}_i^n x(k-n+i) \quad (8\text{-}4\text{-}36)$$

则估计误差为

$$\varepsilon_b^n(k)=x(k-n-1)-\hat{x}(k-n-1)=x(k-n)+\sum_{i=1}^{n}\hat{\delta}_i^n x(k-n+i) \quad (8\text{-}4\text{-}37)$$

利用正交原理解方程组就可得到各个系数。

$$E[\varepsilon_b^n(k)x(k-n-1)]$$
$$=E\left[\left(x(k-1)+\sum_{i=0}^{n-1}\hat{\delta}_i^n x(k-n+i)\right)x(k-n+j)\right]=0,j=1,\cdots,n \quad (8\text{-}4\text{-}38)$$

与式(8-4-24)比较,有

$$\hat{\delta}_i^n=\hat{\alpha}_{n-i+1}^{n+1},i=1,\cdots,n \quad (8\text{-}4\text{-}39)$$

由式(8-4-35)、式(8-4-37)和式(8-4-25)得

$$\varepsilon_f^n(z)=F_n(z^{-1})X(z) \quad (8\text{-}4\text{-}40)$$

同样,由式(8-4-37)、式(8-4-39)和式(8-4-25)得

$$\varepsilon_b^n(z)=zG_n(z^{-1})X(z) \quad (8\text{-}4\text{-}41)$$

剩余误差由如下递推公式计算,即

$$\varepsilon_f^{n+1}(k)=\varepsilon_f^n(k)+p_{n+1}\varepsilon_b^n(k-1) \quad (8\text{-}4\text{-}42)$$

$$\varepsilon_b^{n+1}(k)=\varepsilon_b^n(k-1)+p_{n+1}\varepsilon_f^n(k) \quad (8\text{-}4\text{-}43)$$

使 $E[(\varepsilon_f^{n+1}(k))^2]$ 最小或使 $E[(\varepsilon_b^{n+1}(k))^2]$ 最小,就可计算出 p_{n+1}。可以证明 p_{n+1} 的两个估计为

$$\hat{p}_{n+1}^f=-\left(\frac{E[\varepsilon_f^n(k)\varepsilon_b^n(k-1)]}{E[(\varepsilon_b^n(k-1))^2]}\right) \quad (8\text{-}4\text{-}44)$$

和

$$\hat{p}_{n+1}^b=-\left(\frac{E[\varepsilon_f^n(k)\varepsilon_b^n(k-1)]}{E[(\varepsilon_b^n(k))^2]}\right) \quad (8\text{-}4\text{-}45)$$

因 $x(k)$ 是平稳的,直接计算可知

$$E[(\varepsilon_b^n(k-1))^2]=E[(\varepsilon_b^n(k))^2] \quad (8\text{-}4\text{-}46)$$

因此,可以把式(8-4-44)和式(8-4-45)合并得到估计

$$\hat{p}_{n+1}=-\frac{2E[\varepsilon_f^n(k)\varepsilon_b^n(k-1)]}{E[(\varepsilon_b^n(k-1))^2]+E[(\varepsilon_b^n(k))^2]} \tag{8-4-47}$$

式(8-4-47)中的互相关系数类似于

$$\hat{R}_x(k)=\frac{1}{L}\sum_{n=0}^{L-|k|-1}x(n)x(n+k)$$

计算。

下面简要归纳本算法。给定数据序列 $x_0,x_1,\cdots,x_{L-1}$，可组成两个序列

$$\varepsilon_f^0(k)=x(k) \text{ 和 } \varepsilon_b^0(k)=x(k)$$

由式(8-4-47)计算 $\hat{p}_1$，然后利用式(8-4-42)和式(8-4-43)求 $\varepsilon_f^2(k)$ 和 $\varepsilon_b^2(k)(k=0,1,\cdots,L-1)$，再形成式(8-4-47)中所需的互相关系数并计算 $\hat{p}_2$。这一过程可根据需要一直迭代计算下去。

因为 p_{n+1} 仅取决于 $\varepsilon_b^n(k)$，很清楚，p_{n+1} 与 p_j 无关，$j>n+1$，这意味着与计算系数 α_i 相反。当所设模型阶数增加时，不需要再计算 p_i。实际上，这一算法也提供了求模型阶数 N 的方法。正如前面提到的，如果参数都被正确地辨识出来了，剩余的就是白噪声。因此，每一步递推运算中剩余误差的均方值为

$$J_n=E[(\varepsilon_f^n(k))^2] \tag{8-4-48}$$

对每个 n 形成差值为

$$J_{n+1}-J_n \tag{8-4-49}$$

如果这个量达到最小值或基本趋于一常数，则意味着进一步处理并不能减小剩余误差。这时的 n 值就被认为是对应于模型的阶数。系数 $\hat{\alpha}_i$ 可由式(8-4-21)根据 $\hat{p}_2$ 算出。

Levinson 算法不需要预先确定模型的阶数 N。但是，它是一种成批处理技术，并包括计算相关系数。

8.4.3 ARMA 参数辨识

现在把前面介绍的算法推广到辨识 ARMA 过程的参数上，ARMA 过程或用差分方程描述，或用 Z 变换来描述，即

$$\frac{X(k)}{W(z)}=\frac{G(1+\beta_1z^{-1}+\cdots+\beta_Mz^{-M})}{1+\alpha_1z^{-1}+\cdots+\alpha_Nz^{-N}} \tag{8-4-50}$$

可将式(8-4-50)中右边的传递函数用全极点传递函数来近似，其方法是用足够多的极点数来代替每个零点。把一个零点写成

$$1+\beta z^{-1}=\frac{1}{1-\beta z^{-1}-\beta z^{-2}-\beta z^{-3}-\cdots} \tag{8-4-51}$$

就可看清这一点。在多数应用中，只要用级数的前面几项就足够了。因此，我们能够用纯 AR 过程对 ARMA 过程 $x(k)$ 进行近似。方法是将式(8-4-50)的右边写成

$$\frac{X(k)}{W(z)}=\frac{G}{1+r_1z^{-1}+r_2z^{-2}\cdots+r_{N'}z^{-N'}} \tag{8-4-52}$$

当 $N'=\infty$ 时，得到严格的等效，对有限的 N' 近似也是很好的。一般地，$N'\geqslant N+M$。

为了确定近似的 AR 模型参数 $\{r_i\}$ 与对应的 ARMA 模型参数 $\{\alpha_i\}$ 和 $\{\beta_i\}$ 之间的关系，使式(8-4-50)和式(8-4-52)的右边相等，得

$$\frac{G(1+\beta_1z^{-1}+\cdots+\beta_Mz^{-M})}{1+\alpha_1z^{-1}+\cdots+\alpha_Nz^{-N}}=\frac{G}{1+r_1z^{-1}+r_2z^{-2}\cdots+r_{N'}z^{-N'}} \tag{8-4-53}$$

交叉相乘，得

$$\begin{aligned}&(1+\beta_1z^{-1}+\cdots+\beta_Mz^{-M})(1+r_1z^{-1}+r_2z^{-2}\cdots+r_{N'}z^{-N'})\\&=(1+\alpha_1z^{-1}+\cdots+\alpha_Nz^{-N})\end{aligned} \tag{8-4-54}$$

使 z 的同幂项的系数相等，得出以下方程组

$$\begin{gathered}\alpha_1=\beta_1+r_1\\\alpha_2=\beta_2+\beta_1r_1+r_2\\\vdots\\\alpha_N=\beta_N+\beta_{N-1}r_1+\cdots+r_N\\0=\beta_Nr_i+\beta_{N-1}r_{i+1}+\cdots+\beta_1r_{N+i-1}+r_{n+i}\\i=1,2,\cdots N'\end{gathered} \tag{8-4-55}$$

当 $j=M+1,M+2,\cdots,N$ 时，$\beta_i=0$。这些方程可写成矩阵形式，即

$$\begin{bmatrix}r_N & r_{N-1} & \cdots & r_{N-M+1}\\ r_{N+1} & r_N & \cdots & r_{N-M+2}\\ \vdots & \vdots & & \vdots\\ r_{N'-1} & r_{N'-2} & \cdots & r_{N'-M}\end{bmatrix}\begin{bmatrix}\beta_1\\ \beta_2\\ \vdots\\ \beta_M\end{bmatrix}=-\begin{bmatrix}r_{N+1}\\ r_{N+2}\\ \vdots\\ r_{N'}\end{bmatrix} \tag{8-4-56}$$

和

$$\begin{bmatrix}\alpha_1\\ \alpha_2\\ \alpha_3\\ \vdots\\ \alpha_N\end{bmatrix}=\begin{bmatrix}\beta_1\\ \beta_2\\ \beta_3\\ \vdots\\ \beta_N\end{bmatrix}+\begin{bmatrix}1 & 0 & 0 & \cdots & 0\\ \beta_1 & 1 & 0 & \cdots & 0\\ \beta_2 & \beta_1 & 1 & \cdots & 0\\ \vdots & \vdots & \vdots & & \vdots\\ \beta_{N-1} & \beta_{N-2} & \beta_{N-3} & \cdots & 1\end{bmatrix}\begin{bmatrix}r_1\\ r_2\\ r_3\\ \vdots\\ r_N\end{bmatrix} \tag{8-4-57}$$

式(8-4-56)代表一组 M 个未知数的 $N'-N$ 个方程组。为了求解，必须选 $N'=N+M$。于是，一旦辨识出参数 $r_1,\cdots,r_{N'}$，就能用式(8-4-56)和式

(8-4-57)去求参数集合 $\{\alpha_i\}$ 和 $\{\beta_i\}$。参数 r_i 用前面介绍的无论哪种方法都可辨识出来。辨识与 $\{r_i\}$ 有关的偏相关系数的好处是：N' 阶模型不需要事先固定，可由计算方案求出。另外，利用卡尔曼型算法求参数 $\{r_i\}$ 时，N' 阶模型必须是事先确定的。

无论用哪种方案，仍然会留下确定相对阶数 N 和 M 的问题。令 $\hat{N}$ 和 $\hat{M}$ 表示假设的 N 值和 M 值。用 $\boldsymbol{A}_{\hat{N},\hat{M}}$ 表示式(8-4-56)左边的方阵，$\hat{N}$ 和 $\hat{M}$ 的值检验 $\boldsymbol{A}_{\hat{N},\hat{M}}$ 的秩，$\hat{N}+\hat{M}=N'$，直到某个 $\hat{N}$ 和 $\hat{M}$ 满足

$$\text{rank}\ (\boldsymbol{A}_{\hat{N},\hat{M}})=\hat{M}_1,\hat{N}>\hat{N}_1,\hat{M}>\hat{M}_1$$

或变化为

$$\det(A_{\hat{N},\hat{M}})=0,\hat{N}>\hat{N}_1,\hat{M}>\hat{M}_1 \tag{8-4-58}$$

实际上，由于舍入和截断误差，式(8-4-58)的行列式很少为零。因此，可用准则

$$\det(A_{\hat{N},\hat{M}})\leqslant\varepsilon,\ \text{对某个}\ \varepsilon\geqslant 0 \tag{8-4-59}$$

如果 N 和 M 的估计偏低，就有可能(实质上在信号描述中)略去一些变化。另外，如果对 N 和 M 估计过大，在模型中会引入可以忽略不计的系数，这相当于加上了小幅度的高频项，在大多数应用时并不会产生计算问题。

参考文献

[1]曲长文.信号检测与估计[M].北京:电子工业出版社,2016.

[2]甘俊英,孙进平,余义斌.信号检测与估计理论[M].北京:科学出版社,2015.

[3]常建平,李海林.随机信号分析[M].北京:科学出版社,2015.

[4]郑薇.随机信号分析[M].3版.北京:电子工业出版社,2015.

[5]吉淑娇,雷艳敏.随机信号分析[M].北京:清华大学出版社,2014.

[6]张立毅,张雄,李化.信号检测与估计[M].2版.北京:清华大学出版社,2014.

[7]羊彦,景占荣,高田.信号检测与估计[M].西安:西北工业出版社,2014.

[8]赵树杰,赵建勋.信号检测与估计理论[M].北京:电子工业出版社,2013.

[9]王丽霞.概率论与随机过程:理论、历史及应用[M].北京:清华大学出版社,2012.

[10]张卓奎,陈慧娟.随机过程及其应用[M].2版.西安:西安电子科技大学出版社,2012.

[11]罗鹏飞,张文明.随机信号分析与处理[M].2版.北京:清华大学出版社,2012.

[12]张跃辉.矩阵理论与应用[M].北京:科学出版社,2011.

[13]张明友.信号检测与估计[M].3版.北京:电子工业出版社,2011.

[14]齐国清.信号检测与估计原理及应用[M].北京:电子工业出版社,2010.

[15]梁红,张效民.信号检测与估值[M].西安:西安工业大学出版社,2010.

[16]罗鹏飞.统计信号处理[M].北京:电子工业出版社,2009.

[17]沈允春,田园.信号检测与估计[M].哈尔滨:哈尔滨工程大学出版社,2007.

[18]吴慰.大脑局部电位信号与生理信息关系的智能辨识与控制建模[D].海口:海南大学,2015.

[19]潘慧.信号检测和图像处理中的随机共振研究与应用[D].南京:南京邮电大学,2016.

[20]颜军.MIMO雷达检测和测向性能研究[D].南京:南京航空航天大学,2009.

[21]金天,张骅.基于统计方法的混沌Duffing振子弱信号检测与估计[J].中国科学:信息科学,2010(10):1184—1199.

[22]司伟建,蒋鹏,刘旭波.改进的三次相位函数法LFM雷达信号参数估计[J].哈尔滨工程大学学报,2012(06):771—774.

[23]李晓静.OFDM系统中基于压缩感知的信道估计算法的研究[D].西安电子科技大学,2014.

[24]马丽丽,张曼,陈金广.有色噪声条件下的高斯和卡尔曼滤波算法[J].计算机工程与设计,2015(10):2856—2859.

[25]崔园园,王伯雄,柳建楠,王浩源.数字超声波信号中有色噪声的自适应滤波[J].光学精密工程,2014(12):3377—3383.

[26]刘进.非高斯噪声下的信号检测算法与性能分析[J].舰船电子对抗,2016(04):68—72.